城市照明管理师职业资格系列教材

城市照明管理师
高级工

Zhaoming
Guanlishi
Gaojigong

官国雄 主编

中国建筑工业出版社

图书在版编目(CIP)数据

城市照明管理师　高级工/官国雄主编．—北京：中国建筑工业出版社，2009
（城市照明管理师职业资格系列教材）
ISBN 978-7-112-11162-6

Ⅰ．城… Ⅱ．官… Ⅲ．城市公共设施-照明-管理-资格考核-教材 Ⅳ．TU113.6

中国版本图书馆CIP数据核字（2009）第124666号

本书围绕城市道路照明和城市景观照明的建设管理工作进行编写，其着重点是提高城市照明从业人员的维护管理工作技能水平，促进城市照明朝着"高效、节能、环保、健康"的方向发展。教材分两大部分，第1篇高级工应知部分，第2篇高级工应会部分，内容包括：光与照明基础、道路照明计算、电气安全作业、道路照明、景观照明、照明电气、照明施工图、变压器、电气照明基础、图形符号、故障分析判断、防雷与保护接地、基础结构、预算。内容针对性、实用性强，图文并茂，力求通俗易懂，每章还附有示范题的单选题、多选题、判断题，可供读者复习选取用。

本书主要用作从事城市照明维护管理工作人员或院校学生进行高级工职业技能学习的教材，也可以作为城市照明行业职工的业务技术考核和业余学习参考书。

学习提示：本书章节带※号的，是为了帮助学员更好地深入学习，加深照明知识内容的理解，在编写上力求全面介绍城市照明知识内容，章节带※号知识内容的理论、公式推导难度相对较高，题库命题较轻，参加职业资格考核者可略为学习了解。

* * *

责任编辑：马　彦
责任设计：郑秋菊
责任校对：兰曼利　关　健

城市照明管理师职业资格系列教材
城市照明管理师　高级工
官国雄　主编

*

中国建筑工业出版社出版、发行（北京西郊百万庄）
各地新华书店、建筑书店经销
北京红光制版公司制版
北京云浩印刷有限责任公司印刷

*

开本：787×1092毫米　1/16　印张：24　字数：599千字
2009年8月第一版　2009年8月第一次印刷
定价：55.00元
ISBN 978-7-112-11162-6
（18411）

版权所有　翻印必究
如有印装质量问题，可寄本社退换
（邮政编码100037）

城市照明管理师职业资格系列教材
编 委 会

主　　　　编：官国雄

编 委 会 主 任：邬辉麟
编委会副主任：吴贵才　官国雄
指 导 专 家：詹庆旋（清华大学教授）
　　　　　　　沈天行（天津大学教授）
编　委　会：袁景玉　宋耕予　葛　凌　孙学梅
　　　　　　　姚　蕾　时慧珍　巢　进　陈来康
　　　　　　　王萌葭　杨　江　李汉味　朱晓晶
　　　　　　　张显海　赵洪军

序

自1879年爱迪生发明电灯,从此人类在照明上取得了重大突破,植物、蜡烛、油脂照明渐渐被电光源所取代。经历130年时移境迁,人类社会在进步,科技在发展,照明科技含量也越来越高,电光源由白炽灯发展到荧光灯及高强度气体放电灯,激光应用到景观照明。目前,半导体照明的发展又为人类照明史带来新的曙光。在照明控制方面,由人工开关发展到时控、光控、声控、经纬控、遥控及智能控制。电光源给城市夜空带来了无穷无尽、流光溢彩的景象——城市照明。

城市照明是为社会提供公共服务的重要市政设施,与人们日常生活息息相关。目前,我国城市照明已开始由亮的扩充转向质的追求,逐渐朝着加强规划、观念创新、环境和谐、可持续方向发展。因此,现代城市照明不再是过去的简单照明,人们对城市照明的认识和要求得到飞跃提升,不但要求亮好灯,而且注重照明功能、质量和品位,节能和环保意识提高。据了解,目前我国城市照明拥有道路照明和景观照明达9000多万盏,从业人员500多万人。常言道"三分建设,七分管理"。那么,如何维护管理好这么庞大照明设施,是城市照明工作者所肩负的责任,任重而道远。

在深圳市灯光环境管理中心、深圳市城市照明学会的多年精心组织下,率先开发完成"城市照明管理师"职业资格(高级工、技师)考核教材和题库,这是城市照明行业一件大事。教材围绕道路照明、景观照明的维护管理工作进行编写,内容全面,是学习城市照明专业一本好书。长期以来,我国照明教育滞后,专业教科书缺乏,从业人员难以系统学习照明知识和提高职业技能水平,人才队伍得不到发展,这就需要照明同仁为之努力,迎头赶上,大力培养和造就一大批复合型专业技术人才。

当前,国家正大力推行职业教育,高等院校实行双证书制度,为社会发展和就业打下坚实基础。所以,我国城市照明行业要乘这股东风,携起手来,共同为促进城市照明职业教育,推动城市照明事业发展作出不懈的努力!

王锦燧
中国照明学会理事长

前　言

城市照明是为社会提供公共服务的重要市政设施。它不仅可以美化城市，展现城市风采，增强城市魅力，而且可以优化人们夜间生活，促进旅游业发展和社会治安管理，具有深远的社会意义。因而，越来越引起各级政府领导高度重视和广大民众普遍关注。

随着我国城市建设发展，城市照明事业也得到迅速发展，科技含量越来越高，行业特点突出，它包含了光学、建筑结构学、美学、电气学等知识在城市照明的应用。然而，长期以来城市照明教育滞后，教材缺乏，大专院校没有系统开设城市照明专业，从业人员也难以得到系统学习和提高。

因此，为了提高城市照明从业人员技能水平，加强学习，钻研业务，树立岗位成才的理念，引导城市照明朝着"高效、节能、环保、健康"的方向发展。深圳市灯光环境管理中心、深圳市城市照明学会在深圳市城市管理局、深圳市劳动和社会保障局的大力支持下，于2005年3月开始筹备开发"城市照明管理师"系列（高级工、技师）职业资格考核认证，历时4年多，经过无数次反复修正，在2009年6月完成教材和题库的开发工作。

教材分为《城市照明管理师——高级工》和《城市照明管理师——技师》两本。题库分为高级工应知试题、高级工应会试题，技师应知试题、技师应会试题，分别按基础知识、专业知识、专业相关知识的鉴定比例命题，其中试题类型分单选题、多选题、判断题，并实行电脑标准改卷评分。

城市照明管理师职业资格系列教材的开发工作，得到天津大学沈天行教授的支持和协作，组织力量参与开发，以及得到GE消费及工业产品集团、深圳市杰异照明贸易有限公司的大力支持。在此，向支持和协作开发城市照明管理师职业资格系列教材的单位和学者，致以诚挚的谢意。同时，向《道路照明》、《城市照明设计》、《城市夜景照明技术指南》、《电气照明》、《建筑供配电与照明》、《道路照明与供电》等参考文献的编著作者表示衷心感谢和崇高的敬意。

城市照明是一个多学科知识的应用行业，学科技术不断发展，开发城市照明管理师职业资格认证是一项探索性、创新工作。由于教材篇幅较大，加上时间仓促，编写水平有限，书中谬误和不妥之处在所难免，恳请读者批评指正。

编　者
2009年6月8日

目 录

第1篇 高级工应知部分

第1章 光与照明基础 3
1.1 视觉基础 4
1.2 光的特性 8
1.3 照明的基本概念 14
1.4 照明度量之间的关系 19

第2章 道路照明计算 22
2.1 照度计算 22
2.2 平均照度与平均亮度的换算 24
2.3 照明计算举例 25

第3章 电气安全作业 28
3.1 电气安全基本规定 28
3.2 安全用电装置 36
3.3 安全用具与常用工具 43
3.4 电气安全措施 46

第4章 道路照明 52
4.1 道路照明光源的选择 52
4.2 气体放电灯工作电路 60
4.3 道路照明灯具的选择 72
4.4 道路照明质量指标 84
4.5 道路照明标准 90
4.6 隧道照明 96
4.7 桥梁与立交桥照明 101

第5章 景观照明 106
5.1 城市景观照明的基本原则和要求 106
5.2 建筑物与构筑物的夜景照明 113
5.3 夜景照明的供电及控制系统 138
5.4 城市光污染与控制 146

第6章 照明电气 159

6.1 照明供电 ………………………………………………………………… 159
6.2 照明线路计算 …………………………………………………………… 164
6.3 照明线路保护 …………………………………………………………… 166
6.4 导线、电缆选择与敷设 ………………………………………………… 171
6.5 照明装置的电气安全 …………………………………………………… 176

第 7 章 照明施工图 …………………………………………………………… 179
7.1 电气照明施工图概述 …………………………………………………… 179
7.2 电气照明施工图的读图 ………………………………………………… 182

第 8 章 变压器 ………………………………………………………………… 186
8.1 变压器的配置 …………………………………………………………… 186
8.2 变压器的运行、维护 …………………………………………………… 187
8.3 变压器的故障处理 ……………………………………………………… 188
8.4 变压器的保护 …………………………………………………………… 190

第 2 篇 高级工应会部分

第 9 章 电气照明基础知识 …………………………………………………… 203
9.1 供配电线路 ……………………………………………………………… 203
9.2 照明配电箱 ……………………………………………………………… 214

第 10 章 图形符号 ……………………………………………………………… 220
10.1 常用图形符号 …………………………………………………………… 220

第 11 章 故障分析判断 ………………………………………………………… 223
11.1 白天大片亮灯 …………………………………………………………… 223
11.2 晚上大片灭灯 …………………………………………………………… 225
11.3 架空线路常见故障 ……………………………………………………… 226
11.4 电缆线路常见故障 ……………………………………………………… 227
11.5 供配电常见故障 ………………………………………………………… 228

第 12 章 道路照明 ……………………………………………………………… 231
12.1 道路照明的安装 ………………………………………………………… 231
12.2 电气线路安装、运行及维护 …………………………………………… 231
12.3 低压电器及配电装置 …………………………………………………… 235
12.4 灯台、工井与引出线 …………………………………………………… 238
12.5 道路照明维护与管理 …………………………………………………… 241
12.6 道路照明节能 …………………………………………………………… 249

第 13 章 景观照明 ……………………………………………………………… 260
13.1 夜景照明设施的维护与管理 …………………………………………… 260

	13.2	夜景照明设施的施工与验收	263
	13.3	夜景照明器材和设备	267
	13.4	夜景照明高新技术的应用	270
	13.5	彩色光的使用	301

第14章 防雷与保护接地 309

- 14.1 防雷与接地的基本知识 309
- 14.2 高杆灯防雷与保护接地 315
- 14.3 低杆灯防雷与保护接地 317
- 14.4 变压器防雷与保护接地 319
- 14.5 配电柜防雷与保护接地 321

第15章 基础结构 324

- 15.1 高杆灯基础结构 324
- 15.2 低杆灯基础结构 333
- 15.3 照明配电箱的基础结构 340
- 15.4 变压器的基础结构 346

第16章 预算 353

- 16.1 定额说明 353
- 16.2 路灯定额工程量计算规则 355
- 16.3 城市照明市政景观工程结算费用计算办法 358

附：城市照明管理师职业资格考核大纲 367

参考文献 373

第1篇

高级工应知部分

第1章 光与照明基础

在自然界，我们白天可以看到物体颜色千变万化，形状千奇百怪，而在黑暗中我们不仅不能看到物体的颜色，连形状也无法通过视觉来感知，这都是因为光在起作用。

从物理本质上说，光是能产生视觉的辐射能，它是电磁波谱的一部分，波长在380～780nm之间。任何物体反射或是反射足够数量合适波长的辐射能，作用于人眼睛的感受器官，就可以看见该物体。例如，太阳之所以可见，是因为它发射各波长的辐射能，其中包括大量可见光；月亮之所以可见，则是因为它反射了太阳辐射到它表面的可见光。

辐射能（电磁能）以波长或频率排序排列成辐射能（电磁能）波谱，表明了不同波长辐射能之间的关系（图1-1）。辐射能波谱范围遍布在波长为 10^{-16}～10^{-5}m 的区域，而人眼所能感受的只是可见辐射部分，波长在 380×10^{-9}～780×10^{-9}m（即380～780nm）之间，仅是辐射能中极小的一部分。

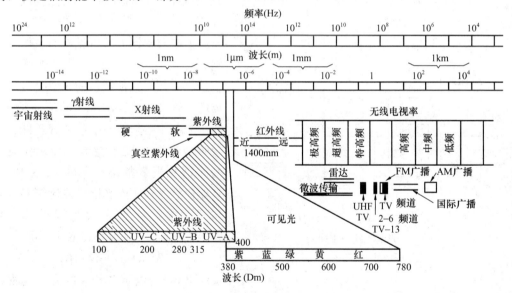

图1-1 辐射能（电磁能）波谱

自然可见光是由连续光谱混合而长，不同光谱代表不同颜色图1-2。通过棱镜太阳光会分散成彩虹般的全部颜色。波长从380nm向780nm增加时，颜色以紫、蓝、绿、黄、橙、红的顺序逐渐变化。

紫外线波长在100～380nm之间，人眼不可见，但不同波长紫外线可以杀菌、致红斑效应或激发黑光荧光材料。

红外线波长在780nm～1m之间，也是人眼不可见的，红外线是一种热辐射，可以用于理疗和工业设施。

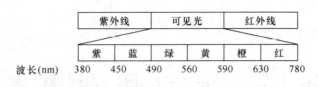

图 1-2　可见光谱

紫外线和红外线、可见光统称为光辐射，因为它们具有某些同样的光学特性，如都能用平面镜、透镜或棱镜等光学元件进行反射、成像或色散。

除了专门利用紫外线或红外线的特性而具有针对性的特殊照明（紫外灯、红外灯）外，对普通照明而言，我们利用的都是可见光部分，紫外线和红外线绝大部分时候都是要尽量避免的负面因素。

光与照明基础概念众多，我们在此主要概述与道路照明有关的部分概念。

1.1　视觉基础

1.1.1　光谱光视效率

光谱光视效率（spectral luminous efficiency）是指人眼对不同光谱可见光的灵敏度，其值在 0～1 之间，如图 1-3。

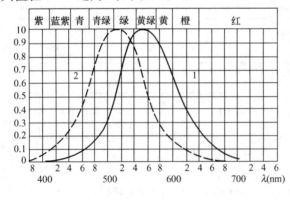

图 1-3　光谱光视效率曲线
1—明视觉；2—暗视觉

人眼对不同波长可见光的灵敏度不同，对波长在 555nm 的黄绿光感受效率最高，而对其他波长的光感受效率比较低。因此，555nm 称为峰值波长 λ_m，而用来表示辐射能所引起的视觉能力的量叫做光谱光视效能 K，555nm 波长的光谱光视效能 $K_m = 683\,\mathrm{lm \cdot W^{-1}}$。其他任意波长 λ 的光谱光视效能 $K(\lambda)$ 与 K_m 之比就是光谱光视效率，用 $V(\lambda)$ 表示，它随波长而变化，即

$$V(\lambda) = K(\lambda)/K_m \qquad (1\text{-}1)$$

式中 $K(\lambda)$ 为给定波长 λ 的光谱光视效能；K_m 为峰值波长 λ_m 的光谱光视效能，即 $683\,\mathrm{lm \cdot W^{-1}}$；$V(\lambda)$ 为给定波长的光谱光视效能。

换句话说，波长分别为 λ_m 和 λ 的两束辐射，在特定光度条件下产生同样亮度的光感觉时，波长为 λ_m 的辐射通量与波长为 λ 的辐射通量之比，就是该波长 λ 的光谱光视效率，当波长在峰值波长 λ_m 时，$V(\lambda_m)=1$，在其他波长 λ 时，$V(\lambda)<1$，上述为明视觉条件下的光谱光视效率（图 1-3）。

在不同视觉亮度条件下，人眼的光谱光视效率不同。当亮度在 $10\,\mathrm{cd \cdot m^{-2}}$ 以上时，人眼为明视觉，只要亮度大于 $10\,\mathrm{cd \cdot m^{-2}}$，眼睛的反应都一样，$100\,\mathrm{cd \cdot m^{-2}}$ 和 $1000\,\mathrm{cd \cdot m^{-2}}$ 下光谱光视效率没什么不同；当亮度在 $10^{-6} \sim 10^{-2}\,\mathrm{cd \cdot m^{-2}}$ 之间时，人眼为暗视觉。在暗视觉

条件下，人眼光谱光视效率曲线峰值要向波长较短的方向移动，其最大灵敏度值一般在波长为507nm处（见图1-1）。普遍认为，明视觉的这种差别与人眼视网膜中两种视觉细胞的工作特性有关。视网膜是人眼感受光的部分，视网膜上分布两种细胞。一种是杆状细胞，主要分布在边缘部位；另一种是锥状细胞，主要分布在视网膜中央。两种细胞对光有不同的感受性，杆状体对光的感受很高，而锥状体对光的感受性很低。因此，在暗视觉下，只有杆状体工作，锥状体不工作；而在明视觉下，锥状体起主要作用。当亮度在$10^{-2} \sim 10 cd \cdot m^{-2}$时，杆状体和锥状体同时起作用，这种视觉状态称为中介视觉。

由于杆状体和锥状体光感的光谱灵敏度不同，杆状体的最大灵敏度在波长507nm处，这是暗视觉的峰值波长；锥状体的最大灵敏度在波长555nm处。这就是明视觉的峰值波长。这就是为什么在黄昏亮度较低时，我们感觉较短波长的蓝光和绿光很明亮，而在亮度很高的白天，波长较长的红光显得明亮。在战争时期，人们利用这种特性，使用红光而禁用蓝光来实行灯火管制。

在中介视觉情况下，由于锥状体和杆状体同时工作，而且不同亮度水平下两种细胞参与工作的程度不一样，所以没有一个固定的峰值波长，也无法应用一条线来表示光谱光视效率。道路照明的路面亮度一般不超过$10 cd \cdot m^{-2}$，正是在中介视觉的范围里，遵循中介视觉的一般规律。

锥状体虽然对光的感受性低，但只有它才能分辨颜色，所以，在昏暗的暗视觉条件下，由于锥状体不工作，人们感觉所有的东西都是蓝灰色的，而只有在感觉明亮的环境中，人们才能清楚地分辨出物体的五颜六色。

表1-1列举了明视觉和暗视觉两种光谱光视效率曲线的测量值。

明视觉和暗视觉光谱光视效率　　　　　　　　　　表1-1

波长λ (nm)	光谱光视效率 V(λ)	光谱光视效率 V'(λ)	波长λ (nm)	光谱光视效率 V(λ)	光谱光视效率 V'(λ)	波长λ (nm)	光谱光视效率 V(λ)	光谱光视效率 V'(λ)
380	0.00004	0.000589	520	0.710	0.935	660	0.061	0.0003129
390	0.00012	0.002209	530	0.862	0.811	670	0.032	0.0001480
400	0.0004	0.00929	540	0.954	0.650	680	0.017	0.0000715
410	0.0012	0.03484	550	0.995	0.481	690	0.0082	0.00003533
420	0.0040	0.0966	560	0.995	0.3288	700	0.0041	0.00001780
430	0.0116	0.1998	570	0.952	0.2076	710	0.0021	0.00000914
440	0.023	0.3281	580	0.870	0.1212	720	0.00105	0.00000478
450	0.038	0.455	590	0.757	0.0655	730	0.000052	0.000002546
460	0.060	0.567	600	0.631	0.03315	740	0.00025	0.000001379
470	0.091	0.676	610	0.503	0.01593	750	0.00012	0.000000760
480	0.139	0.793	620	0.381	0.00737	760	0.00006	0.000000425
490	0.208	0.904	630	0.265	0.003335	770	0.00003	0.0000004213
500	0.323	0.982	640	0.175	0.001497	780	0.000015	0.0000001390
510	0.503	0.997	650	0.107	0.0000677			

1.1.2 视觉适应

在变化的各种亮度、光谱分布、视角的刺激下,视觉系统会相应地做出调整以适应这种改变,这种调整就是视觉适应(visual adaptation)它可分为明适应和暗适应。

视觉系统的适应高于几坎德拉每平方米亮度的变化过程和最终状态称为明适应;视觉系统的适应低于百分之几坎德拉每平方米亮度的变化过程和最终状态称为暗适应。

明视觉和暗视觉是锥状细胞和杆状细胞各为主辅的视觉,视觉系统的适应过程也包含了这两种细胞工作转换过程,除此之外,也包含了眼睛瞳孔大小的变化。

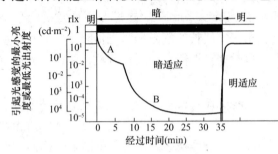

图1-4 明适应与暗适应

图1-4中的曲线表达了一个白色试标在短时间内达到能被看出的程度所需要的最低亮度界限(称为亮度阈值)的变化所需亮度越低,表示视觉系统感受性越强;所以亮度越高,表示视觉系统的感受性越低。由图示可见,暗适应所需时间较长,而且在适应过程中视觉系统感受性的增长也不是一成不变的;明适应的速度则要快很多,由于本来在较暗的亮度下,视觉系统工作于感受性较强的状态,突然来到高亮度环境,瞳孔缩小,杆状体退出工作而锥状体开始工作,该过程比相反过程来得更快,视觉系统感受性迅速降低,很快趋于稳定。

如果视场内明暗急剧变化,眼睛不能很快适应,就会造成视力下降。视力也叫视觉敏锐度,表示人眼睛能识别细小物体形状到什么程度。当眼睛能把两个非常接近的点区别开来(处于人眼达到刚能识别与不能识别的临界状态),这两点与人眼之间连线所构成的夹角称为视角 θ,以弧分(1/60 弧度)为单位,视角 θ 的倒数 $1/\theta$,即称为视觉敏锐度(visual adaptation,即视力)。视力随亮度的提高而提高,还与被识别物体周围的环境亮度有关。由于视场亮度急剧变化而造成的视力下降,通常可由减缓亮度变化速度、满足视觉适应所需时间而加以改善。例如,在隧道入口处需作一段由明到暗的过渡照明,以保证一定的视力要求;而由于明适应时间要求短,所以在隧道出口处的照明处理要相对简单得多。

1.1.3 可见度与眩光

眼睛能够辨别背景(指与被观察对象直接相邻并被观察的表面)上的被观察对象(背景上的任何细节),必须满足任一条件:要么对象与背景颜色不同,要么对象与背景亮度不同,即要有一定的对比:颜色对比或亮度对比。

背景亮度 L_b 和被观察对象亮度 L_0 之差与背景亮度之比称为亮度对比 C,即

$$C = (L_b - L_0)/L_b = \Delta L/L_b \tag{1-2}$$

人眼开始能识别对象与背景最小亮度的差称为亮度差别阈限,又称临界亮度差别阈限,即

$$\Delta L_t = (L_b - L_0)_t \tag{1-3}$$

亮度差别阈限与背景亮度之比称为临界亮度对比 C_t，即
$$C_t = \Delta L_t/L_b = (L_b - L_0)_t/L_b \tag{1-4}$$

临界亮度对比 C_t 的倒数称为对比敏感度 S_c 或叫对比灵敏度，可以用来评价人眼辨别亮度差别的能力，为
$$S_c = 1/C_t = L_b/\Delta L_t \tag{1-5}$$

对比敏感度愈大的人能辨别愈小的亮度对比，或者说，在一定的亮度对比下辨别对象愈清楚。在理想情况下，视力好的人的临界对比度约为 0.01，即对比敏感度达到 100。由 1-5 式可见，要提高对比敏感度，就要提高背景亮度。

人眼确认物体存在或形状的难易程度称为可见度（visibility），也叫能见度或视度。在室内应用时，它用对象与背景的实际亮度对比 C 与临界对比 C_t 之比描述，用符号 V 表示，即
$$V = C/C_t = L_b/\Delta L_t \tag{1-6}$$

在室外应用时，以人眼恰可看到标准目标的距离定义。

虽然人眼识别对象要求一定的亮度对比，但是，如果亮度对比过于极端，或视野中的亮度分布或亮度范围不适宜，以至于引起不舒适感觉或降低观察细部或目标的能力，这样的视觉现象统称为眩光（glare），按其评价方法对视觉的影响不同，分为不舒适眩光和失能眩光。

无论是不舒适眩光还是失能眩光，都有直接和间接之分。直接眩光是由观察者视场中的明亮的发光体（如灯具）引起的；而观察者在光泽表面中看到发光体的像时，则会产生间接眩光。

光源的光经光泽面或半光泽面反射进入观察者的眼睛，轻微的会使人心神烦乱，严重的则使人深感不舒服。当这种反射发生在作业物上时，称为光幕反射；而当这种反射发生在作业周围时，常称为反射眩光。光幕反射除了产生干扰以外，还会降低作业对比度，使眼睛观察的能力减弱。

眩光使视觉功能降低的机理可以这样来理解：由眩光源来的光在视网膜方向上散射，形成一个明亮的光幕，叠加在清晰的场景像上，这个光幕具有一个等价光幕亮度 L_t，其作用相当于使背景亮度增加，对比度下降。

在一般照明实践中，不舒适眩光是更常见的问题，而且随着时间的推移，不舒适的感觉还要增强，造成紧张和疲劳后而我们将要讨论如何控制不舒适眩光的问题，实际上这些措施对减少失能眩光也同样有用。

示范题
单选题
1）在明亮的环境条件下，人对下列何种波长的光最敏感？（　　）
A. 507nm　　　　B. 555nm　　　　C. 380nm　　　　D. 780nm
答案：B
2）当人从一个明亮的环境突然进入一暗环境后则需要过一段时间才能看清物体的现象称为什么？（　　）

A. 明适应　　　B. 暗适应　　　C. 明视觉　　　D. 暗视觉

答案：B

多选题

下面关于光的阐述哪几个是正确的？（　　）

A. 光是以电磁波传播的辐射能
B. 可见光的波长范围为 257～780nm
C. 自然界的光包含可见光、紫外线、红外线
D. 能被人感知的光为可见光
E. 红外线波长 100～380nm 之间

答案：A、C、D

判断题

光谱光视效率曲线是描述光源特性的一种曲线。（　　）

答案：错

1.2　光的特性

※1.2.1　光的反射、透射和吸收比

光线如果不遇到物体时，总是按直线方向行进，当遇到某种物体时，光线或被反射，或被透射，或被吸收。当光投射到不透明的物体上时，光通量的一部分被吸收，另一部分则被反射；当光投射到透明物体上时，光通量则被透射。

在入射辐射的光谱组成、偏振状态和几何分布给定的条件下，漫射材料对光的反射、透射和吸收介质，在数值上可用相应的系数表示。即

反射比　　　　　　　　　　　　　$\rho = \dfrac{\Phi_\rho}{\Phi_t}$　　　　　　　　　　　　　(1-7)

透射比　　　　　　　　　　　　　$\tau = \dfrac{\Phi_\tau}{\Phi_t}$　　　　　　　　　　　　　(1-8)

吸收比　　　　　　　　　　　　　$\alpha = \dfrac{\Phi_\alpha}{\Phi_t}$　　　　　　　　　　　　　(1-9)

式中，Φ_t 为投射到物体材料表面的光通量；Φ_ρ 为 Φ_t 之中被物体材料反射的光通量；Φ_τ 为 Φ_t 之中被物体材料透射的光通量；Φ_α 为 Φ_t 之中被物体材料吸收的光通量。

根据能量守恒定律，则有

$$\rho + \tau + \alpha = 1 \quad (1\text{-}10)$$

表 1-2 列出各种材料的反射比和吸收比。灯具使用反射材料的目的，是把光源的光反射到需要照明的方向上。这样，反射面就成为二次发光面。为提高效率，一般宜采用反射比较高的材料。

各种材料的反射比与吸收比　　　　　　　　表1-2

	材料	反射比	吸收比
规则反射	银	0.92	0.08
	铬	0.65	0.35
	铝（普通）	0.60～0.73	0.27～0.40
	铝（电解抛光）	0.75～0.84（光亮），0.62～0.70（亚光）	
	镍	0.55	0.45
	玻璃镜	0.82～0.88	0.12～0.18
漫反射	硫酸钡	0.95	0.05
	氧化镁	0.975	0.025
	碳酸镁	0.94	0.06
	氧化亚铅	0.87	0.13
	石膏	0.87	0.13
	无光铝	0.62	0.38
	铝喷漆	0.35～0.40	0.65～0.60
建筑材料	木材（白木）	0.40～0.60	0.60～0.40
	抹灰、白灰粉刷墙壁	0.75	0.25
	红砖墙	0.30	0.70
	灰砖墙	0.24	0.76
	混凝土	0.25	0.75
	白色瓷砖	0.65～0.80	0.35～0.20
	透明无色玻璃（1～3mm）	0.08～0.1	0.01～0.03

1.2.2　光的反射类型

当光线遇到非透明物体表面时，一部分光被反射，一部分光被吸收。光线在镜面和扩散面上的反射有以下几种类型。

（1）规则反射

在研磨很光的镜面上，光的入射角等于反射角，反射光线总是在入射光线和法线所决定的平面内，并与入射光分处在法线两侧，称为反射定律，如图1-5所示。在反射角以外，人眼是看不到反射光的，这种反射称为规则反射（regular reflection），亦称为镜面反射（specular reflection）。它常用来控制光束的方向，灯具的反射罩就是利用这一原理制作的，但一般由比较复杂的曲面构成。

（2）散反射

当光线从某方向入射到经散射处理的铝板、经涂刷处理的金属板或毛面白漆涂层时，反射光向各个不同方向散开，但其总的方向是一致的（见图1-6），其光束的轴线方向仍遵守反射定律，这种光的反射称为散反射（spread reflection）。

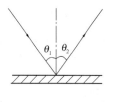

图1-5　规则反射

（3）漫反射

光线从某方向入射到粗糙表面或涂有无光泽镀层的表层时，光线被分散在许多方向，在宏观上不存在规则反射，这种光的反射称为漫反射（diffuse reflection）。当反射遵守朗伯（Lambert）余弦定律，即向任意方向的光强 I_θ 与所成的角度 θ 的余弦成正比：$I_\theta = I_0\cos\theta$，而与光的入射方向无关，从反射的各个方向看去，其亮度均相同，这种光的反射称为各向同性漫反射,如图 1-7。

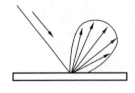
图 1-6　散反射

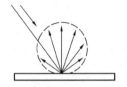
图 1-7　各向同性漫反射

(4) 混合反射 (mixed reflection)

光线从某方向入射到瓷釉或带高度光泽的漆层上时,规则反射和漫反射兼有,如图 1-8 所示在定向反射方向上的发光强度比其他方向上的要大得多,且最大亮度,在其他方向上也有一定数量的反射光,而其亮度分布是不均匀的。

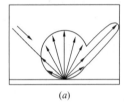
(a)

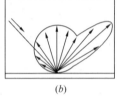
(b)

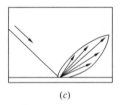
(c)

图 1-8　混合反射
(a) 漫反射与镜面反射混合;(b) 漫反射与散反射混合;(c) 镜面反射与散反射混合

1.2.3　光的折射、全反射与透射

(1) 折射

光在真空中的传播速度为 $3\times10^5 \mathrm{km \cdot s^{-1}}$,在空气中约降低 $6\sim7\mathrm{km \cdot s^{-1}}$。在玻璃、水或其他透明物质内传播时,其速度就显著降低了。那些使光速减小的介质称为光密物质,而使光传播速度增大的介质则称为光疏物质。

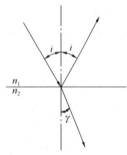

图 1-9　光的折射与反射

光从第一种介质进入第二种介质时,若倾斜入射,则在入射面上有反射光,而进入第二种介质时有折射光,如图 1-9 所示。在两种介质内,光速不同,折射角 r 与入射角 i 也不等,因而呈现光的折射 (refraction)。不论入射角怎样变化,入射角与折射角的正弦之比是一个常数,这个比值称为折射率,即

$$n_{21} = \frac{\sin i}{\sin \gamma} \tag{1-11}$$

光从真空中射入某种介质的折射率称为这种介质的绝对折射率。由于光从真空射到空气中时,光速变化甚小,因此可以认为空气的折射率 n 近似于 1。在其他物质内,光的传播速度变化较大,其绝对折射率均大于 1。为此,一般可近似将由空气中射入某种介质的折射率称为这一介质的折射率。若两种不同介质的折射率分别为 n_1 及 n_2,光由第一种介质进入第二种介质时,还有下列关系式,为

$$n_{21} = \frac{\sin i}{\sin \gamma} = \frac{n_2}{n_1}$$

或 $n_1 \sin i = n_2 \sin \gamma$ (1-12)

图 1-10 所示为光透射和折射的情况。图中 θ_1 为入射角，θ_2 为折射角。光在平行透射材料内部折射时，入射光与透射光的方向不变；而在非平行透射材料中折射后，透射光出射方向有所改变。这种折射原理常用来制造棱镜或透镜。

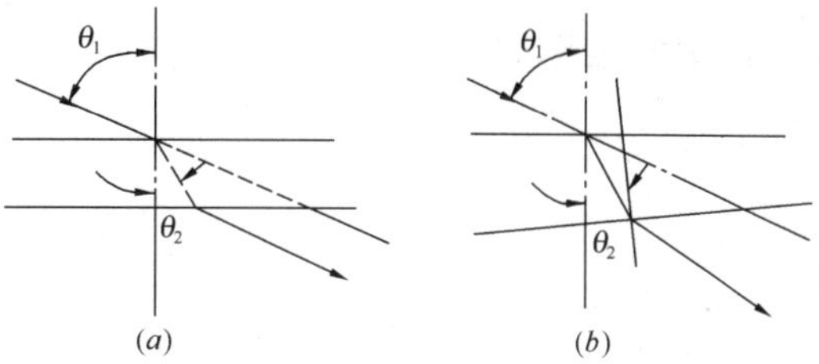

(2) 全反射

图 1-10 光的折射与透射
(a) 平行透射材料；(b) 非平行透射材料

在光线由光密物质射向光疏物质时，如图 1-11 所示，$n_1 > n_2$，此时入射角 i 小于折射角 γ。当入射角未达到 90°时，折射角已达到 90°，继续增大入射角，则光线全部回到光密物质内，不再有折射光，这种现象称为全反射（full reflection）。利用它获得不损失光的反射表面。

光不再进入光疏介质时的入射角称为临界入射角，用 A 表示，由下式计算。

$$\sin A = \frac{n_2}{n_1}$$

或 $A = \arcsin \dfrac{n_2}{n_1}$ (1-13)

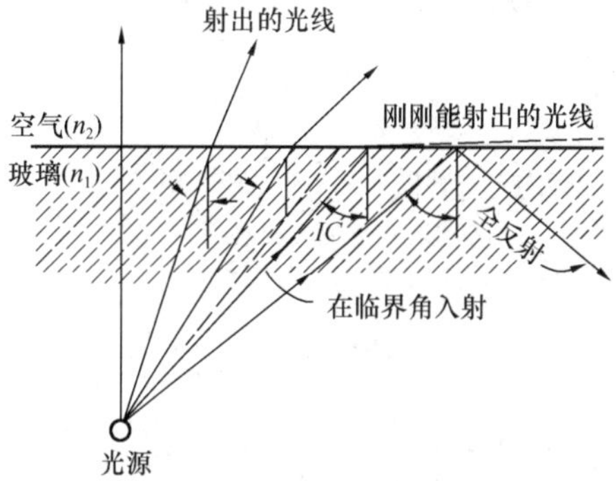

水的临界角为 48.5°，各种玻璃的临界角约为 30°~42°。全反射原理在光导纤维和装饰、广告照明中广泛应用。

光线由光疏介质射向光密介质时，不会发生全反射现象。

(3) 光的透射

光入射到透明或半透明材料表面时，一部分被反射，一部分被吸收，大部分可以透射（transmission）过去。例如光在玻璃表面垂直入射时，入射光在第一面（入射面）反射 4%，在

图 1-11 光的全反射

第二面（透过面）反射 3%~4%，被吸收 2%~8%，透射率为 80%~90%。由于透射材料的品种不同，透射光在空间分布的状态有以下几种。

a. 规则透射。当光线照射到透明材料上时，透射光是按照几何光学的定律进行透射，这就是规则透射（regular transmission），如图 1-12 所示，其中，图 (a) 为平行透光材料（图中为平板玻璃），透射光的方向与原入射光方向相同，但有微小偏移；图 (b) 为非平行透光材料（图中为三棱镜），透射光的方向由于光折射而改变了原方向。

b. 散透射。当光线穿过散透射材料（如磨砂玻璃）时，在透射方向上的发光强度较大，在其他方向上发光强度较小，表面亮度也不均匀，透射方向较亮，其他方向较弱，这种情况称为散透射（spread transmission），亦称为定向扩散透射，如图 1-13 所示。

c. 漫透射。当光线照射到散射性好的透光材料上时（如乳白玻璃等）。透射光将向所有的方向散开并均匀分布在整个半球空间内，这称为漫透射（diffuse transmission）。如透射光服从朗伯定律，即发光强度按余弦分布，亮度在各个方向上均相同时，则称为均匀漫透射或完全漫透射，如图 1-14 所示。

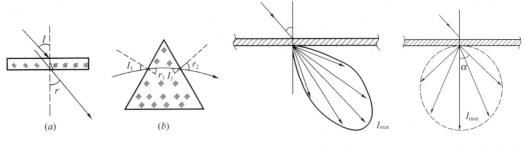

图 1-12　规则透射　　　　图 1-13　散透射　　　　图 1-14　均匀漫透射

d. 混合透射。当光线照射到透射材料上，其透射特性介于规则透射与漫透射（或散透射）之间的情况，称为混合透射（mixed transmission）。

图 1-15 所示为几种材料样品的透射与反射情况。

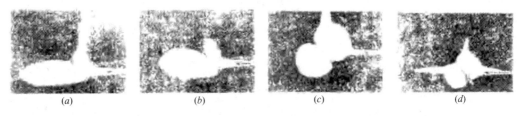

图 1-15　几种材料样品的透射
（a）在毛玻璃样品的光滑面入射时的散透射；（b）在毛玻璃样品的粗糙表面入射时的散透射；
（c）光入射于乳白玻璃或白色塑料板所形成的漫透射；（d）光通过乳白玻璃时的混合透射

※1.2.4　亮度系数

研究证明在漫反射的情况下，反射光的光强空间分布是一个圆球，并且在反射面与光线的入射点相切，与反射光的方向无关。发光强度可用下式表达，即

$$I_\alpha = I_{max}\cos\alpha \tag{1-14}$$

式中，I_α 为与反射面的法线成 α 角时的发光强度；I_{max} 为沿反射面的入射点法线方向的发光强度，是发光强度的最大值。

在漫反射的条件下，表面的亮度对各个方向均是相同的，现证明如下：

根据亮度的定义，在任意给定方向的亮度为

$$L_\alpha = \frac{I_\alpha}{dA\cos\alpha} \tag{1-15}$$

将（1-14）式代入（1-15）式，则有

$$L_\alpha = \frac{I_{max}\cos\alpha}{dA\cos\alpha} = \frac{I_{max}}{dA} = L \tag{1-16}$$

由（1-16）式可知，任一方向的亮度 L_α 都是一样的数值。

漫反射时，反射的光通量 Φ_ρ 应为

$$\Phi_\rho = \int d\Phi_\rho = \int I_\alpha d\omega$$

由于在漫反射条件下，反射光的发光强度的空间分布是一个圆球，因此

$$\Phi_\rho = 2\pi \int_0^{\frac{\pi}{2}} I_{max} \cos\alpha \sin\alpha d\alpha = \pi I_{max} \tag{1-17}$$

又根据反射比的定义，漫反射材料的反射比 ρ 可表达为

$$\rho = \frac{\Phi_\rho}{\Phi_t} = \frac{\pi I_{max}}{EdA} = \frac{\pi L dA}{EdA} = \frac{\pi L}{E} \tag{1-18}$$

由上式，可得漫反射面的亮度和照度关系式为

$$L = \frac{\rho E}{\pi} \tag{1-19}$$

式中，Φ_ρ 为反射光通量（lm）；Φ_t 为入射光通量（lm）；L 为漫反射面的光通量（cd·m^{-2}）；E 为漫反射面的照度（lx）。

反射系数等于 1 的漫反射面称为理想漫反射面，理想漫反射面的亮度 L_0 可从（1-18）式得出

$$L_0 = \frac{\rho E}{\pi} = \frac{E}{\pi} \tag{1-20}$$

亮度系数（luminance factor）定义为反射面（或投射光）表面在某一方向的亮度 L_α 与受到同样照度的理想漫反射表面的亮度 L_0 之比，用符号 γ 表示为

$$\gamma = \frac{L_\alpha}{L_0} = \frac{I_\alpha}{E/\pi} = \frac{L_\alpha}{E}\pi \tag{1-21}$$

因为，π 是个常量，所以

$$L_\alpha = \gamma L_0 = \gamma \frac{E}{\pi} \tag{1-22}$$

(1-21)式在照明工程计算中有其实用价值。

比较（1-19）式和（1-21）式，具有漫反射特性的表面，其亮度系数等于反射比。

漫透射与漫反射相似，其透射光的分布特性与照射光的方向无关，其表面的亮度对于各个方向均相同，而其亮度系数等于透射比。

1.2.5 材料的光谱特征

材料表面具有选择性地反射光通量的性能，即对于不同波长的光，其反射性能也不同。这就是在太阳光照射下物体呈现各种颜色的原因。可应用光谱反射比 ρ_λ 这一概念来说明材料表面对于一定波长光的反射特性。光谱反射比 ρ_λ 是物体反射的单色光通量 $\Phi'_{\lambda\rho}$ 对于入射的单色光通量 $\Phi_{\lambda t}$ 之比，即

$$\rho_\lambda = \frac{\Phi'_{\lambda\rho}}{\Phi_{\lambda t}} \tag{1-23}$$

图 1-16 是几种颜料的光谱反射比 $\rho_\lambda = f(\lambda)$ 的曲线，由此可见，这些有色彩的表面若

在和其色彩相同的光谱区域内，则有最大的光谱反射比。

通常所说的反射比 ρ 是对色温为 5500 K 的白光而言。

同样，透射性能也与入射光的波长有关，即材料的透射光也具有光谱选择性，用光谱透射比 τ_λ 表示。光谱透射比是透射的单色光通量 $\Phi_{\lambda\tau}$，对于入射的单色光通量 $\Phi_{\lambda t}$ 之比，即

$$\tau_\lambda = \frac{\Phi_{\lambda\tau}}{\Phi_{\lambda t}} \quad (1-24)$$

而通常所说的透射比 τ 是对色温为 5500K 的白光而言。

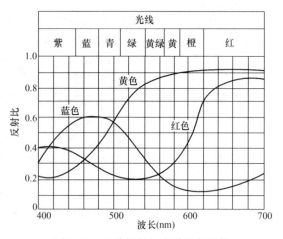

图 1-16 几种颜料的光谱反射系数

示范题

单选题

1) 当光线照射到一种透光材料上，透射光向所有的方向散开，且亮度在各个方向上相同时，这种材料的透光称为什么透射？（　　）

A. 漫透射　　　B. 规则透射　　　C. 混合透射　　　D. 全透射

答案：A

2) 影响材料反射比的因素是什么？（　　）

A. 材料表面的光泽度　　　　　　B. 材料表面色彩

C. 光的散射度　　　　　　　　　D. 材料表面的散射度

答案：B

多选题

混合反射是哪两种反射的混合？（　　）

A. 漫反射与全反射　　　　　　　B. 漫反射与散反射

C. 漫反射与镜面反射　　　　　　D. 镜面反射与散反射

E. 镜面反射与全反射

答案：B、C、D

※1.3　照明的基本概念

1.3.1　光通量

光通量（luminous flux）是指单位时间内辐射能量的大小。它是根据人眼对光的感觉来评价的。例如，一只 200W 的白炽灯比一只 100W 的白炽灯要亮得多，也就是说发出光的量多，我们称光源发出光的量为光通量。

光通量一般就视觉而言，即辐射体发出的辐射通量按 $V(\lambda)$ 曲线的效率被人眼所接受，若辐射体的光谱辐射通量为 $\Phi_{e\lambda}$，则其光通量 Φ 的表达式为

$$\Phi = K_m \int_{380}^{780} \Phi_{e\lambda} V(\lambda) d\lambda \tag{1-25}$$

式中，K_m 为最大光谱光效能，683lm·W^{-1}（λ=555nm），$V(\lambda)$ 为明视觉的光谱光视效率；$\Phi_{e\lambda}$ 为光谱辐射通量，即在给定波长为 λ 的附近无限小范围内，单位时间内发出辐射能量的平均值，单位为 W·(nm)$^{-1}$。辐射通量也称辐射功率；Φ 为光通量（lm）。

光通量的单位是流明（lm）。在国际单位制和我国法定计量单位中，它是一个导出单位。1lm 是发光强度为 1cd 的均匀点光源在 1sr（球面度）内发出的光通量。

在照明工程中，光通量是说明光源发光能力的基本量。例如，一只 220V 40W 的白炽灯发射的光通量为 350lm，而一只 220V36W 6200 K（T8 管）荧光灯发射的光通量为 2500lm，为白炽灯的 7 倍。

1.3.2 发光强度

由于辐射发光体在空间发出的光通量不均匀，大小也不相等，故为了表示辐射体在不同方向上光通量的分布特性，需引入光通量的角（空间的）密度概念。

如图 1-17 所示，S 为点状发光体，它向各个方向辐射光通。若在某方向上取微小立体角 $d\omega$，在此立体角内所发出的光通量为 $\Phi_{d\omega}$，则两者的比值即为该方向上的发光强度（光强，luminous intensity）I，即

$$I = \frac{\Phi_{d\omega}}{d\omega} \tag{1-26}$$

若光源辐射的光通量 Φ_ω 是均匀的，则在立体角 ω 内的平均光强 I 为

$$I = \frac{\Phi_\omega}{\omega} \tag{1-27}$$

立体角的定义是任意一个封闭的圆锥面内所包含的空间。立体角的单位为球面度（sr），即以锥顶为球心，以 r 为半径作一圆球，若锥面在圆球上截出面积 A 为 r^2，则该立体角即为一个单位立体角，称为球面度，其表达式为

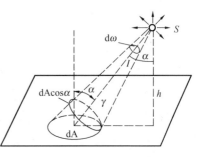

图 1-17 点光源的发光强度

$$\omega = \frac{A}{r^2} \tag{1-28}$$

而一个球体度包含 4π 球面度。

发光强度的单位是坎德拉（cd），也就是过去的烛光（candle-power）。数量上，1cd=1lm·sr^{-1}。

坎德拉是国际单位制和我国法定单位制的基本单位之一。其他光度量单位都是由坎德拉导出的。1979 年 10 月第 16 届国际计量大会通过的坎德拉重新定义为：一个光源发出频率为 540×10^{12}Hz 的单色辐射（对应于空气中波长为 555nm 的单色辐射），若在一定方向上的辐射强度为 1/683 W·sr^{-1}，则光源在该方向上的发光强度为 1cd。

发光强度常用于说明光源或灯具发出的光通量在空间各方向或在选定方向上的分布密度。例如，一只 220V 40W 白炽灯发出 350lm 的光通量，它的平均光强为 $350/4\pi=28$cd。若在该灯泡上面装一盏白色搪瓷平盘灯罩，则灯正下方的发光强度能提高到 70~80cd；如果配上一个聚焦合适的镜面反射罩，则灯下方的发光强度可以高达数百坎德拉。而在后两种情况下，灯泡发出的光通量并没有变化，只是光通量在空间的分布更为集中，相应的发光强度也提高了。

1.3.3 照度

照度（illuminance）是用来表示被照面上光的强弱，以被照场所光通的面积密度来表示。表面上一点的照度 E 是入射光通量 $\mathrm{d}\Phi$ 与该面元面积 $\mathrm{d}A$ 之比，即

$$E = \frac{\mathrm{d}\Phi}{\mathrm{d}A} \tag{1-29}$$

对于任意小的表面积 A，若入射光光通量为 Φ，则在表面积 A 上的平均照度 $\overline{E}$ 为

$$\overline{E} = \frac{\Phi}{A} \tag{1-30}$$

照度的单位为勒克司（lx）。1lx 即表示在 1m² 的面积上均匀分布 1lm 光通量的照度值。或者是一个光强为 1cd 的均匀发光的点光源，以它为中心，在半径为 1m 的球面上，各点所形成的照度值。

照度的单位除了勒克司（lx）外，在北美地区使用烛光英尺（fc），1fc=10.76lx。在工程上还曾经用过辐透（ph）、毫辐透（mph）。

1lx 的照度是比较小的，在此照度下仅能大致地辨认周围物体，要进行区别细小零件的工作则是不可能的。为了对照度有些实际概念，现举几个例子：晴朗的满月夜地面照度约为 0.21lx；白天采光良好的室内照度为 100~500lx；晴天空外太阳散射光（非直射）下的地面照度约为 1000 lx；中午太阳光照射下的地面照度可达 100000lx。

照度的平方反比定律和余弦定律点光源在距离光源为 r 的平面上的照度 E，可由 (1-26)式和（1-29）式消去 $\mathrm{d}\Phi/\mathrm{d}A$ 求得

$$E = \frac{\mathrm{d}\Phi}{\mathrm{d}A} = \frac{I\mathrm{d}\omega}{\mathrm{d}A} \tag{1-31}$$

根据图 1-17 可知 $\mathrm{d}\omega = \mathrm{d}A\cos\alpha/r^2$。

将 $\mathrm{d}\omega$ 代入（1-31）式，即得

$$E = I\cos/r^2 \tag{1-32}$$

(1-32) 式就是点光源照度的平方反比定律和余弦定律。

1.3.4 光出射度

具有一定面积的发光体，其表面上不同点的发光强弱可能是不一致的。为表示这个辐射光通量的密度，可在表面上任取一微小的单元面积 $\mathrm{d}A$。如果它发出的光通量为 $\mathrm{d}\Phi$，则该单元面积的平均光出射度（luminousexitance）M 为

$$M = \frac{\mathrm{d}\Phi}{\mathrm{d}A} \tag{1-33}$$

对于任意大小的发光表面 A，若发射的光通量为 Φ，则表面 A 的平均光出射度（出光度）M 为

$$M = \frac{\Phi}{A} \tag{1-34}$$

可见，光出射度就是单位面积发出的光通量，单位为辐射勒克司（rlx），1rlx 等于 1rlm·m^{-2}。光出射度和照度具有相同的量纲，其区别在于光出射度是表示发光体发出的光通量表面密度，面照度则表示被照物体所接受的光通量表面密度。

对于因反射或透射而发光的二次发光表面，其出射度是

$$\text{反射发光 } M = \rho E \tag{1-35}$$
$$\text{透射发光 } M = \tau E \tag{1-36}$$

式中，ρ 为被照面的反射系数（反射比）；τ 为被照面的透射系数透射比；E 为二次发光面上被照射的照度。

1.3.5 亮度

光的出射度只表示单位面积上发出光通量的多少，没有考虑光辐射的方向，不能表征发光面在不同方向上的光学特性。如图 1-18 所示，在一个光源上取一个单元面积 dA，从与表面法线成 θ 角的方向上观察，在这个方向上的光强与人眼所"见到"的光源面积之比，定义为光源在该方向的亮度（lummance）。由图 1-18 得到的光源面积 dA' 及亮度 L_θ 为

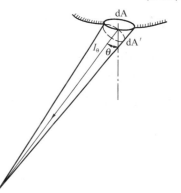

图 1-18 光源一个单元面积上的亮度

$$\mathrm{d}A' = \mathrm{d}A\cos\theta \tag{1-37}$$

$$L_\theta = \frac{\mathrm{d}\Phi}{\mathrm{d}\omega A\cos\theta} = \frac{I_\theta}{\mathrm{d}A\cos\theta} \tag{1-38}$$

式中，θ 为面积单元 dA 的法线与给定方向之间的夹角。

亮度的单位为坎德拉每平方米（尼特）（cd·m^{-2}）。

如果 dA 是一个理想的漫射发光体或理想漫反射表面的二次发光体，它的光强将按余弦分布（见图 1-19）。

将 $I_\theta = I_0 \cos\theta$ 代入（1-38）式得

$$L_\theta = \frac{I_0 \cos\theta}{\mathrm{d}A\cos\theta} = \frac{I_0}{\mathrm{d}A} = L_0 \tag{1-39}$$

则亮度 L_θ 与方向无关，常数 L_0 表示从任意方向看，亮度都是一样的。对于完全扩散的表面，光出射度 M 与亮度 L 的关系为

$$M = \pi L_0 \tag{1-40}$$

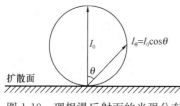

图 1-19 理想漫反射面的光强分布

表 1-3 所示为各种光源的亮度。

1.3.6 光效

光效（发光效率的简称）是指一个光源所发出的光通量 Φ 与光源消耗的电功率 P_t 之比，由于光源的电功率并不全部变成可见光，其中有相当一部分变成其他形式的能量，故光效 η 为

各种光源的亮度　　表 1-3

光源	亮度（cd·m^{-2}）
太阳	1.6×10^9
碳极弧光灯	$1.8 \times 10^8 \sim 12 \times 10^8$
钨丝灯	$2.0 \times 10^6 \sim 20 \times 10^6$
荧光灯	$0.5 \times 10^4 \sim 15 \times 10^4$
蜡烛	$0.5 \times 10^4 \sim 1.0 \times 10^4$
蓝天	0.8×10^4
电视屏幕	$1.7 \times 10^2 \sim 3.5 \times 10^2$

$$\eta = \frac{\Phi}{P_t} = \frac{K_m \int_{380}^{780} \Phi_{e\lambda} V(\lambda) d\lambda}{P_t} \quad (1\text{-}41)$$

式中，η 的单位是 lm·W^{-1}。

1.3.7 色温

各种光源发出的光，由于光谱功率分布的差异，显现出不同的颜色。人们经过混色试验发现，所有颜色的光都可以由某 3 种单色光按一定比例混合而成，国际照明委员会（CIE）据此建立了色坐标系统，3 种单色光就称为三原色。

1931 年国际照明委员会（CIE）规定，RGB 系统的三原色波长分别为 700.0nm（R）、546.1nm（G）和 435.8nm（B），后来为便于计算，又规定了 XYZ 系统，该系统采用虚拟三原色（X）、（Y）和（Z）分别代表红、绿、蓝原色，任一种颜色的光（C）可以表示为

$$C = X(X) + Y(Y) + Z(Z) \quad (1\text{-}42)$$

式中，X, Y, Z 称为三色刺激值，它们可以计算出来。而色坐标由它们的相对值决定，即

$$x = X/(X+Y+Z)$$
$$y = Y/(X+Y+Z)$$
$$z = Z/(X+Y+Z)$$

且

$$x + y + z = 1 \quad (1\text{-}43)$$

可见，知道 x, y 的值，就可以知道 z 的值，所以可以用图 1-20 来表示光的色度。图中，舌形曲线表示 380～780nm 的单色光轨迹，连接曲线两端的直线代表标准紫色。图当中一条弯曲的线代表各种温度下黑体辐射的色度坐标 (x, y) 的轨迹。

从光源的光谱能量分布和颜色。可以引入色温这个表示光源颜色的量。当光源所发出的光的颜色与黑体在某一温度下辐射的颜色相同时，黑体的温度就

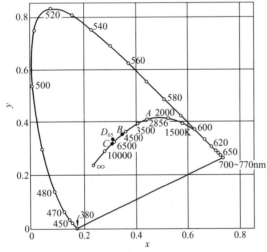

图 1-20　xy 色度图

称为该光源的颜色温度 T_2，简称色温（color temperature），用绝对温标表示。

对于某些光源（主要是线光谱较强的气体放电光源），它发射的光的颜色和各种温度下的黑体辐射的颜色都不完全相同（色坐标有差别），这时就不能用一般的色温概念来描述它的颜色，但是为了便于比较，还是用了相关色温的概念。若光源发射的光与黑体在某一温度辐射的光颜色最接近，即在均匀色度图上的色距离最小，则黑体的温度就称为该光源的相关色温（CCT）。显然用相关色温表示颜色是比较粗糙的，但它在一定程度上表达了颜色。

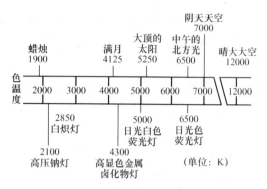

图 1-21　各种光的色温值

在图 1-21 中也标明了部分光源的色温。

1.3.8　显色性

作为照明光源，除了要求高的光效、合适的色温外，还希望它对颜色的还原性能要好，也就是说各色物体被光照后的颜色效果与它在标准光源下被照时一样，就说明光源的显色性好。

光源的显色性用显色指数 R_a 表示。光源的显色性由其辐射光谱决定，越窄的光谱范围，显色性越差，如单一波长的单色光低压钠灯。日光包含全部可见光谱，其显色性就好。不同物体在日光下之所以呈现不同颜色，是因为它们将不同于自身颜色波长的光全部吸收，而将与自身颜色相同的波长的光反射出来，就呈现该颜色。如果将蓝色的物体放在单一的黄色光下，由于没有蓝色光可反射，物体就会呈现黑色，这就是在低压钠灯下的效果。

1.4　照明度量之间的关系

1.4.1　光通量与光强

对于均匀辐射的物体来讲，任何方向的光强也就是光分布都是均匀的，光强等于光通量除以 4π，即

$$I = \Phi/4\pi$$

例如，一只 200lm 的白炽灯，安装在球形乳白色玻璃罩内，其透光率为 0.9，四周各个方向的光强均为：

$$200 \times 0.9/4\pi = 143 \text{cd}$$

上面的公式只适用于光源在空中各个方向有同等的光强。

1.4.2　光通量与平面照度

对于被照面而言，常用落在其单位面积上的光通量多少来衡量它被照射的程度，称为

照度，符号为 E，表示被照面上的光通量密度，单位为 lx，1lx 照度等于 1lm 的光通量均匀分布在 1m² 的被照面上。平均照度的计算式为

$$E_{av} = \phi_{inc}/A$$

如果一个面积为 12m² 的表面，接受到 10000lm 光通量的照射，那么，平均照度就是

$$10000/12 = 833 lx$$

※1.4.3　光强与照度

（1）平方反比定律

平面中任意一点的照度等于与这个平面垂直方向上的光强除以光源至被照面距离的平方，即

$$E_p = I/d^2$$

例如，当一个点光源距工作面 3m 远时发出 100cd 的光强，此平面上的垂直点的照度为 $100/3^2 = 11 lx$。如果被照平面距光源 2m 远，其垂直点照度为 $100/2^2 = 25 lx$。

这个关系就是平方反差定律，即点光源对物体入射法线上的照度和距离的平方成反比。严格说来，这个定律只适用于点光源。在工程实践中，只要光源到计算点的距离大于光源尺寸的 3 倍，就可以近似地使用平方反比定律。如果是实验室的灯具测量，光源到计算点的距离要满足大于光源尺寸的 5～10 倍。

（2）余弦定律

平面中任意一点的照度（与光强方向不垂直）与那点方向的光源及被照面法线与入射光线的夹角 γ 的余弦成正比，与光源至计算点的距离 d 平方成反比。即

$$E_p = I\cos\gamma/d^2$$

以上就是余弦定律。

例如，一个点光源在距离 3m 处的平面一点处的光强为 1200cd，光的入射方向与平面法线方向成 60°，那么计算点的照度则为 $1200 \times \cos60°/3^2 = (1200 \times 0.5)/3^2 = 67 lx$。

（3）水平照度

将余弦定律公式中的光源到计算点的距离 d 用光源到上述平面的垂直距离 h 替换后，公式计算的结果就是水平照度 E_h。

$$E_h = I\cos\gamma/h^2$$

（4）垂直照度

将水平照度计算简图旋转 90°，就可计算垂直表面的照度。

下面就是计算点的垂直照度计算公式：

$$E_v = I\cos\gamma/d^2$$

为了方便应用，通常用光线入射方向与水平面法线的夹角 α 和光线入射面在水平面上的投影于垂直面法线的夹角 β 替换上式中的 γ 角，由此可以得到下式：

$$E_v = I\sin\alpha\cos^2\alpha\cos\beta/h^2$$

（5）半球面照度和半柱面照度

在计算点处无限小的半球面上的照度，称为半球面照度。计算公式如下：

$$E_v = I\cos^2\gamma(1+\cos\gamma)/4h^2$$

同理，在计算点处无限小的垂直半圆柱体曲面上的照度称为半圆柱面照度。计算公式如下：
$$E = I\sin\alpha\cos^2\alpha(1+\cos\beta)/\pi h^2$$
在实际工程中，半球面照度和半柱面照度主要用于步道和居住环境照明设计与计算中，因为人脸面部的曲面照度要比平面中一点的照度更具有意义。

1.4.4 光强与亮度

光源的表面亮度或光反射的表面亮度（二次光源）等于光强除以发光表面的面积。即
$$L = I/A$$
例如：一个管状的高压钠灯，发光部分的长度为100mm，直径为8mm，垂直于柱面的发光强度为4000cd。同样方向的放电灯管表面的亮度应为4000/（100×8）＝5cd/mm²＝5000000cd/m²。

示范题

单选题

1) 用来表示被照面上光强弱的度量单位是哪些？（　　）
A. 发光强度　　　B. 照度　　　C. 光通量　　　D. 亮度
答案：B

2) 距点光源1m处与光线方向垂直的被照面的照度为100lx 则距离为m米处的照度为多少？（　　）
A. 50lx　　　B. 100lx　　　C. 25lx　　　D. 1lx
答案：D

多选题

下述几种光源请指出光源亮度最亮的三种。（　　）
A. 钨丝灯　　　B. 荧光灯　　　C. 太阳　　　D. 碳极弧光灯
E. 蓝天
答案：A、C、D

判断题

1) 红光的色温比蓝光高。（　　）
答案：错

2) 平面中任意点的照度等于与这个平面垂直方向上的光强除以光源至被照面距离的平方。（　　）
答案：对

第 2 章 道路照明计算

2.1 照度计算

道路照明计算通常是路面上任意点的水平照度、平均照度、照度均匀度、任意点的亮度、亮度均匀度（包括总均度和纵向均匀度）、不舒适眩光和失能眩光的计算等。进行计算时，必须预先知道道路所选用灯具的光度数据，灯具的实际安装条件（安装高度、间距、悬挑长度、仰角及布灯方式）和道路的几何条件（道路的横断面及宽度、路面材料及其反光性能等）以及所采用的光源和功率等。

2.1.1 照度

根据等光强曲线图逐点计算照度，如图 2-1 所示，一个灯具在路面点上的照度为

$$E_P = \frac{I_{rc}}{h^2} \cdot \cos^3 \gamma \quad (2-1)$$

式中 I_{rc}——灯具指向 r 角和 c 角所确定的 P 点的光强；

r——高度角（或垂直角）；

c——水平角（或方位角）；

h——灯具安装高度。

若有 n 个灯具在 P 点上产生的总照度 E，则

$$E_P = \sum_{i=1}^{n} E_{pi} \quad (2-2)$$

一般路灯的光度参数图表给出的等光强曲线，可按 P 点所对应的 r、c 在曲线查得 I_{rc}，代入（2-1）即可求出一只路灯对 P 点产生的照度 E_P。如果有 n 只路灯（通常我们需要考虑周围 3~4 只即可），只要重复查表，由（2-2）式求出 P 点总的照度 E_P 值。

为了计算方便，往往作成等照度曲线。图 2-1 是一张 JTY-61 路灯（250W 高压钠灯）的等照度曲线，其横坐标是纵向距离与安装高度之比（s/h），纵坐标是横向距离与安装高度的比（ω/h），若计算点相对于每只灯的位置已确定，即可从图上直接读出该点的相对照度。于是该点照度的绝对值就可以以下式求得：

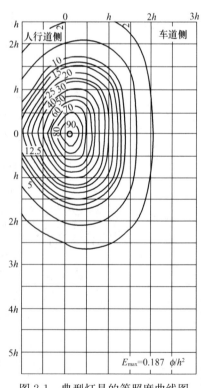

图 2-1 典型灯具的等照度曲线图

$$E_P = \frac{a\Phi}{h^{2s}} \sum e_p \qquad (2\text{-}3)$$

式中 E_P——各灯对 P 点产生的相对照度之和；
a——所用灯具特定的系数，在等照度图上给出；
e——路灯光源的光通量（lx）；
h——灯的安装高度（m）。

按式（2-1）和（2-3）计算的是初始照度，其维持照度还要计入维护系数。目前我国路灯等照度曲线的表达方式还不统一，使用时注意其编制的条件。

2.1.2 平均照度

当计算一部分路面上的照度时，我们可用下式得到这个面积上的平均照度 E_{av}：

$$E_{av} = \frac{\sum E_P}{m} \qquad (2\text{-}4)$$

式中，E_p 为路面上有规律分布的每个点的照度，m 为计算点的总数。很明显，所考虑的点愈多，计算出来的平均照度愈精确。

计算一条直的无限长的道路上的平均照度采用利用系数法，可以很方便地求出。
其计算公式为：

$$E_{av} = \frac{n \cdot \Phi_s \cdot U \cdot NK}{\omega \cdot S} \qquad (2\text{-}5)$$

式中 Φ_s——光源光通量（lx）；
n——每盏路灯中的光源数；
K——维护系数，随灯具的密封程度，使用条件及维护状况的不同而不同，一般为 0.5～0.7；
ω——道路宽度（m）；
S——路灯的间距（m）；
N——路灯的排列方式：单排、交错排列 $N=1$，双侧排列 $N=2$；
U——路灯利用系数，查利用系数曲线得到。

2.1.3 照度均匀度计算

通常道路照明标准规定的照度均匀度 g 为路面上的最小照度 E_{min} 与平均照度 E_{av} 之比，即

$$g = E_{min}/E_{av} \qquad (2\text{-}6)$$

有时还考虑用最小照度与最大照度之比（E_{min}/E_{av}）作为照度均匀度指标。

若我们是采用逐点计算法来求 E_{av}，则 E_{min} 和 E_{max} 值可以从计算得到的一系列数据中挑出来。若是采用利用系数法求出 E_{av}，则我们要通过下列途径来确定出 E_{min} 和 E_{max}。

关于最大照度点，如果灯具到各个垂直截面上的光强分布满足不等式 $I_0 \geqslant I_r \cos^3 r$（式中 I_0 为灯具

图 2-2 最小照度可能出现的位置
①、②、③为灯具的位置；
A、B、C 为最小照度可能出现的位置

垂直向下光强，I_r 为垂直角等于 r 方向的光强），则最大照度点通常在灯下。

关于最小照度点，若采用的是具有旋转对称光分布的灯具，则最小照度有可能出现在图 2-2 中的 A、B、C 三点处。而实际上灯具的光分布往往是非对称的，最小照度点会偏离 A、B、C 一些。

有了照度的最大、最小值后，均匀度即可求出。

※2.2 平均照度与平均亮度的换算

在道路照明中最重要的是司机所见的路面必须是具有足够亮度，而且是均匀的。路面亮度及其分布，除了受到灯具的配光及其排列方式的影响外，还要受到路面反射特性的影响。路面的反射特性用亮度系数 q 来表示，亮度系数 q 被定义为一点上的亮度与该点上的水平照度之比，即：

$$q = L/E \tag{2-7}$$

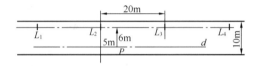

图 2-3　道路几何尺寸、灯具布置和计算点的位置图

亮度系数是取决于观察者和光源相对于路面上所考虑的这一点的位置，即 $q=q(\alpha, \beta, \gamma)$，参见图 2-3。

对于一个驾驶员，主要观察车前 60～160m 这一部分道路，此时的 α 在 $1.5°\sim 0.5°$ 之间，所以 CIE 标准将 α 假定在 $1°$ 的固定值，那么此时路面的亮度系数取决于 β, γ 两个角。

所以路面某点亮度可写成由照度和亮度系数来表示。

$$L = q(\beta,\gamma) \cdot E(e,r) = \frac{q(\beta,\gamma) \cdot I_{rc}}{h^2} \cdot \cos^3 r \tag{2-8}$$

式中　　I_{rc}——灯距在 P 点方向的光强；

$q(\beta, \gamma)$——路面亮度系数。

所有路灯对 P 点产生亮度的总和即为 P 点的总亮度：

$$L_p = \sum \frac{I_{rc}}{h^2} \cdot q(\beta,\gamma) \cdot \cos^3 r \tag{2-9}$$

实际上路面及其分布，除照明条件，观测方向外，还与路面的状况紧密相关，比较复杂，所以用求平均亮度的方法来计算比较实际。

路面平均亮度和平均照度，可用下式来确定：

$$L_r = QE_{av} \tag{2-10}$$

Q 称为照明设备的综合亮度系数，在灯具的配光，照明方式和观测现场等确定之后，在固定的光入射方向和观测方向上，Q 是个定值。Q 的倒数（$1/Q=E_{av}/L_r$）称为平均照度换算系数。CIE 推荐值列于表 2-1 中。表中暗路面是指沥青混凝土、细粒沥青混凝土浇沥青的路面；明路面如水泥石子混凝土路面等。

CIE 推荐的平均照度平均亮度换算系数值　　　　表 2-1

灯　具	为获得 1cd/m² 亮度可需的平均亮度 (lx)	
	暗路面 (S＜0.15)	明路面 (S＞0.15)
截光型	24	12
半截光型	18	9
非截光型	15	5

注：S——路面反射比。

2.3　照明计算举例

2.3.1　由等照度曲线计算路面上某点的照度

如图 2-3 所示，有一条单幅路，路宽 $Y_u=10\text{m}$，采用单侧布灯，灯具安装高度 $h=10\text{m}$，灯杆间距离 $s=20\text{m}$，灯具仰角 0°，光源（NG250）的光通量为 23750lm，求 P 点的照度。

【解】　确定从灯具排列线到 P 点的距离（以安装高度的倍数表示）：
$$d=6\text{m}=0.6h$$

根据每个灯具至 P 点的纵向距离（以安装高度的倍数表示）：

从灯具 L_1 到 P 点的距离 $L_1=25\text{m}=2.5h$

从灯具 L_2 到 P 点的距离 $L_2=5\text{m}=2.5h$

从灯具 L_3 到 P 点的距离 $L_3=15\text{m}=1.5h$

从图 2-3 中，首先根据 $d=0.6h$ 划出一条横线；再由 L_1、L_2、L_3 的数值，从横坐标上对应等照度曲线上的数值，分别为：
$$e_1=0.1$$
$$e_2=0.85$$
$$e_3=0.85$$

其中　a：33.7/1.47＝22.9（由等照度曲线图上给出）；K：高度修正系数 $K=1$；
$$E_p=ax\cdot\sum e=22.9\times1\times1.45=33.2\text{lx}$$

考虑到光衰，灯具污染等因素，其维持系数 0.7，则：
$$Ep=0.7\times33.2=23.24\text{lx}$$

2.3.2　根据利用曲线计算路面的平均照度

已知路面宽度为 15m，采用左侧单排布灯，灯的安装高度为 12m，灯杆间距为 36m，悬挑长度为 2m，仰角为 5°，见图 2-4。灯具相应的利用系数曲线，如图 2-5 所示。灯具内安装 250W 高压钠灯，额定光通量为 22500lm，维护系数为 0.6。试求：①左侧半宽路面的平均照度；②右侧半宽路面的平均照度；③整个路面的平均照度。

【解】　(1) 求左侧半宽路面的平均照度。

从图 2-4 中查出利用系数值。

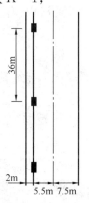

图 2-4　道路几何尺寸和灯具布置

人行道侧： $\dfrac{\omega}{h} = \dfrac{2}{12} = 0.167$ $\eta_1 = 0.035$

车道侧： $\dfrac{\omega}{h} = \dfrac{5}{12} = 0.417$ $\eta_2 = 0.24$

总利用系数： $\eta_1 + \eta_2 = 0.035 + 0.24 = 0.275$

根据（1-5）计算得平均照度

$$E_{av} = \dfrac{\eta \cdot \Phi \cdot M \cdot N}{\omega \cdot S} = \dfrac{0.275 \times 22500 \times 0.6 \times 1}{7.5 \times 36}$$

（2）求右侧半宽路面的平均照度

从图 2-5 中查出利用系数

车道侧： $\dfrac{\omega}{h} = \dfrac{5.5}{2.5} = 0.46 \sim \dfrac{\omega}{h} = \dfrac{13}{12} = 1.08$

$\eta_{0-0.46} = 0.24 \sim \eta_{0-1.08} = 0.35$

$\eta_{0.46-1.08} = 0.35 - 0.24 = 0.11$

根据（1-5）计算平均照度。

$$E_{av} = \dfrac{\eta \cdot \Phi \cdot M \cdot N}{\omega \cdot S} = \dfrac{0.275 \times 22500 \times 0.6 \times 1}{7.5 \times 36}$$

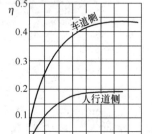

图 2-5 采用灯具仰角为 5°时的利用系数曲线

（3）求整个路面的平均照度

从图 2-5 中查出利用系数值。

人行道侧： $\dfrac{\omega}{h} = \dfrac{2}{12} = 0.167$ $\eta_1 = 0.035$

车道侧： $\dfrac{\omega}{h} = \dfrac{5}{12} = 0.417$ $\eta_2 = 0.35$

总利用系数： $\eta = \eta_1 = \eta_2 = 0.385$

平均照度： $E_{av} = \dfrac{0.385 \times 22500 \times 0.6 \times 1}{36 \times 15} = 9.6 \text{lx}$

还可以根据（1）、（2）项计算结果直接求平均值：

$$E_{av} = (13.85 + 5.5)/2 = 9.6 \text{lx}$$

从上面计算结果可以看出：按单侧布置方式设灯的道路，其安装灯具一侧路面的平均照度比不装灯具的另一侧路面的平均照度高得多，因而整个路面照度均匀度比较差。

示范题

单选题

1）某路灯光中心 C 距地面垂直高度为 10m，该灯具指向路面上一点 A 的发光强度为 14400cd/m²，C、A 连线与地面法线所成夹角为 60°，则该灯具在 A 点的照度为多少？（　　）

A. 10lx B. 14lx C. 18lx D. 22lx

答案：C

2）按照我国道路照明标准的规定，路面照度总均匀度如何取值？（　　）

A. 最小照度与平均照度的比值 B. 最小照度与最大照度的比值
C. 平均照度与最大照度的比值 D. 平均照度与最小照度的比值
答案： A

3) CIE 将车辆驾驶员在行驶中观察前方目标的视线角度假定为 1°，这是针对其主要的观察距离为车前多少米？（ ）

A. 40～120m   B. 50～140m   C. 60～160m   D. 70～180m
答案： C

多选题

道路照明计算中，下列方法可用于平均照度计算的有哪些？（ ）

A. 逐点计算法   B. 功率密度法
C. 等照度曲线法   D. 利用系数法

答案： A、C、D

判断题

地面某点的照度值可由灯具的地面等照度曲线直接读取。（ ）
答案： 错

第3章 电气安全作业

3.1 电气安全基本规定

电在工业和日常生活中应用极为广泛,在工矿企业和家庭中都有品种繁多的电气设备。为保证电气设备和人身安全,必须认真贯彻国家有关规定,以免使人体受到伤害,财产受到损失。

※3.1.1 电压和安全距离

为了防止人体触及或接近带电体,防止电气工作人员在电气设备运行操作、维护检修时不致误碰带电体,防止车辆等物体碰撞或过分接近带电体,防止电气设备在正常运行时不会出现击穿短路事故,在带电体与带电体之间,带电体与地面之间,带电体与其他设施和设备之间,带电体与附近接地物体和不同相带电体之间,都需保持一定的安全距离。

线路安全距离
(一)架空线路
(1)架空线路导线的线间距离不应小于表3-1的数值。

架空线路导线间的最小距离   表3-1

导线排列方式	档距(m)							
	40以下	50	60	70	80	90	100	120
用悬式绝缘子的35kV线路导线水平排列	—	—	—	1.5	1.5	1.75	1.75	2.0
用悬式绝缘子的35kV线路导线垂直排列用针式绝缘子或瓷横担的35kV线路,不论导线排列形式	—	1.0	1.25	1.25	1.5	1.5	1.75	1.75
用针式绝缘子或瓷横担的6~10kV线路,不论导线排列形式	0.6	0.65	0.7	0.75	0.85	0.9	1.0	1.15
用针式绝缘子1kV以下线路,不论导线排列形式	0.3	0.4	0.45	0.5	—	—	—	—

(2)架空线路导线与地面、水面的距离不应小于表3-2的数值。

导线与地面的最小距离　（单位：m）　　　　　　　　　　表 3-2

线路电压（kV） 线路经过地区	1以下	6～10	35～110	220
居民区	6	6.5	7	7.5
非居民区	5	5.5	6	6.5
交通困难地区	4	4.5	5	5.5

（3）架空线路与街道、厂区树木的距离不应小于表 3-3 的数值。

导线与道路行道树间的最小距离　　　　　　　　　　表 3-3

线路电压（kV）	35	6～10	1以下
最大计算弧垂情况的垂直距离（m）	3.0	1.5	1.0
最大计算风偏情况的水平距离（m）	3.5	2.0	1.0

（4）架空线路与建筑物的距离不应小于表 3-4 的数值。

导线与建筑物凸出部分之间的最小距离　　　　　　　表 3-4

项目	线路电压（kV）				
	<1	1～10	35	110	220
垂直距离（m）	2.5	3.0	>5	>5	>5
边导线水平距离（m）	1.0	1.5	3	4	5

（二）电缆

电缆之间、电缆与管道、道路、建筑物之间平行和交叉时最小距离，应不小于表 3-5 的数值。

电缆之间、电缆与管道、道路、建筑物之间平行和交叉时的最小净距　　表 3-5

项　目		最小净距（m）		项　目		最小净距（m）	
电力电缆间及其 与控制电缆间	10kV 及以下	0.10	0.50	电气化铁路路轨	交流	3.00	1.00
	10kV 以上	0.25	0.50		直流	10.0	1.00
控制电缆间		—	0.50	公路		1.50	1.00
不同使用部门的电缆间（包括通讯电缆）		0.50	0.50	城市街道路面		1.00	0.70
				杆基础（边线）		1.00	—
热管道（管沟）及热力设备		2.00	0.50	建筑物基础（边线）		0.60	—
油管道（管沟）		1.00	0.50	排水沟		1.00	0.50
可燃气体及易燃液体管道（沟）		1.00	0.50	乔木		1.50	—
其他管道（管沟）		0.50	0.50	灌木丛		0.50	—
铁路路轨		3.00	1.00	水管、压缩空气管		1.00	0.50

注：1. 电缆与公路平行的净距，当情况特殊时可酌减。
　　2. 当电缆穿管或者其他管道有保温层等防护设施时，表中净距应从管壁或防护设施的外壁算起。

3.1.2　安全色和安全标志

为了提醒人们对不安全因素引起注意，预防发生意外事故，需要在带电设备上悬挂各类不同颜色及不同图形的标志，可以使人们引起注意。

一、安全色

安全色是通过不同的颜色表示安全的不同信息，使人们能迅速、准确地分辨各种不同环境，预防事故发生。

安全色规定为红、蓝、黄、绿、黑五种颜色，其含义和用途见表 3-6。

安全色的意义和用途　　　　　　　　　　表 3-6

颜　色	含　义	用　途
红色	禁止	禁止标志，禁止通行
	停止	停止信号，机器和车辆上紧急停止按钮及禁止触动的部位
	消防	消防器材及灭火
	信号灯	电缆处于通电状态
蓝色	指令	指令标志
	强制执行	必须戴安全帽，必须戴绝缘手套，必须穿绝缘鞋（靴）
黄色	警告	警告标志，警戒标志，当心触电
	注意	注意安全，安全帽
绿色	提供信息	提示标志，启动按钮，已接地，在此工作
	安全	安全标志，安全信号旗
	通行	通行标志，从此上下
黑色	图形、文字	警告标志的几何图形，书写警告文字

为了提高安全色的辨别度，在安全色标上一般采取对比色，如红色、蓝色和绿色均用白色作对比色，黑色和白色互作对比色，黄色用黑色作对比色，也可使用红白相间、蓝白相间、黄黑相间条纹表示强化含义。

使用安全标志时，不能用有色金属的光源照明，照度不应低于设计时的规定值，并应防止耀眼。

为了便于识别，防止误操作，在变、配电系统中用母线涂色来分辨相位，一般规定黄色为 U（A）相，绿色为 V（B）相，红色为 W（C）相。明敷的接地线涂以黑色。接地开关的操作手柄涂以黑、白相间的颜色，以引起人们注意。

在开关或刀开关的合闸位置上，应有红底白字的"合"字；分闸位置上，应有绿底白字的"分"字。

二、安全标志

安全标志由安全色、几何图形和图形符号组成，用来表达特定的安全信息。安全标志可以和文字说明的补充标志同时使用。

（一）安全标志的分类

1. 禁止标志　禁止标志的含义是不准或制止人们的某些行为。

禁止标志的几何图形是带斜杠的圆环，圆环与斜杠相连用红色，背景用白色，图形符号用黑色绘画。

我国规定的禁止标志共有 28 个，即禁止易燃物、禁止吸烟、禁止通行、禁止焰火、禁止用水灭火、禁带火种、禁止启动、禁止跨越、禁止乘车、禁止攀登、修理时禁止转动、运转时禁止加油等。

2. 警告标志　警告标志的含义是警告人们可能发生的危险。

警告标志的几何图形是黑色的等边正三角形，背景用黄色，中间图形符号用黑色。

我国规定的警告标志共有30个，即注意安全、当心触电、当心爆炸、当心火灾、当心腐蚀、当心中毒、当心机械伤人、当心伤手、当心吊物、当心扎脚、当心落物、当心坠落、当心车辆、当心弧光、当心冒顶、当心瓦斯、当心塌方、当心坑洞、当心电离辐射、当心裂变物质、当小心激光、当心微波、当心滑跌等。

"三角黑色闪电"警告标志，是为预防电击和迅速辨别哪里装有电气元件而设的，对下列部件应贴有三角黑色闪电警告标志：

（1）电柜和壁龛门或盖板上，如前后双开门电柜，前后门上均应贴标记。

（2）接线盒的盖上应贴标记，穿线盒的盖板上不贴标记。

（3）电柜内，在门打开后，仍有带交流50V以上电压的电器，在其绝缘挡板上应贴标记。

（4）从外表上辨别不出哪里装着电器的外壳上，均应有标记。能从外表上一眼就看出是电器外壳，如按钮、控制面板等则不需要贴标记。

3. 命令标志　命令标志的含义是必须遵守。

命令标志的几何图形是圆形，背景用蓝色，图形符号及文字用白色。

命令标志共有15个，即必须戴安全帽、必须穿防护鞋、必须系安全带、必须戴防护眼镜、必须戴防毒面具、必须戴护耳器、必须戴防护手套、必须穿防护服等。

4. 提示标志　提示标志的含义是示意目标的方向。

提示标志的几何图是方形，背景用红色、绿色，图形符号及文字用白色。

提示标志共有13个，一般提示标志用绿色背景的共有6个：安全通道、太平门等。消防设备提示标志用红色背景的共有7个：消防警铃、火警电话、地下消火栓、地上消火栓、消防水带、灭火器、消防水泵结合器等。

5. 补充标志　补充标志是对前面四种标志的补充说明，以防误解。

补充标志分为横写和竖写，横写的为长方形，写在标志下方，可以和标志连在一起，也可以分开；竖写的写在标志杆上部。

补充标志的颜色：竖写用白底黑字；横写的禁止标志用红底白字，用于警告标志等用白底黑字，用于指令标志的用蓝底白字。

（二）标志牌的使用

序号	名称及图形符号	设置范围和地点	序号	名称及图形符号	设置范围和地点
1	禁止吸烟	有丙类火灾危险物质的场所，如木工车间、油漆车间、沥青车间、纺织厂、印染厂	3	禁止带火种	有甲类火灾危险物质及其他禁止带火种的各种危险场所，如炼油厂、乙炔站、液化石油气站、煤矿井内、林区、草原等
2	禁止烟火	有乙类火灾危险物质的场所，如面粉厂、煤粉厂、焦化厂、施工工厂等	4	禁止合闸	设备或线路检修时，相应开关附近

续表

序号	名称及图形符号	设置范围和地点	序号	名称及图形符号	设置范围和地点
5	禁止触摸 	禁止触摸的设备或物体附近，如裸露的带电体、炽热物体、具有毒性、腐蚀性物体等处	12	当心火灾 	易发生火灾的危险场所，如可燃性物质的生产、储运、使用等地点
6	禁止入内 	易造成事故或对人员有伤害的场所，如高压设备室、各种污染源等入口处	13	当心爆炸 	易发生爆炸危险的场所，如易燃易爆物质的生产、储运、使用或受压容器等地点
7	禁止通行 	有危险的作业区，如起重、爆破现场，道路施工工地	14	当心触电 	有可能发生触电危险的电器设备和线路，如配电室、开关等
8	禁止靠近 	不允许靠近的危险区域，如高压试验区、高压线、输变电设备的附近	15	当心电缆 	在暴露的电缆或地面下有电缆处施工的地点
9	禁止抛物 	抛物易伤人的地点，如高处作业现场、深沟（坑）等	16	当心伤手 	易造成手部伤害的作业地点，如玻璃制品、木制加工、机械加工车间等
10	禁止穿带钉鞋 	有静电火花会导致灾害或有触电危险的作业场所，如有易燃易爆气体或粉尘的午间及带电作业场所	17	当心扎脚 	易造成脚部伤害的作业地点，如铸造车间、木工车间、施工工地及有尖角散料等处
11	注意安全 	本标准警告标志中没有规定的易造成人员伤害的场所及设备等	18	当心吊物 	有吊装设备作业的场所，如施工工地、港口、码头、仓库、车间等

第 3 章　电气安全作业

续表

序号	名称及图形符号	设置范围和地点	序号	名称及图形符号	设置范围和地点
19	当心烫伤 	具有热源易造成伤害的作业地点，如冶炼、锻造、铸造、热处理车间	25	必须戴护耳器 	噪声超过85dB的作业场所，如铆接车间、织布车间、射击场、工程爆破、风动掘进等处
20	当心塌方 	有塌方危险的地段、地区，如堤坝及土方作业的深坑、深槽等	26	必须戴安全帽 	头部易受外力伤害的作业场所，如矿山、建筑工地、伐木场、造船厂及起重吊装处等
21	当心激光 	有激光设备或激光仪器的作业场所	27	必须戴防护帽 	易造成人体碾绕伤害或有粉尘污染头部的作业场所如纺织、石棉、玻璃纤维以及具有旋转设备的机加工间等
22	当心车辆 	厂内车、人混合行走的路段；道路的拐角处、平交口；车辆出入较多的厂房、车库等出入口处	28	必须戴防护手套 	易伤害手部的作业场所，如具有腐蚀、污染、灼烫、冰冻及触电危险的作业等地点
23	当心火车 	厂内铁路与道路平交路口；铁道进入厂内的地点	29	必须系安全带 	易发生坠落危险的作业场所，如高处建筑、修理、安装等地点
24	必须戴防护眼镜 	对眼睛有伤害的作业场所，如机加工、各种焊接车间等	30	必须穿防护服 	具有放射、微波、高温及其他需穿防护服的作业场所

33

3.1.3 电线电缆的识别标志

为了保证电线电缆的正确连接，便于安装和检修，必须做出容易识别的标志，以免引起安装事故。

一、颜色标志

（一）颜色标志的一般规定

识别电线电缆用的标准颜色共有 12 种：即白、红、黑、黄、蓝（或浅蓝）、绿、橙、灰、棕、青绿、紫、粉红色。

电线电缆绝缘线芯在 5 芯以下时，通常采用颜色识别，5 芯以上者可以用颜色识别，也可以用数字表示。

（二）接地线芯或类似保护目的线芯的识别

在电气设备中，接地或类似保护目的对安全非常重要，无论采用颜色标志或数字标志，电缆中的接地或类似保护目的用线芯，必然采用绿—黄组合颜色的标志，且绿—黄组合颜色标志不允许用于其他线芯。

绿—黄颜色的组合，其中任一种均不应少于 30%，不大于 70%，而整个长度上应保持一致。

对于多芯电缆，绿—黄组合线芯应放在缆芯的最外层，其他线芯应尽可能避免使用黄色或绿色作为识别颜色。

（三）多芯电缆绝缘线芯的颜色

两芯电缆——红、浅蓝。

三芯电缆——红、黄、绿。

四芯电缆——红、黄、绿、浅蓝。

其中，红、黄、绿用于主线芯，浅蓝用于中性线芯。

在电缆或地埋线电网中，三相四线（U、V、W、N）的进出线端部，也要缠上一条（黄、绿、红、浅蓝色）塑料带。

二、数字标志

（一）数字标志的一般规定

(1) 电线电缆用数字识别时，载体应是同一种颜色，所有用于识别数字的颜色应相同；载体与标志颜色应有明显不同。

(2) 数字标志应清晰，字迹清楚，且擦拭后的标志仍应保持不变。

（二）电力电缆绝缘线芯的数字识别

充油电缆、不滴流油浸纸绝缘电缆、黏性油浸绝缘电缆都采用数字识别，在特殊情况下，交联聚乙烯绝缘电缆、聚乙烯绝缘电缆、聚氯乙烯绝缘电缆、橡皮绝缘电缆也允许采用数字识别。

一般情况下，数字标志的颜色应用白色，其数字标志应符合以下规定：

两芯电缆——0、1。

三芯电缆——1、2、3。

四芯电缆——0、1、2、3。

其中，数字1，2，3用于主线芯，0用于中性线芯。

（三）电气设备电线电缆绝缘线芯的数字识别

线芯的绝缘应是同种颜色，数字应采用阿拉伯数字，印刷在绝缘线芯表面上。所有识别数字应颜色相同，与绝缘颜色一定要有明显的不同。数字编号应从内层到外层，从1号开始，各层都按顺时针方向排列。数字标志应沿绝缘线芯以相同的间隔重复出现，相同两个完整的数字应彼此颠倒。

一个完整的数字标志应由数字和一个破折号组合。若标志由一个数字组成，破折号放在数字的下面，若标志由两个数字组成，后一个数字应排往前一个数字的下面，破折号放在后一个数字的下面。

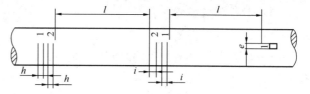

图 3-1 标志的排列

l—相邻两个完整标志之间的最大距离；h—数字最小高度；
i—数字和破折号及两个连续数字之间的大致距离；e—标志的最小宽度，数字1的最小宽度为 $e/2$

标志的排列及尺寸见图 3-1 和表 3-7。

标志排列尺寸 （单位：mm） 表 3-7

线芯标称直径 D	尺　　寸			
	l	h	i	e
$D<2.7$	50	2.3	2	0.6
$2.7 \leqslant D<5$	50	3.2	3	1.2

※3.1.4　电气设备安全规则

在电工成套设备中，有许多指示灯，在操作、检修时必须正确识别指示灯的颜色所代表的意义，才能保证正确操作，保障设备和人身安全。

一、指示灯的颜色及含义

指示灯的颜色有红、黄、绿、蓝、白五种，其含义见表 3-8。

指示灯的颜色及含义　　　　　表 3-8

颜色	含　义	说　　明	应　　用
红	危险或告急	有危险或必须立即采取行动	温度已超过（安全）极限因保护器件的动作而停机有触及带电部分的危险
黄	注意	情况有变化或即将发生变化	温度异常 压力异常 仅能承受允许的短时间过载
绿	安全	正常或允许进行	通风冷却正常 自动控制系统运行正常 机器准备启动
蓝	按需要指定用意	除红、黄、绿之外的任何指定用意	遥控指示 选择开关在"设定"位置
白	无特定用意	任何用意，如不能明确地用红、绿、黄时及用作执行时	

二、闪光信息

指示灯有时也用来反映闪光信息，其含义与灯光按钮相同，通常反映下列几种情况：
(1) 必须加倍注意。
(2) 必须立即采取行动。
(3) 不符合指令要求。
(4) 表示变化程度。

指示灯闪光信息亮与灭的时间比应在 1∶1～4∶1 之间，较高的闪烁频率表示优先的信息。

3.2 安全用电装置

3.2.1 保护接地

当电气设备漏电时，其外壳、支架以及与之相连的其他金属部分都会呈现电压。当有人触及这些意外的带电部分时，就可能发生触电事故。为了保护人的生命安全和电力系统的可靠工作，需要对变电、配电和用电设备采取接地或接零的措施。所谓保护接地，就是把在故障情况下，可能呈现危险的对地电压的金属部分同大地紧密地连接起来。保护接零，就是把电气设备在正常情况下，不带电的金属部分与电网的保护零线紧密地连接起来。

接地的基本概念

（一）接地分类

1. **工作接地** 电力系统中为了运行的需要而设置的接地为工作接地，如变压器中性点的接地。与变压器、发电机中性点连接的引出线为工作零线，将工作零线上的一点或多点再次与地可靠地电气连接为重复接地。从中性点引出的专用保护零线的 PE 线为保护零线，低压供电系统中工作零线与保护零线应严格分开。

2. **保护接地** 电气设备的金属外壳、钢筋混凝土电杆和金属杆塔，由于绝缘损坏可能带电，为了防止这种电压危及人身安全而设置的接地为保护接地。电气设备金属外壳等与零线连接为保护接零。

3. **防雷接地** 为了消除雷击和过电压的危险影响而设置的接地。

4. **防静电接地** 为了消除生产过程中产生的静电及其危险影响而设置的接地。

5. **屏蔽接地** 为了防止电磁感应而对电气设备的金属外壳、屏蔽罩、屏蔽线的金属外皮及建筑物金属屏蔽体等进行的接地。

（二）对地电压

对地电压是带电体与大地之间的电位差，对地电压就等于接地电流与接地电阻的乘积。

电流沿接地体流入大地时，其周围各点电压不为零，而且各点对地电压随着远离接地体而逐渐降低。图 3-2 为半球形接地体对地电压曲线，接地体的半径为 S_0，如果接地体周围土壤是均匀的，则电流 1d 通过接地体向周围土壤作半球形散流，若忽略接地体和接地

线本身的电阻,接地体的对地电压为

$$U_d = \frac{\rho I_d}{2\pi S_0}$$

式中　ρ——土壤电阻率。

对于接地体周围与地体中心距离为 S 的任一点对地电压为

$$U_{ds} = \frac{\rho I_d}{2\pi S}$$

显然,各点对地电压。与该点到接地体中心的距离呈反比关系,按此关系画出接地体及其周围各点对地电压曲线,如图3-2所示。

接地体周围各点对地电压的相对值,即各点对地电压与接地体的对地电压的比值为

$$\frac{U_{ds}}{U_d} = \frac{S_0}{S}$$

由此可画出对地电压的相对值 U_{ds}/U_d 与距离倍数 S/S_0 的关系曲线,如图3-3所示。

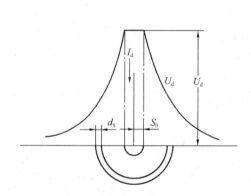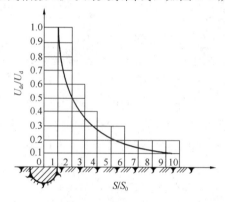

图3-2　半球形接地体的对地电压曲线　　图3-3　半球接地体对地电压相对值曲线

其他形状接地体的对地电压曲线也大体具有双曲线的特点,即接地体周围各点对地电压与该点至接地体的距离保持反比关系。随着距离的增大,对地电压逐渐降低,并趋于零。

(三)接触电压和跨步电压

当电气设备发生故障接地时,其接地部分(接地体、接地线、设备外壳等)与大地电位等于零处的电位差,称为接地时对地电压。

当接地电流流过接地装置时,在大地表面形成分布电位,如果在地面上离设备水平距离为0.8m的地方与沿设备外壳垂直向上距离为1.8m处的两点被人触及,则人将承受一个电压,这个电压称为接触电压,如图3-4所示。

当设备漏电时,其漏电电流自接地体流入大地,漏电设备的对地电压为 U_d,对地电压曲线呈双曲线形状,离开接地体20m处对地电压

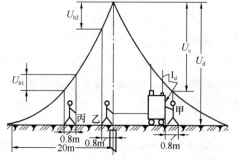

图3-4　接触电压和跨步电压示意图

接近于零。

图中甲触及漏电设备外壳,其接触电压(即其手和脚之间的电压差),即图中的 U_e。

地面上水平距离为 0.8m 的两点有电位差,如果人体两脚接触该两点,则在人体上将承受电压,此电压称为跨步电压。最大跨步电压出现在接地体处地面水平距离 0.8m 与接地体之间,如图 3-4 中 U_{b1} 和 U_{b2} 所示。图中乙承受的跨步电压最大,而图中丙所承受的跨步电压要小些。对于垂直埋设的单一接地体、离接地体 20m 以外的跨步电压接近于零。

对于牛马等畜类的两脚跨距,一般为 1m 以上(约 1.4m),故牛马等畜类的跨步电压要高得多,所以触电的危险性也大。

3.2.2 保护接零

一、保护接零的作用及条件

(一)保护接零的作用

保护接零就是将电气设备在正常情况下,不带电的金属部分与电网的保护零线紧密地连接起来。

在中性点接地的 380/220V 三相四线制的供电系统中,如果用电设备不采取任何安全措施,则个电气设备漏电或绝缘击穿时,触及设备的人体就会承受将近 220V 的相电压,显然对人体是很危险的。

在采用保护接零的电力系统中,所有用电设备的金属外壳都与零线有良好的连接。当电气设备绝缘损坏,发生碰壳短路时,能迅速自动切断故障设备的电源,从而保证了人体的安全。即使在熔断器熔断前的时间内,人体如果接触到带电体的外壳时,由于线路的电阻远小于人体的电阻,大量的电流将沿线路通过,而通过人体的电流极其微小,也是很安全的。

一般在变压器的低压侧中性点直接接地的 380/220V 三相四线制电网中,不论环境条件如何,凡由于绝缘损坏而可能出现危险的对地电压的金属部分,都应接零。

(二)保护接零的条件

(1)中性点直接可靠接地,接地电阻应不大于 4Ω。

(2)工作零线、保护零线应可靠重复接地,重复接地的接地电阻应不大于 10Ω,重复接地的次数应不少于 3 次。

(3)保护零线和工作零线不得装设熔断器或开关,必须具有足够机械强度和热稳定性。

(4)三相四线或二相五线供电线路的下作零线和保护零线的截面积不得小于相应线路相线截面积的 1/2。

(5)线路阻抗不宜过大,以便漏电时产生足够人的单相短路电流,使保护装置动作。为此则要求单相短路电流不得小于线路熔断器熔体额定电流的 4 倍,或不得小于线路中断路器瞬时或短延时动作电流的 1.25 倍。

二、工作接地

在电力系统中,由于运行和安全的需要,在系统中某些点进行的接地叫工作接地,如变压器和互感器的中性点接地,两线一地系统的一相接地等,都属于工作接地。

在接零系统中，变压器低压侧中性点直接接地的工作接地有以下作用：

（一）减轻一相接地的危险

如图3-5所示，发生一相碰地事故时，接零设备对地电压为

$$U_0 \approx I_d R_d = \frac{R_0}{R_0 + R_d} U$$

减小 R_0 可以把 U_0 限制在某一范围内，同时另外两相对地电压也能控制在一定范围内。当取工作接地电阻 $R_0 \leqslant 4\Omega$，一般可以限制另外两相对地电压不超过250V。

（二）减轻高压窜入低压的危险

工作接地能稳定系统的电位，限制系统对地电压不超过某一范围，减轻高压窜入低压的危险，如图3-6所示，当高压窜入低压时，低压零线对地电压为

$$U_0 = I_{gd} R_0$$

式中　I_{gd}——高压系统单相接地电流。

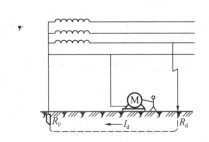

图3-5　变压器中性点接地时一相接地　　图3-6　中性点接地时高压窜入低压

在这种情况下，按照规定 $U_0 \leqslant 120V$ 的要求，工作接地电阻为：

$$R_0 \leqslant \frac{120}{I_{gd}}$$

对于不接地的高压电网，单相接地电流通常不超过30A，只 $R_0 \leqslant 4\Omega$ 是能满足要求的。

（三）能迅速切断故障设备

在不接地系统中，当某相接地时，接地电流很小，因此，保护设备不能迅速动作切断电流，从而会使故障长期持续下去。

而在中性点接地系统中当一相接地时，接地电流将成为很大的单相短路电流，使保护设备能准确而迅速动作切断故障线路，以保证其他线路和设备能正常运行。

（四）可降低对电气设备和电力线路绝缘水平的要求

因中性点接地系统中一相接地时，其他两相的对地电压不会升高至线电压，而是近似或等于相电压，所以，在中性点接地系统中，电气设备和线路的绝缘水平可只按相电压考虑，从而可降低对设备和线路绝缘水平的要求。

变压器中性点采用工作接地后，为相电压提供了一个明显可靠的参考点，为稳定电网的电位起着重要作用。并为单相设备提供了一个回路，使系统有两种电压380/220V，这是低压电网最常用的接线方式。

3.2.3 防雷保护

雷击是一种自然现象，雷击可能造成设备或设施的损坏，或造成大规模停电，或引起火灾和爆炸，危及人身安全。

雷电是一种大气中的放电现象。雷云在形成过程中，某些云积聚起正电荷，另一些云积聚起负电荷，随着电荷的积聚，电压逐渐升高。当带有不同电荷的雷云互相接近到一定程度，其间电场强度超过 25～30kV/cm 时，就会发生激烈的放电，并出现强烈的闪光。由于放电温度高达 20000℃，空气受热急剧膨胀，而发出了爆炸的轰鸣声，这就形成了雷电。

一、雷电的种类、危害和防雷分类

（一）雷电种类

根据雷电产生和危害特点的不同，雷电可分为直击雷、雷电感应、球雷、雷电侵入波等几种。

如果雷云较低，周围又没有带异性电荷的雷云，就在地面凸出物上感应出异性电荷造成。与地面凸出物之间的放电，就是通常所说的直击雷。

雷电感应也称作感应雷，分静电感应和电磁感应两种。静电感应是由于雷云接近地面，在地面凸出物顶部感应出大量异性电荷所致。在雷云与其他部位放电后，凸出物顶部的电荷失去束缚，以雷电波的形式，沿凸出物极快地传播。电磁感应是由于雷击后，巨大的雷电流在周围空间产生迅速变化的强大磁场所致。这种磁场能在附近的金属导体上感应出很高的电压。

球雷表现为一团发红光或白光的火球，其直径多在 200mm 上下，运动速度多为数 m/s，存在时间多在数秒钟之内。球雷可从门、窗、烟囱等通道侵入室内。

雷电侵入波是由于雷击在架空线路或空中金属管道上产生的冲击电压，沿线路或管道的两个方向迅速传播的行进波，它在架空线路中的传播速度为 300m/μs，在电缆中为 150m/μs。

（二）雷电的危害

雷电波幅值可达数十至数百千安，雷电冲击电压可达数百至数千千伏。雷电有很大的破坏力，主要表现为电性质、热性质和机械性质等方面的破坏作用。

1. 电性质的破坏作用　表现为数十乃至数百万伏的冲击电压可能激坏发电机、电力变压器、断路器、绝缘子等电气设备的绝缘，造成大规模、长时间停电；绝缘损坏可能引起短路，烧坏设备或线路，甚至引起火灾或爆炸；二次放电也可能引起火灾或爆炸；绝缘损坏，可能导致设备漏电和高压窜入低压，大面积带来触电的危险；雷云直接对人体放电以及对人体的二次放电都可能使人致命；巨大的雷击电流流入地下，可在相连接的金属导体上和接地点附近产生极高的对地电压，从而带来接触电压触电或跨步电压触电的危险。

2. 热性质的破坏作用　表现为巨大的雷击电流流过导体，在极短的时间内转换出大量的热能，造成易燃品燃烧或造成金属熔化、飞溅，由此引起火灾或爆炸；如果雷击在易燃物上，更容易引起火灾。

3. 机械性质的破坏作用　表现为被击物遭到破坏，成碎片。这是由于巨大的雷电流通过被击物时,在被击物缝隙中的气体剧烈膨胀,缝隙中的水分也急剧蒸发为大量气体,致使被击物破坏或爆炸。此外,同性电荷之间的静电斥力、电流拐弯处的电磁推力也有很强的破坏作用,导致变压器线圈散架等。此外,雷击时的气浪也有一定的破坏作用。

二、防雷装置

避雷针、避雷线、避雷网、避雷带、避雷器都是经常采用的防雷装置。一套完整的防雷装置包括接闪器（或避雷器）、引下线和接地装置。上述针、线、网、带实际上都只是接闪器,而避雷器是一种专门的防雷设备。避雷针主要用来保护露天变配电设备、建筑物和构筑物；避雷线主要用来保护电力线路；避雷网和避雷带主要用来保护建筑物；避雷器主要用来保护电力设备等。

接闪器

除避雷针、避雷线、避雷网、避雷带可作为接闪器外,建筑物的金属屋面可作为除第一类工业建筑物以外的建筑物接闪器。接闪器是利用其高出被保护物的地位,把雷电引向自身,并通过引下线和接地装置,把雷电流泄入大地,以此保护被保护物免遭雷击,免受雷害。

接闪器的保护范围可根据模拟实验及运行经验确定。由于雷电放电受很多因素的影响,要想保证被保护物绝对不遭受电击是很困难的。一般要求保护范围内被击中的概率在0.1%以下即可,确定接闪器保护范围的方法可参阅有关设计规范。

接闪器所用材料的尺寸应能满足机械强度和耐腐蚀的要求,还要有足够的热稳定性,以能承受雷电流的热破坏作用。

避雷针一般用镀锌圆钢或钢管制成,针长1m以下者,圆钢直径不得小于12mm,钢管直径不得小于20mm；针长1~2m的,圆钢直径不得小于16mm,钢管直径不得小于25mm。装设烟囱上方时,由于烟气有腐蚀作用,宜采用直径20mm以上的圆钢。避雷针应垂直安装在被保护物的顶部,将避雷针的尾部用镀锌圆钢或扁钢在被保护物的四壁用支持物引下。与接地装置可靠连接。接地装置的接地电阻一般不大于10Ω。

避雷线一般采用截面积为25~50mm^{2}的镀锌钢绞线与架空线路同杆架设,并在首尾及中间各部位与接地装置连接,接地电阻不大于10Ω,最大不得超过30Ω。与接地装置的连接可利用混凝土杆的主筋或用镀锌圆钢或扁钢沿杆而下,也可用塔身金属件本身引下,与接地装置可靠连接。杆塔上部的引下线与相线保持允许的安全距离。用塔身引下时,塔身螺栓连接的部位必须焊接跨接线,而跨接线的截面积应不小于引下线的截面积。

避雷网和避雷带采用镀锌圆钢或扁钢,圆钢直径不得小于8mm,扁钢厚度不得小于4mm,截面不小于48mm^2；装设在烟囱上方时,圆钢直径不得小于12mm,扁钢厚度仍不得小于4mm,但截面积不得小于100mm^2。接闪器截面积锈蚀30%以上时应更换。在屋顶上用直径12~16mm镀锌圆钢将屋外分成6m×6m或6m×10m或10m×10m的方格,并与屋缘先设置的避雷线相焊接,再用专用支架将屋面的镀锌圆钢线网格支起,支座的间距一般为1~1.2m。最后同样用直径12~16mm的镀锌圆钢在屋面四角或两个角将做好的避雷网引至地下的接地装置,引下线与避雷网焊接后沿墙引下,且用专用支持卡子支好,卡子间距为2~2.5m。引下线也可利用钢筋混凝土柱子内的主筋代用,但必须连接可靠。

3.2.4 漏电保护装置

漏电保护装置（又称漏电开关、漏电继电器、触电保护器）的作用是为了防止由漏电而引起的触电、火灾事故以及监视或切除一相接地故障。此外，有的漏电保护装置还能切除三相电动机单相运行的故障。

对 1kV 以下的低压系统，凡有可能触及带电部件或在潮湿场所装有电气设备时，都应装设漏电保护装置，以保证人身安全。

漏电保护装置的工作原理、分类和参数选择

（一）工作原理

如图 3-7 所示，设备漏电时，出现两种异常现象：一是三相电流的平衡状态遭到破坏，出现零序电流，即 $I_0 = I_U + I_V + I_W$；二是设备正常运行时不应带电的金属部分出现对地电压，即 $U_d = I_0 R_d$。漏电保护装置就是通过检测机构取得这两种异常信号，经过中间机构的转换和传递，使执行机构动作，并通过开关装置断开电源。有时，异常信号很微弱时，中间还需要增设放大环节。

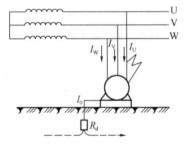

图 3-7　设备漏电图

（二）分类

按照检测信号分类，可分为电流型和电压型。电流型漏电保护装置的检测信号为零序电流或泄漏电流；电压型漏电保护装置的检测是设备在正常情况，不应带电的金属外壳在故障情况下出现的对地电压。

（三）参数的选择

1. 电压型漏电保护装置的主要参数是动作电压和动作时间；电流型漏电保护装置的主要参数是动作电流和动作时间。

2. 额定漏电动作电压值　电压型漏电保护装置的动作电压值最好不要超过安全电压。

额定漏电动作电流值　电流型漏电保护装置的额定漏电电流值，以及有关漏电保护装置的动作时间，目前我国尚未订出标准，现将国外有关标准介绍如下：

电流型漏电保护装置的动作电流一般为 0.006A, 0.01A, 0.03A, 0.1A, 0.3A, 0.5A, 1A, 3A, 5A, 10A, 20A 等 11 个等级。其中，0.03A 及以下的属高灵敏度；0.03A 以上、1A 及以下的属中灵敏度；1A 以上的属低灵敏度。

为避免误动作，要求漏电保护装置的不动作电流不低于动作电流的 1/2。

3. 漏电动作时间　漏电保护装置的动作时间决定于保护要求，可分为三种类型：

(1) 快速型：动作时间不超过 0.1s；

(2) 延时型：动作时间不超过 0.1~2s；

(3) 反时限型：在额定漏电动作电流值时，漏电时间不超过 1s；在 2 倍额定动作电流值时，漏电动作时间不超过 0.2s；在 5 倍额定动作电流值时，漏电动作时间不超过 0.03s（对于被保护的线路额定电流两相 40A 以上、三相 60A 以上的大型漏电保护装置，其漏电动作时间要求不超过 0.15s）。

以防止触电为目的的漏电保护装置，宜采用高灵敏度快速型漏电保护装置。一般来说，漏电动作时间在 1s 以上者，漏电动作电流不应超过 30mA；漏电动作时间在 1s 以下者，漏电动作时间和漏电动作电流的乘积不超过 30mA·s。

漏电保护装置的动作时间应符合表 3-9 的要求。对此表需要作以下说明：

BB_1——干燥、无汗的皮肤，电流途径为举手至双足；

BB_2——潮湿的皮肤，电流途径为举手至双足；

BB_3——润湿的皮肤，电流途径为双手至双足；

BB_4——相当于浸入水中的皮肤，只考虑体内电阻。

漏电保护装置的动作时间　　**表 3-9**

最大持续时间（s）	流经人体的电流（mA）	可能的接触电压（V）皮肤情况			
		BB_1	BB_2	BB_3	BB_4
＞5	25	80	50	25	12
5	25	80	50	25	12
1	43	115	75	40	20
0.5	56	130	90	50	27
0.2	77	170	110	65	37
0.1	120	230	150	90	55
0.05	210	320	220	145	82
0.03	300	400	280	190	110

3.3　安全用具与常用工具

一、安全用具的作用及分类

在电工作业中，为了防止人身伤亡事故和设备事故的发生，要采用相应的各种安全工、器具。

安全用具的分类，可划分为电气安全用具和机械方面安全用具。机械方面的安全用具和设备正确操作详见第一节内容，本节重点介绍电气安全用具。

按使用功能分类，安全用具分类如下：

- 电气安全用具
  - 绝缘安全用具
    - 基本安全用具
      - 绝缘操作杆
      - 绝缘夹钳
      - 高压验电器等
    - 辅助安全用具
      - 绝缘手套
      - 绝缘靴
      - 绝缘垫、隔板
      - 绝缘台等
  - 一般防护安全用具
    - 接地线
    - 安全帽
    - 隔离板和临时遮栏
    - 安全带、安全腰绳
    - 标示牌
    - 脚扣、踏板等

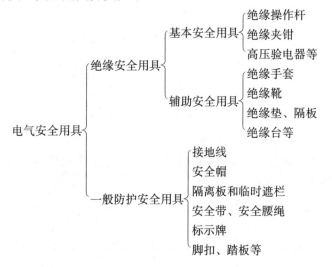

二、电气安全用具合理使用

1. 绝缘操作杆（棒） 绝缘操作杆由工作部分、绝缘部分和握手三部分组成，如图3-8a所示。

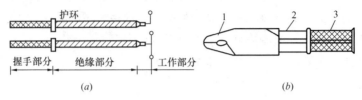

图 3-8 绝缘操作杆及绝缘夹钳

(a) 绝缘操作杆；(b) 绝缘夹钳

1—工作部分；2—绝缘部分；3—握手部分

绝缘操作杆是用来闭合和断开高压隔离开关、跌落保险，也可用来取递绝缘子、拔递弹簧销子、解开绑扎线以及安装和拆卸临时接地线和用于测量、试验等工作，用途非常广泛。

在操作时要注意以下安全事项：

(1) 使用前检查绝缘操作杆有无损坏、裂纹等缺陷，并用清洁干燥的毛巾擦净表面。

(2) 操作杆管内必须清洁并封堵、防止潮气浸入。

(3) 操作时，操作者要戴好干净的线手套或绝缘手套。

(4) 在户外雨天使用绝缘操作杆时，要加装适量的喇叭形防雨罩，防雨罩宜安装在绝缘部分的中部，罩的上口必须和绝缘部分紧密结合，防止渗漏雨水，下口和杆身保持20～30mm为宜。防雨罩的长度约为100～150mm，每个防雨罩之间距可取50～100mm。其装设数量见表3-10。

雨天操作杆防雨罩配置数量　　　　　　　　　　表 3-10

额定工作电压（kV）	10 及以下	35	60	110	154	220
最少防雨罩数（只）	2	4	6	8	12	16

雨天操作杆的绝缘部分长度按表3-11选用。

雨天绝缘操作杆的绝缘有效长度（试验长度）　　　　表 3-11

电压等级（kV）	绝缘有效长度（m）	电压等级（kV）	绝缘有效长度（m）
60 及以下	1.5	154～220	2.5
110	2.0	330	3.5

正常使用的绝缘操作杆绝缘部分有效长度（试验长度）见表3-11。

(5) 不用时应垂直放置，最好放在专用的支架上，不应使其与墙壁接触，以防受潮。

(6) 按时做预防性试验检查。

2. 绝缘夹钳 绝缘夹钳也是由工作部分、绝缘部分和握手部分三部分组成，如图3-8b所示。

绝缘夹钳是用来安装高压熔断器或进行其他需要夹持力的电气操作时的常用工具。主要适用于35kV及以下电力系统,作为基本安全用具。在35kV以上的电力设备中,不准使用。

绝缘夹钳的长度要求要符合表3-12所列数值。

绝缘夹具的最小长度   表3-12

电气设备的额定电压(kV)	户内设备		户外设备	
	绝缘部分长度(m)	握手部分长度(m)	绝缘部分长度(m)	握手部分长度(m)
10	0.45	0.15	0.75	0.20
35	0.75	0.20	1.20	0.20

绝缘夹钳操作和保管要求:

(1) 工作时,应戴护目眼镜、绝缘手套和穿绝缘靴(鞋)或站在绝缘台(垫)上。

(2) 手握绝缘夹钳时要保持平衡,握紧绝缘夹钳,精神要集中,不使夹持物脱落。

(3) 潮湿天气应使用专用的防雨绝缘夹钳。

(4) 绝缘夹钳不允许装接地线,以免操作时接地线在空中晃荡,造成接地短路或人身安全事故。

(5) 使用完毕,应保存在特制的箱子内,以防绝缘夹钳碰损和受潮。

(6) 绝缘夹钳要定期检查试验。

3. 绝缘防护用具　常用的绝缘防护用具有绝缘手套、绝缘鞋(靴)、绝缘隔板、绝缘垫和绝缘橡皮垫等,如图3-9所示。

(1) 绝缘手套　用于在高压电气设备上进行操作。使用前要认真检查,不许有破损和漏气现象。绝缘手套应有足够长度(超过手腕100mm),不许作其他用。

用后放在干燥、阴凉处或特制木架上,妥善保管。定期进行预防性试验。

(2) 绝缘鞋(靴)　如图3-9b所示。进行高压操作时,用来与地保持绝缘。使用前要检查有无磨损、受潮,有明显破损不可再用。绝缘鞋(靴)不可与普通雨鞋混用,不可互相代用。绝缘鞋(靴)不要与石油类油脂接触。要定期做预防性检查试验。

(3) 绝缘隔板　绝缘隔板是用来防止操作人员在带电设备发生危险时接近的一种防护用具。也可装在6～10kV及以下电压等级设备刀开关的动、静触点之间,防止设备突然来电的保安用具。要求绝缘隔板表面光滑,不许有裂缝、气泡、砂眼、孔洞和脏污,表面凹坑深度小于0.1mm,绝缘隔板厚度不得小于3mm。

要求绝缘隔板存放在干燥通风的室内,不得着地和靠墙放置。使用前要仔细检查,擦净表面尘土。

(4) 绝缘胶皮垫　如图3-9c所示,

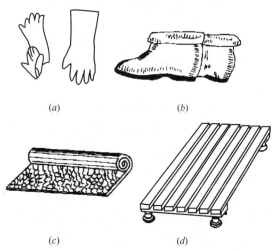

图3-9　绝缘防护用具
(a)绝缘手套;(b)绝缘靴;(c)绝缘垫;(d)绝缘站台

工作人员带电操作时，用来作为与地绝缘。一般铺在配电装置室等地面上。绝缘胶皮垫最小尺寸不得小于 0.8m×0.8m。

在使用过程中绝缘胶皮垫应保持清洁、干燥，不得与酸、碱、油类和化学药品接触，以免受腐蚀后老化、龟裂或变质，降低绝缘性能。绝缘垫不允许阳光直射或锐利金属划刺，不允许与热源距离太近，以防绝缘胶皮变质失去绝缘性能。每隔一段时间用低温水清洗一次。

（5）绝缘站台　如图 3-9d 所示，绝缘站台是工作人员带电操作断路器、隔离开关、安装临时接地线用的辅助保安用具。

要求绝缘站台放置在干燥、坚硬的地方，以免台脚陷于泥土或台面触及地面，使绝缘性能降低。要求绝缘站台下的绝缘子高度要大于 100mm。绝缘子应无破损和裂纹。

绝缘站台一般每两次作一次电气试验，试验电压为交流 40kV，加压时间为 2min。

3.4　电气安全措施

造成电气设备损坏和人身事故的原因很多，有的是由于设备不合格，有的是由于错误或违章操作，有的是由于安装不合格，有的是由于绝缘损坏漏电，有的是由于缺少安全技术措施，有的是由于制度不严或违章指挥，有的是由于现场混乱等。归纳起来事故的共同原因是安全组织措施不健全和安全技术措施不完善，其中安全组织措施是安全技术措施实施的保证。因此，加强电气安全管理，必须认真抓好安全组织措施与安全技术措施的贯彻执行。

3.4.1　电气安全工作的基本要求

一、电工作业人员必须具备的条件

电工作业，是指发电、送电、变电、配电和电气设备的安装、运行、检修、试验等作业。

1. 电工作业人员的条件　年满十八周岁以上；工作认真负责，身体健康，没有妨碍从事本作业的疾病和生理缺陷；具有本种作业所需的文化程度和安全、专业技术知识及实践经验。

2. 培训考核　对从事电工作业的人员（包括工人、工程技术人员和管理人员），必须进行安全教育和安全技术培训。培训的时间和内容，根据国家（或部）颁发的电工作业《安全技术考核标准》和有关规定而定。

电工作业人员经安全技术培训后，必须进行考核。经考核合格取得操作证者，方准独立作业。考核的内容，由发证部门根据国家（或部）颁发的电工作业《安全技术考核标准》和有关规定确定。考核分为安全技术理论和实际操作两部分，理论考核和实际操作都必须达到合格要求。考核不合格者，可进行补考，补考仍不合格者，须重新培训。

电工作业人员的考核发证工作，由地、市级以上劳动行政部门负责；电业系统的电工作业人员，由电业部门考核发证。对无证人员严禁进行电工作业。

对新从事电工作业的人员，必须在持证人员的现场指导下进行作业。见习或学徒期满后，方可准许考核取证。取得操作证的电工作业人员，必须定期（两年）进行复审。未经复审或复审不及格者，不得继续独立作业。

二、电工作业人员的职责

（1）认真做好本岗位的工作，如安装、调试、运行、维修等，并对所管辖区域内的电气设备、线路、电器元件的安全运行负责。

（2）无证不得上岗操作，发现非电气工作人员或无证上岗者，应立即制止，并报告上级主管部门。

（3）严格遵守安全法规、规程和制度，不得违章操作。

（4）认真做好所管辖区域内的巡视、检查和隐患的消除和修复工作，认真填写工作记录和交接班记录。

（5）宣传电气安全知识，拒绝违章指挥、制止违章行为，并报告上级主管部门。

（6）勇于向一切不利于电气安全运行的行为和事情作斗争，维护电气系统的安全。

三、电气安全管理的规章制度

（1）岗位责任制。

（2）交接班制度。

（3）巡视检查制度。

（4）试验切换制度。

（5）缺陷管理制度。

（6）作业验收制度。

（7）运行分析制度。

（8）技术培训制度。

（9）保卫制度。

（10）电气设备、线路运行和操作规程。

（11）设备检修制度。

（12）设备分析制度。

（13）临时线路安装审批制度。

（14）安全责任制。

（15）电气设备及线路安装、试验和质量标准。

（16）设备交接验收制度。

（17）安全措施编制和实施制度。

（18）安全施工检查制度。

（19）值班制度。

（20）作业票制度。

（21）作业许可制度。

（22）作业监护制度。

（23）作业间断制度。

（24）作业转移制度。

(25）作业终结制度。

(26）查活及交底制度。

(27）送电制度。

(28）调度管理制度。

(29）事故处理制度。

(30）其他有关安全用电和电气作业制度。

四、停送电联系安全要求

(1）企业内部应制定停、送电联系制度并严格执行。

(2）停送电应由专门指定的人来进行联系，联系的方式可采用停送电申请单、停送电联系牌以及电话联系等。停送电联系的时间、内容及联系人应做详细记录。

(3）执行工作票的停送电，应按保证安全的组织措施的有关规定办理工作许可、工作转移、工作终结手续。

(4）停电单位得到确已停电及许可工作后，必须进行验电并装设短路接地线，在做好安全技术措施后方可工作。

(5）工作结束待设备或线路恢复正常，工作人员全部撤出工作现场后，再由停电联系人与变配电站联系送电。严禁约时停送电。

(6）在送电联系后，应认为线路或设备已带电，严禁进行任何工作。

(7）遇有人身触电危险的情况，值班人员可不经上级批准先行停电，但事后必须向上级报告并将详细情况记录在值班日记上。

五、临时线

对临时线应有一套严格的管理制度，并应有专人负责。

因工作需要架设临时线路时，应由使用单位填写"临时线路安装申请单"，经动力、安技部门批准后方可架设。

临时线的使用期限一般不应超过三个月，使用完毕应立即拆除。严禁在有爆炸火灾危险场所架设临时线。

临时线的架设应满足线路安装基本的安全要求。户内临时线应采用四芯或三芯的橡套电缆软线，线路布置应当整齐，架设长度一般不宜超过10m，离地面高度不应低于2.5m，有关设备应采取保护接零或保护接地等安全措施。

户外临时线路应采用绝缘良好的导线，其截面应满足用电负荷和机械强度的需要。应用电杆或沿墙用合格瓷绝缘子固定架设，导线距地面高度不应低于4.5m，与道路交叉跨越时不低于6m，严禁在各种支架、管线或树木上挂线。户外临时线应设有总开关控制，各分路应有保护措施。装在户外的开关、熔断器等电气设备应有防雨措施。户外临时架空线长度不得超过500m，与建筑物、树木的距离不得小于2m。

六、电气故障处理

(1）电气事故处理的原则是：尽快消除事故点，限制事故的扩大，解除人身危险和使国家财产少受损失，尽快恢复送电。

(2）发生触电事故应立即断开电源，抢救触电者；同时应保护事故现场，报告有关领导和地方有关部门及上级主管部门。

(3) 供电系统发生事故时，值班员必须坚守岗位，及时报告主管领导，并积极处理事故。在事故未分析、处理完毕或未得到主管领导同意，不得离开事故现场。

交接班时发生事故，交班人应留在工作岗位上，并以交班人为主处理事故。

高压系统发生重大事故，还应尽快报告电管部门。

(4) 要按照"三不放过"的原则，认真地、实事求是地分析处理事故，找出事故原因，吸取教训，制定出防止事故的对策。对事故责任者根据情节轻重给予批评教育、纪律处分，直至追究法律责任。

3.4.2 带电作业安全

一、带电操作的条件

(1) 带电操作必须有相应电压等级的绝缘工具，如绝缘操作杆、绝缘手套、绝缘安全帽、绝缘安全带、绝缘绳索、均压服装、水冲洗喷嘴及配套水泵等。

(2) 带电操作必须有熟练的带电作业实践经验的技术人员和操作人员。

(3) 具有丰富的带电操作实践经验的操作负责人，具有丰富的带电操作实践经验和监护经验的监护人。

(4) 具有完善、安全、可靠并经实践证明正确的安全措施、操作规程、防护措施和严格的管理组织制度。

(5) 不允许停电的设备和线路。

(6) 天气必须良好，室外作业必须无风，雷雨时应停止作业。

二、用绝缘操作杆操作

(1) 绝缘工具在使用前应详细检查有否损坏，并用清洁干燥的毛巾擦净。如发生疑问时，应用 2500V 绝缘电阻表进行测定，其有效长度的绝缘电阻值应不低于 10000MΩ 或分段测定（电极宽 20mm），绝缘电阻值不得低于 700MΩ。

(2) 带电作业人员应熟悉工具的使用方法、使用范围以及最大允许工作荷重，不准使用不合格的和其他非专用的工具。带电作业人员应戴手套、安全帽和使用绝缘安全带。

(3) 带电更换耐电瓷绝缘子串的工作，当导线未脱离瓷绝缘子串前，必须将横担第一个瓷绝缘子短路后，才能用手操作第一个瓷绝缘子。

(4) 拆、搭过线应遵守下列规定：

1) 严禁带负荷拆、搭过线。
2) 拆、接空载线路时，应采取消弧措施，并戴护目眼镜。
3) 严禁用接过线的方法，并列两个电源。
4) 未确定相位前，不得接过线。
5) 带电接上第一条过线后，其他两相均不得直接触及。
6) 开关或两个分路拆、搭过线时，应暂停保护，并将开关跳闸机构顶死。

(5) 带电操作时，人身与带电体间的安全距离应符合表 3-13 的规定。

(6) 带电操作使用的绝缘操作杆、绝缘工具和绝缘绳索的有效长度不得小于表 3-14 的规定。

工作人员与带电设备间的安全距离 表 3-13

设备额定电压（kV）	10 及以下	20~35	44	60	110	220	330
设备不停电时的安全距离（mm）	700	1000	1200	1500	1500	3000	4000
工作人员工作时正常活动范围与带电设备的安全距离（mm）	350	600	900	1500	1500	3000	4000
带电作业时人体与带电体间的安全距离（mm）	400	600	600	700	1000	1800	2600

绝缘操作杆和绝缘工具、绳索的有效长度 表 3-14

电压等级（kV）	绝缘操作杆有效长度（m）	绝缘工具、绳索有效长度（m）	电压等级（kV）	绝缘操作杆有效长度（m）	绝缘工具、绳索有效长度（m）
10 及以下	0.7	0.4	110	1.3	1.0
35（20~44）	0.9	0.6	154	0.7	1.4
60	1.0	0.7	220	2.1	1.8
			330	3.0	3.0

三、带电杆塔上操作

（1）攀登杆塔前应仔细检查脚钉、脚扣、升降板、爬梯等是否牢固，无问题后方可攀登。

（2）杆塔上工作必须系好安全带，安全带必须绑在牢固物件上，转移操作时不得失去安全带保护。

（3）杆塔上操作人员和所携带的工具、材料与带电体保持足够的安全距离：10kV 及以下为 0.7m；35kV 为 1m。

（4）上下传递工器具、材料必须使用绝缘无极绳索。风力不应大于 5 级。

（5）杆塔上有静电感应时，作业人员应穿防静电服。

（6）高处操作必须使工具袋，防止掉东西。

（7）所有的工器具、材料等必须用绳索传递，不得乱扔，杆下应防止行人逗留。

（8）操作人员应戴安全帽。

示范题

单选题

1）安全色是通过不同的颜色表示安全的不同信息，其中表示禁止、停止含义的颜色是哪些？（　）

　　A. 红色　　　B. 蓝色　　　C. 黄色　　　D. 绿色

答案：A

2）下列代号中，表示电气设备外壳能够完全防止灰尘进入的防护等级是哪些？（　）

　　A. IP65　　　B. IP55　　　C. IP54　　　D. IP44

答案： A

判断题

在变、配电系统中用母线涂色来分辨相位，一般规定黄色为 U（A）相，红色为 V（B)相，绿色 W（C）相。（   ）

答案： 错

第4章 道路照明

4.1 道路照明光源的选择

4.1.1 白炽灯和卤钨灯

白炽灯和卤钨灯都是热辐射光源。

热辐射总是与一定的温度相对应，而不同温度下物体的辐射特性会有所变化，可见光在总的辐射中所占比例也不同。如果一个物体能在任何温度下将辐射在它表面的任何波长的能量迅速增加，则这个物体就叫黑体。黑体加热时，随着温度上升，它的辐射能量迅速增加，最大辐射功率会从红外向可见光区域移动，因而光效增加。

钨丝具有与黑体类似的特性，图4-1所示为钨丝与黑体在同样温度下（3000K）的辐射曲线。由该图可知，钨丝的最大辐射峰值比黑体更近于可见光区域，因此其光效比黑体高。然而，该图也清楚表明，可见光部分只占有辐射的很小比例，绝大部分是红外线，因此钨丝辐射的光效是很低的。不过，随着温度上升，可见光的增加比红外线的增加速度更快，因此光效会有所上升，卤钨灯就是根据这一原理制造的。

一、白炽灯

图4-2所示是普通白炽灯的结构示意图。白炽灯的主要部件为灯丝、支架、泡壳、填充气体和灯头。

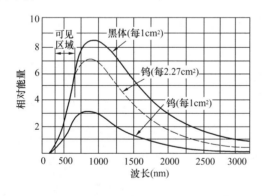

图4-1 3000K黑体和钨的辐射曲线

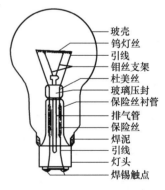

图4-2 白炽灯的结构

灯丝是白炽灯的发光部件，由钨丝制成。为减少钨丝与灯中填充气体的接触面积，从而减少由于热传导所引起的热损失，常将直线状钨丝绕成螺旋状。采用双重螺旋灯丝的白炽灯，光效更高。

芯柱是由铅玻璃制成。这不仅由于铅玻璃具有很好的绝缘性，还由于它能很好地与电导丝进行真空气密封接。电导丝由 3 部分组成：上面的部分即内导丝，用来与灯丝焊接（或夹接）；中间的部分为杜美丝，与铅玻璃进行气密封接；电导丝的外部，即外导丝，熔点较低，可起保险丝的作用。也可以采用铜或镀铜铁为外导丝，在其上再串接镍系合金保险丝。压封在芯柱上部的支架是由铝丝做成的，用于固定灯丝。

白炽灯的灯丝被包围在一个密封的泡壳中，从而与外界的空气隔绝，避免因氧化而烧毁。泡壳通常采用钠钙玻璃，大功率灯用耐热性能好的硼硅酸盐玻璃涂普通明泡以外，还根据不同的应用情况，对泡壳进行一些处理。可以采用氢氟酸对泡壳内表面进行磨砂处理，以减少眩光。用彩色玻璃，或采用内除、外涂的方法使泡壳着色，可以做成彩色白炽灯。

为了减少灯丝的蒸发，从而提高灯丝的工作温度和光效，必须在灯泡中充入惰性气体。在普通白炽灯中，充氩—氮混合气。氮的主要作用是防止灯泡产生放电，混合气的比例根据工作电压、灯丝温度和导入线之间的距离而定。对 220 V 的灯，氩的百分比为 84%～88%，氮的百分比为 16%～12%；对 100V 的灯，氩的比例可上升到 88%～95%，而氮的比例下降到 12%～5%，充气气压为 80～87kPa。灯工作时的气压约为 152kPa，希望提高灯的光效或延长灯的寿命时，可充氪气或氙气，以代替氩气。

灯头是白炽灯电连接和机械连接部分，按形式和用途主要可分为螺口式灯头、插口式灯头、聚焦灯头及各种特种灯头。

工作在钨的熔点（3653K）的白炽灯，如果没有热导和对流的损失，则理论上的光效可达到 53lm/W，实际白炽灯的光效远比此值为低。以现今额定寿命为 1000h 的普通照明白炽灯为例，其光效为 8～21.5lm/W。白炽灯的光效之所以这样低，主要是由于它的大部分能量都变成红外辐射，可见辐射所占的比例很小，一般不到 10%。

普通白炽灯，色温较低，约为 2800 K。有很好的色表。与 6000K 的太阳光相比，白炽灯的光线带黄色，显得温暖。白炽灯的辐射覆盖了整个可见光区，在人造光源中它的显色性是首屈一指的，一般显色指数 $R_a=100$。

在正常情况下，灯的开关并不影响灯的寿命。只有当点燃后灯丝变得相当细时，由于开关造成的快速的温度变化而产生的机械应力，才会使灯丝损坏。但开关灯时有一点要注意，即在灯启动的瞬间灯的电流很大。这是由于钨有正的电阻特性，工作温度时的电阻远大于冷态（20℃）时的电阻，一般白炽灯灯丝的热电阻是冷电阻的 12～16 倍。因此，当使用大批量白炽灯时，灯要分批启动。

普通白炽灯可以进行调光，没有限制调光灯的灯丝工作温度降低，从而使光的色温度降低，灯的光效降低，但寿命延长。当白炽灯工作在标称电压的 50% 以下时，灯几乎不发光。然而，此时的能量损耗依然是不小的。因此，我们建议当调光到这一深度时，不如干脆将灯瞬间关熄。

当电源电压变化时，白炽灯的工作特性要发生变化。例如，当电源电压升高时，灯的工作电流和功率增大，灯丝工作温度升高，发光效率和光通量增加，寿命缩短。

白炽灯的寿命一般是指平均寿命，即足够数量的同一批寿命试验灯的全寿命的算术平均值。

二、卤钨灯

在普通白炽灯中,灯丝的高温造成钨的蒸发。蒸发出来的钨沉积在泡壳上,产生灯泡泡壳发黑的现象。1959年时,发明了碘钨灯,利用卤钨循环的原理消除了这一发黑的现象。而且,由于钨丝工作在更高的温度,灯的光效得到很大的提高。

卤钨循环指当泡壳温度适当时,从灯丝挥发的钨与卤素在泡壳附近反应形成挥发性卤化钨,卤化钨回到灯丝附近受高温分解成钨和卤素气体,钨沉积回灯丝,卤素回到泡壳附近再参与化合作用,这样的循环过程使灯丝可以工作在更高的温度。同时,由于要保证泡壳处的温度使卤化钨成气态,灯的体积可以做得很小。从耐高温和强度的要求出发,卤钨灯均采用石英玻璃或硬质玻璃,泡壳内可以填充更高气压的卤素,以抑制钨的蒸发。

填充的卤素可以是氟、氯、溴、碘4种元素,其中溴和碘应用最为广泛。两者比较,碘钨灯寿命相对长些,而溴钨灯的光效相对高些。

卤钨灯分为单端和双端两种(见图4-3),两者都可以采用红外反射膜来提高光效,光效可提高15%~20%。

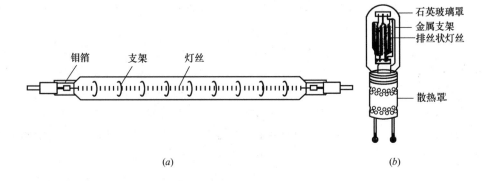

图4-3 卤钨灯外形
(a)两端引出;(b)单端引出

卤钨灯由于其工作特性,使用时要注意:为了维持正常的卤钨循环,避免出现冷端,管形卤钨灯必须水平燃点,倾角不能大于±4°,以免缩短寿命。管形卤钨灯工作时,管壁温度高达600℃,不能与易燃物接近,且灯角引入线应采用耐高温导线;卤钨灯丝细长而脆,应避免振动。

一般照明用卤钨灯色温2800~3200K,比普通白炽灯稍白,色调稍冷;卤钨灯显色性极好,一般显色性$R_a=100$。

4.1.2 低压放电灯

一、荧光灯

荧光灯是低压放电灯的典型代表。

图4-4是荧光灯的工作原理。低气压的汞原子放电辐射出大量紫外线,紫外线激发管壁上的荧光粉将紫外线的能量转化为可见光射出来。

普通荧光灯的灯壳是加入氧化铁的钠钙玻璃,直径11~38mm,功率4~125W。

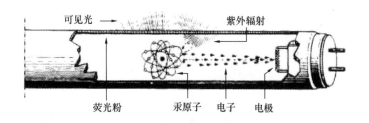

图 4-4 荧光灯工作原理

荧光粉将紫外线辐射转化为可见光，它决定了可见光的线谱组成，因而决定了灯的色温和显色性，很大程度上也决定了灯的光效。随着稀土荧光粉的使用，荧光灯的光效大为提高，显色和色温也形成了全系列，以满足不同的照明要求。

电极是气体放电灯的核心部件，是决定灯的寿命的主要因素。电极由钨丝制成，涂以电子发射材料，产生热电子发射维持放电。当电极烧坏或电子材料消耗完，不能维持放电，灯的寿命也就到了。

荧光灯的寿命认定是根据 IEC81.1984 规定进行测试的，即足够数量的一批荧光灯用特制的镇流器点燃，每 3 小时开关一次，每天开关 8 次，直到 50% 的灯管损坏的时间就是该批荧光灯的寿命。

汞是荧光灯的工作气体，正常工作时，灯内汞蒸处于饱和气压状态，即既有汞蒸气又有液态汞，因此灯管温度最低的地方的温度（冷端温度）就决定了汞蒸气压大小。不同管径的荧光灯有不同的最佳汞蒸气压，也就有不同的冷端温度，如 38mm（T12）、26mm（T8）和 16mm（T15）管径的荧光灯的冷端温度为 40℃、42℃ 和 45℃。除了汞以外，为了帮助荧光灯的启动和维持灯正常工作，灯内还充入气压约 2500Pa（0.025atm）的惰性气体，同时起到调整荧光灯电参数的作用。

荧光灯的光效主要由荧光粉决定，同时还与环境温度和电源频率有关。

图 4-5 显示荧光灯光输出与环境温度变化曲线，可见，在静止空气中，25℃ 是最佳温度，温度降低和上升都会引起光通量的减少。研究发现，温度上升时，灯的功率也会一定程度的降低，其幅度比光通量的降低幅度要稍小。图 4-6 显示荧光灯光效与电源频率的关系，可见，采用高频电子镇流器也是节能的一个措施。

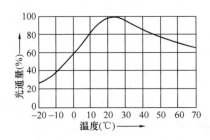

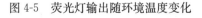

图 4-5 荧光灯输出随环境温度变化

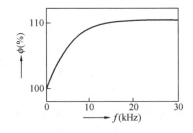

图 4-6 荧光灯光效与电源频率的关系

除了普通的直管荧光灯外，紧凑型荧光灯发展很快。紧凑型荧光灯尺寸小、光色好、光效高、寿命长（8000 h），可以大面积替代白炽灯，在民用照明和绿化、庭院以及城市生活区小马路和住宅小区道路等公共区域照明中，得到广泛使用。

二、低压钠灯

低压钠灯是另一种低压放电光源，与荧光灯的汞蒸气放电不同，它是钠蒸气放电。

虽然低压汞蒸气在特征谱线253.7nm的辐射效率达60%～65%，但通过荧光粉转化为可见光会有很大能量损失；而低压钠蒸气放电在589.0～589.6nm的辐射效率只有35%～40%，但由于该谱线位于可见光区的$v(\lambda)$峰值附近，所以低压钠灯的光效仍然比荧光灯要高，其光效达200lm/W，是迄今光效最高的人造光源。

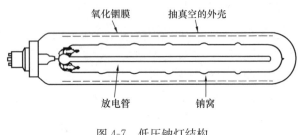

图4-7 低压钠灯结构

图4-7是低压钠灯的典型结构。放电管由套料抗钠玻璃制成，弯成U形，一方面节约空间，另一方面也为了保温。外壳内抽成高真空，减少气体对流和热传导引起的热损失。外壳内壁涂以氧化铟红外反射涂层，以便将热辐射反射回放电管。所有的保温措施都是为了将放电管维持在最佳温度260℃。

放电管上每隔一定的距离有一个隆起的小窝，是放电管的冷端，可以储存钠，使放电管内钠蒸气浓度均匀。低压钠灯的两个电极是三螺旋结构，能储存大量氧化物电子反射材料。低压钠灯的填充气体是氩－氖混合气，是启动气体。灯刚亮时，钠处于固态，只有启动气体工作，放电呈氖气的红光，随着放电的进行，放电管温度上升，钠蒸气压升高，参与放电，颜色逐渐变黄，这一过程需要约10min。由于低压钠灯99%的可见辐射集中在双黄线上，所以灯的显色性极差，主要用于郊区道路、高速道路和隧道等对显色性没有要求的地方，或用于特效摄影等一些特殊用途。

4.1.3　高气压高强度放电灯

高气压放电的放电管管壁负荷超过$3W \cdot cm^{-2}$，如高压汞灯、高压钠灯和金属卤化物灯等。高气压高强度放电灯（HID灯）的结构类似，都包括放电管、外泡壳和电极，但所填充的气体和采用的材料不同。

一、高压汞灯

图4-8是高压汞灯的典型结构。高压汞灯采用耐高温、高压的透明石英玻璃做放电管，管内除充有汞外，同时充有2500～3000Pa的氩气以降低启动电压和保护电极。放电管两端采用钼箔封接电极。用钨作主电极，并在其中填充碱土氧化物作电子反射物质，一端有辅助电极（启动电极）帮助启动。外泡壳有保持放电管温度、防止金属部件氧化、阻碍紫外线等作用，外泡壳内填充16kPa的氩－氮混合气体，有的还在外泡壳内壁涂上荧光粉，将紫外线转化为可见光，从而成为荧光高压汞灯。

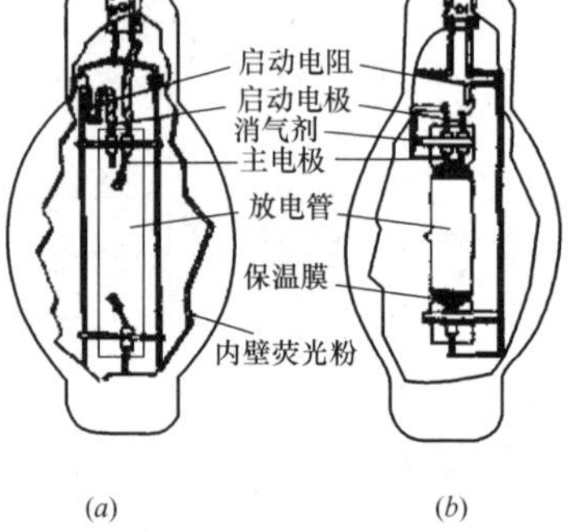

图4-8　高压汞灯和金属卤化物灯结构
(a) 荧光高压汞灯；(b) 金属卤化物灯

高压汞灯开始工作时，电压加在两个主电极和主电极与辅助电极之间。由于辅助电极与同端主电极距离很近，两者之间就产生辉光放电，并向主电极之间的弧光放电过渡。随着放电产生的热量使管壁温度上升，汞逐渐气化使蒸气压上升，开始时蓝色的低气压放电逐渐过渡到高气压放电，长波长的辐射增多，而且产生些连续辐射，光色逐渐变白；当汞全部蒸发后，放电管电压稳定，就成为稳定的高压汞蒸气放电，这一过程需要 4~10min，期间的光电参数变化见图 4-9（a）。稳定工作时，汞蒸气压达 200~1500 kPa（2~15atm），远比氩气气压高，因此灯的电参数（如管压）是由汞决定的。

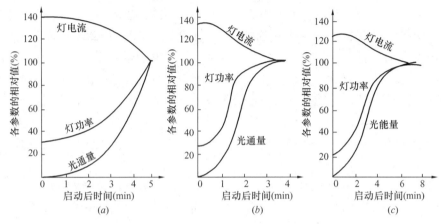

图 4-9 HID 的启动特性
(a) 荧光高压汞灯；(b) 金属卤化物灯；(c) 高压钠灯

透明泡壳的高压汞灯完全是靠汞蒸气放电发射可见光，主要集中在蓝绿区域，完全没有红光，因此色温高，显色性很差；但放电电弧清晰可见且尺寸小，很容易实现光输出控制，可以精确配光，所以常用于道路照明和泛光照明。

荧光高压汞灯由于采用荧光粉，从而利用了紫外辐射，色表和显色性可以因采用荧光粉的不同而得到不同程度的改善。高级光色型的荧光高压汞灯的相关色温为 3300~3500K。显色指数 R_a 为 50~58。

自镇流汞灯利用与放电管串联的钨丝起镇流作用，因此可以直接接入电路。同时钨丝也能发光，并与电弧发出的光混合在一起，使光色有所改善。为了防止钨丝的蒸发和放电，外泡壳中会充入 8 万 Pa 的氩—氮混合气体。

高压汞灯一旦熄灭，由于灯内汞蒸气压很高，不能马上再启动，必须等其充分冷却，管内气压下降到足以被激发才能再次启动工作。

与荧光灯不同，环境温度对高压汞灯的光输出、灯电压和灯寿命影响很小，只是温度过低时可能会使灯启动困难；电源电压的变化对高压汞灯的特性影响也比较小。工作方位也没有什么限制，所以高压汞灯对使用条件的要求并不高。

高压汞灯的寿命取决于管壁黑化而引起的光通量衰减和电子电极损耗，而使启动电压上升直至不能启动，这与灯的点灭次数、放电管设计和电流波形等因素密切相关。

二、金属卤化灯

为了改善高压汞灯的光色，除了涂荧光粉外，还有一种办法是在放电管内添加金属元素，用它们的蒸气放电发出的光线来平衡汞的光谱。研究发现，采用金属卤化物形式，可以达到较高的蒸气压，从而满足放电要求，同时防止活泼金属对石英电弧管的侵蚀。当金属卤化物的蒸气扩散到电弧弧心时，在高温作用下分解成金属原子和卤素原子，金属原子被激发辐射出所需光谱；当金属原子和卤素原子扩散到管壁区域，相对较低的温度使它们复合成金属卤化物。这一过程与卤钨灯的卤钨循环类似，这就是金属卤化物灯。

金属卤化物灯的光谱主要由添加的金属的辐射光谱决定，汞的辐射谱线贡献很小（汞量比高压汞灯小）。根据辐射光谱的特性，金属卤化物灯可以分为4大类：

（1）选择几种强线光谱的金属的卤化物加在一起得到白色的光，如钠—铊—铟灯；

（2）利用在可见光区能发射大量密集线光谱的稀土金属，得到类似日光的白光，如镝、钬、铈、铥等，这些元素的不同组合又形成不同类型的金属卤化物灯，如高显色性金属卤化物灯（镝—钬灯，钠—铊灯）和高光效金属卤化物灯（钪—钠系列）；

（3）利用超高气压的金属蒸气放电或分子发光产生连续辐射，获得白光，如超高压铟灯和锡灯；

（4）利用具有很强近乎单色辐射的金属产生纯度很高的光，如铊灯产生绿光、铟灯产生蓝光。

一般金属卤化物灯采用石英玻璃作放电管，可以耐高温高压透紫外；电极形状与高压汞灯类似，但电子发射材料是钍和稀土金属氧化物，它们不会与卤素发生反应。由于它们的逸出功比碱土金属高，所以金属卤化物灯的启动电压比高压汞灯要高。为了改善启动性能，放电管中充入较容易电离的氩—氖混合气或氪—氩混合气等。为了保证一定的蒸气压，放电管必须保持足够的温度，所以放电管要做得较小，而且在电极周围的区域涂上氧化锆红外反射层以保温。

外泡壳涂荧光粉可以将放电产生的紫外辐射转化成可见光，但金属卤化物灯的紫外辐射量小且集中在长波紫外区，向可见光的转化率低，所以光效并不能大幅提高，荧光粉涂层的主要作用是使灯光变得柔和。

不同的金属卤化物灯有不同的启动电压，大部分需要外加启动器帮助启动。镇流器也因灯的种类不同而不同。钪—钠灯必须采用特殊设计的恒功率镇流器；钠—铊—铟灯可以用汞灯镇流器，而稀土金属卤化物灯可以用高压钠灯镇流器。

灯熄灭后，由于灯内气压太高，在原来的启动电压（0.5～5kV）的作用下不能立即再启动，必须等其经过5～20min的冷却。如果某些特别场合需要灯立即启动，就需要能产生30～60kV的启动器。

与高压汞灯相比，金属卤化物灯对电压波动更敏感，大于10%的上下变化就会引起灯光色的变化，电压太高还会缩短灯的寿命。由于灯的光色与放电管冷端温度密切相关，所以很多金属卤化物灯都有燃点位置的要求，以免影响灯的光色和寿命。光源公司在产品样本上对灯的燃点位置都会有说明。

由于活泼金属钠可以透过石英玻璃发生迁移，所以在寿命期内，金属卤化物灯的光色也会发生变化，或不同灯由于迁移速度不同而光色不一致。为了克服这一问题，20世纪末，飞利浦公司推出了用陶瓷管作放电管的陶瓷金属卤化物灯，不仅没有钠的迁移从而保证了寿命期内灯的光色的稳定性，而且陶瓷管可以精确控制尺寸从而确保所有灯的性能一致，更由于陶瓷的耐高温性能，使放电管可以工作在更高的温度，能得到更高的光效、非常好的显色性。

金属卤化物灯由于管壁温度高于高压汞灯，影响其寿命的因素除了与汞灯类似的原因以外，还会由于金属与石英的缓慢反应、游离的卤素分子使管压上升、高温释放出石英中的水分等不纯气体等，使灯无法正常工作。

三、高压钠灯

图 4-10 是典型高压钠灯的结构图。

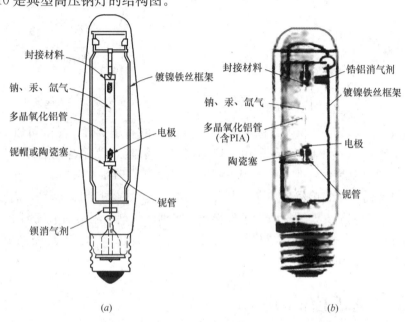

图 4-10 高压钠灯结构图
（a）普通高压钠灯结构图；（b）飞利浦加强高压钠灯结构图

与高压钠汞灯和普通金属卤化物灯不同，高压钠灯的放电管是多晶氧化铝（PAC）陶瓷管，因为它能抗高温钠的腐蚀；放电管的形状明显呈细长形，这是为了减少光辐射的自吸收损失，而获得更高的光效。

高压钠灯的电极也是钨，电子发射材料储存于钨的螺旋中。电极与陶瓷之间通过与陶瓷膨胀系数接近的铌帽用玻璃态焊料封接。由于铌在高温下易于氧气或氢气发生化学反应变硬变脆，所以外泡壳要抽真空，而且还要采用消气剂吸收工作中零部件释放的杂质气体，以维持真空度。

在高压钠灯放电管中，充入氩气或氙气作为启动气体。充氙气时，光效稍高但启动困难。除钠外，管内还需充入汞提高灯的电场强度，减少热导损失以提高光效。钠和汞通常以钠汞的形式充入。

高压钠灯的发光特性与灯内钠蒸气压有关，光效最高时灯内的钠蒸气压约 10kPa，标准型高压钠灯就工作在这一气压下，通过增加钠蒸气压，可以提高钠灯的色温并改善灯的显色性（见图 4-11），但光效会下降。通过这种办法开发出一种显色性改善型高压钠灯，显色指数 $R_a=60$，此时灯内钠蒸气压为 40kPa；另一种白光高压灯，显色指数 $R_a=85$，色温约

2500K，此时灯内钠蒸气压达 95kPa，但它们的光效都比标准型下降很多（见图 4-12）。

色温升到 2500K，显色性很好，$R_a=85$，但与标准高压钠灯相比，它们的光效明显下降。

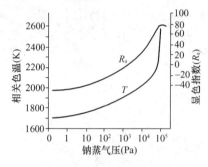

图 4-11　R_a 与 T 随钠蒸气压的变化

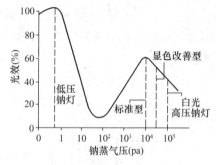

图 4-12　光效随钠蒸气压变化

充氙气且气压达 27～47kPa（标准型为 2.7kPa）的高压钠灯，光效可以提高 10%～15%，但启动困难，需要采用可靠的电子启动器（触发器）。为了帮助启动，以前是在放电管上绕以线圈，以减少启动电压。现飞利浦公司发明了 PIA（Philips Integrated Antenna）技术，将帮助启动的钨丝与陶瓷放电管烧结在一起（见图 4-10（b）），启动和工作更可靠；同时，还改进了支架结构减少了焊接点，将钡消气剂改用锆铝消气剂。一系列措施使得这种加强型钠灯寿命达 32000h（标准型为 24000h），光效也提高到 140lm/W（400W，标准型为 120lm/W）。

4.2　气体放电灯工作电路

由于气体放电灯的负电流特性，要使其正常稳定工作必须要有限电流装置，有些还需高压启动装置帮助其触发工作。这就是气体放电灯的工作电路。

4.2.1　普通镇流器

镇流器的基本功能是防止电流失控和使灯在它的正常的电特性下进行工作。镇流器必须效率高、结构简单、有利于灯的启动，对寿命无损害并保证灯能稳定启动和正常工作。

一、电阻镇流器

一个简单的串联电阻有时可用作为灯的镇流器，但是会引起功率损耗（I^2R），使灯的总效率降低。在用交流供电时，采用电阻镇流器，会使电流波形产生严重的畸变，这是因为灯重新点燃的延迟，使电流在每个半周期的起始段近于零（见图 4-13（a））。由于灯需要的再启动电压很高，导致了灯的工作稳定性很差。对于自镇流的汞灯，是利用白炽灯的灯丝来作为它的镇流器。

二、扼流圈或电感镇流器

与灯串联的扼流电感镇流器，会使电源电压和灯的工作电流之间产生 55°～65°的相位差，它在每半周再启动时，有更高的维持电压，而使灯顺利地启动，从而保证灯能更稳定地工作，而且工作电流波形的畸变更小（见图 4-13（b））。

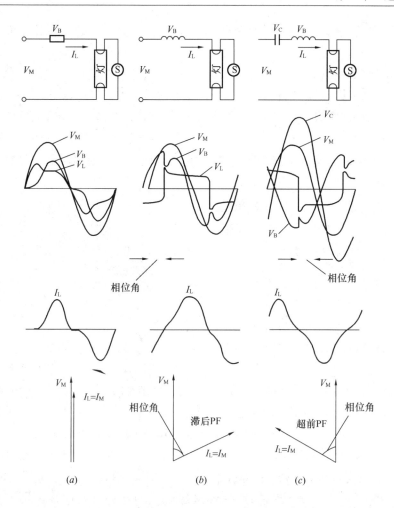

图 4-13　当电源工作频率为 50Hz、60Hz 时，配用不同镇流器的荧光灯的工作电路
(a) 电阻镇流器；(b) 扼流圈镇流器；(c) 扼流圈－电容镇流器

灯的工作电压和额定电压必须很好地保持一致，以确保灯稳定工作。对电压在 100～200V 范围内的电源，串联使用的扼流电感镇流器限制使用的放电灯的额定电弧电压约为 55V；对于 220～240V 的电源，可以使灯管的额定电压在 70～145V 范围内，通常能使灯令人满意地工作。值得注意的是，灯重新点燃需要的峰值电压是灯稳定工作的决定性因素，这比它对灯的有效电压的影响还大，且电压波幅因数（峰值：有效电压）随灯的种类的不同而明显地变化；在电压范围为 380～480V 的电源下工作，可以使用灯管电压在 230～250V 之间的灯，并导致灯电流很低，而低电流不但导致系统功率损失减少且明显节约了安装电线、保险丝和开关这些设备的费用。

扼流圈的功率消耗是很低的，通常整个电路效率可达 80%～90%。由于铜绕组中存在线圈电阻，它引起的功率消耗将随镇流器温度升高而增加。而铁芯中的功率消耗则是由磁带、涡流及间隙边缘漏磁损耗所引起的。扼流圈的设计和其他工程产品一样，须综合考虑其尺寸、形状、性能和价格。扼流圈的尺寸和重量主要取决于其额定的电流值，工作电流较大的高功率灯，要求扼流圈也较大。大多数情况下，扼流圈的尺寸从一开始就受到灯具的大小和形状的限制。譬如，当扼流圈必须安装在狭窄的发射器或凹槽内时，扼流圈的形状就受到了限制。

扼流圈镇流器的结构见图 4-14，它是把漆包铜线绕在塑料线圈框架上做成线圈，然后再套到具有高磁导率的硅—铁叠片外，通常把它封闭在薄钢壳盒内。叠片之间相互绝缘，以减少铁芯片内涡流损耗。铁芯中须留有空气隙，主要是为了降低磁通饱和，以及取得较满意的电气性能。为了提高绝缘性能，电气强度和热导率，并降低噪声程度，必须把扼流圈浸渍在清漆和树脂或沥青混合液中。扼流圈在工作时的温度取决于铁芯的磁通密度、铜的电流密度以及它们表面和热传导。

图 4-14　36W/40W 荧光灯扼流圈结构

三、漏电抗变压镇流器

正常交流电源的电压可能不足以使某些种类的灯启动并工作，在这种情况下需要用变压器将电压升高，感应镇流器的阻抗是灯稳定工作所必需的。在设计时通常可以和变压器中有意引入的漏磁阻抗综合起来考虑。它的作用是有意使变压器对电源电压的变化反应变化不明显，起到抑制作用。例如，当灯的负载电流升高时，变压器输出到电灯上的电压就下降。这类镇流器可以有不同的名称，如"漏磁场"变压器、"高抗压"变压器或"漏抗电"变压器，而在北美则称为"延迟镇流器"。这类镇流器通过建立一个漏磁分路，有意将耦合初级线圈和次级线圈的互感磁通减少，最后只有一定数量的能量传输到灯负载上。

这种变压镇流器通常是和自耦合变压器连接的，这样虽然灯的稳定性好，但同时能量损失却相对较高，功率因数很低，而且还伴有滞后因数。这可以用并联电容的方法，使电源电流减少并使功率因数提高。由于这类镇流器的尺寸相对较大，重量重且价格较贵，因而在电源电压为 230V 或 240V 的国家很少使用。光源设计者要设法使灯的启动和工作要求符合这种电压，必要的时候用电子触发器来达到要求。

四、恒功率稳定器（CW）、恒功率自耦变压器（CWA）、峰值超前镇流器和饱和稳流镇流器

在北美，漏磁变压镇流器的原理得到了极大的发展，并适合不同放电灯的不同的电气特性。为了使变压器的尺寸缩小、重量减轻和成本降低，在灯启动时开路电压采用一个电压峰值因子很高的非正弦波形，由于这些因素减低了电压的有效值。为了得到很高的电压波幅因数，可以用在磁芯上开狭缝的方法。另外，还可以在次级线圈和灯之间串联一个电容，对灯亦起到部分镇流作用。电容产生的超前功率因数被初级线圈逐渐增大的感应磁化电流所修正。和简单的扼流圈电路相比，变压器电路的功率损失比较大，因而电路的效率比较低。虽然变压器电路内灯的电流波幅因数（1.6～2）比用扼流镇流器的灯（1.4）要高很多，但这个差别还不至于造成电极性能的损害。

这类在北美使用的变压镇流器可以适用于电源电压波动范围很大的情况，而且和扼流镇流器相比，在电源电压波动情况下，它能更好地控制灯的功率。电流在灯预启动、预热和正常工作过程中，几乎保持不变。预热阶段的稳定性和抗电源电压突然下降的能力要比扼流圈电路好很多。在灯作为部分整流器的情况下，使用串联的电容不但可以减少灯的闪烁，还可以降低镇流器过热的危险。

将脉冲峰化的电容和次级线圈并联，可以提高启动时的峰值电压。这个技术可用来进一步缩小汞灯使用的镇流器的尺寸，但不能用于金属卤化物灯镇流器中，因为这将会导致金属卤化物灯在预热阶段不稳定。

下面是几种镇流器的设计思路。对汞灯配用的恒功率变压器（CW）或稳定器而言，它们将初级线圈和次级线圈隔离，因而有良好的绝缘性和安全性，并且可以在灯电压和电源电压强烈波动的情况下出色地控制灯的功率。

恒功率自耦变压器（CWA）或自耦稳定器由于其体积小、重量轻、价格低和功率小，比隔离式的恒功率变压器使用更普遍。尽管自动变压器在灯抗电压下降的稳定性及灯功率控制方面优于扼流镇流器和高阻抗镇流器，但对灯功率偏大情况的控制不如恒功率变压器。

高压钠灯在寿命期间的工作电压和随电源电压的变动有一个范围，在这个范围内要求对灯的功率有很好的控制。由于在标准的汞灯自动稳定器设计时没有给出控制功率的精确程度，因而产生了一种特别磁路设计的自动稳定器。另一类型变压器称为磁饱和稳定器，它有 3 个独立的线圈：初级线圈、与灯相连的次级线圈和与电容相连的次级线圈。这种镇流器仍然可以精确地控制灯的功率，并且有灯电流波幅因数低的优点，但它的缺点是价格高、功率损失大、外形尺寸大及重量大。所有高压钠灯的高压镇流器在设计时，为了产生启动时灯所需要的高电压，可与一个电子触发器一起连在次级线圈上。

用于金属卤化物灯的峰值超前镇流器和用于汞灯的自耦稳定器相类似。但由于金属卤化物灯的启动和预热的需要，因此需要一个开路电压波幅因数很高的高电压峰值，这需要在次级线圈的磁芯上开一道或多道狭缝。

五、电容镇流器

在 50Hz/60Hz 的电源中，电容器是不合适的镇流器，这是因为在每半周开始时，对电容器充电的启动能量在灯中会产生持续时间虽然很短，但很有害的强峰值脉冲电流。在高频率的电源下工作时，不会发生快速的电流起伏，从而就可用简单的电容镇流器。

六、扼流圈—电容镇流器

将电容器与扼流圈串联，就提供了一个具有若干有用性质的镇流器装置，如果容抗取为感抗的两倍，则能获得具有很好的电流波形的高维持电压。这种电路能使灯以很高的工作电压工作。另外，它还有一个近乎恒定的电流特性，因此，对电源电压的变动不很敏感，适应性较强。

七、镇流器的寿命

当线圈和绕组绝缘材料的温度上升时，它们的性能也以一定的速度逐步地降低。镇流器线圈允许的额定工作温度（t_w）是根据它保证正常工作 10 年来考虑的，实际上是由加速疲劳试验（IEC 922（1989））30～60天的实验数据确定的。镇流器的工作温度与寿命之间的关系可由以下经验公式来计算，即

$$L = K e_e^{D/T} \tag{4-1}$$

式中，L为绝缘系统的寿命；T为绝缘材料的绝对温度；D为取决于绝缘材料的常数；K为取决于所选择的单位和材料的常数。

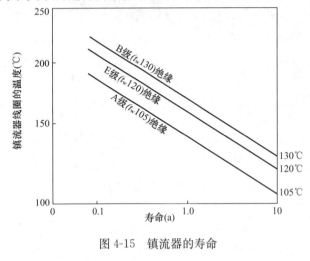

图4-15 镇流器的寿命

如果以$1/T$对$\log T$为坐标作图，我们就可画出镇流器的寿命和工作温度之间的直线关系。图4-15示意了3种不同绝缘类型的镇流器寿命曲线。从图中直线斜率可发现，线圈温度每超过$t_w 10℃$时，镇流器的寿命就缩短一半，如果超过20℃、其寿命将只有额定值的1/4。

镇流器另一个重要的参数是ΔT，ΔT表示镇流器工作时线圈的温度上升值，如$\Delta T 55℃$，就是镇流器工作时线圈温度上升55℃。为了保证镇流器线圈温度不超过t_w，就要求工作的环境温度不能超过$(t_w - \Delta T)$，才能保证镇流器的寿命。可见，在同样的ΔT情况下，t_w越高的镇流器可以在更高的环境温度下正常工作，具体到路灯灯具而言，t_w越低，对灯具的散热性能要求就越苛刻，否则，线圈温度（灯具、电器、室温度加上线圈温升ΔT）很容易超过t_w，而引起镇流器寿命大幅缩短。

八、噪声

任何电磁器件，如变压器或扼流圈，当它们在交流电源下工作时，总会存在内在的噪声。噪声的程度取决于它们的尺寸和设计，镇流器波形包含了100～3000Hz甚至更大范围的谐波成分，因此，噪声可以从低音调的嗡嗡声变化到高音调的沙沙声。噪声可以以多种方式产生，如通过周期性的磁致伸缩使铁芯尺寸变化，或通过铁芯的振动，或通过杂散的磁场引起镇流器外壳或灯具外壳的振动。如果要使噪声限制到最低限度，所有这些方面都应该加以考虑。

4.2.2 功率因素的校正

一、功率因素

对于任何波形，功率因数的定义为功率与（电压有效值×电流有效值）的比值。低的功率因数有如下弊病：

（1）不必要地增加了供电的kV·A需要量；

（2）对一定规格的电缆、配线零件，以及配电设备来说，减少了它们的有效负载；

（3）电力负载具有过低的滞后功率因数，会让用户增加额外的财政支出。

所有使用扼流圈的漏电抗变压镇流器的电路都有一个低的滞后功率因数，通常在0.3

~0.5之间。把一个合适的电容器并联跨接在交流电源上，就能方便地使功率因数得到校正。电容器取得了相位超前的电流，就部分抵消了灯电路中的滞后电流。

图 4-16 显示了一个校正了的扼流镇流器电路的相位图。从图 4-16 中的三角关系可以看出，一盏 WW 的灯，在 WW、fHz 的交流电源下工作时，为将电流的相位角 A 修正为 B，就需要一个 $C\mu F$ 的电容，这里

$$C = \frac{W(\tan A - \tan B) \times 10^6}{2\pi f\, V^2} \tag{4-2}$$

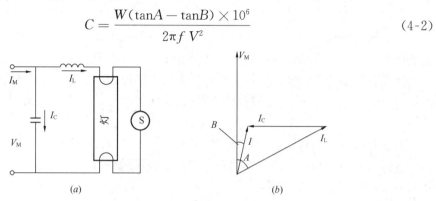

图 4-16 功率因素的校正
(a) 扼流镇流器的校正电路；(b) 图 (a) 的相位图

通常，商用照明的工作电路的功率因数要校正到 0.9。作为一个典型的例子，当功率因数从 0.5 校正到 0.9 时，其供电电源电流要下降 45%。

电源电压和灯的电路电流与波形畸变，对功率因数有很大的影响校正功率因数的电容器只能降低畸变负载电路中电流波形的基波成分，而不能降低谐波成分。实际上，由于基波的降低，电源电流谐波含量的相对百分比反而增加了。

二、电容器

电容器主要由两块导电板，或两个电极组成，电极间用一层具有高介电常数的薄绝缘材料隔开。为了形成紧凑的电容器，电极和绝缘材料被卷成圆柱形，而且通常被封闭在具有两个接点的金属壳或塑料壳内。电容器具有多种的结构形式，有些以合适的材料浸渍，以提高它的绝缘强度和介电常数。保证电容器工作时的温度和电压不超过额定值是很重要的，否则会缩短电容器的寿命。电容器在电源中的功率损耗是很小的，其变化范围也较有限，一般纸质电容器，其功耗为 $0.2\text{W}/\mu f$；塑料薄膜电容，其功耗为 $0.05\text{W}/\mu f$。为了减少电击的危险，电容器两端并行接一个放电电阻，该电阻必须保证在固定接线设备关闭电路 1min 内电容器两端电压下降到小于 50V，而手提设备必须使电容器在电路关闭 2s 内下降到小于 34V。

4.2.3 高压钠灯电路

常用的高压钠灯工作时，灯内填充的钠汞齐部分被蒸发，部分仍以液态形式留在电弧管内部或外置容器的最冷端。电弧管内的钠蒸气压取决于冷端的温度，并且它又控制了灯的电弧电压。可以通过灯周围光学系统的热辐射来提高灯的电弧电压，也可以通过在寿命期间钠的逐渐损失而使灯的电弧电压升高。当高压钠灯每隔几分钟循环开关时，就出现了

一种正常的寿命终止失效模式,这是出于灯电压超过了电路在每半个周期内提供给灯重新启动的瞬时电压的缘故。在这种情况下,由于灯的电流和功率全都取决于镇流器的参数,如果要使灯稳定和理想地工作,就必须规定镇流器的参数,将其限定在很小的公差范围内。无汞和不饱和蒸气的高压钠灯可以通过使用一个高的气压来得到理想的灯电压值,因而也不会出现充钠汞齐的常用的高压钠灯灯电压上升的现象。

在许多地方,高压钠灯工作时是和扼流圈镇流器简单串联在一起的,和汞灯的电路相类似,因而在设计时应该使电弧电压小于电源电压的1/2。由于灯电压制造上的公差及电源电压的波动,因而造成高压钠灯的功率变化比汞灯大得多。在北美发展了利用漏磁特性的磁饱和稳流器和自耦式稳流镇流器,与扼流圈镇流器相比,在电弧电压和电源电压变化的情况下,能够更为精确地控制灯的功率。目前,普通高压钠灯使用电子镇流器还不普遍。

对光色改善型高压钠灯使用触发模式工作的专门设计的电子镇流器是非常重要的,因为它使灯有独特的可调色温。某些光色改善型高压钠灯(R_a约为85),还需要一个电子器件来稳定灯电压和功率。

所有高压钠灯都需要特殊的启动电路,最通常的方法是用电子触发器产生一个高频高压脉冲。灯的满意的启动取决于脉冲的幅度、上升时间、宽度、极性、重复率和镇流器开路电压波形的相对位相(IEC 662,1980)。对于光输出大的高压钠灯,可以在陶瓷电弧背上连接一根辅助启动的导线,在气体击穿瞬间经触发器进入高压钠灯的放电能量对灯的启动性能尤为重要。高压钠灯在-40℃的环境温度下可以十分可靠地启动,但必须注意触发器的选择,看它内部的控制元件是否适合这个温度,因为很多电子元件在低于-30℃时就很不稳定。在触发器中,使用军用级元器件就可以解决这个问题。

图4-17(b)表示了一种可控硅的启动电路,通过可控硅的导通将贮存在小电容中的能量转换到部分扼流圈线圈上。这种启动器被称为脉冲触发器,必须和相应的镇流器配套使用,才能产生符合要求的脉冲特性。可以通过调节扼流圈匝数比来控制脉冲电压的幅值,通常可以得到的脉冲峰值为3~5kV,它的持续时间比较短。这种电路可以每半个周期重复产生脉冲,也可以在每半个周期内就重复产生脉冲,还可以每隔几秒钟产生脉冲。图4-17(c)表示了一个分离脉冲变压器电路,脉冲变压器串联在扼流圈和灯之间,这种触发器又称为超强触发器,通常使用交流用硅二极管(SIDAC)电子开关,使小电容放电。这种触发器平均每半个周期产生3次峰值为3~5kV的脉冲。由于触发器相对扼流圈和变压器是分离的,因而它可以和制造商的任意一种镇流器配合使用。

在电子触发器内部可以安装电子限时装置和防止反复启动的控制装置。当灯损坏时,使用电子限时电路关闭触发器,可以使镇流器、灯座及有关电线减少承受触发脉冲引起的电击。一般高压钠灯在热状态下重复启动大约需要1min,因此启动电路可以设计成工作1~2min后自动关闭,大功率的高压钠灯通常用双金属片辅助启动。为了保证在热和温的两种状态下很好地启动,应该允许触发器工作10min左右。当高压钠灯每隔几分钟就熄灭一次时,防止反复启动或截止的电路,应该判断这是高压钠灯的正常寿命终结的模式而关闭触发器。但电路在关闭触发器之前,至少应该允许触发器重复启动2次,目的是避免偶然的事故和电源断路造成的熄灭。

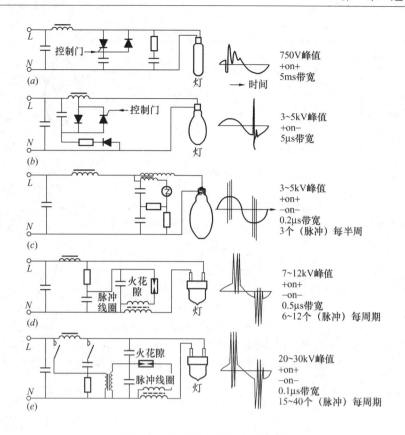

图 4-17 气体放电灯的启动电路

(a) 低压钠灯触发器；(b) 高压钠灯和金属卤化物灯的脉冲触发器（镇流器脉冲触发器）；(c) 高压钠灯和金属卤化物灯的超强触发器（串联脉冲线圈触发器）；(d) 金属卤化物的高脉冲电压的冷触发器；(e) 高压钠灯和金属卤化物灯的瞬时热触发器（手动操作）

由于连接高压钠灯和触发器的导线的电容性负载的作用，触发器发出的脉冲峰值电压会被衰减（见图 4-18(a)）。导线间的分布电容是和长度成正比的，因而，为了更好地保证高压钠灯的启动，有必要限制导线的最大长度。脉冲触发器产生的脉冲频率低于超强触发器，所以和它连接的导线所限制的最大长度比超强触发器长一些（见图 4-18(b)）。然而，在实际操作中可以将超强触发器和镇流器分开单独装在灯具里，这样就能使它和高压钠灯十分靠近，理论上镇流器安装的位置与灯的距离没有限制。

小功率高压钠灯可以使用辉光触发器，触发器安装在高压钠灯的外泡壳内（见图 4-19(a)）。使用内置式触发器可以降低灯具的制造成本。另外，由于触发器装在外泡壳内，因此，可以保证每次换灯的同时也更换了新的触发器。国际电工委员会文件（IEC 662）规定了这类内置式触发器的性能要求。

高压钠灯热启动需要的时间随使用脉冲电压的不同而不同。当使用脉冲电压为 3～5kV 时，通常热启动的时间在 15～60s 之间。如果触发器产生的脉冲电压特别高，那么双端高压钠灯有可能立即热启动，通常这个热启动的脉冲电压要 20kV。

根据触发器的连接方式，高压钠灯的工作电路有串联触发器电路、并联触发器电路和半并联触发器电路（见图 4-19）。在半并联电路中，电子触发器接到镇流器线圈的一个抽

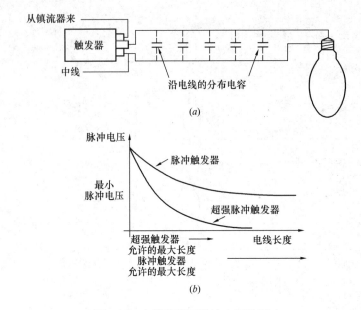

图 4-18 电线长度对脉冲电压的影响
(a) 电线上"分布"的电容和长度成正比,电容的阻抗和频率成反比;
(b) 在相同长度电线上,高频脉冲(超强触发器)比低频脉冲(脉冲触发器)减少更多

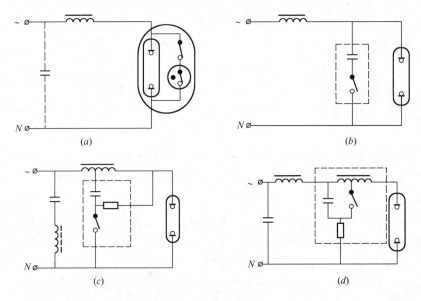

图 4-19 高压钠灯的工作电路
(a) 内接触发器的并联电路;(b) 外接触发器的并联电路;
(c) 带功率因子校正的并联电路;(d) 带功率因子校正的串联电路

头上,电感镇流器还起到自耦升压变压器的作用,一旦灯启动后,管压下降,触发器就自动关闭。

4.2.4 汞灯电路

最常见的汞灯是工作在高气压下的高压汞灯,它的工作电压均方根值通常在 95～

145V 之间(IEC188，1974)。一般高压汞灯内部都装有辅助启动电极，它的位置和其中一个主电极非常靠近，通常在电源频率为 50/60Hz、电源电压大于 200V 时，只要求使用一个简单的扼流圈镇流器，高压汞灯就能正常地启动和工作(IEC 262，1969；IEC 923，1988。图 4-20(b)是一个简单、高效、成本低的扼流圈镇流器电路。当电源打开时，在启动电极和邻近主电极几个毫米(mm)的间隙内，发生小电流的辉光放电。串联在启动电极上的高温电阻限制电流，这个高温电阻安装在电弧管的外部和外泡壳的内部。启动电极的电离使两个主电极之间的电流导通，随后启动电极对灯的工作不再起作用。在温度很低的情况下，灯的启动电压就会有所升高，但可以通过在电弧管两端都装一个辅助电极的办法，使高压汞灯在 −20℃ 也能很好地启动。

在北美，已经出现了特殊磁场设计的变压镇流器，它的开路电压的输出波形是非正弦的，将它和电容串联可以适应电源电压变化范围很大的情况。其中使用最普遍的类型是自耦稳定镇流器、也称为恒功率自耦变压器(CWA)(见图 4-20(c))。在许多应用场合，如路灯照明，唯一可提供的电源电压为 120V，而高压汞灯的启动至少需要 280V 的峰值电压，因此只能使用升压变压器。在北美专为照明用的自耦稳定镇流器已得到很大的发展，使用一个镇流器可适用不同的电源电压：120V、208V、240V、277V 和 480V，输入头可以是只有一个电压的，也可以设计成有多个电压接口的通用镇流器，这种变压镇流器的电压波幅因数很大，确保了灯启动时有足够的峰值电压，并且相对较低的均方根电压可以便镇流器体积缩小且价格降低。自耦稳定电路中串联的电容变压镇流器的效率没有扼流圈镇流器高，但在电源电压变化时，它和电容串联能够比扼流圈镇流器更好地控制灯的功率。

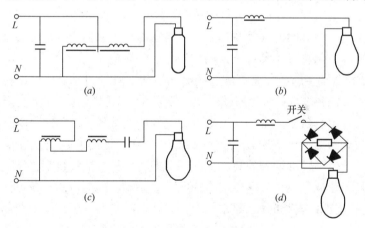

图 4-20 气体放电灯电路

(a) 带有漏抗自耦合变压器的低压钠灯工作电路；(b) 带有扼流圈镇流器的高压汞灯的工作电路；
(c) 带有恒功率自耦稳流器的北美的灯的电路；(d) 带有桥式镇流和扼流镇流器的高压钠灯工作电路

4.2.5 金属卤化物灯电路

用石英电弧管的金属卤化物灯和高压汞灯在结构和电气特性方面相类似。陶瓷金属卤化物灯的设计是以高压钠灯的结构为基础的，但控制器件可以与现有的高压钠灯和金属卤化物灯兼容。

由于灯内填充的是金属卤化物和稀土卤化物的混合物，因而造成金属卤化物灯的启动电压比汞灯高。在一些金属卤化物灯中，常使用辅助启动电极来帮助启动。绝大多数金属卤化物灯的电路，或者使用电子触发器来产生高频脉冲，其电压峰值在1～4kV之间（见图4-17(b)和(c)），或者使用北美的峰值超前镇流器来得到一个很高的峰值电压，和相应的汞灯镇流器相比，金属卤化物灯的自耦稳定镇流器产生的峰值电压要高很多。

在高压钠灯电路中所述的能产生3～5kV电压脉冲的超强触发器，逐渐成为欧洲使用最为普遍的金属卤化物灯触发器。灯具制造商可以只用这种触发器来点燃高压钠灯和金属卤化物灯。当金属卤化物灯失效时，在只使用一个定时控件来关闭触发器的地方，必须仔细考虑不同种类金属卤化物灯的热再启动时间，对不同类型的非立即重新启动的金属卤化物灯，冷却和重新启动所需要的时间在1～20min之间，使用超强触发器通常可以有效地启动，直到环境温度为-30℃。

一些紧凑型金属卤化物灯有很高的充气压力，需要超高电压来启动。图4-17(d)中的触发器和上述的超强触发器相类似，但它利用了一个火花隙发生器装置来控制电流，产生很高的变化率(di/dt)，电流通过这种高变化率可以产生高达12kV的高频脉冲，以满足灯的启动需要。图4-17(e)的触发器与之类似，设计用来产生30kV的突发式脉冲，使特殊的绝缘良好的双端金属卤化物灯热再启动。图示的电路是用偏置截止开关手动操作的，也可以用电子时间控制装置和熄火检测验置的方法，在电源中断以后自动使触发器重新工作。为了防止电路元件过热和减少射频干扰的产生，必须限定触发器的工作时间。热再启动系统需要使用特殊绝缘隔离的触发器和灯具。所有超强触发器必须靠近灯安装，以减少由于导线原因导致的脉冲电压的电容性损失（见图4-18）。这一点对热再触发器特别重要。

汞灯及高、低压钠灯的电气特性和启动要求在各个国家标准及国际标准上有明确的规定，但大部分金属卤化物灯还没有这方面的规定。国际电工委员会规定(IEC1167，1992)35～150W单端和双端金属卤化物灯的一些电气参数，但启动要求目前还在考虑之中。然而在实际生产中，已将35kV作为最低启动电压要求。在国际电工委员会规定(IEC 1167)中，金属卤化物灯镇流器参数是在高压钠灯的电气特性基础上产生的(IEC 662)。

金属卤化物灯的功率范围比较大，为32～3500W，使用的控制装置也多种多样，其中包括了带触发器或不带触发器的简单扼流圈镇流器、高电抗和自耦稳定变压器，以及利用方波，或高频正弦波，或直流电流工作的电子镇流器，这些控制设备有的可以接单相电（如230V），也有则可以按相间电（如400V），后者允许使用电压很高的金属卤化物灯，这样可以减小灯电流，也就可以降低灯的导线及控制设备的费用。还有一种小型金属卤化物灯，它的电子镇流器用电池工作，其用途非常广泛，如用于电视新闻采访等。

在先前的金属卤化物灯的电气特性设计时，足以使用高压汞灯镇流器为基础的，而最近更多的设计是以使用高压钠灯镇流器为基础的，还有一些金属卤化物灯在设计时，需要用非标准镇流器的特性，这给工业生产带来很大的困惑。因为不同厂家（甚至很多时候是同一厂家）生产的额定功率相同的金属卤化物灯，其电气特性经常不一致这个问题同样存在于金属卤化物灯的启动要求中，主要是由金属卤化物灯的设计方法不同造成的。

由于目前在金属卤化物灯领域缺乏各种标准规定，用户必须非常注意替换灯泡时，确保替换上去的灯泡，其电气特性和原来使用的一致。为了防止金属卤化物灯过早地损坏和性能不佳，必须注意金属卤化物灯在启动、预热时的稳定性和在合适的电流电压下工作。

4.2.6 高强度气体放电灯电子镇流器

尽管荧光灯电子镇流器的使用已经超过了10年，但高强度气体放电灯电子镇流器只在少数特殊的场合使用，原因之一是当频率超过1kHz时，高强度气体放电就会变得不稳定，这种不稳定性被称为声共振。超过这个频率时，灯功率的瞬时变化会导致等离子体温度波动。因为气体温度和压强的直接关系，温度的波动会促使压强变化，结果压力波动使电弧变形。由于电弧放电是束缚在两电极之间的，因此可以产生驻波(和风琴管类似)。声共振的影响是十分强烈并不可预测。在适当频率时，一个或两个周期足以使电弧熄灭。另外，电弧形状的变化会改变放电的化学平衡，可以导致灯光色、光强和电气特性的改变。

高频下高强度气体放电灯工作的关键是避免产生强烈的声共振。目前已经有3种克服声共振的技术得到应用，这3种技术是频率跳断、用升降很快的方波来点灯和用频率非常高的正弦波来工作。频率跳断是利用普通的半桥式换流器来实现的，换流器的开关频率可以在形成的驻波能量足够破坏电弧之前改变。最好是找到声共振谱上安静区域，这个区域应该有足够的带宽，允许建立一个频率跳断窗口。这种技术的主要困难取决于这个安静窗口的状况。不同厂家生产气体放电灯的几何形状、尺寸和填充剂成分都不同，因此相同的无声共振窗口要把这些变化都考虑在内是不可能的。

高强度气体放电灯在非常高的频率下工作，一般为350kHz以上，通常可以避免声共振现象，然而，这时再使用半桥式换流器来驱动放电灯工作，由于在如此高的频率下有功率损失，特别是在三极管开关上的损失太大，因此利用半桥式换流器电路工作是不切实际的。不过，利用共振模式开关技术工作可以克服这些问题。

用方波驱动高强度气体放电灯，由于方波电压加在放电灯上具有像电源加在电阻性负载上一样，具有线性好的功能的作用，可以避免声共振的产生。由于方波信号的不变性，因此不会产生声共振。实际上，方波波形的上下转换会使功率波动，但它的转换速率很快(总的上升/下降的时间大于1μs)，所有这些功率波动的电网效应，不会以任何有效的方式干扰电弧，方波上作可以用全桥式换流器来实现(见图4-21)。在这个电路中，灯和镇流器电感串联在桥路中央；另外，附加的LC滤波器并联在灯的两头，每组方向相反的三极管完全同时

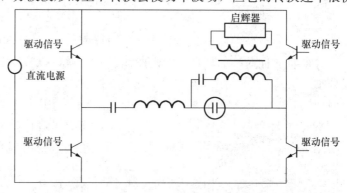

图4-21 高强气体放电灯的方波镇流器

开关，可以使电流通过灯反向，但顶部的一组三极管比底部的三极管的开关频率明显高很多，产生一个截止波形镇流器的电感具有限流阻抗且LC滤波器滤去了高频成分，使灯在限流低频的方波下工作。灯启动是通过变压器耦合电路产生的超强高电压峰值，作用在滤波器电感上来实现的。

4.3 道路照明灯具的选择

在选择什么样的灯具以适合所要设计的道路时,也有很多因素需要考虑。首先要考虑的是灯具的光学性能;其次要考虑灯具的安装和维修性能,以及灯具的材料和成本;另外,灯具的外观造型也是经常要考虑的要素。以下对灯具的各种因素进行简要说明。

4.3.1 灯具的光学性能

每一种道路照明灯具都有其独特的光学性能,包括其光学效率、光的分布(即配光曲线)、光的衰减(利用系数)等。

在评价灯具的光学性能时,首先要对灯具的几条光学曲线作全面了解,包括光强分布图(配光曲线)、等照度曲线和利用系数曲线。

图 4-22 所示是一款顶装式庭园灯具的光学曲线。配光曲线表示的是灯具在垂直平面(C 平面,见图 4-23)上的光强分布,一般选择有代表性的几个平面来代表灯具在整个空间的光学性能,并且均基于假设:灯具轴线(无明显轴线的取光源轴线)垂直于道路纵向轴,灯具仰角为 $0°$。

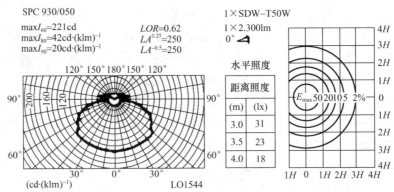

图 4-22 某款庭院灯的光学曲线

对 Z 轴轴向对称的灯具,配光曲线只有一条,以实线表示,代表了所有 C 平面的光强分布。

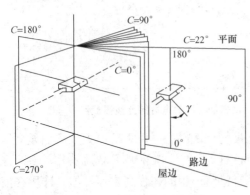

图 4-23 路灯配光 C 平面

对最大光强位于与灯具轴线垂直的 C 平面的非对称配光灯具,配光曲线有两条,一条代表灯具轴线所在垂直平面的光强分布,叫 C_{90} 和 C_{270} 平面,以虚线表示;一条代表垂直于灯具轴线的平面,叫 C_0 和 C_{180} 平面,以实线表示。

对最大光强位于与灯具轴线垂直的平面和灯具轴线所在平面之间的 C 平面内的非对称配光灯具,配光曲线有 3 条,一条代表灯具轴线所在垂直平面的光强分布,叫 C_{90} 和

C_{270}平面,以虚线表示;一条代表垂直于灯具轴线的平面,叫C_0和C_{180}平面,以实线表示;一条代表最大光强速在平面的光强分布,叫C_m平面,以点画线表示。

下面介绍图4-22中的几个特别参数。

$maxI_{60}$:所有C平面中γ角为60°方向的最大光强,以绝对数值表示,单位为cd;

$maxI_{80}$:所有C平面中γ角为80°方向的最大光强,以相对数值表示,单位为cd·$(klm)^{-1}$;

$maxI_{90}$:所有C平面中γ角为90°方向的最大光强,以相对数值表示,单位为cd·$(klm)^{-1}$;

LOR:光输出比,指灯具输出光通量与光源光通量之;它反映了灯具的光输出效率;

$LA^{-0.5}$:L为灯具在85°~90°范围内γ角方向上的最大(平均)亮度(cd·m^{-2}),A为灯具在90°方向的出光面积,单位为m^2;该指标用于衡量庭院灯具的不舒适眩光;

$LA^{-0.5}$:I为灯具在所有C平面中在85°~90°范围内γ角方向上的最大光强,单位为cd;A为灯具在该方向上的出光面积,单位为m^2。该指标也用于衡量不舒适眩光;

∠仰角:路灯和顶装庭园灯光出射平面与水平面(路面)的夹角;

等照度曲线:平面上照度相同的点组成的曲线,平面上点坐标为灯具安装高度的倍数,曲线值以最大照度(E_{max})的百分比表示。E_{max}会给定3个不同安装高度下一定仰角时的值。

高度H:灯具的安装高度。

图4-24是一个典型路灯的光学曲线。

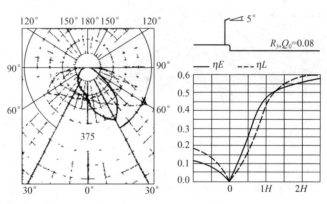

图4-24 某款路灯的光学曲线

与庭园灯具类似,对Z轴轴向对称的灯具,配光曲线只有一条,以实线表示,代表了所有C平面的光强分布。

对最大光强位于与灯具轴线垂直的C平面的非对称配光灯具,配光曲线有两条:一条代表灯具轴线所在垂直平面的光强分布,叫C_{90}和C_{270}平面,以虚线表示;一条代表垂直于灯具轴线的平面,叫C_0和C_{180}平面,以实线表示。

对最大光强位于与灯具轴线垂直的平面和灯具轴线所在平面之间的C平面内的非对称配光灯具,配光曲线有3条:一条代表灯具轴线所在垂直平面的光强分布,叫C_{90}和C_{270}平面,以虚线表示;一条代表垂直于灯具轴线的平面,叫C_0和C_{180}平面,以实线表示；一条代表最大光强速在平面的光强分布，叫 C_m 平面，以点画线表示。

图 4-24 中几个特别参数如下：

C_0：与灯具或光源光轴垂直，如果位于灯具前方观察且面向灯具时，处于灯具左面的半个 C 平面（见图 4-23）；

C_{15}：C_0 平面向灯具前方旋转 15°所处的平面；

I_{80}：C_0 和 C_{15} 内 γ 角 80°方向上的光强；

I_{90}：C_0 和 C_{15} 内 γ 角 90°方向上的光强；

LOR：光输出比，指灯具输出光通量与光源光通量之比；

R_3：CIE 光于道路路面分类的一种；

Q_0：驾驶员观察方向上路面的平均反射系数；

η_E：利用系数，代表光源光通量中到达路面的比例，在利用系数图中，利用系数与路宽有关，路宽以灯具安装高度的倍数表示；

η_L：亮度产生系数，代表路面路灯产生死亡效率，决定于灯具光分布，路面反射特性和观察点位置。

下面对几个指标作特别说明。

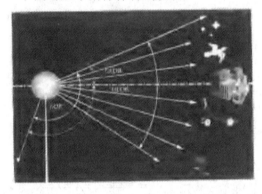

图 4-25　光输出比（$ULOR$ 表示不必要的溢光，部分 $DLOR$ 也会造成干扰光）

1. 光输出比 LOR（light output ratio）

光输出比是效率指标，它定义为从灯具射出的光通量和灯具所配光源的光通量的比值。光输出比直接反映了灯具对光源光通量的利用率。一般比较高效的路灯灯具，其光输出比均大于 0.7，而适配管型高压钠灯灯具的光输出效率可超过 0.8。

为衡量路灯灯具的不必要的溢光，又可将光输出比 LOR 分为上射光输出比 $ULOR$ 和下射光输出比 $DLOR$，如图 4-25 所示，即

$$LOR = ULOR + DLOR \tag{4-3}$$

2. 利用系数 CU（coefficient of utilization）

灯具的利用系数是指落在一条无限长平直道路上的光通量和灯具中光源光通量的比值。它和灯具的效率和道路的宽度有关系。利用系数曲线是一系列不同宽度道路的利用系数构成的曲线，它以路宽和灯具安装高度的比为横坐标。

路灯利用系数 CU 为道路内侧利用系数 $CU_{路边}$ 和道路外侧利用系数 $CU_{屋边}$ 构成，即

$$CU = CU_{路边} + CU_{屋边} \tag{4-4}$$

路灯利用系数 CU 和路宽 W 与路灯安装高度 H 之比的关系见 4-26 和图 4-27。

3. 维护系数 K（maintenance factor）

灯具的维护系数 K 是指灯具在工作了一段时间后，其产生的光输出与刚开始工作时光输出的比值，又称为光衰减系数 LLF（light loss factor）。路灯的维护系数首先与光源的光衰减/LLD（lamp lumen depreciation）有关；其次和灯具上由于灰尘的进入和堆积造成的

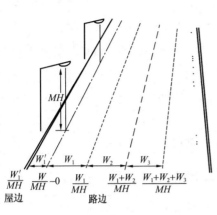
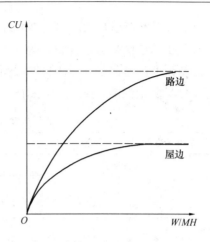

图 4-26 路灯利用系数 CU 和 W/H

图 4-27 灯具的利用系数曲线

光衰减 LDD(luminaire dirt depreciation)有关,并和灯具的环境温度、工作电压等因素都有关系。简化处理,可用光源的衰减系数 LLD 乘以灯具的肮脏光衰系数 LDD 得出见 LLF,即

$$LLF = LLD \times LDD \tag{4-5}$$

式中,LLD 可由表 4-1 查出,LDD 可由灯具的防尘等级 IP 值和环境的污染情况,以及灯具的清洁频率等因素得出经验值,见表 4-2。

光源衰减系数　　　　　　　　　　　　表 4-1

光源类型	工作时间 (kh)				
	4	6	8	10	12
高压钠灯	0.98	0.97	0.94	0.91	0.90
金属卤化物灯	0.82	0.78	0.76	0.74	0.73
高压汞灯	0.87	0.83	0.80	0.78	0.76
低压钠灯	0.98	0.96	0.93	0.90	0.87
三基色直管荧光灯	0.95	0.94	0.93	0.92	0.91
卤粉直管荧光灯	0.82	0.78	0.74	0.72	0.71
紧凑型荧光灯	0.91	0.88	0.86	0.85	0.84

注:在针对某具体光源进行计算时,要向生产厂家索取准确数据。

灯具肮脏光衰系数和 IP 的关系　　　　　　　　　　表 4-2

清洁间隔 (月)	不同防尘和污染情况下的光减衰系数								
	最低 IP2— 污染状况			最低 IP5— 污染状况			最低 IP6— 污染状况		
	高	中	低	高	中	低	高	中	低
12	0.53	0.62	0.82	0.89	0.90	0.92	0.91	0.92	0.93
18	0.48	0.58	0.80	0.87	0.88	0.91	0.90	0.91	0.92
24	0.45	0.56	0.79	0.84	0.86	0.90	0.88	0.89	0.91
36	0.42	0.53	0.78	0.76	0.82	0.88	0.83	0.87	0.90

从表 4-2 可看出，防尘等级高的灯具，其使用中光的损失很小，尤其是相对于污染较严重且很少清洁的场合。这也是为什么路灯都要求较高防尘等级灯具的原因。

需要说明的是防护等级 IP 的概念是指灯具的密封性能，由两位数组成（IPXX），第一位表示灯具防尘性能，第二位表示防水性能。具体如表 4-3 所示。

防护等级特征字母 IP 后数字的意义　　　　表 4-3

第一位特征数字	说　明	含　义	标　记
0	无防护	没有特别的防护	
1	防护大于 50mm 的固体异物	人体某一大面积部分，如手（但不防护有意识的接近），直径大于 50mm 的固体异物	
2	防护大于 12mm 的固体异物	手指或类似物，长度不超过 80mm、直径大于 12mm 的固体异物	
3	防护大于 2.5mm 的固体异物	直径或厚度大于 2.5mm 的工具、电线等，直径大于 2.5mm 的固体异物	
4	防护大于 1mm 的固体异物	厚度大于 1mm 的线材或条片，直径大于 1mm 的固体异物	
5	防尘	不能完全防止灰尘进入，但进入量不能达到妨碍设备正常工作的程度	
6	尘密	无尘埃进入	
第二位特征数字	说　明	含　义	标　记
0	无防护	没有特别的防护	
1	防滴	滴水（垂直滴水）应没有影响	
2	15°防滴	当外壳从正常位置倾斜不大于 15°以内时，垂直滴水无有害影响	
3	防淋水	与垂直线成 60°范围内的淋水无影响	
4	防溅水	任何方向上的溅水无有害影响	
5	防喷水	任何方向上的喷水无有害影响	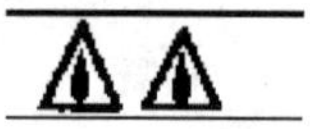
6	防猛烈海浪	经猛烈海浪或猛烈喷水后、进入外壳的水量不致达到有害程度	
7	防浸水	浸入规定水压的水中，经过规定时间后，进入外壳的水量不会达到有害程度	
8	防潜水	能按制造厂规定的要求长期潜水	

4. 灯具的配光

1965 年，CIE 根据路灯灯具配光的不同将道路照明灯具分为截光、半截光和非截光 3 种(见表 4-4)但后来 CIE 基于以下灯具的 3 个基本特性，引入的新的分类方法：

1965 年 CIE 对道路照明灯具的分类方法 表 4-4

灯具分类	在以下高度角允许的最大光强值		最大光强方向小于
	80°	90°	
截 光	30cd·(klm)$^{-1}$	10cd·(klm)$^{-1}$	65°
半截光	100cd·(klm)$^{-1}$	50cd·(klm)$^{-1}$	76°
非截光	任意	任意	

(1) 根据灯具发出的光沿着道路能投射的长度，引入灯具的"投射长度"；
(2) 根据灯具发出的光沿着道路的宽度能覆盖的长度，引入灯具"延展宽度"；
(3) 根据灯具对眩光的控制情况，引入灯具的"控制"。

投射长度由光束轴与垂直线的夹角 γ_{max} 来定义（见图 4-28）。光束轴定义为在两个 90% I_{max} 的中点方向。3 种投射定义如下：

$$\gamma_{max} < 60° \text{ 为短投射;}$$
$$60° \leq \gamma_{max} \leq 70° \text{ 为中投射;}$$
$$\gamma_{max} > 70° \text{ 为长投射。}$$

延展宽度为与道路轴线平行的线，刚刚碰到远端的 90% I_{max} 等光强线时的位置。此线的位置由 γ_{90} 角来定义。3 种延展宽度定义如下：

$$\gamma_{90} < 45° \text{ 为窄延展;}$$
$$45° \leq \gamma_{90} \leq 55° \text{ 为平均延展;}$$
$$\gamma_{90} > 55° \text{ 为宽延展。}$$

灯具的 3 种投射和延展可在道路的平面上表示，见图 4-29。

灯具的眩光控制定义为 SLI，它是眩光指数 G 中与灯具有关的部分，表示为

$$SLI = 13.84 - 3.31\lg I_{80}$$
$$+ 1.3(\lg I_{80}/I_{88})^{0.5}$$
$$- 0.08\lg I_{80}/I_{88}$$
$$+ 1.29\lg F + C \quad (4-6)$$

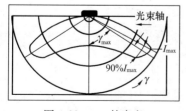

图 4-28 γ_{max} 的定义

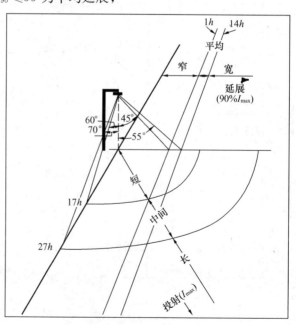

图 4-29 CIE 定义的 3 种投射和延展在道路平面图上的表示

式中，I_{80} 是与道路轴线方向平行 80°高度角上的光强（cd）；I_{80}/I_{88} 是 80°与 88°高度角方向上光强的比值；F 是在 76°高度角方向灯具的闪烁（发光）面积（m²）；C 是颜色系数，取决于光源的类型，其中低压钠灯（SOX）取为 +0.4，其他光源取为 0。

对灯具的眩光控制而言，有 3 种情况（见表 4-5），即

$$SLI < 2 \text{ 为有限控制；}$$
$$2 \leqslant SLI \leqslant 4 \text{ 为中度控制；}$$
$$SLI > 4 \text{ 为严格控制。}$$

CIE 对道路照明灯具的光学特性的分类方法　　　　表 4-5

投　射	延　展	控　制
短 $\gamma_{max} < 60°$	窄 $\gamma_{90} < 45°$	有限 $SLI < 2$ 为有限控制；
中 $60° \leqslant \gamma_{max} \leqslant 70°$	平均 $45° \leqslant \gamma_{90} \leqslant 55°$	中度 $2 \leqslant SLI \leqslant 4$
长 $\gamma_{max} > 70°$	宽 $\gamma_{90} > 55°$	严格 $SLI > 4$

在实际应用中，有些灯具设计有可调节的光学系统，或者是光源相对于反射器平行的方向前后可调，以改变灯具的延展；或者是光源相对于反射器垂直的方向上下可调，以改变灯具的投射和眩光控制，从而达到一款灯具可满足不同情况道路的照明要求。

图 4-30 是对不同配光灯具的补充说明，并可以看出不同类型灯具使用时安装高度与

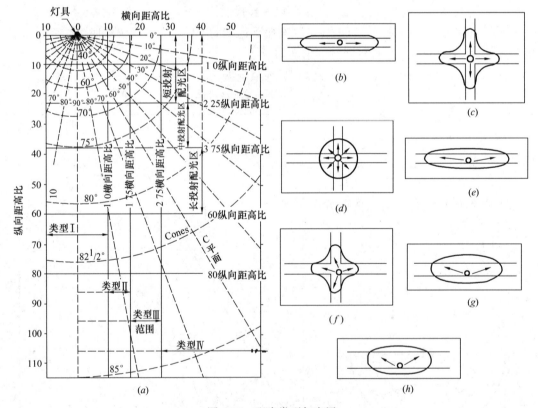

图 4-30　配光类型与应用

(a) 配光类型与应用；(b) 类型Ⅰ；(c) 类型Ⅰ（4 路）；(d) 类型Ⅴ；
(e) 类型Ⅱ；(f) 类型Ⅱ（4 路）；(g) 类型Ⅲ；(h) 类型Ⅳ

灯杆间距的关系。

4.3.2 灯具的安装和维修性能

由于路灯灯具一般都安装在约6m以上、14m以下的灯杆上。不管是初次安装还是后期维修，都有一定的工作难度及危险性，因此选择安装和维修比较安全简易的灯具也是必须考虑的因素。

对道路照明灯具而言，安装部分尽量要坚固地与灯杆相结合，使灯具不容易从灯臂上脱出或翻转，电线的连接必须安全可靠，不易脱落；可能的话，应尽量采用插拔式接线端子，以节省空中作业时间。光源的更换必须简易，而且更换光源后应当保持其原有相对于反射器的位置，不改变灯具的配光。镇流器等电气附件最好安装在灯具内部，且能容易地拆卸和安装，以方便维修。比较好的设计是将所有的电气部件安装在一整块可拆卸的底板上，当需要维修时可将整块电气底板拆下，在地面进行检修。灯具、光源更换，或电气腔的开启及维护最好能从上往下进行，以方便空中作业。

4.3.3 灯具的材料和成本

灯具使用什么材料主要从所要实现的功能和成本两方面来考虑。灯具使用的材料和灯具的成本是紧密相关联的。灯具使用的材料越好，成本就越高。

灯具的壳体主要是为光源及其光学系统提供一个支持的空间，必须要有一定的坚固性、耐热和良好的散热性，还必须能耐受太阳光中的紫外照射和雨水的腐蚀。目前使用最普遍的是铝和工程塑料材料，而以铝经高压压铸成形作灯体的最多。目前欧洲越来越多地采用可循环使用的增强型聚酯玻璃纤维GRP作灯体材料。在满足强度的前提下，灯体越轻越好，以方便安装。

由于铝具有良好的反射率及易加工性能，反射器多采用铝加工而成，并经阳极氧化处理，以便固定铝的化学性能，使其不再氧化，降低反射率。为降低成本，也有采用工程塑料加工成形的反射器，然后在其内表面电镀铝作反射器的。反射器表面处理除常用的阳极氧化，还有采用真空镀一层极高纯度的铝来提高反射率的。

由于玻璃具有较高的透射率，一般路灯灯具的透光罩多采用平面或曲面强化玻璃（toughenedglass）作透光罩有些透明的工程塑料，如聚碳酸酯PC，聚甲基丙烯酸酯PM-MA等，由了有良好的透光性，也经常用作透光罩材料。但一般工程塑料材料的耐热和耐紫外线性能都较差。

灯具的外观设计主要服务于其内在功能，即满足光源和整个光学系统的空间需求，并需考虑足够的空间容纳电气系统（电气一体化灯具），散热也是必须考虑的因素。此外，灯具的外形必须考虑最小的迎风面积，以降低对灯杆的强度要求。在满足内在功能的基础上，像所有的产品设计一样，要考虑外形的美观性。一般而言，具有流线形外观的灯具比较受大多数人的喜爱，且容易和灯杆的造型相配合。

以上是一般的原则，下面就道路照明灯具中使用较多的材料及其特性作进一步的介绍，有助于灯具的正确选择。

一、铝合金铸件

铝合金铸件大量用作泛光照明灯、街道照明灯、小型室内聚光灯的灯具壳体。

具有易熔组分的 LM6 铝硅合金（含 Si12％），是最通常使用的合金材料，因为它凝固时间短、流动性良好及收缩性低，很适合于重力铸造和压力铸造。此外，它还具有良好的抗腐蚀性能，在室外使用时也不需要涂保护层（除非有美观要求）。含稍微少一点硅的铜铝合金 LM2 和 LM24 也经济实用。它们具有高强度、较好的铸造性能，但相对 LM6 而言，抗腐蚀性能差。在某些地方，例如机场照明，需要更高强度和抗腐蚀的合金，如 LM25。这些合金都经过高温煅烧以确保能得到足够的强度。在大多数应用中用到铝是因为它具有一些重要特性，即它的耐温性能和散热性能。某些高功率泛光灯的工作温度为 300℃ 以上，在这温度下大多数塑料将软化。

由于铝是一种相对等低级的金属，当它与其他金属，如钢、不锈钢和铜接触使用时，将产生电解作用，因此，对这些金属的外面很有必要镀上中间性能的金属材料（锌或镉），或用油脂或一个塑料垫片，起阻挡隔层作用。

铝合金铸件制造的两种主要工艺是相同的，都是将熔融的金属注入开孔的模具中。在重力铸造中的压力来自空腔上方熔融金属自身，而在压力铸造中，熔融金属是被猛力挤压进钢型模中的，后者可生产更薄的器件，且更少出现空隙等铸造缺陷。

有时出于美观和防腐蚀（低等级铝）的需要，要对铝铸件外表涂装处理。在涂装以前，铝铸件要经过修整或打磨，以除去表面闪屑或碎片。这样，它们就能和钢一样进行喷涂，预处理层通常为一铬酸盐转换层，而钢表面是磷化层。某种合金，如 LM25 适用阳极氧化工艺，在这种工艺中，当铝暴露到空气中的时候，人为地在其表面瞬时形成一薄而坚韧的氧化层，约为 $10\mu m$ 厚，增加了抗腐蚀效能。在氧化层永久封闭以前，把它浸入染料中就可以得到表层颜色。

二、铝合金片材

铝合金片材主要用作反射器和格栅。

为了获得满意的反射效果，反射器中铝的含量至少为 99.80％，当使用 99.99％ 的超纯材料时可获得最佳效果。虽然高纯铝很软且很贵，但它们能覆盖到一般商业等级的材料上。大多数反射器通过阳极氧化过程形成一层薄氧化膜，氧化膜是脆性的，所以在小角度折弯时氧化膜表面会产生许多细的纹理；加热超过 100℃ 后，由于膨胀情况不同也能产生同样的效果。氧化膜的另一特性是能产生彩虹效果，在三基色灯下尤其明显，改变底膜且在工艺过程中控制氧化膜，能降低这种效果到最小值。通过阳极氧化增加氧化膜厚度的主要目的是产生抗磨损及抗腐蚀表层。

对于反射器而言，涂层工艺主要为阳极氧化作用，使氧化层增厚几个微米，成为自然氧化层，以使铝具有较好的抗腐蚀性。在电化学工艺中，氧化层能在基金属上生长，但此前必须有一个手工或化学抛光过程。氧化层是疏松多孔的，必须马上浸入沸水或用其他专门的溶液使之封闭，从而形成最终涂层。大多数预氧化材料是把大口卷的轧制的术加工过的铝材通过连续生产过程得到的，这种材料通常有一厚度约为 $1.5\sim3\mu m$ 的氧化层，膜层越厚反射率越低，典型反射率可参阅表 4-6。最近增强反射表面效能的方法有了最新发展：薄的氧化层（如 Ti）被蒸发到阳极氧化表面，它的反射效能与镀铝玻璃的反射效能一致。这种材料比较贵但无彩虹现象且减少产生细微裂纹的可能性。

室外用压强材料通常需要更厚的氧化层,约为 5μm 厚,以提高抗腐蚀特性。工艺是劳动密集型的,从而导致质量上的不稳定。一些要求不严的反射器材料为低等级铝。通常刷以白色使其产生一漫反射表面。

材料的光学特性　　　　　表 4-6

材 料	表面处理	漫反射率(%)	镜面反射率(%)(垂直入射)	透射率(%)(垂直入射)	折射率	临界角(°)
薄膜增强反射的铝	阳极氧化加薄氧化膜	4	95			
高纯度的铝	阳极氧化和抛光	6	88			
商用等级的铝	阳极氧化和抛光	0	80			
镀铝玻璃或塑料	镜面	0	94			
铬	平面	0	65			
不锈钢	抛光	0	60			
钢	光泽白漆	≤75	5			
燧面玻璃 3mm	抛光	0	8	92	1.62	38
钢钙玻璃 3mm	抛光	0	8	92	1.52	41
透明丙烯酸 3mm	抛光	0	8	92	1.49	42
乳白丙烯酸 3mm	抛光	10～15	4	50～80		
聚苯乙烯 3mm	抛光	0	8	90	1.60	39
聚氯乙烯(PVC) 3mm	抛光	0	8	80	1.52	41
聚碳酸酯 3mm(光稳定性)	抛光	0	8	88	1.58	39

三、塑料材料

塑料技术已经达到了这样一个阶段:通过化学方法或分子工程,大多数塑料材料都已经生产出来了。现今最主要的技术发展是混合和改进现存的构料,使能产生稳定的材料,以适应今天市场的需求。这样塑料材料在很多方面已经替代了钢和铝,而作为灯具本体的结构。塑料的优点在于它的多用性以及设计的灵活性,不利之处在于降低了抗高温性、抗化学腐蚀性,强度以及紫外线的稳定性都不理想。

塑料的两种主要类型是热塑性塑料(可重新熔融及循环使用)和热固性塑料(在工艺过程中不可逆)。虽然许多传统使用热固性塑料的附件,如灯座,已被热塑性材料特别是聚碳酸酯所取代,但这两种类型仍用于制作灯具。塑料可以耐约 200℃ 的高温,但在更高温度下,材料将硬化、脆化且发生颜色的变化。另外,它们的价格也较贵,然而阻燃性很好。

塑料材料在灯具中有许多应用:包括灯具本体、漫射器、折射器、端盖、灯座、衬套、接线板和松紧螺旋扣。下面将材料按承受温度的能力分类。

1. 超高温塑料(160～200℃)

超高温塑料如聚苯硫醚(polyhenylene sulfide),这是一种填充玻璃的不透射材料,具有高弹性模量,约为20000MPa。因为在其表层能镀铝,所以它通常被用于小灯具主体和反射器。这种材料有近似于玻璃的感觉,并有特征性的坏纹。其较好的阻燃性与它的化学特性相关,因为在其分子结构中缺乏活性物的作用。

聚醚胺(polytherimide)。通常用在高达180℃的环境中,为半透明材料。在其表面能涂以冷光膜,从而能透射红外线与反射可见光(也称冷光束)。在这个温度范围内,还有一些其他塑料可应用,如聚醚砜(polythersulfone)。它们都具有固有的阻燃性,但随着温度升高,硬度会下降。因为它们有淡黄颜色,所以不能用于折射器及反射器。

2. 高温塑料(130~160℃)

应用于大部分街道照明灯具及泛光照明灯具的一种非常重要的热固性塑料是玻璃增强聚酯(GRP),它可与铝相媲美,并可组成片状模塑组合物(SMC)或团状模塑组合物(DMC)。这类材料的主要优点在于价格低、化学稳定性和强度高,但易磨损且抗紫外线辐射较差。将其应用于热带环境下,表面在短时间内变得无光泽,但大部分的光泽减退并不构成问题,这类材料无固有的阻燃性,但使用添加剂可获得此性能。

聚苯并噻唑(polybutylene terephthalate)(PBT)是热塑性塑料,相当于SMC和DMC,有几乎相同的耐温性能。大部分紧凑型荧光灯已经采用这种材料做灯帽以及灯的护套。它通常也用于制作聚光灯和室内装饰灯的灯具。在其中加入10%~30%的玻璃纤维成分,将得到满意的防热变形功能,其阻燃性好,防紫外辐射也令人满意。PBT相对SMC和DMC的主要优点在于它的加工性能更好。

透明折射材料的最高工作温度在140~160℃之间。过去,抗紫外线辐射的稳定性是一个问题,但现在聚酯碳酸酯(polyestercarbonate)的应用,在街道照明的碗形灯罩上提供了一个令人满意的性能。

3. 中温塑料(100~130℃)

在这个温度范围内,聚碳酸酯(polycarbonate)是主要品种。由于它的抗冲击能力很强,它通常以透明或有彩色的形式做成灯具本体、漫射器、折射器、反射器和以阻燃性为先决条件的附件,如灯座。应用于反射器时,这种材料将被镀铝。相对于冲压反射器和袖旋压反射器而言,这类反射器更为节约。这种材料的另一重要优点在于可生产更为复杂的反射器。在热气候的紫外辐射下,聚碳酸酯变黄的趋势仍旧是一个问题,并且这种情况通常在高功率汞放电灯中牵涉到。聚碳酸酯已经成功地和丙烯腈-丁二烯-苯乙烯三元共聚物(ABS)混合形成一种有光泽的合成材料,这种合成材料可使用于装饰性灯罩和灯具本体,因为这些地方的温度接近于这一温度区域的底部。

聚丙烯(polypropylene)长久以来被当作是"劣质"的工程材料,因为它的硬度低、易蠕变及紫外稳定性较差等特性,尽管它有较好的不易损坏的特性。现在这种材料的紫外稳定性已经有了很大提高,能用于街道照明灯的伞罩,带来了很大的经济性。这种材料的韧性一般适用于受力不超强的物件,如松紧螺旋扣、紧固板等。

在此温度范围内其他工程材料是聚酰胺(尼龙,polyamide),聚甲醛(acetal)和聚苯醚(polyhenylene oxide,PPO),它们适用于管索钉、夹子和松紧螺旋扣,其阻燃能力较好,但紫外稳定性比较差,如果尼龙用在不适合的环境下,它将发生褪色现象且脆化。

4. 低温塑料(<100℃)

在这一温度范围内,在荧光灯照明中考虑到高的透明性,折射器和漫射器主要使用聚甲基丙烯酸甲酯(PMMA)和聚苯乙烯(polysyrene)材料。聚甲基丙烯酸甲酯较聚苯乙烯贵,但有较好的抗紫外特性和耐高温特性(前者为90℃,后者为70℃)。然而最新建筑法规的变化涉及材料的易燃性和火焰的扩散性,从而限制了它们作为漫射板应用于室内,阻燃等级的聚苯乙烯是可用的但其价格较贵。而对聚甲基丙烯酸甲酯,不利的是一旦被点燃,它将持续燃烧,因此也就无阻燃等级可言。对于铸造工艺制造可以有阻燃性能,但非常贵,而均注射成形工艺制造,在生产过程中阻燃性将逐渐消失。在这方面有竞争力的材料是聚氯乙烯(polyvinylchloride)(PVC),但它的透射系数非常低。聚碳酸酯也能在这一范围使用,但它的耐高温性质没有被利用,相对来讲这也是一种浪费。

对于室外用途和用于其他不受建筑法规制约的地方,硬化的聚甲基丙烯酸甲酯和聚苯乙烯仍旧通用,在这种地方阻燃性不是本质要求。

丙烯腈-丁二烯-苯乙烯三元共聚物、聚氯乙烯和不透光聚苯乙烯也经常应用于装饰物,如灯库、盖和低温灯具本体,聚氯乙烯还用于压制导轨系统。除了聚氯乙烯材料外,其他材料的阻燃特性都较差。

四、填料与封接材料

用于灯具的填料或封接材料包括传统材料,像靛类(nitrile)、氯丁橡胶(polychoroprene)和EPDM泡沫橡胶,以及注塑时反应的聚氯酯泡沫。这些材料用于常规的低温(最高140℃)区域。在高温区域(高于200℃)使用挤压或模压或切割的硅树脂。最新的革新是使用于注塑时反应的方法,这样就能得到无接缝的高质量的密封。硅树脂是以它们的抗压缩性质而闻名的,因而它们通常应用于低温场合,这样,用这种特性就可以提高密封率。

五、玻璃

玻璃的应用很广泛,可用于高温的泛光灯、路灯,也可用铸模做成装饰性漫射体。对泛光灯和路灯,最初用钢化钠钙玻璃,它能承受大约300℃的高温,具有良好的抗机械冲击性能,破碎时通常碎成小块,对人相对较为安全。硼硅玻璃和化学钠化玻璃也应用于更高温的条件下,但当它们破碎时不形成小块,故在应用时存在一定的危险。陶瓷玻璃的温度可超过400℃,具有较好的抗热冲击性能,但价格非常昂贵。装饰玻璃工作在非常低的温度下,它们通常不钢化,不能用于路灯和泛光灯。

六、控光材料

控光材料包括反射器和折射器(透光罩),表4-6左边部分所列的是灯具中最常用的反射器材料。有两种类型的反射:规则反射或镜面反射,它只包括反射角等于入射角的反射光;漫反射,包括所有反射的光。

表4-6右边部分给出了折射器和漫射器材料的光学特性。表中的透过率数值是对一束平行光束正入射而言;对于漫射入射(如从多云天空来的光)条件,透过率数值稍微降低,如透明丙烯酸是85%,而不是表中的92%。计量材料中光损失的量是吸收率,它等于1减去反射率和折射率。在选择光控制材料时,不仅要考虑其光学特性,而且要注意该材料的强度、韧性、抗热性和抗紫外线辐射以及最终产品生产难易等。

总之,现在灯具的品种很多,各生产厂选用的材料不尽相同,设计师选用时应考虑到材料的不同特性，选择最合适的产品，以充分满足工程需要。

4.4 道路照明质量指标

道路照明的根本目的在于为驾驶者（包括机动车与非机动车）和行人提供良好的视觉条件好，以便提高交通效率，且降低夜间交通事故；或帮助道路使用者看清周围环境，辨别方位；或照亮环境，防止犯罪发生。随着社会经济的发展，人们在夜晚到户外的公共空间休闲、购物、观光等活动越来越多，良好的道路照明也起到丰富生活、繁荣经济，以及提升城市形象的作用。

在道路照明的诸多目的中，为机动车驾驶者提供安全舒适的视觉条件始终是第一位的。因此评价一条道路（机动车道路）的所有质量指标，都是从机动车驾驶者的角度来衡量，考虑其视觉的功能和舒适性两个方面。概括而言，主要指路面的平均亮度、亮度的均匀性，对使用者产生的眩光控制水平，道路周边的环境照明系数，以及视觉引导性等。

4.4.1 路面的平均亮度

路面平均亮度是全路面所有计算点亮度的算术平均值，表示为

$$L_{av} = \sum_{i=1}^{n} L_i / n \tag{4-7}$$

式中，L_{av}是路面平均亮度；L_i是第i个计算点的亮度；n是计算点总数。

从机动车驾驶员的视觉功能角度考虑，路面的亮度影响着驾驶员视觉的对比灵敏度和路面上物体相对于路面的亮度对比（夜晚的道路照明相对于人眼在白天的一般视觉状态而言是比较低的，这时人眼处于中间视觉状态，对物体颜色的差异不敏感，而主要依靠物体和背景之间的亮度差异来辨别）。为了研究平均亮度对视觉功能的影响，提出了显示能力RP（revealing power）的概念。显示能力是指路面上设置的一组目标物被看到的百分比。研究表明，随着路面平均亮度的上升，显示能力随之上升，如图4-31a所示，图中平均亮度和显示能力关系曲线的条件是，路面整体均匀度U_0为0.4，阈值增量为7%，两者保持不变。

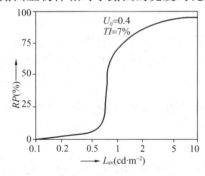

图4-31a 平均亮度L_{av}与显示能力RP的关系

从图中可看出，当路面平均亮度从$0.5\text{cd}\cdot\text{m}^{-2}$上升到$1\text{cd}\cdot\text{m}^{-2}$时，显示能力迅速上升；而当路面平均亮度达到$2\text{cd}\cdot\text{m}^{-2}$时，显示能力达到80%；在超过$2\text{cd}\cdot\text{m}^{-2}$后，显示能力随亮度的上升逐渐趋于平缓。

在道路照明实践中，同时考虑到显示能力和经济性，路面平均亮度应在$0.5\sim2.0\text{cd}\cdot\text{m}^{-2}$之间。

同时由于亮度与照度成正比，并与路面材料有关。在给定路面材料下，要提高亮度，只能提高路面照度。

4.4.2 路面的亮度均匀度

不论对视觉功能还是对视觉舒适性而言，合适的亮度均匀度都是重要的。如果路面的亮度均匀性不好，视线区域中太亮的路面可能会产生眩光，而太暗的区域则可能出现视觉暗区，人眼无法辨别其中的障碍物。

从视觉的功能性角度考虑，希望路面有良好的整体均匀度。整体均匀度 U_0 认定义为路面上最小亮度和平均亮度的比值，即

$$U_0 = L_{min}/L_{av} \qquad (4-8)$$

式中，L_{av} 和 L_{min} 分别为路面亮度和最小亮度。

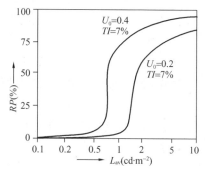

图 4-31b　显示能力 RP 与亮度均匀度 U_0 的关系

一般说来5路面的亮度均匀度不得低于0.4。从图4-31b可看出，在相同的阈值增量下，即使路面的平均亮度相同，但若路面均匀度越低，则显示能力越小。

考虑到视觉舒适性，即使道路照明达到良好的整体均匀度，如果道路上连续出现明显的亮带和暗带，即俗称的"斑马线效应"（见图4-32），也会造成驾驶员的眼睛不停地调节适应，从而容易造成视觉疲劳。CIE引入了纵向均匀度概念，是指对在车道中间轴线上面对交通车流方向观察的观察者而言的最小亮度与最大亮度的比值，为

$$U_l = L_{min}/L_{max} \qquad (4-9)$$

图 4-32　纵向均匀度效果

4.4.3 眩光控制水平

从第一章知道，眩光的形成是由于视觉范围内有极高的亮度或亮度对比存在，从而使视觉功能下降或使眼睛感觉不舒适。极亮的部分形成眩光源。与眩光对应的有两个指标。一个是"生理性眩光"，或称为"失能眩光"，对应于视觉功能；一个是"心理性眩光"，或称为"不舒适眩光"，对应于视觉舒适性。

一、失能眩光

眩光导致视觉功能下降的机理可理解为：当眩光源的光射入人眼，会产生一个明亮的"光幕"，叠加在视网膜上清晰的视像前，从而导致视像的可见度降低。

这个光幕有一定的亮度，可用如下的经验公式进行计算，即

$$L_v = k \sum_{i=1}^{n} \frac{E_{eyei}}{\Theta_i^2} \qquad (4\text{-}10)$$

式中，L_v 为等效光幕亮度（cd·m^{-2}）；E_{eyei} 为由第 i 个眩光源在垂直于视线方向上的人眼视网膜上的照度（lx）；Θ_i 为视线方向和第 i 个眩光源的光射入观察者眼睛方向的夹角（°）；k 为年龄系数（为计算目的取为 10）；n 为眩光源总数。

对等效光幕亮度而言，Θ_i 必须大于 1.5°而小于 60°，否则计算结果将会不可靠。与路面亮度不同，等效光幕亮度唯一的计算点是观察者所在位置。

眩光源产生的光幕亮度和眼睛的调节状态（在道路照明情况下，主要由路面的平均亮度 L_{av} 决定）一起，共同决定了由眩光造成的视觉功能散失。

而失能眩光指标，即所谓的阈值增量 TI，取决于相应的光幕亮度和路面的平均亮度，其计算公式为

$$TI = \frac{65 L_v}{L_{av}^{0.8}} \qquad (4\text{-}11)$$

阈值增量 TI 的物理含义为：为了弥补由于眩光源造成的观察者视觉分辨能力的降低，应当相应地提高多少百分比的亮度水平。

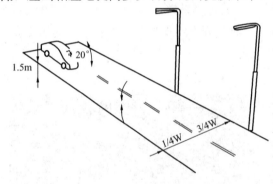

图 4-33　最大阈值增量角度

在行驶过程中，由于驾驶员（观察者）与路灯灯具的相对位置是不断变化，阈值增量 TI 也随着 L_1 的变化而不断变化。当变化不是特别大时，变化本身不会有影响，故只需定义一个最大阈值增量。

驾驶员所在车道方向最大阈值增量 TI 所在的位置，取决于汽车挡风玻璃顶的屏蔽角。这个角度已由 CIE 出于道路照明设计的需要而标准化为水平向上 20°，如图 4-33 所示。

一般来说，阈值增量最大的观察点是一个灯具正好从这个角度出现。阈值增量越大，可视度越差，对道路照明而言，希望 TI 小于 10。

二、不舒适眩光

不舒适眩光指数 G 来衡量，视一个主观感受值，其定标依据如表 4-7 所示。

不舒适眩光指数的定标和主观评价的关系　　　　表 4-7

眩光指数 G	眩光描述	主观评价	眩光指数 G	眩光描述	主观评价
1	无法忍受的	感觉很坏	7	令人满意的	感觉好
3	有干扰的	感觉不好	9	感觉不到的	感觉非常好
5	刚好允许的	感觉一般			

研究发现，道路照明产生的不舒适眩光与道路照明器和道路照明的布置均有关系，具体影响眩光指数 G 的因素如下。

（1）和灯具有关的因素：

①在 $C-\gamma$ 系统中,在平面 $C=0$ 上,从灯具最下点起与垂直方向成 $80°$ 夹角方向的光强 I_{80};

②在平面 $C=0$ 上,从灯具最下点起与垂直方向成 $88°$ 夹角方向的光强 I_{88};

③从灯具垂直平面上 $76°$ 高度角方向上所看到的灯具的发光面积 F;

④所采用光源的颜色修正系数 C,对低压钠灯 $C=0.4$,对其他光源 $C=0$。

(2) 和道路照明布置有关的因素:

①平均路面亮度 L_{av};

②从眼睛水平线到灯具的垂直距离 h;

③每千米的灯具数量 p。

对灯具安装高度在 $6.5\sim20m$ 之间的道路照明布置,有如下经验公式可有效计算眩光指数,即

$$G=13.84-3.31\lg I_{80}+1.3(\lg I_{80}/I_{88})^{1/2}-0.08\lg I_{80}/I_{88}\\+1.29\lg F+0.97\lg L_{av}+4.41\lg h-1.46\lg p \qquad (4-12)$$

式中,$SLI=13.84-3.31\lg I_{80}+1.3(\lg I_{80}/I_{88})^{1/2}-0.08\lg I_{80}/I_{88}+1.29\lg F+C$ 表示灯具控制指数,仅仅与灯具本身有关。

一般说来,越来越多的照明标准都只对失能眩光提出要求,而非不舒适眩光因为如果失能眩光是可以接受的,则不舒适眩光也多半可以接受。

4.4.4 环境照明系数

对机动车驾驶员而言,其眼睛的一般视觉状态主要取决于路面的平均亮度。但道路周边环境的亮暗会干扰眼睛的一般适应状态。当环境较亮时,眼睛的对比灵敏度会降低,为弥补此损失,就需要提高路面的平均亮度;而在相反的情况下,即暗的环境和亮的路面时,驾驶员的眼睛适应了亮的路面,则周边黑暗区域的物体就难以被驾驶员的视觉所接收。因此,在道路周边很暗的情况下,照明需兼顾路边的相邻区域并降低眩光。

环境照明系数 SR,即定义为相邻两根灯杆之间路边 $5m$ 宽区域内的平均照度和道路内由路边算起 $5m$ 宽区域的平均照度的比值。如果路宽小于 $10m$,则取道路的一半宽度值来计算。一般要求环境照明系数不小于 0.5。

4.4.5 视觉引导性

视觉引导包括所有为使道路使用者在其最大允许速度下,在一定距离内快速认知前方道路走向而采取的措施。

在夜晚未被照亮的道路,视觉引导被局限于汽车前照灯所照射的范围内。而紧密跟随道路走向布置的道路照明则可提高视觉引导性,从而有助于道路使用者的安全和便利。对很多弯道和交叉的道路而言,良好的视觉引导更是如此(见图4-34)。

在进行道路照明设计时,必须特别注意道

图4-34 一条有良好视觉引导的道路

路照明布置要提供良好的视觉引导，或更重要的，防止错误引导，以下几点需特别注意：

(1) 在开放的有中央隔离带和分隔的车道的道路上，将灯杆布置于中央隔离带上，有助于良好的视觉引导。

(2) 在弯道处，灯杆布置在弯道外侧比布置在弯道内侧有助于清楚显示道路走向（见图 4-35）。

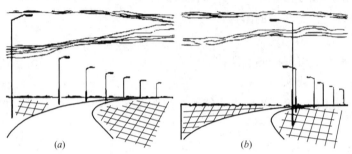

图 4-35　灯杆布置于弯道外侧比布置在内侧有更好的引导性
(a) 灯杆布置在弯道外侧；(b) 灯杆布置在弯道内侧

(3) 在不同道路上采用颜色特性不同的光源进行照明，可清楚地指示不同的道路，从而提高引导性。

(4) 中央悬索照明可取得良好的视觉引导性。

4.4.6　半柱面照度

在人行横道上，有足够的水平照度可以帮助识别地面的目标。但如果只有水平照度，要识别垂直面上的目标，如面部特征，就会有很大困难，这在目标背向光源时极为明显。为了表征照明对识别垂直面上目标的能力效果，引入了半柱面照度的概念。

如图 4-36 所示，某位置点的半柱面照度可以通过下式计算，即

$$E_{sc} = \sum \frac{I(C,\gamma) \cdot (1+\cos\alpha_{sc}) \cdot \cos^2\varepsilon \cdot \sin\varepsilon \cdot \Phi \cdot MF}{\pi \cdot (H-1.5)^2} \quad (4\text{-}13)$$

式中，E_{sc} 是计算点的维护半柱面照度，单价为 lx；Σ 表示计算所有灯具的贡献；$I(C,\gamma)$ 为灯具在计算点方向上的光强，单位为 cd·(klm)$^{-1}$；α_{sc} 为入射光线所在垂直 (C) 平面和与半柱面底面垂直的平面所形成的夹角；γ 为入射光线的垂直角；ε 是光线入射方向与计算点所在水平向法线的夹角；H 是灯具的安装高度，单位为 m；φ 是光源的初始光通量，单位 klm；MF 是灯具和光源的综合维护系数。计算点距地面高度为 1.5m。

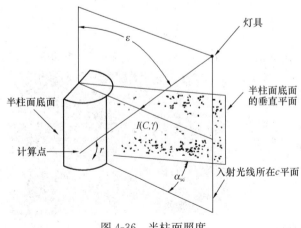

图 4-36　半柱面照度

半柱面照度可以使用与照度计

连接的特殊光电池直接测量。

半柱面照度最低的点通常在灯具正下方，但在运动的情况下，一个人在此处的时间会很短。如果要计算最低半柱面照度，也可以选择离灯具下方0.5m的位置点。

半柱面照度通常用于衡量人行道和自行车道的照明效果。

综上所述，从道路使用者的视觉功能和视觉舒适性两方面考虑，高效道路照明的设计需满足表4-8所列的质量指标，并需达到良好的视觉引导。

道路照明的质量指标　　　　　　　　　　表 4-8

	照明指标			
	亮度水平	亮度均匀度	眩光控制水平	环境照明系数
视觉功能性	路面平均亮度 L_{av}	路面整体均匀度 U_0	阈值增量 TI	SR
视觉舒适性	路面平均亮度 L_{av}	车道纵向均匀度 U_t	眩光指数 G	SR

4.4.7　光污染控制

我们对各类型道路的照明水平提出了最低的要求，却并没有对上限规定强制性的标准。随着人们生活水平的提高，对照明研究的深入，不科学照明所产生的光污染问题日益受到人们的关注。

璀璨的夜景在带给人们安全和丰富夜间生活的同时，照明设施产生的杂散光或溢出光也会对良好的夜间环境产生干扰或其他消极影响，如天空过亮影响天文观察、眩光影响路人的视觉等。路灯作为城市最大量使用的室外照明，也是重要的光污染源。

光污染的负面影响和危害是多方面的。

首先，最重要的是对人的影响。对人的影响包括对周围居民的影响和对行人的影响、对交通系统的影响和对天文观测的影响。

1984年德国在调查人们对晚上照明环境的反应时发现，当朝向人脸面的照度达11lx时，对房间内的明亮程度和感到对健康有影响，持"强烈"或"中等"意见的人数增加很快；又如德国巴伐利亚市通过对200位市民的调查，其少有1/3的人抱怨夜间睡眠受到室外灯光的干扰，有2/5的人反映不能入睡，而且感到头昏、眼花、耳鸣、咳嗽，乃至引起哮喘。在我国石家庄，还有居民因深受光污染困扰而上诉法院，至于投诉抱怨则在我国许多城市普遍存在。

道路照明选择灯具不合理或安装不合适时，引起眩光会使人不舒适，甚至引起视觉功能降低，一方面影响行人对周围环境的认知，同时也增加了发生犯罪或交通事故的危险性。

影响驾驶员、降低交通安全。例如，眩光影响驾驶员的判断，延长反应时间；背景亮度过高使交通信号的可见度降低；灯具布置产生的闪烁频率不当时，对驾驶员产生不舒适感，甚至有催眠作用等等，都会造成驾驶员错误操作而引发交通事故。

天文观测依赖于夜间天空的亮度和被测星体的亮度对比，天空亮度越低，就越利于天文观测。如图4-37所示，照明设备发出的光线（特别是上射光线）由于空气和大气悬浮尘

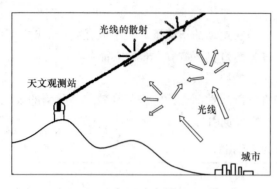

图 4-37　散射光线影响天文观测

埃的散射使天空亮度增加，从而对天文观测产生影响。如在夜间天空不受污染的情况下，天空中星星的可见度为 7 级，可以看到 7000 颗星星；而在大城市的市中心，光污染特别严重时，星星可见度为 2 级，只能看见 25 颗星星。严重的光污染迫使许多天文台多次搬迁或面临搬迁，如日本东京天文台历经 4 次搬迁，最后不得不搬到夏威夷；而我国南京紫金山天文台、上海佘山天文台都被迫面临搬迁。

光污染的危害还表现在对动植物的影响上。种植在街道两侧的花草树木会受到路灯的影响，破坏其生命周期，不能正常生长或推迟落叶期；动物中的马和羊等会因人工光线的照射而使生殖周期紊乱，城市中鸟类的习性受到影响，昆虫趋光甚至会破坏局部生态平衡。

光污染造成直接的光线浪费相对应的是电能的浪费，不仅制约了我国的经济发展，同时又造成环境的极大损害。

4.5　道路照明标准

为使道路照明设施能满足道路使用者对照明的基本功能要求，CIE（国际照明委员会）针对每一项质量指标确定了最低的要求值。针对机动车道、交叉道路，以及人行道均有不同的标准。

4.5.1　机动车照明标准

CIE 首先对不同的机动车道路按道路的性质、道路交通密度，以及道路的交通控制或分隔好坏不同进行了分类。一般说来，道路车速越快，交通密度越大，交通控制或分隔越不好，道路的等级就越高。道路等级从低到高分别为 M_5 到 M_1，具体等级划分如表 4-9 所示。

CIE 道路分类　　　　　　　　　　表 4-9

道路说明	交通密度或交通复杂程度	道路照明等级
有分隔带的高速公路，无交叉路口，如高速路、快速干道	交通密度或道路复杂性 ——高 ——中 ——低	M_1 M_2 M_3
高速公路，双向干道	交通控制或分隔 ——不好 ——好	M_1 M_2

续表

道路说明	交通密度或交通复杂程度	道路照明等级
重要的城市交通干道 地区辐射道路	交通控制或分隔 ——不好 ——好	M_2 M_3
次要道路，社区道路 连接主要道路的社区道路	交通控制或分隔 ——不好 ——好	M_4 M_5

针对不同等级的道路，相应要求的照明指标如表 4-10 所示。

机动车道路照明推荐标准 表 4-10

道路照明等级	所有道路			较少有交叉口道路	带人行道道路
	平均路面亮度 $I_{av}(cd \cdot m^{-2})$	整体均匀度 U_0	阈值增量 TI	车道均匀度 U_i	环境照明系数 SR
M_1	2	0.4	10	0.7	0.5
M_2	1.5	0.4	10	0.7	0.5
M_3	1	0.4	10	0.5	0.5
M_4	0.75	0.4	15	—	—
M_5	0.5	0.4	15	—	—

需要指出的是，以前中国的国家标准与 CIE 标准相比，相应的照明要求偏低。最近修订的国家标准，最高平均亮度(M_1)已提高到 $2.0 cd \cdot m^{-2}$。具体道路分类及照明指标如表 4-11 所示。表中，Ⅰ～Ⅴ分别对应 CIE 的 M_1～M_5 分类。

CJJ 45—2006 我国城市道路照明设计标准 表 4-11

级别	道路类型	亮度		照度		眩光控制	诱导性
		平均路面亮度 $I_{av}(cd \cdot m^{-2})$	均匀度 L_{min}/L_{av}	平均照度 $E_{av}(lx)$	均匀度 E_{min}/E_{av}		
Ⅰ	快速路	1.5—2.0	0.4	20—30	0.4	严禁采用非截光型灯具	很好
Ⅱ	主干路及迎宾路，通向政府机关和大型公共建筑的主要道路，市中心或商业中心的道路，大型交通枢纽等	1.5—2.0	0.4	20—30	0.4	严禁采用非截光型灯具	很好
Ⅲ	次干路	0.75—1.0	0.4	10—15	0.35	不得采用非截光型灯具	好
Ⅳ	支路	0.5—0.75	0.4	8—10	0.3	不宜采用非截光型灯具	好
Ⅴ	主要供行人和非机动车通行的居住区道路和人行道	—	—	5—7.5	—	采用的灯具不受限制	

注：1. 表中所列的平均照度仅适用于沥青路面，若系水泥混凝土路面，其平均照度值可相应降低 20%～30%；
2. 表中各项数值仅适用于干燥路面。

近年来，由于各地大力推行城市亮化，我国城市许多新建道路的照明水平大大提高，往往超过 CIE 标准和国家标准许多，造成严重的光污染和能源浪费，而实际上对道路使用者，如驾驶员、行人并没有意义，这样的现象也应注意避免。

世界上许多道路照明工作者对人类视觉感官原理、驾驶员视觉作业的特点及所需的视觉信息进行了系统分析研究，在实验室和现场进行大量试验后发现，驾驶员评价为"好"的路面的亮度在 $1.5 \sim 2.0 \mathrm{cd \cdot m^{-2}}$ 左右。

4.5.2 道路冲突区域的照明标准

道路冲突区域主要是指不同道路交叉口、十字路口、道路与铁路、人行道等交叉区域。有的冲突区连接较低等级的路，如车道减少或路宽变窄。由于在道路冲突区域交通复杂性提高，交通事故发生的可能性也相应较高，车辆之间、车辆与行人之间、车辆与非机动车之间、车辆与建筑之间都存在更高的事故可能。为达到降低交通事故率的目的，提高道路冲突区域的照明标准是有必要的。

对道路冲突区域而言，不论是对机动车驾驶员，还是非机动车驾驶者，或者是行人，整个区域的照度是很重要的。这时，亮度是推荐指标，照度是标准要求。

对道路冲突区域的照明从高到低分为 C_0 到 C_5 这 6 个等级。在此区域的照明相对与其交接的主要道路提高一个等级，即 $C(N-1) = M(N)$。如果连接道路是 M_2，冲突区就是 C_1 的标准。具体的道路冲突区域照明等级划分见表 4-12。

道路冲突区域照明等级划分　　　　　　　　　　　表 4-12

冲 突 区 域	照 明 等 级
地下过道	$C(N) = M(N)$
十字路口，坡道，迂回道路，严格限制车道宽度区域	$C(N-1) = M(N)$
铁路交叉口	
简单	$C(N) = M(N)$
复杂	$C(N-1) = M(N)$
无信号指示环导	
复杂	C_1
中度复杂	C_2
简单	C_3
排队等候区	
复杂	C_1
中度复杂	C_2
简单	C_3

针对以上不同等级的道路冲突区域，相应的照度要求也不一样，具体标准如表 4-13 所示。

道路冲突区域照明标准　　　　　　　　　　　表 4-13

照明等级	整个区域的平均照度 E_{av}(lx)	整体照度均匀度 E_{min}/E_{av}
C_0	50	0.4
C_1	30	0.4
C_2	20	0.4
C_3	15	0.4
C_4	10	0.4
C_5	7.5	0.4

表中的标准，应该在冲突区连接道路上 5s 驾驶距离上都得到满足。

特别值得注意的是，道路冲突区域由于灯杆布置的限制，普通路灯往往无法满足该区域较大面积的照明要求，如果没有补充照明，该区域照度一般都比其他路段低，偏离标准很多。所以，十字路口最好有中杆灯(泛光照明灯具)特别补充照明，将照度提高且超出普通路段照度。要注意的是，由于冲突区布灯的多样性，往往无法计算失能眩光阈值增量 TI，但对灯具的配光和布置提出了要求：80°方向光强不大于 30cd·m^{-2}，90°方向光强不大于 10cd·m^{-2}。

应该留意的是一些区域的过渡性照明，它是为满足驾驶员视觉适用的技术措施。当车辆从一个照明标准的道路驶向另一个照明标准的道路时，应该让亮度是渐变的而不是突变的，如以下一些情况：

(1) 交叉路口照明标准突然下降；

(2) 水平或垂直方向道路走向突变，如急转弯、连续上下坡等；

(3) 从高照度区驶向低照度区。

比如在一条对称布置的主要道路连接无照明的支路情况下，可以在连接支路上，根据车速和照度水平继续布灯 1~6 杆。是否采取过渡性照明，由设计师现场勘察后决定。

除此之外，一些特殊区域的照明也应特别加以考虑，如高速公路服务区。

对驾驶员来说，在封闭式的公路上，服务区是必不可少的，而且大家的共识是，为保证短时间休息，服务区在 24 小时内都应该让人感觉安全。所以，晚上充足的照明是不能缺失的。图 4-38 所示是一个高速公路服务区示意图。

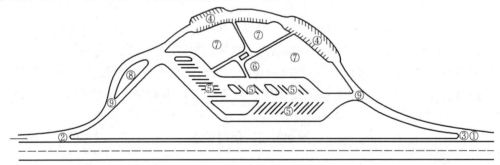

图 4-38 典型高速公路服务区示意图

①入口；②出口；③分叉区；④小车停车场；⑤卡车停车场；
⑥放松站；⑦餐饮住宿区；⑧垃圾站；⑨区内道路

设计高速公路服务区的照明时，必须综合考虑到其地理位置、地形、驾驶员的舒适和安全、房屋建筑的处理，以及步道的形式。合适照明的一个重要作用是方便该区域夜间的治安防范，所以照明质量必须考虑颜色识别、阴影、直接眩光、监控探测、脸部及物体识别、兴趣点（如服务点）、空间和灯具的外形，以及水平及垂直照度。

一个首要的设计因素是驾驶员从无照明的高速公路上进入服务区，或在服务区内行驶时的视野，他不能被服务区内灯具的眩光或溢光所影响。整个照明可分为以下部分：出入口；区内道路；停车场；活动区。这些区域有不同的作用，应分别予以考虑。表 4-14 是各区域的最低照明水平。

服务区照度水平（美国标准） 表4-14

服务区	照度（lx）	均匀度	服务区	照度（lx）	均匀度
出入口	3～6	0.2～0.3	主活动区	11	0.3
区内道路	6	0.3	次活动区	5	0.2
停车场	11	0.3			

出入口包括连接服务区与高速公路的两段路，它们的照明要满足驾驶员安全驶离或驶入主路、进入或离开服务区，同时，也要满足主路上的驾驶员不受灯光影响判断其他车辆的行驶。出入口的照度水平可以变动，但最大照度应该在与服务区内部道路的连接处，一方面，通道上的驾驶员可以看见出来的车以作反应，另一方面，离开服务区的驾驶员可以逐渐适应回到没有照明的高速公路。出入口照明的灯具应该限制大角度方向的亮度，以免影响主路行车。

内部道路是停车场和出入口之间的路，灯具选择没有上述限制。

无论小车停车场或卡车停车场，都应该有充足的照明以便驾驶员判断指示牌等。

主活动区包括如放松站、咨询点，以及连接这些地方与停车场的道路；次活动区包括使用人群较少的一些地方。

当然，在建筑内部，如餐饮住宿，应提供另外的内部照明。

4.5.3 人行道照明标准

人行道照明主要是为行人提供一个安全的照明环境，使得行人在夜晚行走时至少能感觉到安全，或者说能辨别路面存在的障碍物，或觉察可能逼近的危险。

对行人而言，视觉目标和视觉需要在很多方面都与驾驶员不同。移动速度低了，人行道上近的东西比远的东西更重要，路面状况和物体的材质对行人比对驾驶员更重要。道路照明必须使行人能避开障碍和其他危险，识别其他行人的运动，判断对方友善与否。所以，垂直面上的照度也应和水平照度一样予以考虑。具体要求可参见 CIE 92，1992 和 CIE 115 号出版物。

人行道照明标准并不要求良好的均匀性，但对最低照度有要求。具体的人行道等级划分和照明标准如表4-15所示。

人行道照明标准 表4-15

人行道描述	等级	最低半柱面照度（lx）	整个人行道区域的水平照度	
			平均照度 E_{av}（lx）	最小照度 E_{min}（lx）
非常重要的人行道	P_1	5	20	7.5
夜间很多行人和骑自行车者的人行道	P_2	2	10	3
夜间中度行人和骑自行车者的人行道	P_3	1.5	7.5	1.5
只与相邻住宅相连，夜间较少行人和骑自行车者的人行道	P_4	1	5	1
只与相邻住宅相连，夜间较少行人和骑自行车者的人行道，对保持乡村或建筑特点或环境而言重要	P_5	0.75	3	0.6
只与相邻住宅相连，夜间极少行人和骑自行车者的人行道，对保持乡村或建筑特点或环境而言重要	P_6	0.5	1.5	0.2
夜间需有从灯具发出的直射光作为引导的人行道	P_7		无要求	

4.5.4 光污染控制规定

为了减少或避免光污染，国际上一些国家制定了防治办法和有关规定，对我国推行光污染的防治有一定借鉴作用。

(1) 居住区和公共绿地的光污染的防治，其指导思想就是减少居民住宅的窗户侵入光线。办法包括：控制居住区环境照明和道路照明灯具的光线出射方向，使之不能直接照射到居民住宅的窗户上（如图 4-39 所示）；设计时，尽量避免将灯具安装在居民住宅附近；在满足照明要求的前提下，尽量降低光源功率；采取照明控制，在不需要的时候关闭照明设备。对居民区的照明，CIE 规定非常严格，如表 4-16 所示，其中宵禁（强制关灯时间）前的照度为住宅周边的垂直照度，宵禁后的照度为住宅窗户上的垂直照度。与此相对应，CIE 还对灯具的光强做了规定，如表 4-17 所示。

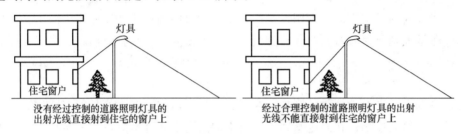

图 4-39 居住区路灯对住宅的影响及解决办法

CIE 对住宅干扰光照度的规定　　　　表 4-16

区域类型	宵禁前 (lx)	宵禁后 (lx)	ULOR (%)[2]
E_1（国家公园、自然景区、国际天文观测区域等）	2	0[1]	0
E_2（低亮度区域，如农村住宅区，城市远郊等）	5	1	0～5
E_3（中亮度区域，如城区住宅区）	10	5	0～15
E_4（高亮度区域，如城区的住宅和商业混合区、夜间活动频繁场所）	25	10	0～25

注：① 当为了提供必要的公共照明时，可以提高到 1lx；
　　② ULOR 为灯具安装使用时的上射光比例（upward light output ratio）。

CIE 对住宅干扰光光强的限定　　　　表 4-17

区　域　类　型	宵禁前[1] (cd)	宵禁后 (cd)
E_1（国家公园、自然景区、国际天文观测区域等）	0	0[2]
E_2（低亮度区域，如农村住宅区，城市远郊等）	15000	500
E_3（中亮度区域，如城区住宅区）	30000	1000
E_4（高亮度区域，如城区的住宅和商业混合区、夜间活动频繁场所）	30000	2500

注：① 适用于在被照场地外观测方向上的光强。安装高度有限的中型至大型体育照明设施很难达到这一要求；
　　② 当为了提供必要的公共照明时，可以提高到 500cd。

影响行人的光污染的防止，其主要办法是限制灯具的最大发光强度或亮度。CIE 出版物

NO.92 中关于住宅区不舒适眩光的推荐值如表 4-18 所示（此时人的主观评价为"打扰的"），而 CIE 136—2000 号出版物对安装在住宅区和步行区的灯具作了如表 4-19 所示的规定。

CIE NO.92 出版物　表 4-18

灯具安装高度（m）	$LA^{0.25}$
$h \leqslant 4.5$	$\leqslant 6000$
$4.5 \leqslant h \leqslant 6$	$\leqslant 8000$
$h > 6$	$\leqslant 10000$

CIE 136—2000 号出版物　表 4-19

灯具安装高度（m）	$LA^{0.5}$
$h \leqslant 4.5$	$\leqslant 4000$
$4.5 \leqslant h \leqslant 6$	$\leqslant 5500$
$h > 6$	$\leqslant 7000$

（2）减少光污染对交通的影响。对路灯而言，一方面是减少对驾驶员的影响；另一方面是减少对道路周围其他设施使用者，如航运的影响。

（3）控制上射光线。不同的灯具由于材料和结构设计的不同，会有不同的配光。灯具出射的光线有的到了工作面被利用，有的则无法对被照面产生作用而成为溢出光。道路照明灯具应尽量限制上射光对路口区域的投光灯和大型立交的高杆灯而言，最好采用非对称配光接近水平安装的灯具。由图 4-25 可以看到，灯具的光输出比中，$ULOR$ 和部分 $DLOR$ 都会造成溢出光或干扰光。

（4）减少光污染对动植物的影响。在照明设计时，充分考虑灯具的安装位置，使之远离可能受影响的动植物；在满足基本照明要求的前提下，降低灯具的额定功率；使用对周围动植物影响最小的光源。

4.6　隧道照明

隧道作为道路的一部分，无论在明亮的白天或是漆黑的夜晚，不论是何种天气，都应给驾驶员以安全感和舒适感。也就是说，驾驶员能得到充分的路况信息，如及时发现路面障碍物、其他车辆和行人的举动等，由于隧道本身的特殊性，隧道内的照明是非常重要和必需的。

4.6.1　隧道的分段和相应的视觉问题

出于照明设计的需要，长隧道一般分为 5 个区段（见图 4-40），每个区段均有相应的视觉问题。

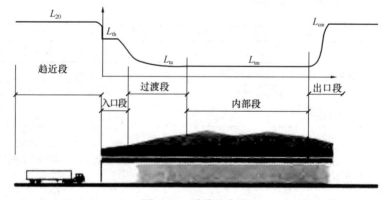

图 4-40　隧道的分段

1. 趋近段

趋近段指隧道口外的一段道路，在此处行车的驾驶员必须看清隧道内物体。这段道路是驾驶员视觉调节的阶段，也决定了隧道口和隧道入口段的亮度要求。在白天，由于入口外环境的高亮度和隧道内低亮度的强烈对比，也由于驾驶员的眼睛对明亮环境的视觉暂留影响，一个照明不够的隧道口会使人产生"黑洞效应"（见图4-41），看不见洞内任何细节；而在晚上，由于人眼适应了隧道外的黑暗，同一隧道却可能会令人感觉照明良好。

2. 入口段

入口段是隧道内4个区段的第1段，在进入段行驶的驾驶员进入隧道前必须能看见入口段的路面情况。入口段的长度取决于隧道设计的最高时速，与最高速度时的安全刹车距离（SSD）相等。这是因为，在此段最远端的路面应当使在安全刹车距离外准备进入隧道的驾驶员能看清障碍物。

图4-41 隧道入口的"黑洞效应"

3. 过渡段

经过照明水平相对高的入口段，隧道内的照明可以逐步降低到很低的水平，这段渐降的区域就是过渡段。过渡段的长度取决于设计最高时速，以及入口段尾部与内部段的照明水平的差别。

4. 内部段

内部段即如其名，是隧道内远离外部自然光照影响的区域，驾驶员的视觉只受隧道内照明的影响。内部段的特点是全段具有均匀的照明水平。因为在该段内照明水平完全不需变化。所以在该段内只需提供合适的亮度水平，具体数值由交通流量和车辆时速决定。

5. 出口段

出口段是单向隧道的最后区段，由于接近出口时驾驶员的视觉会受到隧道外亮度的影响，因此可能造成驾驶员不能及时发现前面行驶在大卡车阴影里的小车。

4.6.2 隧道的白天照明

一般来说，如果从入口前的安全刹车距离外看过去，出口占有视野的很大部分，则隧道或地下通道就无需额外的白天照明（相对于正常的夜晚照明）。相反，如果从相同位置看过去，出口在黑框内，其中的障碍物，如汽车等可能隐藏其中，则这时就必须提供白天照明，如图4-42所示。

图4-42 白天的隧道照明
(a) 所示隧道不需白天照明，因为可看清明亮的出口；
(b) 所示隧道必需白天照明，因为在进入隧道前看不见出口

CIE有一个不同长度隧道的白天照明要求（见图4-43）。要注意的是，对长度小于75m的隧道，即使白天不推荐照明，但至少在日落

前 1h 和日出后 1h 内，必须提供相当于长隧道内部段所要求的照明水平。

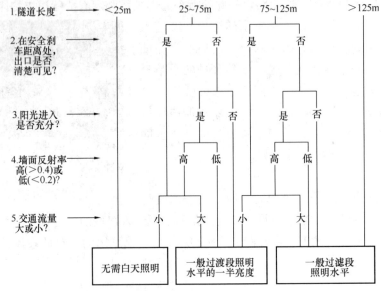

图 4-43　不同长度隧道白天所需的照明要求

隧道的白天照明要求和亮度值：

1. 趋近段

驾驶员驶向隧道时，在趋近段眼睛调适的亮度决定了隧道内过渡段的亮度要求，在此应该考虑两种调适亮度：趋近段的亮度和等效天幕亮度。

（1）趋近段亮度。对于离隧道口安全刹车距离处的驾驶员而言，其感受的趋近段亮度等于以隧道 1/4 高度为底部圆心、以眼睛为顶点的 $2 \times 10°$ 圆锥视野范围内的平均亮度（如图 4-44 所示）。

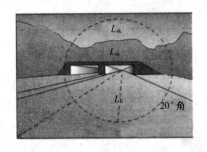 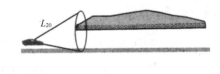

图 4-44　趋近段亮度 L_{20}

此亮度称为趋近段亮度 L_{20}，在无法进行可靠的亮度测量的情况下，可从表 4-20 读出，或根据表 4-20 用以下公式算出，即

$$L_{20} = \gamma L_{SK} + \rho L_R + \varepsilon L_{SU} \tag{4-14}$$

式中，γ，ρ 和 ε 分别表示各部分在 20°角视野中所占的比例；L_{SK} 代表天空亮度；L_R 代表路面亮度；L_{SU} 代表周围环境亮度。趋近段亮度（缺省值）构成见表 4-21。

趋近段亮度（kcd·m^{-2}）　　　　　　　　　　　　　　　　表 4-20

刹车距离 (m)	在 20°圆锥视野内天空所占百分比							
	35%		25%		10%		0%	
	平常	有雪	平常	有雪	平常	有雪	平常	有雪
60	—	—	4～5	4～5	2.5～3.5	3～3.5	1.5～3	1.5～4
100～160	5～7.5	5～7	4.5～6	3～4.5	3～4.5	3～5	2～4	2～5

综合影响趋近段亮度的外部亮度因素在不同的隧道有很大不同。比如，对穿山隧道，隧道口周围山体的亮度基本决定了趋近段的亮度；对水底隧道，隧入口上方天空的亮度对隧道趋近段的亮度起决定作用；对高架道路地面通道和地下通道而言，趋近段亮度部分取决于建筑的结构形状，部分取决于上部天空的亮度；而在建筑林立之处，天空的影响很小。

趋近段亮度（缺省值）一构成元素（kcd·m^{-2}）　　　　　表 4-21

行驶方向 (北半球)	L_{SK}	L_R	L_{SU}			
			$L_{岩石}$	$L_{建筑}$	$L_{雪}$	$L_{草地}$
北	8	3	3	8	15（垂直） 15（水平）	2
东—西	12	4	2	6	10（垂直） 15（水平）	2
南	16	5	1	4	5（垂直） 15（水平）	2

对大多数隧道类型，可以采取各种措施来降低趋近段的亮度。例如，使用粗糙的深色材料来处理趋近段路面、隧道口立面和近隧道口的墙面（如水底隧道）；在和入口相邻的地方或入口上方植树以遮蔽明亮的天空，或者将隧道口建造得尽可能高大。

在实际操作中，可根据隧道类型及采取的不同措施确定隧道趋近段的亮度，其最高亮度在 3000～8000cd·m^{-2} 之间（对应于水平照度约为 100000lx）。

(2) 等效光幕亮度。等效光幕亮度在前面的失能眩光中已有定义，它是决定驾驶员视觉适应所必须考虑的一个重要因素。应当说，采用等效光幕亮度作为确定入口段所需亮度的直接依据是符合逻辑的。但由于缺乏足够的资料，为方便操作，目前 CIE 还是用趋近段亮度 L_{20} 来决定入口段亮度。

2. 入口段

(1) 亮度要求。为使驾驶员维持良好的视觉状态，确保安全，在隧道入口段的开头需要相对较高的亮度，此亮度是趋近段亮度 L_{20} 的函数。入口段亮度 L_{th} 可以利用表 4-22 给出的 L_{th}/L_{20} 的比值计算出来。

L_{th}/L_{20} 的比值　　　　　　　　　　　　　　　　　　　表 4-22

刹车距离 (m)	对称配光照明系统 L_{th}/L_{20} ($L/E_v \leqslant 0.2$)	逆光照明系统 L_{th}/L_{20} ($L/E_v \geqslant 0.6$)
60	0.05	0.04
100	0.06	0.05
160	0.10	0.07

上表中 E_v 是垂直照度值。需注意的是，隧道墙壁 2m 以下部分的平均亮度不得低于路面的平均亮度。

（2）入口段长度。入口段的长度至少等于安全刹车距离。从刹车距离的一半开始，照明水平可以线性渐降直至末端约为 $0.4L_{th}$。亮度的降低也可以逐级进行，但前一级亮度和后一级亮度的比值不得超过 3∶1。

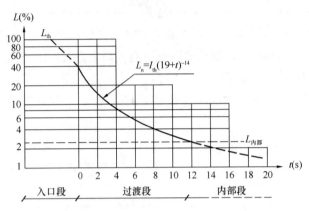

图 4-45　CIE 规定的隧道中亮度的降低曲线
（过渡段亮度为进入后时间的函数）

（3）遮阳棚。入口段的照明可以是隧道内的灯光，也可以在隧道口通过建造遮阳棚来达到目的。遮阳棚的结构经过合理设计可以控制自然光到达路面的多少，从而得到合适的亮度，但需注意不要在路面上产生干扰性阴影或光闪烁。

3. 过渡段

驾驶员进入长隧道后需要一定时间将眼睛调节到能适应内部段较低亮度水平，过渡段照明从最高到最低的变化必须逐步进行，这也是过渡段照明的目的。过渡段沿隧道轴向的亮度分布由以下公式决定（见图 4-45），即

$$L_{tr} = L_{th}(1.9+t)^{-1.4} \tag{4-15}$$

式中，L_{th} 为入口段亮度；t 为时间（s）。

在知道交通速度的情况下，采用上图的亮度下降曲线，就可计算出隧道内理想的亮度梯次分布。上图中的亮度变化也可逐级进行，但前一级亮度和后一级亮度的比值不得超过 3∶1，且决不能低于图示虚线限额。同入口段一样。2m 高以下墙面的亮度不能低于相应平均路面的亮度。

4. 内部段

内部段的照明无需任何变化，只要提供均一的稍高于普通开放式道路照明水平的亮度即可。除了高亮度使驾驶员感到更安全外，需要相对较高的亮度主要是因为在隧道内由于污染的影响降低了能见度。这也是为什么推荐的亮度与刹车距离和交通密度有关系的原因。具体要求见表 4-23。

推荐的内部段亮度（cd·m^{-2}）　　　　表 4-23

刹车距离 (m)	交通密度（车/小时）		
	车流量<100	100<车流量<1000	车流量>1000
60	1	2	3
100	2	4	6
160	5	10	15

5. 出口段

由于人眼从暗视觉向明视觉的调节速度极快。所以，隧道出口并不需要为视觉适应增设照明。但是，为使驾驶员在明亮出口的视觉背景下可清晰地看见前面大车阴影中的小车，以及离开出口时有良好的后向视觉，或为应急时和维护时可双向运行，可以使出口照明和入口照明保持对称布置。出口段照明只需要将隧道最后的 60m 区域的亮度提高到内部段亮度水平的 5 倍即可。

4.7 桥梁与立交桥照明

一根树干架在河两岸就形成了一座最早、最简单的单孔独木桥；如果木头的长度小于两岸的距离，则可在两岸之间设立一个至数个木的或砖、石砌筑的支承物，然后在支承物与支承物之间及支承物与河岸之间架设由若干根木梁组成的承重结构，使形成了多孔桥；近代桥梁由于所承受的载重和跨度都比较大，结构就比上面所说的桥梁要复杂一点，发展出各种类型的桥梁。

桥梁按承重结构可分为梁式桥、拱桥、悬索桥、刚架桥、斜张桥和组合体系桥，其中前 3 种是基本形式；按上部结构建筑材料可分为木桥、石桥、混凝土桥、钢筋混凝土桥、预应力混凝土桥、钢桥和结合梁桥；按用途分为公路桥、铁路桥、公路、铁路两用桥和城市桥。

城市入口的急剧增加使车辆日益增多，平面立交的道口造成车辆堵塞和拥挤，需要通过修建立交桥和高架道路，以形成多层立体的布局，从而提高车速和通过能力。城市环线和高速公路网的联结也必须通过大型互通式立交桥进行分流和引导，保证交通的畅通。此外，在城市间的高速公路或铁路，为避免和其他线路平面交叉、节省用地、减少路基沉陷，也可不用路堤，而采用这种立交桥。这种桥因受建筑物限制和线路要求，有多弯桥和坡桥。

从 20 世纪 60 年代起，我国就开始建造最初的立交桥。1970 年，北京市在原城墙的基础上修筑了第一条快速二环路。并相继建造了与长安街相交的复兴门立交桥和建国门立交桥，采用机动车和非机动车分行的 3 层苜蓿叶形布置，是我国修筑城市立交桥的先声。

改革开放以后，广东省于 1983 年率先修建了城市高架路，以缓解日益拥挤的交通，如广州市人民路高架及区庄 4 层立交桥。20 世纪 80 年代中期，北京二元桥、天津中心门桥、广州大道桥、沈阳灯塔桥和北京四环路安慧桥相继建成，形成了全国兴建立交桥的第一次高潮。

20 世纪 80 年代末的上海，迎来了开发浦东的机遇。内环线高架、成都路南北高架和延安路东西高架形成了上海市的"申"字形城市高架路，极大地改善了市区的交通，其中位于延安路和成都路交点的 5 层立交，以及沿内环线结点的几座立交（漕溪路立交、共和新路立交、延安四路立交、龙阳路立交和罗山路立交）都各有特点，初步展现了上海大都市的现代化风貌。

20 世纪 90 年代后期，上海开始修建外环线西段和南段，通过曹安路立交和莘庄立交把外环线和沪宁、沪杭两条高速公路联结起来，在 20 世纪末实现了上海和江浙两省交通干线的通畅。

随着各类桥梁的涌现，桥梁的照明也成为道路照明的一个必不可少的重要部分，旧址因其结构特点，它们的照明与普通道路照明相比有一定的特殊性。

4.7.1 桥梁的功能性照明

归根结底，桥梁是道路交通的一个组成部分，交通功能是其最基本、最重要的功能。从整条道路的延续性出发，桥梁照明的基本出发点是保证它具有与整条道路同样的通行能力，其照明风格是在体现桥梁特点的同时，考虑与连接道路有一定的连续性。

一、桥梁与立交桥照明的标准

根据《城市道路照明设计标准》CJJ 45—91，关于桥梁的照明标准如下：

（1）中小型桥梁照明应与其连接的道路照明一致。若桥面的宽度小于与其连接的路面宽度，则桥梁的栏杆、缘石应有足够的垂直照度，在桥梁的入口处应设灯。

（2）大型桥梁和具有艺术、历史价值的中小型桥梁的照明应进行专门设计，既应满足功能要求，又应顾及艺术效果、并与桥梁的风格相协调。

（3）桥梁照明应防止眩光，必要时应采用严格控光灯具。

（4）不宜采用栏杆照明方式。

由于桥梁往往会比连接道路窄，据此，可以参考桥梁连接道路的照明分级（M1～M5），适当提高一个级别进行照明设计，以确保其通行能力。

较高的照明水平，也是对驾驶员接近和驶入一个特殊路段的必要提醒。

对于桥梁上坡坡道，由于驾驶员视线水平向上，很容易看到灯具的出光面，设计应该非常小心地选择和布置灯具，避免造成大的眩光。同时，有可能存在的水面反光和桥体上部结构明亮装饰的反射，也可能对驾驶员造成影响。所以，眩光值是桥梁照明的一个计算重点。

立交桥的照明标准要满足：

（1）为驾驶员提供良好的诱导性；

（2）不但应照明道路本身，而且应提供不产生干扰眩光的环境照明；

（3）在交叉口、出入口、曲线路段、坡道等交通复杂路段的照明应适当加强。因而，立交桥的照明标准也可以在连接道路的基础上提高一个等级。

立交照明要注意的是，每层桥面或地面的照度均匀度不能因为上层桥面的遮挡而降低。

二、桥梁和立交桥照明的布置方式

桥梁由于结构的原因，可能会对路灯的安装位置提出一些限制，因而限制了灯具布置的灵活性。例如，有的梁式桥可能会限制灯杆的间距（图 4-53a），灯杆位置基本跟着桥墩走。

同时，桥梁的振动又对灯杆高度、照明系统的防震性能提出要求。

在各种限制条件下，照明系统的布置其实并没有很大的选择余地。更大的重点在于照明系统的选择，以及考虑光源的种类、功率，灯具的款式、配光性能，要在给定的条件下经过对不同照明系统的计算和其他因素的评估，选择最合适的。

桥梁照明布置的最基本方式是对称布置，或两侧对称，或中央对称，或中央及两侧对称，这是符合桥梁结构对称美观的需要。但在一些大型桥梁的引桥部分，也会根据情况采用单侧布置方式。

桥梁照明灯具的选择除了应满足照明计算的要求，从款式上也应考虑与桥梁和周围景观协调。与普通道路不同，桥梁形式千变万化，风格多种多样，很多桥梁还是当地的历史人文景观，如卢沟桥、赵州桥、南京长江大桥等等，路灯及灯杆的安装就不能不考虑风格的一致。古典风格的石桥如果采用现代风格的路灯就可能会破坏整桥的视觉效果。

图 4-47 是一座古代桥梁的路灯照明。

图 4-46　梁式桥的照明　　　　　　图 4-47　桥梁照明的风格协调

立交桥的形式取决于车流控制的需要和地理环境的限制，简单的双层立交，复杂的有 5 层互通式立交。

对立交桥的照明布置，最重要的是在达到照明水平的同时，特别考虑对驾驶员的视觉诱导性。立交车流方向纷繁复杂（见图 4-48），如果灯杆设置不科学，就很容易误导驾驶员。

照明必须充分揭示整个视野的特征，并让驾驶员任何时候都知道自己的位置和自己要去的方向。如果对整个立交区域不能提供连续的路灯照明，起码也要保证在交叉口、进出匝道点、弯道、坡道和其他类似的地理和交通复杂的地方的照明（图 4-48 中画圆圈处）。即使如此，这些典型区域的照明还需要一些延续。因为一方面驾驶员需要

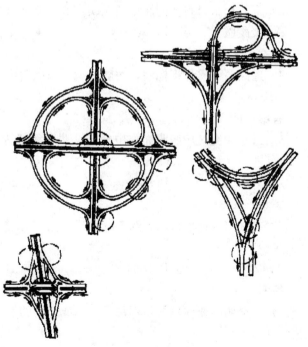

图 4-48　各种立交桥

视觉适应的时间；另一方面从匝道驶入主干道时车速较慢，照明的延续可以便于加速和会入车流的操作。

对小型立交桥，可以采用常规照明方式，光源和灯具不宜过多，并且在平面交叉口，曲线路段、坡道、上跨道路和下穿地道等处的照明要符合相应道路特点的照明标准要求，如交叉口应较亮，上坡道和下穿地道等处的照明要符合相应道路特点的照明标准要求，如交叉口应较亮，上坡道灯具的横向对称面要垂直于路面等。灯杆的布置必须仔细斟酌，以便减少对驾驶员的眩光，特别还要对路牌提供照明，并且避免挡住路牌。

对大型立交桥，建议使用高杆照明，并符合高杆照明的标准要求，灯杆位置不能设置在危险地点和在维护时会影响交通的地方；灯具是对称布置还是非对称布置，取决于灯杆的位置与被照平面的形状，在提供路面照明的同时，应产生适宜的环境路亮度。

灯杆的布置和灯具的排布还应保证路面不因上层桥面的影响而产生阴影，必要时另设补充照明，如暗安装在上层桥体的吸顶路灯或在阴影处补充低杆路灯照明。

示范题
单选题
1）道路照明设计时影响节能的光源指标是？（　　）
A. 光源的光效　　B. 光源的光通量　　C. 光源的光谱　　D. 光源的光衰
答案：A

2）荧光灯的光效主要由什么决定作用？（　　）
A. 环境温度　　B. 电源频率　　C. 荧光粉　　D. 电源电压
答案：C

3）下列什么材料表面涂以冷光膜，从而能透射红外线与反射可见光。（　　）
A. 聚醚胺　　B. 聚醚砜　　C. 聚苯硫醚　　D. 聚酰胺
答案：A

4）道路照明质量指标中，一般来说环境照明系数不小于多少。（　　）
A. 0.3　　B. 0.2　　C. 0.4　　D. 0.5
答案：D

5）道路冲突区域照明标准中规定，照明等级为C5的道路，整个区域的平均照度为多少。（　　）
A. 7.5lx　　B. 30lx　　C. 20lx　　D. 10lx
答案：A

6）在驶离隧道出口前大约5s行驶距离处，隧道的路面亮度应当不低于隧道出口处亮度的多少。（　　）
A. 1/2　　B. 1/3　　C. 1/4　　D. 1/5
答案：B

7）立交照明要注意的是，每层桥面或地面的照度均匀度不能因为上层桥面的遮挡而改变。（　　）
A. 降低　　B. 提高　　C. 不变　　D. 以上都不是

答案: A

多选题

1) 根据触发器的连接方式,高压钠灯的工作电路有哪些?(　　)

A. 串联触发器电路　　B. 并联触发器电路　　C. 半串联触发器电路

D. 半并联触发器电路　　E. 串并联触发器电路

答案: A、B、D

2) 影响眩光指数 G 的因素中,和灯具有关的因素有哪些?(　　)

A. 在 $C-\gamma$ 系统中,在平面 $C=0$ 上,从灯具最下点起与垂直方向成 80°夹角方向的光强 I_{80}

B. 在平面 $C=0$ 上,从灯具最下点起与垂直方向成 88°夹角方向的光强 I_{88}

C. 从灯具垂直平面上 50°高度角方向上所看到的灯具的发光面积 F

D. 所采用光源的颜色修正系数 C,对低压钠灯 $C=0.4$,对其他光源 $C=0$

E. 每千米的灯具数量 P

答案: A、B、D

判断题

纵向均匀度是指对在车道中间轴线上面对交通车流方向的观察者而言的最大亮度与最小亮度的比值。(　　)

答案: 错

第 5 章 景 观 照 明

5.1 城市景观照明的基本原则和要求

5.1.1 概述

城市夜景照明用灯光重塑城市景观的夜间形象,是一个城市社会的进步、经济发展和风貌特征的重要体现。

目前世界上发达国家中不少城市的夜景犹如灯的海洋,照明的要求、艺术水平、文化品位较高;发展中国家的夜景工程建设从无到有,发展也十分迅速。

自新中国成立以来,我国城市夜景照明建设在不断发展,但是比较集中的大规模的建设城市夜景照明工程还是从 1989 年上海启动外滩和南京路夜景照明建设开始的。

10 多年来,北京、天津、重庆、广州、深圳、大连、南京、青岛、昆明、成都、西安、银川、兰州、乌鲁木齐等许多城市,都进行规模不一的夜景照明工程建设。建设城市夜景引起了国内外社会各界,特别是城建和照明工作者的高度重视。通过对部分代表性城市夜景照明的调查和近年多次城市夜景照明学术会议交流的经验以及国际城市夜景照明发展的趋势 3 个方面总结分析,普遍认为在进行城市夜景照明建设和设计时,应遵循以下 10 条基本原则和要求:

(1) 按统一规划进行建设的原则;
(2) 按标准和法规进行设计的原则;
(3) 突出特色和少而精的原则;
(4) 慎用彩色光的原则;
(5) 节能环保,实施绿色照明的原则;
(6) 适用、安全、经济和美观的原则;
(7) 积极应用高新照明技术的原则;
(8) 切忌简单模仿,坚持创新的原则;
(9) 从源头防治光污染的原则;
(10) 管理的科学化和法制化原则。

5.1.2 基本原则和要求

一、按统一规划进行建设的原则

随着城市夜景照明的发展,人们逐步认识到城市夜景照明是一项系统工程,它包括城市的建筑物、构筑物、街道、道路、桥梁、广场、公园、绿地,市内河道及水面,室外广告和城市附属设施,如公汽站台、电话亭、书报亭和公用标志等等的照明,只有把这些构景元素的夜景照明协调、有机地组合在一起，进行统一的规划，才能形成一幅和谐优美的夜景画面。

也就是说，城市夜景照明总体规划是对一个城市的地区、景区、景点和景物照明的功能和艺术性的总体考虑或筹划。根据城市景观元素的地位、作用、特征等因素，从宏观上规定构景元素照明的艺术风格、照明水平及照明的色调等，组合成一个完整的照明体系，作为城市夜景建设的依据。

调查近年国内外部分城市夜景照明，发现不少城市在开始进行夜景照明建设时，城市夜景照明总体规划普遍滞后，夜景照明单位自发行事，各自为之，从而出现顾此失彼，该亮的不亮，不该亮的反而很亮的现象；或满足于装点灯把建筑照亮或加点彩灯完事，缺少艺术水平和文化品位，这样整个城市的夜景景观零乱，没有主次和特色，夜景照明的总体效果较差；有的则为迎接节日庆典或其他重大政治活动，匆匆上马搞的夜景照明工程，可谓粗制滥造，活动过后无人问津，造成人力、物力和财力的浪费。

规划是建设有自己特色的城市夜景照明的基础。只有坚持按规划进行建设的原则，也就是在体现本城市市容形象特征的夜景照明规划的指导下进行建设，方能防止自发行事，避免浪费，以求城市夜景照明获得较好的总体效果，并使城市夜景照明步入健康有序的发展轨道。

为了落实按规划进行建设的原则，应做到：

（1）要在本城市总体规划基础上，制定好城市夜景照明专项规划，并严格地执行规划。在制定和执行规划时，要求规划定位必须准确，不能一般化。应按目前流行的地区形象设计（DIS）规划模式，使规划真正反映本城市的形象特征和它的政治、经济、文化、历史、地理及人文景观的内涵。例如北京城市夜景照明规划定位是历史文化名城和现代化国际大都市并重。把保持古都历史文化传统和整体格局，体现民族传统、地方特色、时代精神融为一体，用灯光塑造首都北京的雄伟、壮观的伟大形象。

（2）规划要目标明确，突出建设重点。一般说反映本城市特征的景区或景点并不多，以北京为例，规划时以天安门地区和北京城的南北中轴线及长安街东西轴线上的标志性的夜景工程作为重点进行建设。又如上海以外滩、南京路和陆家嘴地区的夜景工程为重点进行建设均收到了较好的效果。

（3）规划应提出夜景照明建设的组织管理模式、实施方案和相应的政策措施。这是落实规划的必要条件。

（4）经政府批准的夜景照明规划具有法律效力，应严肃执行。执行过程中对规划中的重点工程或项目要多加关心、支持，对不按规划建设，破坏整个城市夜景总体效果的应有相应的处理规定，并令其改正，使建设夜景规划落到实处。

二、按标准和法规进行设计的原则

夜景照明标准和法规是进行夜景工程设计和建设的依据，也是评价夜景工程设计方案和照明效果好坏的准绳。因此，必须按标准规范办事的原则应引起设计、建设和管理人员的高度重视。调查发现，不少已完工的夜景工程，有的过亮，也有照度不够，光的彩色和建筑风格不一，或是照明设备的防护等级不合规范要求，照明的质量指标严重偏离标准或规范的规定数据，甚至有少数设计人员对夜景照明标准知之甚少或不了解，从而严重影响夜景照明设计和建设水平的提高，或造成能源、设备和资金的浪费。

落实坚持按标准和法规设计和建设夜景工程的原则，要求设计和管理人员认真学习有关标准、规范和文件，深刻理解其内容，并贯彻到夜景工程的设计和建设中去。与夜景工程设计和建设相关的标准规范很多，而重点了解的有以下两个方面：

（1）设计标准和规范方面：

1）JGJ 16—2008《民用建筑电气设计规范》中的景观照明标准。

2）CJJ 45—1991《城市道路照明设计标准》。

3）JGJ/T 119—1998《建筑照明术语标准》。

4）GB 50034—1992《工业企业照明设计标准》。

5）GB 7000.1—1996《灯具的一般安全要求和试验》中的室外灯具部分。

6）GB 7000.3—1996《庭院用的可移动式灯具安全要求》。

7）GB 7000.5—1996《道路和街路照明灯具的安全要求》。

8）GB 7000.7—1996《投光灯具安全要求》。

9）GB 7000.9—1996《串灯安全要求》。

10）GB 7000.8—1996《游泳池和类似场所用灯具安全要求》。

11）GB 50054.4—1995《低压配电设计规范》。

12）GB 50057—1994《建筑物防雷设计规范》。

13）CJJ 89—2001《城市道路照明工程施工及验收规程》。

14）GB 50217—1994《电力工程电缆设计规范》。

15）JG/T 3050—1998《建筑用绝缘电工套管及配件》。

16）JTJ 026.1—1999《公路隧道通风照明设计规范》。

（2）法规方面：

1）本城市的建设总体规划，如北京城市建设总体规划。

2）本城市的夜景照明总体规划，如北京城市夜景照明建设纲要。

3）本城市市容环境工程规定，如北京市市容环境卫生条例，2002.90

4）《北京城市夜景照明管理办法》（京政办发［1999］72号）。

（3）由于城市夜景照明在我国起步较晚，有关标准法规不健全，甚至还未制定。因此，一方面建议有关部门尽快制定这方面的标准法规，另一方面需参考国际上，特别是国际照明委员会（CIE）的有关标准和规定进行设计和建设。CIE有关夜景照明的技术文件：

1）《泛光照明指南》CIE第94号出版物，1993年。

2）《城区照明指南》CIE 136-2000号出版物。

3）《机动车及步行者交通照明的建议》CIE115出版物，1995年。

4）《机动车交通道路照明建议》CIE第12.2号出版物。

5）《室外工作区照明指南》CIE第68号出版物，1986年。

此外，要求设计和管理人员了解北美照明协会，英国、德国、日本、俄罗斯、法国、澳大利亚等国家的夜景照明标准和法规对落实这一原则也是有益的。这方面的标准规范的名称内容详见本书最后所列的参考文献。

三、突出特色和少而精的原则

所谓突出特色和少而精的原则就是指一个城市的夜景照明要有自己的特色。夜景工程数量不一定要多,关键是创建夜景精品,不要一般化。但调查发现,不论是夜景建设启动较早的城市,还是近年新搞夜景照明的城市,夜景工程很多,但夜景"精品"甚少。我们应在现有的基础上,按突出特色和少而精的原则,以反映城市特色的工程或景点为重点,以创建精品为目标,把城市夜景照明推上一个新的台阶。

（一）突出特色

一个城市的夜景照明是否有特色,关键是要准确地把握该城市市容形象的基本特征。我们知道,城市是一定地域中社会、经济和科学文化的统一体。

一般说构成城市市容形象有自然和人文两个因素。自然因素是指城市的自然条件、地理环境,特定的自然条件形成特定的自然特色,这是构成城市市容形象的本底。人文因素是指人为的建设活动,是形成城市市容形象最活跃的因素。

如何从实际出发,把握各自城市形象的基本特征,著名的建筑大师张锦秋院士说得好:"城市性质定品味,城市规模定尺度,历史文化见文野,自然环境凝风格"。这就是说应从四个方面把握城市形象的基本特征。具体作法是从了解城市的自然与人文景观,调研城市历史发展,确定城市标志性建筑（含城市雕塑）三个主要方面入手,通过社会调研,提出能反映城市形象特征的研究报告,作为规划与设计城市夜景照明的依据。这样就能创造有各具特色、个性鲜明的城市夜景照明,避免千城一面、彼此雷同的现象产生。

（二）抓住重点,创建精品

对夜景精品的要求是多方面的,如设计的艺术构思是否有新意、用光方法是否合理、照明技术是否先进、使用的照明器材的性价比是否好、是否节能等等,而最主要的是照明是否准确地塑造出被照对象的形象特征和文化内涵。如何利用灯光突出形象特征,创建精品呢?

1. 从塑造形象入手

光具有很强的艺术表现力,被誉为艺术之灵魂。世界上万物的形象只有在光的作用下才能被人们感知识别。正确地利用光,包括用光的数量、光的色彩和照射方向等塑造被照对象的艺术形象,提升它的艺术效果和品位,否则就会导致形象的平庸和一般化。

用灯光塑造形象时,应注意以下几点:

（1）紧扣形象主题,被照对象的性质和地位决定了它的主题。这是进行照明构思和创意的出发点。用灯光塑造形象关键是不要离题。文不对题的用光不仅不能准确表现被照对象的形象,甚至还会歪曲形象。比如天安门地区作为全国政治文化中心,它的形象的主题是雄伟、庄重和大方。如果用商业或娱乐场所的灯光塑造它的形象,结果是适得其反,导致破坏或歪曲了它的景观形象。

（2）抓住重点,画龙点睛。人们说没有重点就没有艺术而落入平庸。抓住被照对象的重点部位,强化光的明暗对比,画龙点睛,把要塑造的形象或细节突现出来,形成引人入胜的视觉中心,从而在观赏者的心目中产生流连忘返的深刻印象。

（3）提倡使用多元的空间立体照明方法。从调查资料看,许多夜景工程不考虑照明对象的具体情况,采用单一的泛光照明方式,虽然照得很亮,但是照明缺少层次,立体感差,照明总体效果甚差,而且耗电量大,光污染的问题突出,达不到塑造形象,美化夜景的要求。因此用灯光塑造形象一般不宜用单一的照明方式,提倡使用多元的空间立体照明方法。所谓多元的空间立体照明方法,就是综合使用泛光照明、轮廓灯照明、内透光照明或其他照明方法表现照明对象的形象特征及它的文化和艺术内涵。

2. 更新照明设计思想或观念

精品佳作之所以出现,重要的一条是源于设计人员的设计思想(理念)的更新和设计水平的提高。把夜景照明作为一种文化,以人为本,强调照明的艺术性、科学性和视觉上的舒适性,注重照明对象景观形象的塑造是这几年夜景照明设计思想的重大更新。设计人员按新的设计思想,应用照明科技的新技术、新产品、新工艺,对夜景照明方案进行精心设计,从而创造出一个又一个精品佳作。

四、慎用彩色光的原则

彩色光在建筑夜景照明中的应用问题,在国际照明委员会(CIE)第94号技术文件《泛光照明指南》中一再强调应持慎重态度。其原因:①彩色光具有很强的感情色彩。②使用彩色光涉及的技术问题和影响因素较多。若使用不当,往往会歪曲建筑形象,降低甚至破坏建筑夜景照明效果。在我国夜景照明正在兴起的时候,强调这个问题,把它作为一条原则是有益的。然而调查发现,在我国部分建筑的夜景照明中已使用了彩色光,而且较为混乱,特别是一些中小城市的建筑夜景照明,大红大绿,与建筑的风格、功能、墙面色彩和环境特征很不协调的照明实例也不少。这种情况应引起重视和注意。

造成随意使用彩色光的原因:一是有的业主或设计人员在观念上总认为夜景照明就是花花绿绿,在使用彩色光上带有很大的主观随意性。特别是个别的业主违背自身建筑的特性,要求设计人员使用彩色光,要求自己的建筑跟商业或娱乐建筑的夜景照明一样流光溢彩,最后的效果是适得其反。二是设计人员对彩色光的基本特性和应用规律了解不够,加上设计时,对建筑的功能、艺术风格、墙面和周围环境的彩色状况考虑欠周密,以致无法把握使用彩色光的规律,留下许多遗憾。

落实这一原则的措施:一是强调在夜景照明中慎用彩色光的原则的重要性,防止彩色光使用的主观随意性;二是宣传普及彩色光特性和彩色光使用规律的基本知识;三是把握住彩色光使用的基本原则和选用彩色光的方法步骤。

五、彩色光使用的基本原则

(1) 彩色光和建筑功能相协调的原则。比如一些大型公共建筑,如政府办公大楼、重要的纪念性建筑、交通枢纽、高档写字楼和图书馆等等,在功能上和商业建筑、文化娱乐建筑及园林建筑等差别甚大。这些建筑夜景照明的色调应庄重、简洁、和谐、明快,一般应使用无色光照明,必要时也只能局部使用小面积的彩色光,而且彩色光的彩度不宜过大。对商业或文化娱乐建筑可采用彩度较高的多色光进行照明,以造成繁华、兴奋、活跃的彩色气氛。

(2) 彩色光的颜色和建筑物表面的颜色相协调的原则。一般地说,暖色调的建筑表面宜用暖色光照明,冷色调的建筑表面宜用自光照明,对色彩丰富和鲜艳的建筑表面宜用显色性好、显色指数高的光源照明。彩色光的获得,一是选用彩色光源;二是使用彩色滤光片。由于彩色光源的寿命较短,光效低,如蓝色400W的金属卤化物灯的光效只有普通金属卤化物灯的25%，因此往往使用彩色滤光片获得彩色光。

（3）彩色光和建筑周围环境的色调和特征相协调的原则，不要出现过大的色差。选用彩色光最基本的方法步骤：一是掌握条件，如建筑功能、风格特征、被照面原色及质地、周围环境条件等；二是选好基调色，再按色彩协调原则确定辅助或点缀色，对公共建筑尽量减少色相数目，以防彩色紊乱；三是确定用色的明度和彩度；四是选用相应的光源和配色材料，如滤色或彩色薄膜等。

六、节约能源，保护环境，实施绿色照明的原则

节能和环保是我国建设事业持续发展的国策。我国正在实施的绿色照明计划的目的就是节约能源，保护环境。据统计，全国各地建设的夜景工程，所有消耗电能是该工程室内照明用电的5%~10%，这是一个十分可观的数字。因此，城市夜景照明成为实施绿色照明的一个不可忽视的重要方面。

调查发现，我国不少城市的许多夜景工程的立面照明的照度或亮度越来越高，出现相互比亮的现象，而且这种现象大有发展上升之势，结果是既浪费了电能，又无照明效果，反而把室内照得很亮，严重影响室内人员的工作或休息。

由此看出，在我国夜景照明迅猛发展的形势下，坚持节约能源，保护环境，实施绿色照明原则具有重要的意义和影响。为了落实这一原则，除了使用光效高的光源、灯具和相关电器设备外，还要从以下几方面挖掘夜景照明的节能潜力：

（1）严格按照明标准设计夜景照明。在我国目前还没有夜景照明标准的情况下，建议按国际照明委员会（CIE）推荐的照度和亮度水平进行设计，不得随意提高照明标准。

（2）合理选用夜景照明的方式或方法。比如反射比低于0.2的建筑立面和玻璃幕墙建筑立面不要使用投光（泛光）照明方式，可用内透光照明或用自发光照明器材在立面作灯光装饰。

（3）应用照明节能的高新技术。

（4）充分利用太阳能和天然光。用光伏发电技术为夜景照明提供电能是节约常规用电的重要措施。由太阳能供电的路灯、庭院灯和室外装饰照明灯的节能与环保潜效显著。

（5）加强夜景照明管理，合理控制夜景照明系统，对减少能源浪费，节约用电均具有重要作用。

七、适用、安全、经济和美观的原则

城市夜景照明目的：一是用灯光塑造城市形象，装饰美化城市夜景；二是在功能上为人们夜生活或夜间活动提供一个安全舒适、优美宜人的光照环境。因此对夜景照明设施的要求，不仅是美观，还要适用、安全和经济。通过现有夜景工程的调查，发现重美观，轻适用、安全和经济的现象较为普遍；重视夜间景观，忽视白天景观现象也时有发生；有的夜景工程则是顾此失彼，不能全面按适用、安全、经济和美观的原则进行设计。准确把握适用、安全、经济和美观诸因素的内涵和它们相互之间的辩证关系，是坚持和落实本原则的关键。

适用：在功能上，夜景照明设施应具有良好的适用性。它的光度、色彩和电气性能应符合照明标准要求，控制灵活，使用及维修管理方便，切忌华而不实。

安全：夜景照明设施的所有产品或配件均要求坚固、质优可靠，并具有防漏电、防雷

接地、防破坏和防盗等相应措施，以确保安全。

经济：所用设施的造价要合理，以较少工程造价获得较好的效果，节约开支。

美观：不仅要注意照明效果的艺术性和文化内涵，而且还要注意不管是晚上还是白天，城市夜景照明设施（含光源、灯具、支架、电器箱及接线等）的外形、尺度、色彩及用料要美观，要和使用环境协调一致，还要力争做到藏灯照景，见光不见灯，特别是不要让人直接看到光源灯具而引起眩光。设计人员应综合考虑上述因素，对不同夜景设施的性价比进行分析比较，最后将适用、安全、经济和美观的原则落到实处。

八、积极应用高新照明技术的原则

一个城市的夜景照明除前面提到的作用和意义之外，还是一个城市或地区的现代化和科技水平，特别是照明科技水平的具体体现。我国目前进行夜景工程建设的北京、上海、天津、重庆以及广州、深圳等许多城市都是当今著名的国际化大都市。对这些城市夜景照明的调查发现，虽然在夜景工程中也应用了光纤、激光、发光二极管、导光管、硫灯、电脑灯以及远程智能监控系统等高新照明技术，但是在整个夜景工程中高新技术的含量还很低，和这些城市的现代化水平及国际大都市的地位很不相称。因此，在建设夜景工程时将积极应用高新照明技术作为一条原则是必要的，也很有意义和影响。

九、切忌简单模仿，坚持创新的原则

随着国内外夜景照明的迅速发展，不少城市或地区的夜景照明都创造了许多夜景精品工程，比如北京天安门、长安街和王府井大街的夜景照明；上海外滩、南京路和陆家嘴现代建筑群的夜景照明；天津天塔和海河的夜景照明，重庆山城的夜景照明，香港特区维多利亚港两岸的夜景照明，法国巴黎和里昂的夜景照明，美国华盛顿广场和拉斯维加斯娱乐城的夜景照明，日本东京银座的夜景照明，澳大利亚悉尼歌剧院和悉尼港的夜景照明以及新加坡圣淘沙的夜景照明等等。

这些夜景精品工程无不给观光者或前去考察的人员留下极为深刻的印象和美好的回忆。

上述城市或地区的夜景照明经验具有重要参考或借鉴意义。但是对夜景照明的调查发现，我国少数城市的夜景照明工程简单模仿现象较为严重，如上海淮海路和北京长安街的灯光隧道，北京建国门和复兴门的彩虹门灯饰景观，大连的槐花灯，香港弥尔登道和拉斯维加斯的灯饰造型等等原封不动照搬照抄的简单模仿值得业主和同行们重视。

创新是一个民族进步的灵魂，是国家兴旺发达的不竭动力。对待国内外其他城市夜景照明的经验和优秀作品，应以借鉴经验和教训的态度，从本城市的实际情况出发，紧紧抓住所设计的工程的特征，坚持创新的原则，进行精心设计，创作出特征鲜明、富有创造性的夜景照明精品工程，切忌简单模仿或照搬照抄！

十、从源头防治光污染的原则

随着城市夜景照明的迅速发展，特别是大功率高强度气体放电灯在建筑夜景照明和道路照明中的广泛采用，建筑和道路表面亮度不断提高，商业街的霓虹灯、灯箱广告和灯光标志越来越多，规模也越来越大。

然而夜景照明所产生的光污染也严重干扰和影响着人们的工作和休息，并引起社会各界和照明工作者的关注和重视。从20世纪70年代开始，国际上对这方面进行了大量研究工作，召开了多次国际会议，发表了不少有关防止光污染的技术文件，并采取措施，以减少光污染，保护环境。

我国城市夜景照明虽然起步较晚，但是夜景照明产生的光干扰和光污染问题已开始暴露，如部分地区夜景照明的溢散光、眩光或反射光不仅干扰人们的休息，使汽车司机开车紧张，而且使宁静的夜空笼罩上一层光雾，天上不少星星看不见了，给天文观察造成了严重影响。

我国照明界，照明管理和天文部门对此开始引起重视，并利用照明刊物宣传其危害，普及相关知识，以防治光污染及其影响。

在城市夜景工程建设中，将从源头防治光污染的原则，目的是以防为主，防治结合，在开始规划和建设城市夜景照明时就应考虑防止光污染问题，从源头控制住光污染，实现建设夜景、保护夜空双达标的要求，做到未雨绸缪，防患于未然。

十一、管理的科学化和法制化原则

加强城市照明建设和设施的管理，对提高夜景工程建设水平，确保工程质量和设施的正常运转等具有重要意义。由于我国进行大规划的城市夜景照明建设时间很短，管理机构和机制不健全，管理人员短缺，管理法规是个空白，整个管理工作可以说从头开始。经过多年实践，人们开始认识到管理工作的重要性，开始加强这项工作，并取得了显著成效。

北京、上海、天津、重庆、深圳、广州、大连等不少城市组建了夜景照明管理机构，并有专人从事管理工作。上述城市制定了"城市夜景照明管理办法"，天津、重庆和上海还制定了夜景照明地方法规。上海、深圳、广州、南京和大连等城市建立了远程集中监控中心，对本城市夜景照明进行监控管理。

北京、上海、深圳等部分城市对新建重大工程，特别是一些带标志性的工程，从工程规划开始到设计施工及竣工验收全过程同时考虑夜景照明，改变了以往竣工后考虑夜景照明的现象。

通过以上工作和措施，使城市夜景照明管理开始走上科学化和法制化轨道。坚持夜景照明管理的科学化和法制化原则，对我国城市夜景照明建设，特别是一些刚开始夜景照明建设的城市的工作将产生深远影响。

5.2 建筑物与构筑物的夜景照明

5.2.1 概述

众所周知，灯光不仅引起人们的视觉，而且还具有很强的艺术表现力。建筑物的夜景照明就是利用灯光的表现力重塑建筑物夜间景观形象，并揭示其建筑风格和文化艺术内涵。从城市夜景的构景元素分析，它与广场、道路、园林及城市市政设施，如广告、标志、市内桥梁和小品等夜景元素相比，一般说，建筑物夜景是城市夜景的主景（或称主体），总是处于优先或重点的建设地位。

一栋成功的建筑物的夜景照明，特别是那些带标志性的古建筑或现代化建筑物的夜景照明，往往由于它们的悠久历史、丰富的文化艺术内涵以及突出显目的地理位置而成为一个城市夜景的标志。北京天安门（含天安门城楼、人民大会堂、革命历史博物馆、人民英雄纪念碑、毛主席纪念堂、正阳门城楼和箭楼等）和长安街、上海外滩的欧式建筑群和浦东陆家嘴的现代化建筑群、香港特区和深圳的建筑群等的夜景，如图 5-1～图 5-8 所示。这些建筑物的夜景照明不但令国人骄傲和自豪，而且也备受中外宾客的高度赞扬！这对树立城市夜间形象，宣传城市历史与建设成就，提高其知名度和美誉度的作用是十分显著的。

对城市的商业建筑、旅游建筑及休闲场所的建筑或构筑物的夜景照明，不仅可延长和扩大市民和游客的夜间活动的时间与空间，使人们的夜生活更加丰富多彩，同时还可拉动经济，促进商业、服务和旅游等行业的发展。

回顾过去，我国建筑物的夜景照明，长期以来只有过节时才有所考虑，而且被照明的建筑物数量甚少，照明方法基本上都是用轮廓灯勾边，方法单一简单，缺乏特色。

图 5-1　雄伟、壮观、亮丽的北京天安门城楼及金水河中彩色喷泉的夜景照明与景观

图 5-2　从北京饭店楼顶观景台远眺雄伟、壮观的天安门广场和长安街的夜景

第 5 章 景观照明

图 5-3　上海外滩原海天钟楼等欧式建筑群的夜景照明与景观

图 5-4　上海外滩原沙逊大厦、汇中饭店、渣打银行等欧式建筑群的夜景照明与景观

图 5-5　令世人瞩目，并誉称"世界建筑博览会"的上海外滩（中段）欧式建筑群的夜景，与浦江辉映，形成一条雄伟、壮观、亮丽迷人的独特的夜间风景线

图 5-6　以东方明珠电视塔、国际会议中心和金茂大厦等标志性现代化建筑群组成的浦东陆家嘴金融区的夜景与浦西外滩夜景遥相呼应,成为上海十大夜景景区中的重点和中心,令申城人骄傲、让世人瞩目

图 5-7　世界著名的不夜城之一的香港夜景,将山、水、城的夜色融为一体,显得格外优美和雄伟壮观。图为从太平山远眺香港中心区的夜景

从我国改革开放后,随着现代化建设,特别是城市建设的飞速发展,人们的物质和精神生活水平的提高,人们夜生活日趋丰富,1989 年上海率先在外滩的建筑群和南京路商业街进行了大规模的夜景照明工程建设。此后在北京、天津、广州、深圳、昆明

图 5-8 深圳市的节日夜景

等许多城市进行了夜景照明工程建设，使建筑物的夜景照明出现了一派蓬勃发展的大好局面。

在发展过程中也出现了诸如无规划或规划滞后、盲目发展、相互比亮，甚至有的玻璃墙建筑也用大功率投光灯照射，以致浪费能源，造成光污染；照明方法单一，相互雷同，缺乏特色以及夜景精品甚少等问题。总结经验，吸取教训，及时解决发展过程中出现的问题，将我国建筑物夜景照明建设的技术和艺术水平提升到一个新高度是本章指南的基本出发点。

5.2.2 建筑物日景照明和夜景照明的差别与特征

建筑物在灯光照射下的夜间景观和白天在阳光照射下的建筑景观有什么差别，各自有何特征？这是建筑夜景照明工作者需首先了解的。

表 5-1 所示建筑物在不同光源（日光和人工光）照射下的景观是有差别的。然而在建筑物夜景照明的规划或设计过程中，有的业主或设计人员认为建筑物的夜景照明就是在夜晚再现白天的建筑景观，要求晶莹剔透、亮如白昼。老实说，再高明的设计师也无能为力实现这一要求，反而会造成建筑物表面亮度过高，浪费能源，引起眩光与光污染，甚至扭曲建筑物的文化艺术形象，事与愿违，得不偿失。因此，只有正确地了解日景和夜景照明的差别及特征，掌握灯光夜景照明规律，才能设计出与日光照明不同，且独具魅力的建筑物夜景照明作品。切忌简单模仿白天自然光照射下的建筑物的景观效果！台湾著名夜景照明设计师姚仁恭先生说："建筑物的泛光照明越亮越土气，照明效果和白天相似的作品是失败的！"值得深思！

日景和夜景照明的主要差别是照明的光源不同。日景靠自然光，准确说是靠阳光和天空光照明；夜景靠人工光源，或称灯光照明。自然光和灯光使人们在白天或夜景对物体产生视觉。由于地球的自转和公转，照射到地球的自然光有早中晚和四季之分，一般情况地球只有一半有自然光，另一半是黑夜，则全靠灯光照明。

不同建筑在阳光和灯光照射下的景观对比　　　　　　　　表 5-1

建　筑	阳光照射下	灯光照射下
中国古典建筑	 天安门日景	 天安门夜景
西式建筑	 王府井天主教堂日景	 王府井天主教堂夜景
现代建筑	 北京饭店日景	 北京饭店夜景

5.2.3　建筑物夜景照明的基本要求

对建筑物夜景照明的总的要求是科学合理，技术先进和特色鲜明，美观，文化性及艺术性强，也就是把照明的科学技术和文化艺术或把功能照明与装饰景观照明有机地结合于一体，创造出各具特色的建筑物的夜景照明，见图 5-9。

一、在功能方面，要求功能合理，科技先进

（1）视觉的舒适性。说到底，欣赏建筑夜景的对象是人，因此建筑夜景要让人看起来舒服。这就需要按人的视觉特性，科学地用光、配色。建筑夜景并非越亮越好，最亮的并非是最好的。

人们观看建筑物夜景时，眼睛处于夜间视觉工作状态。试验表明，这与白天视觉感受特性差别甚大。亮度相等的物体，夜间观看时要比白天显得明亮。国际照明委员会提出一般环境亮度下，白色或浅色建筑物墙面的夜景照明照度为 30～50lx。这说明，太亮了，不仅浪费能源，而在视觉上会感到不舒服，甚至产生眩光。

（2）照明方法的合理性。表现建筑物夜间景观效果的用光方法很多（详情见本章第五节），设计时，要根据建筑物的具体情况、特征和周围的环境，选择最佳的照明方法，有时往往同时使用多种照明方法来表现建筑物特征和文化内涵。目前那种认为建筑物夜景照明只有泛光照明，即往往在建筑物前面立杆安装投光灯照明，不考虑其他照明方法的倾向

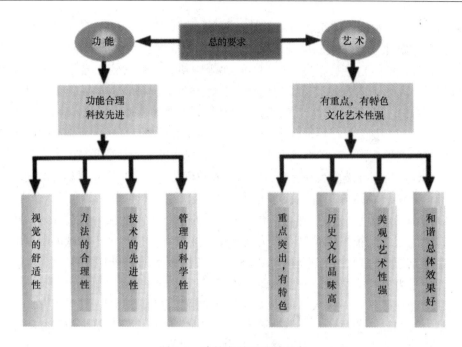

图 5-9　建筑夜景照明的要求

值得注意。

(3) 技术的先进性。随着照明科技事业的飞速发展，建筑物夜景照明出现了许多新方法、新器材和新技术。在设计上，树立以人为本，综合考虑视觉的舒适性、照明功能的合理性、景观效果的艺术性以及建筑的文化性的设计理念，采用技术先进的光源、灯具和监控设备，如高光效、长寿命的高压钠灯，金属卤化物灯，陶瓷金属卤化物灯，微波硫灯，光纤照明系统，LED（发光二极管灯）和变色电脑灯等新技术、新器材，不仅照明效果显著，而且对节能和照明管理也很有帮助。

(4) 设施管理的科学性。详见 5.1 城市景观照明的基本原则和要求。

二、在艺术方面，要求重点突出，有特色，文化艺术性强

(1) 重点突出，有特色。建筑物夜景照明并非把整个建筑物都照得很亮就是好。没有重点的照明，将是效果平淡，无特色的作品。突出重点，有特色，首先要了解建筑师的构思与意图，仔细分析建筑物的特征和重点，如建筑物的装饰构件与细部，大楼标志和入口等，一般都属于重点用光部位。在突出重点部位照明的用光配色的同时，兼顾一般部位的照明。在突出重点部位照明的亮度与色彩的搭配与过渡，应相互协调平衡，将建筑物最精彩部分展现出来，创造具有最佳照明效果的建筑物夜景精品。

(2) 历史和文化品位要高。人们称建筑物是社会、地域和民族文化的载体，具有丰富的历史文化内涵。不论是古典建筑还是现代化建筑，特别是城市的标志性建筑，都有自己的主题和文化内涵。在夜晚需利用灯光将这些文化内涵展现出来，而不仅仅是照亮，更要照得有文化品位和自己的格调。这就要求照明工程师在设计时，首先要深刻理解并把握好建筑的主题与特征，再选用最佳的照明方式去加以表现，而不是简单地用泛光灯去照射。在这方面照明工程师和建筑师相互沟通、密切合作是提高建筑夜景照明文化品位的关键。

(3) 美观、艺术性强。艺术是建筑的基本属性之一。建筑也是一门艺术。从建筑造型、构图、比例、尺度、色彩到建筑装饰、彩画、花纹和雕刻等都有很强的艺术性。德国著名的文学家歌德把建筑比喻为"凝固的音乐",能激发人的情感,如创造出雄伟、庄严、幽深、开朗的气氛,使人产生自豪、崇敬、压抑、欢快等情绪。人们常说,光是艺术的灵魂。白天,是自然光使人感受建筑的美感。到夜晚,是灯光启开夜幕欣赏世界美景。建筑夜景的"景"也就是在灯光照射下,使建筑艺术通过视觉给人以美的感受。因此,建筑物夜景照明,只照亮是不够的,更要美观,要富有艺术魅力。这也就要求设计人员认真地按照城市建筑艺术规律和建筑的美学法则,巧妙地利用光线的亮暗、光影的强弱和色彩搭配,即光、影和色的艺术手段将建筑特征和美感表现出来,以满足人们审美要求和从中获得难忘的艺术享受。

(4) 和谐协调、总体效果好。夜景照明不仅要求建筑物本身各部分的照明应相互配合,而且和周围的环境也应和谐协调。原因之一是建筑物不是孤立,通常都是以建筑群的形式出现;原因之二是夜景的观景点有远近高低不同位置,特别是不少城市观景台的视点很高,如在北京饭店楼顶、上海金茂大厦88层或在巴黎埃菲尔铁塔顶观景,看到的不是一幢建筑,而是万家灯火尽收眼底。因此,建筑物的夜景照明应相互配合,统一协调。如果由于建筑功能或风格相差太大,难以统一,则应相互协商或让步,对照明方法或亮度作适当地调整,提倡顾全整体,以总体效果为重的精神,防止出现建筑物相互之间照明效果反差太大,风格不协调,甚至相互冲突的现象出现。

三、应遵循的艺术规律和美学法则

人们说,夜景照明不仅是一门科学,同时也是一门艺术。那么,建筑夜景照明这门艺术应遵循些什么规律和美学法则呢?这不仅是广大设计人员关心的问题,也是提高建筑物夜景照明的文化艺术水平的一个重要环节。在建筑夜景照明设计中,为了将照明方法和建筑设计的构图技巧融为一体,作出具有建筑个性的艺术处理,使设计方案既满足建筑功能要求,又具有很强的艺术性。这就要求设计人员既要熟知照明技术,又要具备一定的建筑知识和艺术审美能力,遵循城市建筑艺术规律和建筑形态的美学法则,紧紧抓住建筑物的特征和它的历史文化内涵,巧妙地利用灯光、阴影和色彩等艺术手段,精心设计,方能使建筑夜景具有迷人的艺术魅力和美感。

(一) 应遵循城市建筑艺术的规律

建筑物是城市夜景照明的主要对象,建筑夜景是城市夜景的主体(或称主景)。建筑夜景是建筑艺术的升华,因此首先应遵循城市建筑艺术的规律。城市建筑艺术是一门具有很强综合性的造型艺术。它和其他艺术一样,具有共同的美学规律,即统一、变化和协调的六字律。

(1) 统一。体现在城市建筑艺术上是整体美,它要求一座城市的空间是有秩序的,城市面貌是完整的。按照这一规律,城市夜景照明必须要强调总体规划,并按夜景总体规律进行建设,方能达到城市夜景在艺术上的整体美的效果。

(2) 变化。体现在城市建筑艺术上是特色美,每座城市都应有自己的特色,而且同一座城市内不同地区也应有不同的特色。变化的规律还体现在城市是一个动态体系。它在空间和时间上都处于不停地发展变化之中。在此基础上人们提出了城市建筑艺术是一个四维空间艺术体系(三维空间加时间)。按照这一艺术规律,建筑物的夜景照明切忌一般化,强调要有自己的特色。另外,按此规律,在照明领域引申出"光线与照明也是建筑的第四维空间"。

(3) 协调。各个时代都会在城市面貌上留下痕迹,如新与旧、继承与发展、传统与创新,相互之间要协调,体现出和谐美。按此规律,在建筑夜景照明设计时,应充分考虑城市的空间和时间的变化所引起建筑物的差异照明效果应和谐协调,不能出现强烈的反差,尽可能使两者做到辩证统一,有机地协调起来。

(二) 应遵循的建筑美学法则

广义说,建筑是一种人造空间环境。这种空间环境既要满足人的功能要求,又要满足人们的精神感觉上的要求,具有实用和美的双重属性。人们要创出一个优美的空间环境,就必须遵循美的法则来构思设想,直到把它变为现实。因此,设计建筑夜景照明时,用什么样的照明方式,如何投光,怎样用色,所有这些都离不开建筑物的特征和建筑形式美法则(基本规律),不然,则难以用灯光揭示出建筑物所特有的艺术魅力和美感。什么是建筑形式美法则? 著名的建筑理论家彭一刚教授说,建筑形式美法则就是建筑物的点、线、面、体以及色彩和质感的普遍组合规律的表述。古今中外,凡属优秀的建筑作品,都是遵循形式美法则(规律) 的范例。建筑形式美法则可归纳为以下几个方面:

(1) 建筑体形的几何关系法则,即利用以简单的几何形体求统一的法则;

(2) 建筑形态美的主从法则,即处理好主从关系,统一建筑构图的法则;

(3) 对比和微差法则,含不同度量、形状、方向的对比、直和曲对比、虚和实对比、色和质感对比等;

(4) 均衡和稳定法则,含对称与不对称均衡、动态均衡和稳定;

(5) 韵律和节奏法则,含连续、渐变、起伏和交错韵律;

(6) 比例和尺度法则,含模数、相同和理性比例、模度体系和尺度;

(7) 空间的渗透和层次法则,即各空间互相连通、贯穿、渗透,呈现出丰富的层次变化的法则;

(8) 建筑群的空间序列法则,含高潮和结束、过渡和衔接法则。

在建筑夜景照明设计过程中都应用这些法则,也就是说按这些法则,用灯光将建筑艺术魅力与美感表现出来。建筑形式美法则和其他艺术法则一样,是随着时代,特别建筑科技的进步,而不断发展的传统的建筑构图原理一般只限于从形式的本身探索美的规律,显然是有局限性的。现在许多建筑师和艺术工作者从人的生理机制、行为、心理、美学、语言、符号学等方面来研究建筑形式美法则,尽管这些研究都还处在探索阶段,但无疑将对建筑形式美学的发展产生重大影响。这也要求照明工作者不断学习新的建筑美学知识,并深刻理解和运用这些知识,把建筑夜景照明水平提升到一个新高度,创造更多优秀的建筑夜景照明工程。

5.2.4 建筑物夜景照明的标准

一、照明的照度或亮度标准

选择的标准是否合理对保证建筑夜景照明的效果和质量至关重要。泛光照明所需照度的大小应视建筑物墙面材料的反射率和周围的亮度条件而定。相同光通量的照明灯光投射到不同反射比的墙面上所产生的亮度是不同的。如果被照建筑物的背景较亮,则需要更多的灯光才能获得所要求的对比效果;如果背景较暗,仅需较少的灯光便能使建筑物的亮度超过背景。如果被照建筑物附近的其他建筑物室内照明是明亮的则需要更多的灯光投射到建筑物的立面上,否则就难以得到所需的效果。

关于建筑夜景照明所需照度或亮度值,国内外现有标准不一,各有特色,详见表5-2～表5-4。从权威性和便于跟国际接轨考虑,建议在我国建筑立面夜景照明标准尚未制定的情况下,采用如表5-4所示国际照明委员会(CIE)推荐的照度标准,作为设计或评价的依据。

1. 天津市城市夜景照明技术规范规定

(1) 建筑物立面夜景照明亮度(cd/m^2)推荐值,见表5-2。

表5-2 建筑物立面夜景照明亮度(cd/m^2)

环境亮度	暗	一般	明亮
立面亮度推荐	4～6	8～12	18～30

(2) 高大建筑顶部亮度,不小于$3cd/m^2$。

2. (JGJ/T 16—1992)《中国民用建筑电气设计规范》规定景观照明的照明度(见表5-3)。

表5-3 景观照明的照度值

建筑物构筑物表面特征		周围环境特征	
		明	暗
外观颜色	反射率(%)	照度值(lx)	
白色(如白色、乳白色等)	70～80	75～100～150	30～50～75
浅色(如黄色等)	45～70	100～150～200	50～75～100
中间色(如浅灰色等)	20～45	150～200～300	75～100～150

3. 国际照明委员会(CIE)第94号文"泛光照明指南"推荐的照度标准(见表5-4)

表5-4 国际照明委员会(CIE)推荐的照度标准值

被照面材料	推荐照度(lx)			修正系数				
	背景亮度			光源种类修正		表面状况修正		
	低	中	高	汞灯、金属卤化物灯	高、低压钠灯	较清洁	脏	很脏
浅色石材、白色大理石	20	30	60	1	0.9	3	5	10
中色石材、水泥、浅色大理石	40	60	120	1.1	1	2.5	5	8
深色石材、灰色花岗石、深色大理石	100	150	300	1	1.1	2	3	5
浅黄色砖材	30	50	100	1.2	0.9	2.5	5	8
浅棕色砖材	40	60	120	1.2	0.9	2	4	7
深棕色砖材、粉红花岗石	55	80	160	1.3	1	2	4	6
红砖	100	150	300	1.3	1	2	4	5
深色砖	120	180	360	1.3	1.2	1.5	2	3
建筑混凝土	60	100	200	1.3	1.2	1.5	2	3

续表

被照面材料	推荐照度（lx） 背景亮度			修正系数 光源种类修正		表面状况修正		
	低	中	高	汞灯、金属卤化物灯	高、低压钠灯	较清洁	脏	很脏
天然铝材（表面烘漆处理）	200	300	600	1.2	1	1.5	2	2.5
反射率10%的深色面材	120	180	360	—	—	1.5	2	2.5
红—棕—黄色	—	—	—	1.3	1	—	—	—
蓝—绿色	—	—	—	1	1.3	—	—	—
反射率30%～40%的中色面材	40	60	120	—	—	2	4	7
红—棕—黄色	—	—	—	1.2	1	—	—	—
蓝—绿色	—	—	—	1	1.2	—	—	—
反射率60%～70%的粉色面材	20	30	60	—	—	3	5	10
红—棕—黄色	—	—	—	1.1	1	—	—	—
蓝—绿色	—	—	—	1	1.1	—	—	—

注：1. 对远处被照物，表中所有数据提高30%。
2. 设计照度为使用照度，即维护周期内平均照度的中值。
3. 表中背景亮度的低、中、高分别为4、6、12cd/m²。
4. 漫反射被照面的照度可按 $L=E\rho/\tau$ 式换算成亮度。式中，E 为照度，lx；ρ 为反射比；L 为亮度，cd/m²。
5. 当被照面的漫反射比低于0.2时，不宜使用投光照明。
6. 不同种类的光源和被照面的清洁程度的不同，按表中修正系数修正。

二、建筑夜景照明单位面积功率限值标准

为了在建筑夜景照明中推广和实施绿色照明，节约用电，解决目前普遍存在的比亮，不按照明标准建设夜景照明的问题，本书强调按照明标准设计夜景照明的同时，建议还要按建筑被照面的单位面积功率限值，限制夜景照明的用电量。

通过国内外大量建筑夜景照明工程的调查，国内北京、上海、深圳、天津和香港特区部分建筑夜景照明的单位面积安装功率平均在3.1～11W/m²之间；巴黎和里昂的部分建筑夜景照明的单位面积安装功率在2.6～3.7W/m²之间；悉尼和堪培拉的部分建筑（含桥梁）的夜景照明工程的单位面积安装功率在1.8～3.1W/m²之间；美国拉斯维加斯6栋建筑的泛光照明工程的单位面积安装功率达到18W/m²之多，可是美国华盛顿的4个建筑的夜景照明的单位面积安装功率的平均值才2.4W/m²。不考虑拉斯维加斯的单位面积安装功率最大值，计算其他城市的平均单位面积安装功率为3.3W/m²；美国规定为2.67W/m²，加拿大为2.4W/m²，我国北京市"绿色照明工程技术规程"规定为3～5W/m²。

从以上调查数据看出：一是目前不少泛光照明工程用电超标严重；二是单位面积功率限值使用单一值，难和泛光照明的照度或亮度标准统一。实际上，建筑立面夜景照明的表面照度或亮度与表面的反射比及洁净程度有关，同时随背景即环境亮度的高低发生变化。因此，建筑立面夜景照明单位面积安装功率也同样受立面反射比、洁净度和环境亮度这三个因素的影响。使用单一的单位面积功率指标反映不出以上因素的影响；而且和照度或亮

度标准不一致。据以上情况，本书建议将表 5-5 的规定作为建筑立面单位面积安装功率标准。

建筑立面夜景照明单位面积安装功率　　　　　表 5-5

立面反射比 (%)	暗背景		一般背景		亮背景	
	照度 (lx)	安装功率 (W/m²)	照度 (lx)	安装功率 (W/m²)	照度 (lx)	安装功率 (W/m²)
60～80	20	0.87	35	1.53	50	2.17
30～50	35	1.53	65	2.89	85	3.78
20～30	50	2.21	100	4.42	150	6.63

注：1. 假设美国现有的单位面积安装功率（W/m²）为一般背景和立面反射比为 30%～50%（中等反射比）的情况下的数据；

2. 表中暗和亮背景的照度引自 2000 年 IESNA《照明手册》第 9 版，而一般背景亮度栏的照度为暗和亮背景照度的中值。

5.2.5　建筑物夜景照明的方法

建筑夜景照明的方法主要有投光（泛光）照明法、轮廓灯照明法、内透光照明法和其他照明法四种。

一、投光（泛光）照明法

投光照明法就是用投光灯直接照射建筑立面，在夜间重塑建筑物形象的照明方法，是目前建筑物夜景照明中使用最多的一种基本照明方法。其照明效果不仅能显现建筑物的全貌，而且将建筑造型、立体感、饰面颜色和材料质感，乃至装饰细部处理都能有效地表现出来。比如，北京的八达岭长城、天安门城楼、人民大会堂、革命历史博物馆、人民英雄纪念碑等许多建筑的夜景照明均采用了这种方法，并获得了较好的照明效果。

（一）投光灯的照射方向和布灯原则

1. 灯的照射方向

投光灯的照射方向和布灯是否合理，直接影响到建筑夜景照明的效果。如图 5-10（a）所示，对凹凸不平的建筑立面，为获得良好的光影造型立体感，投光灯的照射方向和主视线的夹角在 45°～90°之间为宜，同时主投光 A 和辅投光 B 的夹角一般为 90°，主投光光亮是辅投光光亮的 2～3 倍较为合适。

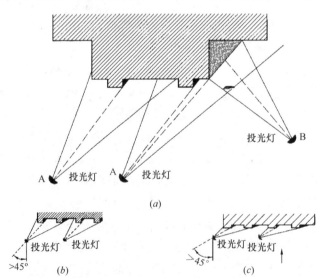

图 5-10　不同高度凸出物的投光角度

(a) 凹凸面的投光方向（A 为主投光；B 为辅投光）；
(b) 较高凸出物的投光角；(c) 较低凸出物的投光角

图 5-10（b）和图 5-10（c）则表示不同高度凸出物的技光灯的照射角度是不一样的。

2. 布灯的原则

（1）投光方向和角度合理。投光灯具位置的选择参照表 5-6 设计。

在市区内，往往由于受场地约束，不可能在最佳的位置安装投光灯，因此，只能从现场实际情况出发，对预先的规划进行修改，选择尽可能满意的折中方案。

（2）照明设施（灯具、灯架和电器附件等）尽量隐蔽，不影响白天景观。布灯尽量隐蔽，力求见光不见灯。根据晚上观看所决定的灯具安装点，必须确保照明设备的外形美观大方，力求和环境协调一致，切记不能有损于白天的景观。

（3）将眩光降至最低。在大多数投光照明方案中，投光灯具的位置和投光方向、灯具的光度特性都存在产生眩光的可能性。因此计算检查眩光（直接或反射眩光），将眩光降至最低点，都是很有必要的。

（4）维护和调试方便。在投光照明工程技入使用前，为了达到最佳的照明效果，必须进行认真调试。同时为了方便校准和调整设备、更换灯泡、维护灯具和定期检查。因此投光灯布置位置必须有进行维护和调试的通道。如果进入安装点困难的话，必将导致灯具维护质量下降，甚至还会影响整个工程的照明质量。

常用的布灯位置　　　　　　　　　　　　　　　　表 5-6

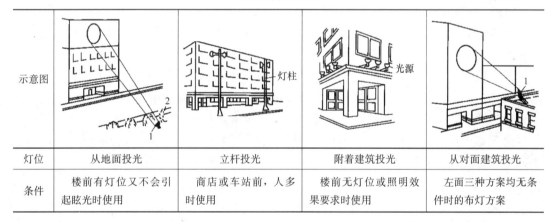

示意图				
灯位	从地面投光	立杆投光	附着建筑投光	从对面建筑投光
条件	楼前有灯位又不会引起眩光时使用	商店或车站前，人多时使用	楼前无灯位或照明效果要求时使用	左面三种方案均无条件时的布灯方案

（二）投光灯的灯位和间距

在远离建筑物处安装泛光灯时（见图 5-11），为了得到较均匀的立面亮度，其距离 D 与建筑物高度 H 之比不应小于 1/10，即 $D/H>1/10$。

在建筑物上安装泛光灯时（见图 5-12），泛光灯凸出建筑物的长度取 0.7～1m。低于 0.7m 时会使被照射的建筑物的照明亮度出现不均匀，而超过 1m 时将会在投光灯的附近出现暗区，在建筑物周边形成阴影。

在建筑物本体上安装投光灯的间隔，可参照表 5-7 推荐的数值选取。间隔的大小与泛光灯的光束类型、建筑物的高度有关，同时要考虑被照射建筑物立面的颜色和材质、所需照度的大小以及周围环境亮度等因素。当灯具光束角为窄光束并且立面照度要求较高时，而立面反射比低，周围环境又较亮时，可以采取较密的布灯方案，反之便可将灯与灯的间隔加大。

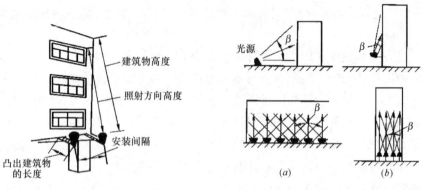

图 5-11　在建筑上装灯的位置　　图 5-12　泛光灯按光束角的配置举例

在建筑物本体上安装泛光灯的间隔（推荐值）　　表 5-7

建筑物高度 (m)	灯具的光束类型	灯具伸出建筑物 1m 时的安装间隔（m）	灯具伸出建筑物 0.7m 时的安装间隔（m）
30	窄光束	0.6～0.7	0.5～0.6
25	窄光束或中光束	0.6～0.9	0.6～0.7
15	窄光束或中光束	0.7～1.2	0.6～0.9
10	窄、中、宽光束均可	0.7～1.2	0.7～1.2

注：窄光束—30°以下；中光束—30°～70°；宽光束—70°～90°及以上。

（三）不同形状建筑物的投光照明

不同建筑物的投光照明方法各异，也就是按建筑物功能、特征、立面的建筑风格、艺术构思、夜景观赏的主要视点，确定照明部位、照射方向、角度和用光数量，而不是简单地把建筑照亮。尽管投光照明的建筑物种类很多，而且形状千姿百态，仔细分析，不难看出任何建筑构造都是由一些简单的几何形体组合而成的。因此，掌握不同形状的建筑物的投光照明规律、用光方法，则成为搞好建筑夜景照明的基础。

图 5-13～图 5-18 介绍了方形、多面体、圆形以及不同立面和屋顶特征形状建筑物的投光照明方法及照明效果，供参考。

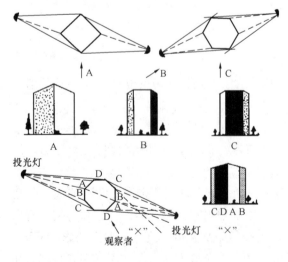

图 5-13　对多边形塔投光照射示意图

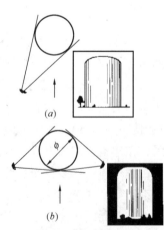

图 5-14　大直径圆柱体建筑的投光方向
（a）亮背景情况；（b）暗背景情况

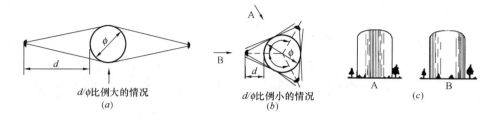

图 5-15 一般圆柱体建筑的投光方向
(a) 远距离投光；(b) 近距离投光；(c) 照明的阴影效果

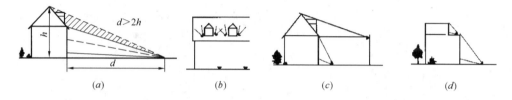

图 5-16 屋顶的投光方法
(a) 坡屋顶及远距离投光；(b) 坡屋顶近距离投光；(c) 灯安装在立柱上的照明；(d) 平屋顶的照明

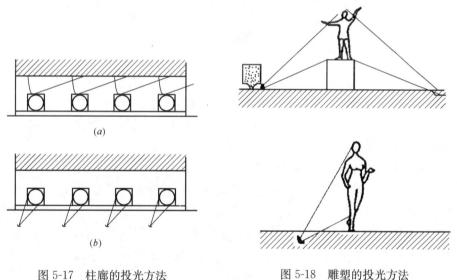

图 5-17 柱廊的投光方法
(a) 照亮背景的方法；(b) 照柱廊的方法

图 5-18 雕塑的投光方法

（四）不同建筑环境、背景、立面材料和颜色对投光照明的影响建筑环境、背景、立面材料和颜色不仅影响投光照明的用光数量，而且直接影响照明的景观效果。

1. 背景对投光照明的影响

由图 5-19 (a) 看出，暗背景的建筑投光照明，只需少量的灯光照射即可获得满意效果；图 5-19 (b) 亮背景的建筑投光照明情况相反，需要较多的灯光照射才能突出建筑物的夜景效果，不然建筑和背景失去层次感。

2. 建筑环境（遮挡物或水面）对投光照明的影响

由图 5-20 看出，建筑周围的树木、围栏、附属设施及水面既对建筑投光照明存在挡

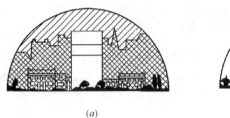

(a)   (b)

图 5-19 背景亮度对投光照明的影响
(a) 暗背景；(b) 亮背景

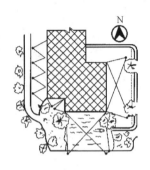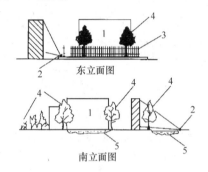

图 5-20 建筑周围遮挡物或水面对照明的影响
1—建筑物；2—投光灯；3—围栏；4—树木；5—水面

光、反光和遮挡视线的影响，又是一个有利因素，如利用围栏隐蔽灯具，可实现见光不见灯的要求，同时在建筑立面前形成树木的剪影和建筑在水面形成的灯光倒影，使夜景效果更加丰富和具有特色。在水面附近布灯时，应注意光线不能接触水面，灯具位置越低越好，同时还应保持水面清洁。

3. 建筑立面材料对投光照明的影响

建筑立面材料对投光照明的影响主要表现在材料的反射特性上。如表 5-8 所示，材料的反射特性可分为三类：镜面定向反射或称规则反射、混合反射（含定向扩散反射）和均匀漫反射。对采用镜面定向反射材料的建筑立面不适合使用泛光照明；而采用真正的均匀漫反射材料的立面又为数甚少，多数立面材料属于混合反射一类，也就是一般漫反射和定向反射材料。表 5-8 说明了由立面上的照度计算亮度的公式 $L=\rho E/\pi$ 看出，反射比 ρ 越

常用建筑立面材料的反射特性   表 5-8

类别	材料名称	反射比(%)	反射特性
镜面定向反射	镜面和光学镀膜玻璃	80~99	镜面定向反射（简称镜面反射）又称规则反射，特性是入射光和反射光及反射面的法线同处一平面内，而且光的入射角等于反射角，如图所示
	金属和光学镀膜塑料		
	阳极化和光学镀膜铝	75~95	
	抛光铝	60~70	
	铬	60~65	
	不锈钢	55~65	
	透明无色玻璃	2~8	
	白铁*	65	

续表

类别	材料名称	反射比（%）	反射特性
混合反射	抛光铝（漫射）	70～80	混合（含定向扩散）反射，反射面同时有定向反射和漫反射的部分特性。这类反射的反射方向上的光强最大，但光束又被"扩散"到较宽范围，如图所示
	腐蚀铝	70～85	
	抛光铅	50～55	
	刷光（Brushed）铝	55～58	
	喷铝	60～70	
	磨砂玻璃*		
	乳白色玻璃*		
	白色瓷砖*		
均匀漫反射	白色塑料	90～92	漫反射的反射光的光强分布和入射光的方向无关，而且是形成相切于入射光和反射面交点的一个球体，这是均匀漫反射。这种均匀漫反射材料的光强和亮度分布如图所示
	白色喷涂	75～90	
	法琅质搪瓷	65～90	
	白土（whiteterra-cotta）	65～80	
	白色建筑玻璃	75～80	
	石灰石（Limestone）	35～65	
	硫酸坝、氧化镁*	95	
	白色粉刷面*	76	
	水泥砂浆粉刷面*	45	

注：本表数据，除*号外，均来自（2000年北美照明手册）。

高，亮度 L 则越大。也就是说，立面材料的反射比越低，立面的亮度也越低。从照明效果和节能考虑，立面材料反射比低于20%时，不宜使用投光照明。其他常用立面材料的反射比数据，详见表5-9。

常用建筑立面材料的反射比　　　　　表5-9

序号	材料名称	颜色	反射比（%）	序号	材料名称	颜色	反射比（%）
1	白色大理石	白色	62	17	深灰花岗岩	本色	25～45
2	红色大理石	红色	32	18	铝挂板	本色	62
3	白色水磨石	白色	70	19	白色涂料	白色	84
4	白间绿色水磨石	白绿	66	20	灰色涂料	浅灰色	70
5	白膏板	白色	91	21	中黄涂料	中黄色	57
6	白水泥	白色	75	22	红色涂料	红色	33
7	白粉刷	白色	75	23	蓝色涂料	蓝色	55
8	水泥砂浆抹面	灰色	32	24	白马赛克面	白色	59
9	红砖	红色	33	25	朱红元釉砖	深红	19
10	灰砖	灰色	23	26	土黄无釉砖	土黄	53
11	混凝土面	深灰	20	27	天蓝釉面砖	天蓝	35
12	水磨石面（1）	白灰	66	28	浅蓝色面砖	浅蓝	42
13	水磨石面（2）	白深灰	52	29	绿色面砖	绿色	25
14	胶合板	本色	58	30	深咖啡色砖	咖啡色	20
15	黄绿色面砖	黄绿色	62	31	浅钙塑板	本色	75
16	浅灰花岗岩	灰色	57	32	白瓷砖	白色	65～80

注：本表数据来自中国建筑科学研究院物理所的建材检测资料和近期新出版的书刊和样本。

（五）建筑夜景投光照明的用光技巧

正如前面所述，建筑种类繁多，造型千变万化，夜景照明的方法也不少，怎样才能做到夜景照明不仅把建筑照亮，而且要照得美，要富有艺术性，给人以美的感受。为此，设计者必须根据建筑艺术的一般规律和美学法则针对建筑物的具体情况认真研究用光技巧。夜景照明用光方法很多，常见的几种用光技巧有：

（1）突出主光，兼顾辅助光。目前国际上突出建筑重点部位，兼顾一般的夜景照明实例越来越多。也就是说夜景照明并不是要求把建筑物的各个部位照得一样亮，而是按突出重点，兼顾一段的原则，用主光突出建筑的重点部位，用辅助光照明一般部位，使照明富有层次感。主光和辅助光的比例一般为 3：1，这样既能显现出建筑物的注视中心，又能把建筑物的整体形象表现出来。

（2）掌握好用光方向。一般说照明的光束不能垂直（90°）照射被照面，而是倾斜入射在被照面上，以便表现饰面材料的特征和质感。被照面为平面时，入射角一般取 60°～85°；如被照面有较大凸凹部分，入射角取 0°～60°，才能形成适度阴影和良好的立体感；若要重点显示被照面的细部特征，入射角取 80°～85°为宜，并尽量使用漫射光。

（3）通过光影的韵律和节奏激发人的美感。在建筑的水平或垂直方向有规律地重复用光，使照明富有韵律和节奏感。如大桥和长廊的夜景照明，可利用这种手法创造出透视感强，并富有韵律和节奏的照明效果，营造出"入胜"或"通幽"的意境。

（4）巧妙地应用逆光和背景光。所谓逆光是从被照物背面照射的光线，逆光可将被照物和背景面分开，形成轮廓清晰的三维立体剪影效果。如：柱廊和墙前绿树的夜景照明，在柱廊内侧装灯或绿树后面装灯将背景照亮，把柱廊和绿树跟背景分开，形成剪影，其夜景照明效果比一般投光照射柱廊或绿树更好，更富有特色。

（5）充分利用好光影和颜色的退韵效果。以往设计建筑立面投光照明时，一般要求立面照度或亮度分布越均匀越好，可是实际上难以达到，因为立面上的照度和被照点到灯具的距离成平方反比变化，很难均匀。因此，立面上的光影和颜色由下向上或由前向后逐渐减弱或增强，这就是所说的退韵，它可使建筑立面的夜间景观效果更加生动和富有魅力。

（6）建筑动态与静态照明效果的用光技巧。对流线形或弯曲造型的建筑立面，运用灯光在空间和时间上产生的明暗起伏，形成动态照明效果，使观赏者产生一种生动、活泼、富有活力和追求的艺术感受；反之，对构图简洁，以直线条为主的建筑立面，一般说，不宜用动态照明，而应使用简洁明快、庄重大方的静态照明。

（7）合理地使用色光。前面提到色光使用要谨慎，若使用合理，则可收到无色光照明所难以达到的照明效果。由于色光使用涉及的问题很多，难以简而言之。一般说对于带纪念性公共建筑、办公大楼或风格独特的建筑物的夜景照明以庄重、简明、朴素为主调，一般不宜使用色光，必要时也只能局部使用彩度低的色光照射。对商业和文化娱乐建筑可适当使用色光照明，彩度可提高一点，有利于创造其轻松、活泼、明快的彩色气氛。

（8）画龙点睛地使用重点光。对政府机关大楼上的国徽、天安门城楼上的毛主席像，一般大楼的标志、楼名或特征极醒目部分，在最佳方向使用好局部照明的重点光，可起到画龙点睛的效果。如用远射程追光灯重点照明天安门城楼上的毛主席画像，收到了显目、突出重点的照明效果。

（9）在特定条件下，用模拟阳光，在晚上重现建筑物的白日景观。因白天阳光多变，另有天空光，严格说完全重现建筑物的白日景观是不可能的，但在特定条件下，重现建筑物白天的光影特征是可能的。如北京国贸大厦的主楼东侧向就设置了1800W窄光束的射灯，照明中国大饭店前的屋顶花园，人们身临其境，好比白天阳光高照，光影特征类似午后3～4点钟，效果较好。

（10）对于大型建筑物，综合使用几种投光和照明方法是营造好建筑夜景的有效办法。

（六）投光照明方案的设计

建筑物投光照明方案设计内容包括以下10个部分：

（1）设计依据及要求；

（2）建筑特征的分析和主要观景视点或方向的确定；

（3）夜景照明方案的总体构思；

（4）照明的照度或亮度标准的确定；

（5）照明方式、照明光源、灯具及光源颜色的选择；

（6）照明用灯数量及照度的计算；

（7）布灯方案和灯位的选定；

（8）照明控制系统及维护管理措施设计；

（9）工程概算；

（10）预期的照明效果图。

以上内容已在第四章夜景照明方案设计中作过介绍，在这儿就不再重复了。但是投光照明方案的设计有两点值得注意：

第一，投光照明只是夜景照明方式中的一种。设计时，若投光照明不能完整地表现建筑的夜景形象时，应考虑同时使用其他的照明方式，如轮廓灯或内透光照明方式等。

第二，绘制预期照明效果图时，应做到效果图和设计方案一致，不能随意渲染或艺术夸张照明效果。

二、轮廓灯照明方法

投光照明主要突出建筑的立体形象和立面质感，而轮廓灯则表现建筑物的轮廓和主要线条。我国改革开放前的建筑夜景照明几乎都是使用这种照明方式。轮廓照明的做法是用点光源每隔30～50cm连续安装形成光带，或用串灯、霓虹灯、美耐灯、导光管、通体发光光纤等线性灯饰器材直接勾画建筑轮廓。对一些构图优美的建筑物轮廓使用这种照明方式的效果是不错的。但是应注意，单独使用这种照明方式时，建筑物墙面发黑，因此，一般做法是同时使用投光照明和轮廓照明，效果会较好。如天安门城楼在轮廓灯照明的基础上增加投光照明，其夜景照明的总体效果更好。另外，对一些轮廓简单的方盒式建筑不宜使用这种照明方式，要用也要和其他照明方式结合起来才能形成较好的照明效果。

（一）常用轮廓灯照明的做法、特征和照明效果

几种常用轮廓灯的做法、性能和特征、照明效果如表5-10所示。在选用轮廓灯时应根据建筑物的轮廓造型、饰面材料、维修难易程度、能源消耗及造价等具体情况，综合分

析后确定。

常用轮廓灯的做法、性能和特征、照明效果　　　表 5-10

灯的名称	做法	性能和特征	照明效果	应用场所和实例
普通白炽灯或紧凑型节能灯	用 30～60W 白炽灯或 5～9W 紧凑型节能灯按一定间距（30～50cm）连续安装成发光带	白炽灯光效低，约 10～15lm/W，寿命约 1000h，色温低，约 3200K，瞬时启动；紧凑型节能灯光效高，约 35lm/W，寿命约 3000h，色温可选，也可瞬时启动。建议使用紧凑型节能灯	总体效果较好，技术简单，投资少，一般维修方便，但高大建筑轮廓灯维修困难，能形成显目轮廓，并可组成各种文字、图案，通过开关，造成动感，但颜色不能变	我国 20 世纪 50 年代以来，大量使用这种照明方式，全国各大城市应用实例很多，用紧凑型节能灯的实例较少，其中布达佩斯链桥、北京毛主席纪念堂、彩电中心和重庆的轮廓照明工程较成功
霓虹灯管	用不同直径和颜色的霓虹灯管沿建筑物的轮廓连续安装，勾绘建筑轮廓	光效较低，但灯管的亮度高，显目性好，灯的寿命长，颜色丰富，可重复瞬时启动，灯的启动电压高，变压器重量较大，安全保护要求高	照明效果好，特别是照明的颜色效果和动态照明效果较好，维修工作量较大，照明的夜间效果好，而白天的外观效果较差	作为建筑轮廓照明，在一般建筑中，特别是商业和娱乐建筑上应用的实例很多
美耐灯（彩虹管、塑料霓虹灯）	用不同管径和颜色的美耐灯管沿建筑轮廓连续安装，形成发光带	可塑性好，寿命长（号称 1 万 h），灯的表面亮度较低，电耗在 15～20W/m 左右，技术简单，投资少（约 10～25 元/m）	夜间照明效果较好，白天外观效果一般，但灯的颜色和光线可变，动态照明效果较好	各类建筑均可使用，我国南方不少城市如深圳、广州、珠海、海口等应用较多
通体发光光纤管（彩虹光纤）	用不同管径光纤管沿建筑轮廓连续安装，形成发光带	可塑性好，可自由曲折，不怕水，不易破损，不带电只传光，灯的表面温度很低，颜色多变，省电，安全，检修方便	照明效果好，特别是一管可呈现多种颜色，动态照明效果好，目前灯管表面亮度较低，一次投资大	适合使用在检修不便的高大建筑或有防水要求或安全要求很高的建筑轮廓照明
通体发光的导光管或发光管	将通体发光的导光管或发光管沿建筑轮廓连续安装形成明亮的光带	导光管或发光管的管径远比光纤、美耐灯或霓虹灯大，表面亮度高，安全、省电，寿命长，检修方便	照明的显目性好，颜色可变，设备技术较复杂，一次投资大	适合高大建筑的轮廓照明，目前在美国、英国、德国等国家应用较多，上海高架桥开始应用
锚射管（曝光灯）	将锚射管沿建筑轮廓连续安装，形成动感很强的闪光轮廓	一般管径 49mm，长 1500mm，管内安装多只脉冲氙灯，程序闪光，亮度很高，动感强，节能，光型可变，安装方便	动态轮廓照明效果好，可组成各种闪光图案，表现各种造型的建筑轮廓	不仅室外轮廓照明可用，室内场所的装饰照明实例也不少
贴纸电灯（名词待统一）	将发光纸电灯沿建筑轮廓粘贴安装形成发光带	起动电压 AC35V，最大电压 AC135V，尺寸长 600m，宽 35cm，节电，轻薄，不易碎，颜色丰富，可自选，寿命 3～5 年	发光均匀柔和，色彩鲜艳，照明效果好	适合中等高度的光滑饰面材料的建筑，如玻璃幕墙、金属挂板、瓷砖饰面建筑等均可选用

(二)白炽灯或紧凑型节能灯作光源的轮廓灯的安装方法及安装图,分别见图5-21和图5-22。

(三)用美耐灯作光源的轮廓灯照明

1. 照明效果和问题

用美耐灯作光源的轮廓灯照明的场所很多。美耐灯可塑性好,使用方便、简单,而且寿命长,一次投资低,照明的效果较好,特别是彩色美耐灯的动态照明,使人耳目一新,具有较好艺术装饰效果,因此在商业和娱乐建筑中应用很多。如澳门著名的葡京娱乐城的立体建筑用美耐灯装饰一新,照明的效果比原照明的视觉冲击力更强。但美耐灯照明的能耗大,而且白天的景观效果较差,设计时应加以注意。如果使用LED美耐灯,不仅耗能很低,而且寿命可达5万h以上,可谓经久耐用。

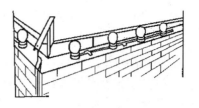

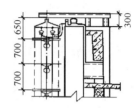

图5-21 水平方向轮廓灯做法

2. 美耐灯的种类和特点

美耐灯的种类很多,据不完全统计,多达2000个规格品种,但归纳起来主要有以下12个系列美耐灯。

(1)二线小美耐灯,线径小,微型灯泡成串地平卧或竖立于灯体中,与电子控制器连接,能产生一明一暗闪烁的效果。由于它的线径小,可以装饰于办公桌、会议桌、橱窗等室内小巧的用具上,也可方便地、随心所欲地弯制成各种几何形状、图案、字体悬挂于室内、室外。

(2)二线大美耐灯,线径适中,具有二线小美耐灯同样的效果。由于它的线径加粗,其抗震、抗压性能增强,运输安全,实用性更强。

(3)二线粗美耐灯,与二线大美耐灯比较,线径更粗,灯泡可以更密,光线强度加倍,散热表面积增大,耗电也增多。

(4)二线小方美耐灯,截面方形,宽度较小,在平面上或方形槽中安装更加平稳。

(5)二线大方美耐灯,截面

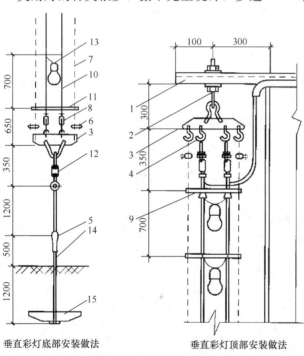

垂直彩灯底部安装做法　　垂直彩灯顶部安装做法

图5-22 垂直方向轮廓灯做法

1—垂直彩灯悬挂挑臂10号槽钢;2—开口吊钩螺栓ϕ10mm 圆钢制作上、下均附垫圈、弹簧垫圈及螺母;3—梯形拉板300mm×150mm×5mm 镀锌钢板;4—开口吊钩ϕ6钢制作与拉板焊接;5—心形环;6—钢丝绳卡子Y1—6型;7—钢丝绳X—t型,直径4.5mm,7×7=49;8—瓷拉线绝缘子;9—绑线;10—RV6(mm²)铜芯聚氯乙烯绝缘线;11—硬塑料管VG15×300;12—花篮螺栓CO型;13—防水ル线灯;14—底把ϕ16mm 圆钢;15—底盘做法方形，宽度加大，外观豪华，适合安装于高台楼宇、大型建筑物，勾勒轮廓更加醒目、清晰。

（6）裙边小美耐灯，在圆形灯体上带有侧边，方便安装使用。

（7）三线大美耐灯，有三条主电线平行地嵌于灯体中，灯泡在其中构成两个电子回路，每个回路可采用不同颜色的灯泡。与电子控制器配套使用，它能产生梦幻、朦胧、追逐、闪烁等迷人的视觉效果；如果改变灯泡的连接方式，可以产生每三颗灯、每四颗灯互相追逐、跳跃的生动景象。

（8）三线粗美耐灯，光线更鲜明，实用性能更强，轮廓勾勒更耀眼，效果更生动、壮观。

（9）三线小方美耐灯，截面方形，有三线大美耐灯同样的效果，实用性强。

（10）三线大方美耐灯，截面方形，兼顾三线大美耐灯的视觉效果及二线大方美耐灯的豪华。

（11）四线美耐灯，线径适中，有四条主电线平行地嵌于灯体中，可形成三个电子回路，配以电子控制器，其色彩纷呈，奔流变幻。

（12）五线美耐灯，线径粗大，有五条主电线，可形成四个电子回路，加上程控、声控等多功能控制器及选配各种彩色灯泡或灯体颜色，能产生光、声、色多方位变幻的感觉效果。

上述品种长度有100、90、45、9m等，使用电压有220、110、24、12V等，灯体颜色有红、绿、黄、蓝、紫、粉红、橘色、透明、黄绿、荧光橘、荧光绿、乳白、浅蓝，灯泡颜色有红、绿、黄、蓝、清光。上述美耐灯都有相应的配件，以达到不同的安装效果，有各种规格的电子控制器可供选择使用，不仅能控制一条灯的变幻，而且能控制几条单回路灯间的变幻。

3. 使用美耐灯的安装方法和注意事项

美耐灯的安装方法，详见表5-11。

美耐灯常用安装方法　　　　　　　　表5-11

图示	简要说明	图示	简要说明
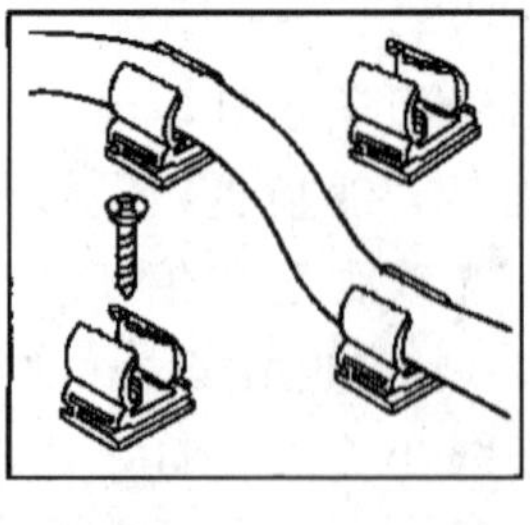	用塑料固定夹固定法 （1）根据造型，用钉或自攻螺钉或木螺钉将固定夹固定在安装表面； （2）将美耐灯按入固定夹中（方形美耐灯则按相反的顺序操作）	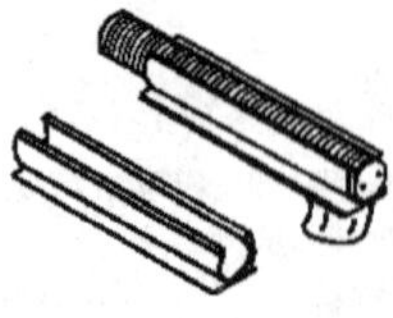	用硬塑料轨道固定法 （1）当直接安装时，在轨道上钻孔，用自攻螺钉或双面胶将轨道固定在安装表面； （2）将美耐灯按入轨道中

续表

图 示	简要说明	图 示	简要说明
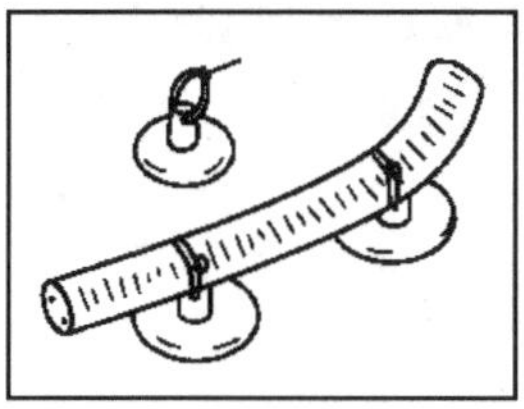	用塑料吸盘固定法 （1）用玻璃胶涂于吸盘底部，将美耐灯吸附在玻璃瓷砖表面或用胶水涂于吸盘底部，将美耐灯吸附在金属表面； （2）用结束带把美耐灯固定在吸盘上	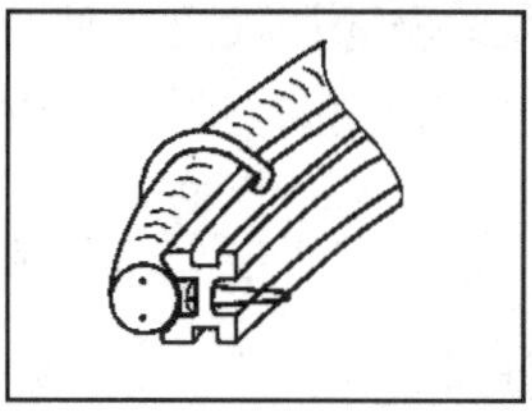	用软塑料轨道固定法 （1）当曲线安装时，在软轨道上钻孔，用自攻螺钉将软轨道沿安装曲面表面固定； （2）用固定夹将美耐灯固定在软轨道上
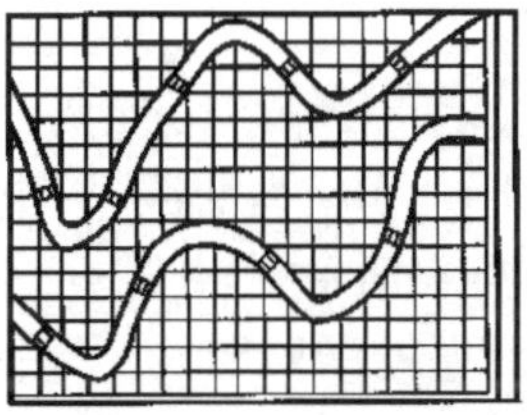	用铁丝网固定法 （1）根据造型，用结束带把美耐灯绑扎于钢丝网上； （2）将铁丝网框悬挂于建筑物的立面上； （3）也可先在建筑立面安装钢丝，再把美耐灯固定在钢丝上	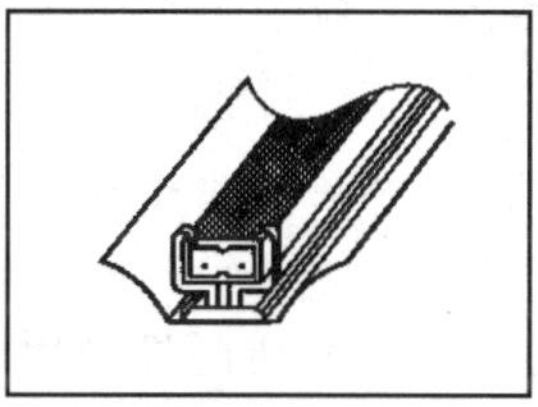	用金属反光轨道固定法 （1）在金属轨道上钻孔，用自攻螺钉或双面胶将轨道固定在安装表面； （2）将固定夹或塑料轨道从端面插入金属轨道槽中，将美耐灯按入固定夹或塑料轨道中
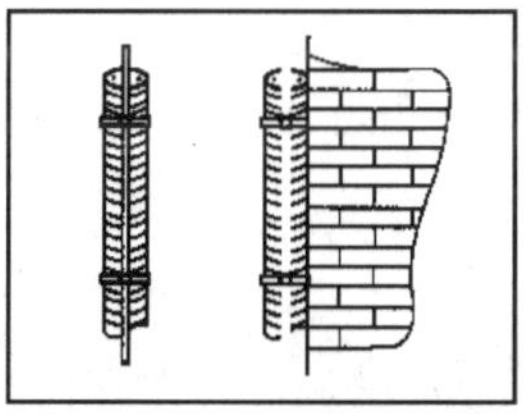	用铁丝或铝型材固定法 （1）根据造型，弯制钢丝或铝型材，达到所需的形状； （2）用结束带或专用固定夹将美耐灯固定于铁丝或铝型材上（此方法可用于勾勒建筑物轮廓）		用鲤鱼夹固定法 （1）根据造型，用自攻螺钉或木螺钉将鳄鱼夹固定在安装表面； （2）将美耐灯压入鳄鱼夹中，使其更直

安装时应注意的问题：

（1）当美耐灯还未拆离包装箱时或美耐灯还在包装卷轴上时，不要插接电源，以免由于局部受热而损坏美耐灯。

（2）只能在美耐灯灯体上印有剪刀标记之处剪切。

（3）请勿在美耐灯安装及装配过程中插接电源。

（4）在使用过程中，不能用任何东西覆盖或重压美耐灯。

（5）不能猛摔、猛震、用硬物敲击美耐灯。

（6）美耐灯在弯曲造型之前，可先接通电源几分钟，使美耐灯热起来，以便弯曲固定。

（7）把美耐灯接在相同电压的电源上。

（8）在美耐灯组合装配过程中，保证其连接处安全、牢固。

（9）尾塞套入美耐灯端部时，必须到位，可用胶水或水管箍使其密封，以防水。

（10）若错误地剪断了美耐灯，则只能丢弃一个单元段。

(11) 在装配时，要把美耐灯向一侧弯曲，露出 2～3mm 铜绞线，用金属钳把其剪掉，不留毛刺，避免短路。

(12) 只能使用专门的电子控制器。

(13) 当美耐灯外面的绝缘层被损坏时，请勿使用，以免危害人身安全及引起火灾。

(14) 只能将两段电压相同的美耐灯连接。

(15) 保证安装及使用环境通风良好。

(16) 不能将美耐灯安装在水下及易燃、易爆、腐蚀性的环境中。

(17) 不能将美耐灯安装在发热的支承物上，以免烫伤其绝缘层。

(18) 不能用金属丝线紧紧绑扎美耐灯，以免其嵌入灯体中与铜绞线接触而漏电。用霓虹灯、通体发光光纤、导光管、发光管、荧光灯管、锚光管或贴纸电灯作光源的轮廓灯照明将分别在广告夜景照明、夜景照明新技术等相应章节中介绍。

三、内透光照明法

内透光照明法是利用室内光线向外透射形成夜景照明效果的方法。做法很多，归纳起来主要有三类：①随机内透光照明法，它不专门安装内透光照明设备，而是利用室内一般照明灯光，在晚上不关灯，让光线向外照射。目前国外大多数内透光夜景照明属于这一种。②建筑化内透光照明法，将内透光照明设备与建筑结合为一体，在窗户上或室内靠窗或需要重点表现其夜景的部位，如玻璃幕墙、柱廊、透空结构或艺术阳台等部位专门设置内透光透明设施，形成透光发光面或发光体来表现建筑物的夜景，详见本章第六节。③演示性内透光照明法，在窗户上或室内利用内透光发光元素组成不同的图案，在电脑控制下，进行灯光艺术表演，又称为动态演示式内透光照明法。这种方法构思独特，主题鲜明，艺术性强，在不少工程中应用，效果较好。

内透光照明的最大优点是照明效果独特，照明设备不影响建筑立面景观，而且溢散光少，基本上无眩光，节资省电，维修简便。国际上许多城市的不少高大建筑，晚上室内一般照明不关灯，室内光线向外照射，大量的窗户形成明亮的发光面来装点建筑夜景，景观独特，富有生气，对营造整个城市的夜景气氛很有帮助。由于内透光照明方法与建筑的窗户造型、材料及结构，特别是建筑立面特征，与使用的光源灯具的性能等诸多因素有关，因此设计使用内透光照明方法时，照明设计师和建筑师应密切合作，充分论证，认真考虑上述因素的影响，不要简单地采用在窗户上檐安灯的做法，以防破坏内透光照明效果，或造成光污染的现象。

内透光照明的分类、特征、做法和照明效果见表 5-12。

内透光照明方式的分类、特征、做法和效果   表 5-12

类名	分类	特征	做法	照明效果
用室内光作内透光照明	(1) 利用室内灯光使立面所有窗户全亮的内透光照明	立面形状清晰，照明管理工作量和耗电量都比较大	(1) 在控制室统一控制建筑物各房间照明； (2) 管理上明确规定下班后不关灯	由于所有窗户都内透光，使人在视觉上感到立面光斑整齐、建筑立面形状清晰，照明效果较好

续表

类名	分类	特征	做法	照明效果
用室内光作内透光照明	（2）利用室内灯光，窗户随机透光发亮的内透光照明	（1）内透光的窗户是随机的，有亮有暗，夜景自然； （2）管理方便； （3）耗电量较低，可节约能源	（1）根据各房间的使用功能，确定是否使用内透光； （2）有内透光房间的灯光固定由控制室管理； （3）内透光窗户不要少于立面总窗的60%	60%以上窗户的随机内透光照明，既能显示建筑物外形特征，又有自然生动的视觉和景观效果
在窗户上设计内透照明	（1）在窗的上缘作内透光照明（在建筑设计时或现有建筑上将内透光灯具安装在窗上缘的内侧）	（1）灯光一般做在窗帘盒部位，照明的隐蔽性好，基本上做到见光不见灯； （2）用灯较少，节约能源； （3）便于维修和管理； （4）属于建筑化夜景照明的一种，照明可与建筑结合起来	（1）在建筑设计时，将内透光照明设备和窗户结构一并考虑； （2）在现有建筑物的窗户上增设内透光时，将内透光照明灯具固定在窗的内侧上缘或靠窗的顶棚上，做法不一，视现场情况定； （3）注意不要影响室内外景观	（1）第一种做法，能均匀地照亮窗户，而且照明设备和建筑结合为一体，白天、晚上，室内、室外的景观效果都较好； （2）第二种做法，如果内透光灯具的构造和安装部位合理，照明效果和第一种做法相似
	（2）窗的侧向内透光照明（将内透光灯具安装在窗一侧或两侧）	（1）内透光从一侧或两侧照射，在垂直方向形成光影，光斑韵律强，而且独特新颖； （2）灯具和垂直挡阳百页一个方式，和谐统一； （3）照明设备检查方便	将内透光灯具安装在窗户的侧面，将窗户照亮，设计时注意灯的隐蔽，光线不要照射到室内	内透光光斑形成垂直光带，照明方式独特、新颖，效果较好
动态可演示的内透光照明	（1）用彩色荧光灯或冷阴极管灯作光源的动态可演示的内透光照明	（1）色彩丰富，可变，具有动感； （2）内透光图案可根据设计构思和主题确定，图形多样； （3）用电脑控制照明，自动化程度高	（1）直接将荧光灯固定在窗户上； （2）将灯安装在特制的灯具内，再将灯具安装在窗户上； （3）在窗户设计了自动只反光不透光窗帘，防止灯光照到室内	内透光图案构思巧妙，内涵丰富，艺术性强，照明效果独特、新颖
	（2）使用荧光灯、管形卤钨灯、佩灯和闪光灯等多种光源的动态可演示的内透光照明	（1）艺术图案的色彩丰富，亮度变化范围广； （2）内透光照明完全由电脑控制，自动化的程度高，画面变化速度快； （3）建筑物四个方向的立面都有图案，实现了全方位照明	（1）使用光源有3337只卤钨灯、1350根荧光灯管、435只闪光灯和12个2kW的氙灯。按设计构思，分别安装在四个立面的窗户和楼顶上； （2）照明系统由电脑控制，自动开启、关闭和切换照明画面，变化程序事先在电脑程序中设定，管理方便	这是著名的夜景照明专家P. Hylaxd先生的一件成功作品，并成为亚特兰大的一景，照明效果好。 （1）构思好，景观效果是全方位的，从四个方向都能得到满意效果； （2）体现了远、中、近景都好的原则
	（3）用QL灯、LED灯和金属卤化物灯作光源的动态演示式内透光照明	（1）灯的寿命长，光效也高，可节约能源； （2）内透光和外投光结合使用，照明效果好； （3）照明控制系统考虑了当地自然条件，天黑和天亮的时间； （4）夜景画面多达200多个	（1）用自动升降的窗帘挡住室内光线的影响； （2）将QL灯、LED灯交替装在窗户上； （3）集科技和艺术于一体，具有很强的知识性和趣味性； （4）夜景演示由电脑程序控制	这种内透光照明技术先进，艺术效果好。这方面的实例不少，比较典型的是东京丰田汽车展示大楼的内透光夜景

四、其他夜景照明法

随着建筑、照明和环境艺术的发展,近年来在建筑夜景照明中推出了不少新的照明方法,概括起来主要有六个:建筑化夜景照明法、多元空间立体照明法、剪影照明法、层叠照明法、"月光"照明法和特种照明法等。现分别概述如下:

(1) 建筑化夜景照明法(structural nightscape lighting)

这是新发展起来的夜景照明方法。

(2) 多元空间立体照明法(multiple space solid lighting)

从景点或景物的空间立体环境出发,综合使用多元(或称多种)照明方法来表现景点或景物的艺术特征和历史文化内涵的照明方法。比如天安门城楼的夜景照明,开始只采用一元或称单一的轮廓灯照明法,只显现其轮廓,而屋顶、墙面,特别是柱廊、斗拱、建筑彩画和博风板的山花这些精彩部分都是暗的。到 20 世纪 90 年代,特别是 1997 年迎接香港回归和 1999 年国庆 50 周年时,在原有轮廓灯的基础上,利用多种照明方法对城楼夜景照明进行了全面的改进和提高,既用轮廓灯表现建筑轮廓,又从不同角度用一般投光照明法照明主立面和东西侧面,用局部投光照明方法照明屋顶、山花、斗拱和国徽等,用内透光照明方法照明城楼上的灯笼和两侧标语的字形,用长焦效果灯照明毛主席像,再用城楼室内灯光和城台门洞内的灯光消除门窗和门洞的暗区等,使整个城楼的夜景照明的总体效果得到明显提高。

5.3 夜景照明的供电及控制系统

5.3.1 供电方式

一、负荷等级

在设计规范中负荷等级是根据中断供电可能造成的影响及损失来确定的。用电负荷等级分为三级。一级负荷指:

(1) 中断供电将造成人身伤亡者;
(2) 中断供电将造成重大政治影响者;
(3) 中断供电将造成重大经济损失者;
(4) 中断供电将造成公共场所秩序严重混乱者。

二级负荷指:

(1) 中断供电将造成较大政治影响者;
(2) 中断供电将造成较大经济损失者;
(3) 中断供电将造成公共场所秩序混乱者。

三级负荷指不属于一级和二级的负荷。

在夜景照明中,照明的负荷等级同样是按这样的标准确定的,应根据建筑物的性质、位置及管理要求确定负荷的等级。在城市规划中,重点地区、重点部位的夜景照明对城市的形象起着重要的作用,因此,这些地点的夜景照明负荷等级可按二级负荷设计;其余一般按三级负荷设计。二级负荷的供电系统应做到当发生电力变压器故障或线路故障时不致中断供电（或中断后能迅速恢复）；三级负荷对供电无特殊要求。

二、供电质量

供电电压：照明系统一般采用220/380V三相四线制中性点直接接地系统，照明灯具的电源电压一般为220V（高压气体放电灯中的锔灯和高压钠灯也有用380V的），在易触电场所，则宜采用安全电压，安全电压按国家标准规定为42、36、24、12、6V五级。

供电质量将直接影响到照明质量及光源寿命。在设计规范中，照明设备端子处的电压偏差允许值在一般工作场所为±5%，在视觉要求不高的室外场所为+5%～-10%；电源稳态频率偏移不大于±1Hz；电压波形畸变不大于±10%。

在夜景照明中，大量使用的灯具主要是高强气体放电灯（HID），包括高压汞灯、金属卤化物灯和高压钠灯，在这类灯具中大都使用镇流器启动和稳定放电电弧，控制外部电源以满足光源特定的电气要求，而镇流器类型的选择应根据光源种类的应用特性而定。汞灯和金属卤化物灯光源的工作特性在整个寿命期内变化不大，镇流器的工作相当恒定。但是，高压钠灯光源（HPS）在整个寿命期内工作特性变化很大，因此，灯具性能良好的关键在于镇流器的工作特性参数。忽视这些性能特性的变化有可能造成更多的能量消耗，并增加运行成本；严重地缩短光源寿命；显著地增加维护费用；光输出降低；增加接线和线路断路器的安装成本；电压急降时造成光源自熄。

三种基本电感式HPS的镇流器类型为：非稳压型、超前稳压型和滞后稳压型。在正常光源寿命期这三种镇流器的性能变化见表5-13。

镇 流 器 的 性 能　　　　　　　　　　　　　　　表5-13

镇流器类型	非稳压型	超前稳压型	滞后稳压型
允许线电压波动	±5%	±10%	±10%
镇流器功耗	比滞后稳压型小20%～50%	比滞后稳压型小10%～40%	
功率因数	0.9～0.65	0.9～0.65	0.9
允许瞬时压降	15%～7%	50%～10%	55%～25%
光源功率变化	线路电压每变化1%时，为2.5%	线路电压每变化1%时，为1.5%	线路电压每变化1%时，为0.8%

所有镇流器在光源寿命末期自熄的状态下能工作6个月。由此可见，电压质量对光源及照明质量有着很大的影响。

当电压偏差或波动不能保证照明质量或光源寿命时，应采用如下几种改善电压质量的方法：

（1）照明负荷宜与带有冲击性负荷（如大功率接触焊机、大型吊车的电动机等）的变压器分开供电；

（2）在技术经济合理的条件下，可采用有载自动调压电力变压器、调压器或照明专用变压器供电；

（3）采用公用变压器的场所，正常照明线路宜与电力线路分开；

（4）合理减少系统阻抗，如尽量缩短线路长度，适当加大导线或电缆的截面等。

三、负荷计算

民用建筑照明负荷计算宜采用需要系数法。在夜景照明计算中，一般情况下需要系数可取 1，特殊情况下如具有动态照明、局部照明等可根据实际情况选取适当的需用系数。照明负荷的计算功率因数可采用表 5-14 中的数值：

不同类型光源的功率因素取值　　表 5-14

光　源　类　型	功率因数取值
普通白炽灯、卤钨灯	1
荧光灯（带有无功功率补偿装置时）	0.95
荧光灯（不带无功功率补偿装置时）	0.5
高光强气体放电灯（带有无功功率补偿装置时）	0.9
高光强气体放电灯（不带无功功率补偿装置时）	0.5

四、供电方式

（一）配电干线常用供电方式

（1）放射式供电方式见图 5-23。放射式供电方式可靠性高，故障时影响面小，维修方便，但低压柜出线回路多，线路敷设量大。

（2）树干式供电方式见图 5-24。树干式供电方式较放射式供电方式的有色金属消耗量以及低压柜出线较少，但线路故障时影响面较大。

（3）混合式供电方式见图 5-25。当有两路以上树干式供电线路时，采用混合式供电方式较为合理，可以减少树干式线路的总长度。

（4）双路供电方式见图 5-26。当有二级负荷时，可采用双路电源供电系统，末端互投，可提高供电的可靠性。

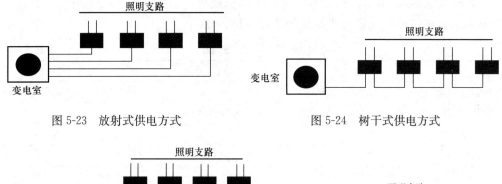

图 5-23　放射式供电方式　　　　　图 5-24　树干式供电方式

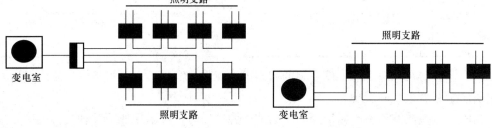

图 5-25　混合式供电方式　　　　　图 5-26　双路供电方式

（二）照明回路配电设计原则

（1）由公共低压供电系统供电的单相 220V 照明线路的电流不应超过 30A，否则应采用 220/380V 三相四线制供电系统。

（2）考虑到导线截面、导线长度、灯数和电压降的分配，室内分支线路每一单相回路电流不应超过 15A，室外分支线路每一单相回路电流不应超过 25A。

（3）室内单相 220V 支路导线长度一般不超过 35m，220/380V 三相四线制线路长度一般不超过 100m；室外单相 220V 支路导线长度一般不超过 100m，220/380V 三相四线制线路长度一般不超过300m。

（4）高强气体放电灯或混光照明，每一单相回路不超过30A。由于此类灯具启动时间长，启动电流大，在选择开关和保护电器和导线时应核算及校验。

（5）每一单相回路上的灯头总数一般不应超过25个，但花灯、彩灯和多管荧光灯除外。

（6）对于仅在水中才能安全工作的灯具，其配电回路应加设低水位断点措施。

5.3.2 接地与防雷

一、低压配电系统的接地系统形式

我国低压配电系统接地制式，等效采用国际电工委员会（IEC）标准，有TN、TT、IT三种系统接地制式。其中，第一个字母表示电源端与地的关系：T表示电源端有一点直接接地，I表示电源端所有带电部分不接地或有一点通过阻抗接地；第二个字母表示电气装置的外露可导电部分与地的关系：T表示电气装置外露可导电部分直接接地，此接地点在电气上独立于电源端的接地点，N表示电气装置外露可导电部分与电源端接地点有直接电气连接。

1. TN系统

该系统电源端有一点直接接地，电气装置外露可导电部分通过保护中性导体PEN或保护导体PE连接到电源端的接地点，根据中性导体和保护导体的组合情况，TN系统有以下三种：

TN-S系统自电源端接地点以后，整个系统的中性导体和保护导体严格分开。

TN-C系统整个系统的中性导体和保护导体合并为一组。

TN-C-S系统系统中一部分线路的中性导体和保护导体合并为一组，自此以后中性导体和保护导体严格分开。

TN系统单相对地短路电流较大，容易满足保护动作灵敏度的要求，并与电源端接地点有直接电气连接，故适用于距变电所较近的大多数场所。

2. TT系统

该系统电源端有一点直接接地，电气装置外露可导电部分直接接地，此接地点在电气上独立于电源端的接地点。TT系统单相对地短路电流较小，与电源端接地点没有直接电气连接，故适用于距变电所较远、容量较小的用电负荷，且应重视保护灵敏度的问题。

3. IT接地制式系统

该系统电源端不接地或经过大电阻接地，而电气装置外露可导电部分直接接地，当发生单相对地短路故障时，其短路电流为该相对地的电容电流，不会造成保护动作而停电，故适用于有不间断供电要求的场所。

二、适合景观照明的接地形式

安装于建筑内的景观照明的接地应与该建筑配电系统的接地形式相一致。安装于室外的景观照明中距建筑外墙3m以内的设施的接地仍应与室内系统的接地形式相一致，而远离建筑物的部分建议采用TT系统，将全部外露可导电部分连接后就地直接接地，以最大限度地减小接触过电压，保障人身安全。

三、采用 TT 系统后的补充措施

(1) 由于 TT 系统单相对地短路电流受接地电阻影响远小于 TN 系统,且线路较长时随导线电阻的增加进一步减小,当线路末端发生单相对地短路故障时常常不能满足保护灵敏度的要求,而导致故障长期存在,故应加设剩余电流保护(RCD)。

(2) 当电源侧为 TN 系统而引出室外的供电线路为 TT 系统时,为避免 TT 系统发生单相对地短路且故障未消除时造成 TN 系统的中性线电位升高,也应加设剩余电流保护(RCD)以迅速切除故障。

(3) 在 TT 系统中装设剩余电流保护(RCD)时,其接地电阻值可参考表 5-15。

电气设备装设剩余电流保护时的接地电阻(Ω)　　　表 5-15

额定剩余电流动作值(mA)	设备最大接地电阻(Ω)	
	允许接触电压 25V	允许接触电压 50V
30	500	500
50	500	500
100	250	500
200	125	250
300	80	150
500	50	100
1000	25	50

四、潮湿场所的防触电措施

安装景观照明的潮湿场所包括娱乐性游泳池、涉水池、喷水池和喷泉广场等。一般可划分为四个防护区域,即 0 区、1 区、2 区和 3 区,其区域划分参见图 5-27。

各防护区内电气设备的选择和装设应符合表 5-16 的规定。

各防护区域内装设电气设备的规定　　　表 5-16

场所区域	0 区	1 区	2 区
电气设备的防护等级(不低于)	IPX8	IPX4	IPX2(室内游泳池) IPX4(室外游泳池)
允许装设的电气设备	只允许采用标称电压不超过 12V 的安全超低压供电的灯具和用电器具(如水下灯、水泵等)	(1) 采用安全超低压供电; (2) 采用Ⅱ类用电器具; (3) 可装设地面内的加热器件,但应用金属网栅(与等电位接地相连)或接地的金属网罩罩住	(1) 可装设插座,但应符合下列条件之一: 1) 由隔离变压器供电; 2) 由安全超低压供电; 3) 采用动作电流不大于 30mA,动作时间不超过 0.1s 的漏电保护器。 (2) 用电器具应符合: 1) 由隔离变压器供电; 2) Ⅱ类用电器具; 3) 采用动作电流不大于 30mA,动作时间不超过 0.1s 的漏电保护器。 (3) 可装设地面内的加热器件,但应用金属网栅(与等电位接地相连)或接地的金属网罩罩住
不允许装设的电气设备	(1) 不允许装设接线盒,开关设备及辅助设备; (2) 不允许非本区的配电线路通过	(1) 不允许装设接线盒,开关设备及辅助设备; (2) 不允许非本区的配电线路通过	

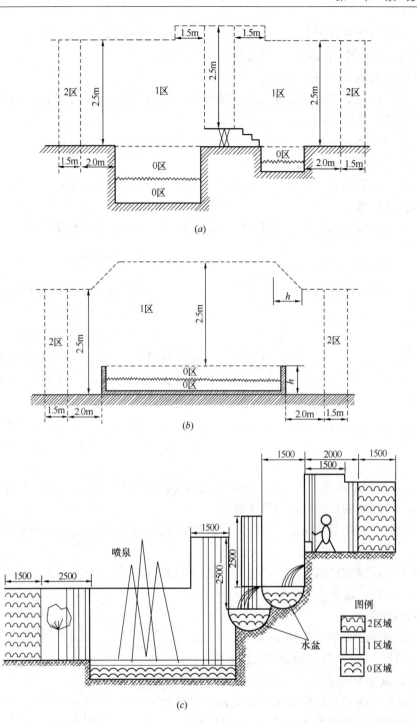

图 5-27 区域划分示意图（所定尺寸已记入墙壁及固定隔墙的厚度）
(a) 游泳池和涉水池的区域尺寸；(b) 地上水池的区域尺寸；(c) 喷水池的区域划分

当照明回路未装设漏电保护电器时，照明灯具和照明接线盒不应装在游泳池上方或距池内壁水平距离小于 1.5m 的上部空间。但灯具和接线盒在距离游泳池最高水面 4m 以上装设时，则不受上述规定限制。当选用全封闭型灯具或适用于潮湿场所使用的灯具并在照明回路上装设有漏电保护电器时,则灯具底部距最高水面的距离可不低于2.4m。对于浸在水中才能安全工作的灯具,应采取低水位断电措施。

五、景观照明系统的防直接雷击伤害措施

(1) 照明设施安装在已设置防雷系统的建筑顶部或上部时,应将全部外露可导电部分与该建筑防雷系统可靠连接。

(2) 照明设施安装在未设置防雷系统的建筑顶部或上部时,应根据实际情况重新确定该建筑的防雷等级及相应的措施。

(3) 在平均雷暴日大于15d/年的地区,高度在15m及以上的独立灯杆、灯架等,宜设置防直击雷措施。

(4) 凡由室内引出之配电线路均应按规范要求设置防雷击电磁脉冲侵害的相应措施。

5.3.3 照明控制

一、传统的照明控制类型

1. 直接开关控制

(1) 安装在现场的翘板式、拉线式、触摸式、感应式或者其他操作形式的开关,进行就地分散或集中控制,见图5-28。

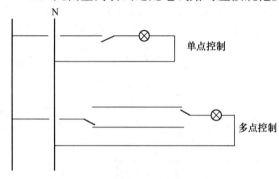

图5-28 直接开关控制中的单点控制和多点控制

1) 单点控制:最常用的控制方式,由一个开关控制一支或一组灯具电源的通断;

2) 多点控制:由设于不同地点的两支或两支以上的开关共同控制一支或一组灯具电源的通断,常用于楼梯间、走廊等区域。

(2) 电箱中的微型断路器直接作为控制照明开关,按配电支路控制现场或某特定区域的照明。

直接开关控制方式的主要优点是成本低、维护方便,缺点是需要人工开启关闭,如使用人责任心不强,易造成电能的浪费。

2. 间接开关控制

通过在照明回路中引入接触器等控制器件实施照明控制功能(线路示意如图5-29所示)。其主要应用在下列场合:

(1) 由于现场安装的灯开关容量无法控制大容量照明灯具或整组灯具时,在现场安装控制按钮,通过控制接触器的通断来控制;

(2) 设有灯光控制台、控制柜等设备的大型照明控制系统;

(3) 用于远程控制的场所,比如停车

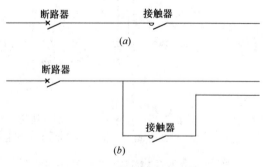

图5-29 间接开关控制线路
(a) 间接开关控制线路,用于普通照明
(b) 间接开关控制线路,用于应急照明

场、广场、庭院照明等；

（4）用于特殊用途的照明，如应急照明等。

3. 传统的调光控制

在夜景照明控制系统中，还有一类对照明效果的变化进行控制的方式，即采用调光装置。调光控制可丰富照明效果，但传统的调光装置成本高、效率低、体积大、操作也不方便。故除了极特殊的场所，调光控制应用并不广泛。

4. 初步的自动控制

光控：由光电转换感应器、中间继电器、时间继电器、接触器等组成。主要应用于路灯控制，也常用于夜景照明，其设定值通常只能手动调整。

声控：主要是功能性应用，在夜景照明中只作为动态效果的应用。在夜景照明、庭院、楼梯间以及非消防疏散用走道等某些有特殊照明控制要求的应用场所，引入光控、声控，实现初步的自动控制。这类自动控制只是初级的、局部的应用。

5. 改良的自动控制由光传感器及其他传感器、数模转换、中央处理器、电动执行器等组成的较为完整的自控系统，除完成上述功能外，还可通过编程，设定长期的运行状态控制，如晚间模式与午夜模式等。

对一个夜景照明控制系统而言，可按照普通模式、双休日模式、节假日模式、重大庆典模式等预先分类来进行分区、分时的设定。在启动时按环境亮度启动，兼顾冬、夏季不同的系统运行时间。这种控制系统的设计已具备了自动控制系统的特征。但这种系统运行依赖于中央处理器，设定值调整较为复杂，操作维护工作对人员要求较高。

6. 传统照明控制方式的局限

图 5-30 所示的传统照明控制方式有以下几点局限：

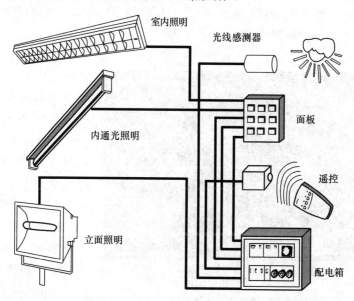

图 5-30 传统的照明控制技术

（1）控制功能简单，一般只有开关功能。若要实现遥控与集中控制，系统布线会变得较为复杂，可靠性较差。

(2) 大多依赖人工操作，特别在控制大区域、大空间的照明时操作烦琐，失误遗漏难以避免。

(3) 用于非专业场合的调光装置及相应控制装置一般单独设置，影响其效能的发挥。若要实现场景设置、亮度连续调节等复杂功能难度较大。

(4) 在改良的间接开关控制方式中，如中央处理器出现故障，受它影响，照明控制系统也会随即瘫痪。

(5) 施工布线工作量很大。庞大的线缆数量不利于维护、改造。

5.4 城市光污染与控制

提起城市中的光污染，就不能不说到世界著名的"国际黑天空协会"（International Dark-Sky Association）。国际黑天空组织成立于 1988 年，世界上共有 77 个国家正式加入了该组织。他们的口号是："通过具有良好品质的户外照明，保护夜间环境和我们赖以生存的黑天空。"其目标是加强品质性的夜间户外照明，有效制止光污染对黑天空环境的不利影响。鉴于城市中照明品质是光污染问题的关键所在，因此该组织向世界各国提出了多项行之有效的建议和条例，并为国际开展这项有意义的研究提供了很好的交流平台。

其实，今天对光污染的抱怨并不仅仅是天文工作者，城市中的居民往往也会深受其害。随着城市人口的增多，城市规模的扩大，城市中随之出现了过度的装饰照明。它不仅污染了原本是自然夜色的天空和消耗了电能，同时也影响居民的夜间休息。如今在高密度居住的城市，人们"仰望星空"则变成了一种奢望。为什么我们看到的星星越来越少？因为强烈的人工照明使得夜空大气形成了有害的视觉污染。我们可以将夜空分为自然的天空光和人工的天空光，那么后者就是我们可以加以控制的部分。叠加在自然夜空中的人工天空光，主要是由于城市照明所引起的。

图 5-31 是根据气象卫星拍摄的图片合成的地球夜空亮度的分布图。随着近年来世界大都市光污染程度的加剧，昔日美丽的星空变成了高亮度弥漫的"夜间白昼"，这种光污染现象主要是空气分子和悬浮微粒反射人工照明所形成的，图中正是反映了世界各国光污染危害的严重程度。图中可以清楚地看出，美国东岸和西欧是最亮的部分，根据科学分析证实，

图 5-31 根据气象卫星拍摄的图片合成的地球夜空亮度的分布图

其夜空中人工照明导致的天空亮度是自然背景值的 9 倍。意大利和美国的研究人员通过对全球居民区的工业区光污染卫星资料研究后发现，全球有 2/3 地球的居民看不到星光灿烂

的夜空，尤其在西欧和美国，高达 99% 的居民看不到星空。

在我国，这种情况也不同程度地存在着，在大城市中这种情况更加令人担心。夜景灯光在使城市变美的同时，也给都市人的生活带来一些不利影响。在缤纷多彩的灯光环境中呆久了，人们或多或少会在心理和情绪上受到影响。刺目的灯光让人紧张，人工白昼使人难以入睡，扰乱人体正常的生物钟。人体在光污染中最先受害的是直接接触光源的眼睛，光污染会导致视觉疲劳和视力下降。不适当的灯光设置对交通的危害更大，事故发生率会随之增加。为了保护地球的夜空，国际黑天空协会为此特别建议使用产生较少光污染的灯具。

5.4.1 城市光污染的类别与危害

什么是光污染？一般来说，凡是人工照明对户外环境和我们生活方式产生负面甚至有害的作用时，就可以被视为光污染。城市光污染是指城市夜间室外照明产生的溢散光、反射光和眩光等干扰光对人、物和环境造成的干扰或不良影响的现象。在城市照明发展的同时，过多或过于强烈的光照成为一种新的污染源。由于大功率高强度气体放电在建筑外观照明中的广泛应用，城市光污染现象越来越严重。另外，商业霓虹灯、投光式和灯箱式广告，由于数量多、亮度高，加剧了城市光污染的危害程度。再者，建筑物大面积的玻璃幕墙，阳光或投光灯在玻璃幕墙上产生的有害反射光和投射光也属于光污染的一种。刺眼的路灯和沿途亮度过高的灯光广告及标识，也会使汽车司机行车时感到紧张。

夜间强烈的灯光还会导致一些短日照植物难以开花结果，扰乱它们的"生物钟"，其正常的生长规律会被打乱。生物学家指出，人工白昼还会伤害鸟类和昆虫，强光可能破坏昆虫在夜间正常繁殖过程，减少昆虫数量，许多依靠昆虫授粉的植物也将受到影响。

图 5-32 光污染对动物的影响

我们能否将城市人工照明有意识地与星光、月光等自然光相协调呢？过度的城市照明不仅能造成了能源的浪费，也消耗了资源，污染了自然环境。人们总是发出这样的疑问：为什么要把光投向天空？这是极其浪费的做法。我们提倡严格按照照明标准设计，改变认为城市景观照明越亮越好的错误做法。从照明设计入手，提倡低能耗有创意的照明手法。我们必须认真思考我们赖以生存的地球环境，倡导节约能源。

对于光污染，各国关注程度不同，法律约束的差别也非常大。欧美许多国家曾经有过城市亮化的兴盛期，亮化之后察觉到的危害，接受了教训。如今在欧美和日本，光污染的问题早已是国家制定相关管理条例所必须加以考虑的重要方面。美国还将一些光污染防治措施写进地方法律，成立专门机构，抵制光污染。我国由于缺乏专门的光污染控制研究和措施，国内多数城市照明不仅不节能，还十分刺眼，容易让人疲劳，多数技术指标的平均值早已超过国际照明标准。

城市景观照明本身有利有弊，我们期望将弊病降到最低程度。城市照明规划要立足于生态环境的协调统一，对广告牌和霓虹灯应加以控制和科学管理；在建筑物和娱乐场所周围，要增加绿化和水面，以便改善那里的光环境；注意减少大功率强光源的使用等。总之，力求使城市夜间风貌和谐自然，让人们能够生活在一个宁静、舒适、安全、无污染、无公害的优美环境中。

一、城市光污染类别

城市光污染可以说形形色色，但总体分为以下几种（图5-33）。

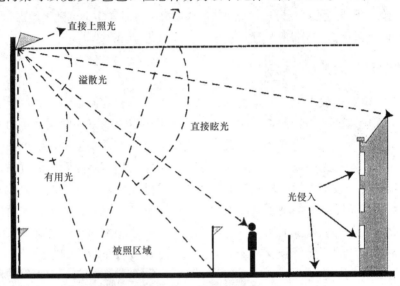

图 5-33　城市光污染类别

1. 上照光（up light）

上照光由两部分组成，一是溢出被照物直接投向天空的光；二是反射面反射到天空的反射光。光污染首先引起世界各国广泛注意的就是直接射向天空的照明，过度的人工照明使得人们不能很好地观测宇宙，形成了我们通常所说的城市人工白昼（urban sky glow）（图5-34）。

2. 光入侵（light trespass）

光入侵是指使人们感到厌倦的户外灯光，它侵犯了人们正常生活范围，如附近的房屋受到了有害或令人讨厌的高度水平的光照。光入侵这个术语带有一些主观性，因为我们不能对其定量，也很难对它进行有效的控制。如我们发现城市景观照明中，在住宅的窗口处安装投光灯具或是邻近建筑物过亮的照明引起居民抱怨。解决的方法是根本就不要将投光灯设置在窗口处，而可以在墙面上远离窗口的位置设置光强不大的投光灯或表面亮度适当的自发光灯具。另外，对视野中的投光灯可以增加遮光装置，或加设格栅以减低出光口表面亮度。

图 5-34　人工白昼

3. 溢散光（spill light）

溢散光是指照射目标之外对人们产生负面影响的光。主要由两方面情况引起，一是灯具配光设计的不合理，如非截光的路灯，有一部分光没有照射到路面，而是射向了居民住宅；二是建筑的外观照明投光灯具或场地照明的灯具，由于投光角度设置得不当，没有将全部的光线投射到被照明区域，而是溢射出被照区域外。溢散光不仅破坏了夜间环境，而且也会引起视觉上的混乱。

4. 眩光（glare）

城市环境中，过亮的发光面引起人们视觉上的不适，就可以引起眩光效应。像在人体尺度或人的正常视野中，高亮度投光灯具出光口；或是步道灯中裸露的光源。刺目的光线让人们不能看清目标，降低了可见度，可以说眩光在功能性照明中永远是有害的。

图 5-35 光入侵　　　　　　　　　　图 5-36 眩光

二、光污染的危害

光污染已引起了世界各国的广泛关注，其危害的严重程度令人担忧。主要表现在以下几个方面（图 5-37）。

1. 对天文观测的影响

国际照明组织委员会（CIE）与国际天文协会曾经共同出版了《近天台最大限度降低天空亮度指南》（Guidelines for Minimizing Urban Sky Glow Near Astronomical Observatories，CIE01-1980），给出考虑天文观测的照明安装的最大允许值。由于城市户外照明的增加而导致天空亮度的增加已严重威胁天文观测，甚至距大城市 100 千米之外的天文台还是面临着这样严峻的问题。

位于上海松江区西余山的上海天文台，由于周边环境灯光的增加，对其天文观测影响甚大。据 1985 年国际天文学联合会（IAU）的建议，由人工光而增加的背景亮度，世界级高质量天文台应不大于 10%，即人工光的背景亮度增加不得超过 0.1 星等，国家级的天文台不得超过 0.2 星等。按照上述国际天文学联合会（IAU）的建议，上海余山天文观测站天空背景光中光污染的比例只能小于 20.2%。据专家测试的结果分析，人工光污染使得天空背景亮度增加为允许值（0.2 星位）的 23 倍。造成这种结果的主要原因是：a. 道路路面亮度的过高，导致了天空反射光的增加；b. 灯具选择不合理。

夜空中繁星满布，有明亮的也有暗淡的。为了方便形容它们的光度，天文学家创立了星等（magnitude）用来表示星体光度。星等的数值越大，代表这颗星的亮度越暗。相反，

图 5-37　光污染的影响方面

星等数值越小，代表这颗星越亮。有些光亮的星，它的星等甚至是负数，如全天最亮的恒星——天狼星，它的亮度是 -1.45 星等。人的眼睛在黑暗的地方，可以看到最暗的星是 6 星等左右。

就天文观测条件来讲，随着天空亮度的增加，望远镜根本无法过滤掉天空中具有某种光谱特征的光线，城市照明的直射光线将直接影响天文观测活动。研究人员建议在天文台观测站设立黑天空保护区，限制设计照度水平，在天文台附近的道路照明应采用低盐钠灯，无疑可以缓解这种情况。对城市中各种户外运动场照度水平的控制也正是基于保护黑天空的目的，这部分内容可参考国际照明委员会（CIE）第 42 号出版物《网球场照明》（42-1978：Lighting for Tennis）及 57 号出版物《足球场照明》（57-1983：Lighting for Football）等相关内容。

2. 对自然环境的影响

照明对自然环境的影响很难准确地说出它的危害程度，但可以肯定的是随着季节的变化，照明对植物、昆虫和其他动物会产生不利的影响。

（1）动植物

一些昆虫像飞蛾具有趋光的特性，常常在照明器周围聚集。目前解决的办法是使用昆虫不喜好的某种波长的光，以此来减少这种情况的发生。另外，不要将照明器发出的光直接朝向昆虫栖息地。相反，对某些动物如两栖动物和爬行动物，光线对它们在夜间捕食昆虫是有意义的，为此，应该注意到这些动物的这一生活习性。目前已经确认城市化进程促使了鸟类的迁徙，于是人们担心夜间的照明是否也会影响鸟类的生活习性呢？常常发现候鸟因为城市灯光的吸引，导致迷路而客死异乡。对鱼类的观察可以看出照明水平和光源的种类对它们会产生一定的影响。研究人员发现照明对植物的生理和生态系统会产生影响，如光合作用、生长、发芽期、授粉等。已经确认人工照明对城市道路两旁的树木会有不同程度的影响作用，例如榉树和银杏不受照明的影响，而郁金香和梧桐就不同。因此，根据不同的动植物种类，城市中照明所使用的灯具应注意安装地点的其他一些影响因素，如光的波长和光强，照明的季节与时间性。

(2) 农作物和家畜

人工照明对农作物如水稻的生长产生影响，受光照后会推迟水稻抽穗的日期。水稻是喜光作物，长时间阳光照射不足会导致光合作用差，造成抽穗晚、成熟期滞后；而大豆属短日照作物，虽不存在遮光问题，但晚上长时间的灯光照射，会造成大豆作物的生育期拉长，导致其不结荚的欠收现象。另外，不当的照明也会对家畜或家禽的新陈代谢产生破坏作用，减低生产率。

3. 对居民的影响

光污染的危害对城市居民的不良影响主要表现在生活的舒适性方面。一部分是溢散光引起的，这部分障害光在夜间休息时进入到居民的卧室，这是目前我国城市照明务必需要注意的方面；另外一部分是人们看到户外灯具表面过亮的部分，如未加隔栅造成光源裸露、光源功率过大或灯具反射器光学设计不合理所致。还需强调的是，居住建筑一般来说，不宜进行夜间照明，尤其是大面积的泛光照明。如果是位于城市重要节点处的住宅，照明的部位应选择在屋顶部分。另外，可使用灯具自身发光的形式进行装饰照明。

4. 对交通的影响

由于街道中过亮的照明导致失能眩光，司机与行人的视看能力都会下降。尤其是当环境本身比较暗时，目标与其环境的对比降低，可见度也就降低，甚至根本看不到。这种负面的影响还会涉及交通信号灯的关系，特别是在此区域对彩色灯光的使用应严格控制，以免引起视觉混乱。

5. 对城市夜景观的影响

为促进城市旅游的开发，城市中会有许多装饰照明，以吸引更多的观光客。但是，毫无目的或缺少艺术表现的装饰照明，反倒容易形成障碍光，有损于城市的夜间景观，令人生厌。我们可以尝试国际照明委员会（CIE）出版的《泛光照明指南》（94-1993：Guide for Floodlighting）中建议的一些有益的做法。

5.4.2 城市光污染控制的对策

光污染防治的基本原则是在满足照明要求的前提下，有效控制和消除产生光污染的那部分光线。

一、明确设计目标

控制光污染最有效的方法莫过于在设计阶段就要对溢散光等障害光进行控制。综合数量和质量意义上的研究，可以将其分为功能性设计目标和环境性设计目标。

1. 功能性设计目标

按照颁布的指南和标准，应将设计目标严格控制在一定的照明水平内，同时满足各类视觉活动的基本要求。高于标准的设计，就会存在光污染的潜在诱因。因此，要特别注意这种情况的发生。照明质量并不总是追求高的照度水平，为人们提供良好的视觉条件应该将着眼点放在均匀的照度水平和控制灯具的眩光。

2. 环境性设计目标

对障害光敏感的区域，应该要审慎处理建筑物外观照明和环境的照明。要在单体设计时分析环境因素，这涉及灯具的位置和投光方向。要分析对自然环境的影响，如是否位于生态保护区；对建筑使用者的影响，如根据户外照明法则，确定灯位布置和开关时间；分析对交通的影响，如对道路、铁路、航空和水运带来哪些不利因素，尤其是对交通标识的可见度的影响。

二、调整灯具安装

灯具安装的位置和投光方向，是有效防止光污染的重要因素。在光源外设有反光板，制止上方漏光。由于反光板的聚光作用，光线不再四处扩散，路面得到了有效照明而变得更加明亮，同时还能节约能源。在非重大节日期间，应禁止探照灯向空中照射。

1. 安装高度

灯具的安装高度对控制溢散光起着主要的作用，因为投光灯的光分布可以是不同的。在一些情况下，投光灯总是向下投光，如场地照明中的停车场和运动场，较容易控制被照场地的光照。在国际照明委员会（CIE）的出版物《足球场照明》(57-1783：Lighting for Football) 中，依据运动员和观众的视觉需要提出了灯具安装高度和投光角度的建议。灯具安装高度高，溢散光少，易于遮光，灯具本身的眩光较少，但白天灯具明显；安装高度低，则情况相反。但对于完全截光的投光照明，优缺点与此则不同。灯具的安装高度取决于照明设计要求和相应的设计标准，或对垂直照度设计的要求。安装高度低的灯具，可以采用较小的光源，较宽的光束，更大的投射角度。

2. 投射距离

投射距离是由灯具的配光特性决定的，另外，需要考虑人的安全和消除障碍物对视线的遮挡。投射距离远，溢散光多，难以遮光。对于被照目标为远和高的建筑物，这时可使用窄光束。投射距离近，溢散光少，易于遮光，使用宽光束对近和低的建筑物投光较为合适。

3. 光通量

光通量大，效率高，但存在有较大溢散光的可能。调节的办法是提高安装高度和增加投射距离。当然由此可以减少灯具使用的数量，减少控制部分的费用。光通量小，情况则与之相反。

4. 光束角

如果光束角的宽窄能够严格按照设计要求，就可以有效控制溢散光，减少对遮光装置的需要。光束角窄，均匀照亮同样大小的区域，需要的灯具数量会多；光束角宽，遮光效果则难以达到理想状态。

5. 与附近房屋的距离

照明装置距房屋的距离越远，房屋受到的溢散光影响就会弱一些。对灯具本身来讲，遮光装置简单，对于光线的控制也会容易些。但是当照明装置距房屋很近时，要顾及光线对居民或房屋使用者的不良干扰。遮光装置要经过仔细的推敲和设计，以取得最佳的控制效果。

6. 垂直投光角

垂直投光角的大小直接关系到是否能够将光线有效投射到被照目标上。一般来讲，垂直投光角高，容易产生溢散光，这光效果不好，但可以获得较高的垂直照度；反之，投光角度低，溢散光较少，易于遮光，垂直照度低，而水平照度较高。

三、阻断向上投射的光

对于街道和场地照明，这里包括运动场、停车场等，应该使用截光型灯具，这样可以减少或消除向上投射的光。当然这并不意味着可以全部消除水平面以上的光线，像地面或路面的反射光，也是影响可见度的一个重要因素。

四、照明控制标准

在城市照明设计和规划中，适当控制各区域以及建筑物外观照度水平，必将有助于控制障害光。国际照明委员会

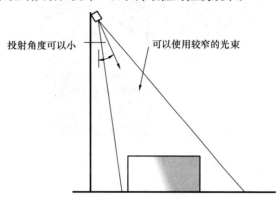

图 5-38 灯具安装、投射距离、光束角与光污染控制

（CIE）根据环境的明暗程度将照明环境分为 4 级（见表 5-17），分别给出了表 5-18 场地照明上射光比率最大值等参考标准、表 5-19 房屋垂直照度最大值限制（CIE）、表 5-20 建筑物及广告表面最大亮度值、表 5-21 指定方向灯具光强的最大值。

环境照明区域（国际照明委员会 CIE） 表 5-17

区域	环境特征	照明环境	举例
E1	自然的	黑暗	国家公园或自然保护区
E2	乡村	低亮度区域	乡村中的工业或居住区
E3	郊区	中等亮度区域	郊区中的工业或居住区
E4	城区	高亮度区域	城市中心和商业区

场地照明上射光比率最大值 表 5-18

光技术参数	应用条件	环境区域			
		E_1	E_2	E_3	E_4
上射光比率（ULR）	灯具在水平面以上光通流明与总光通流明数之比	0	0.05	0.15	0.25

房屋垂直照度最大值限制（国际照明委员会 CIE） 表 5-19

光技术参数	应用条件	环境区域			
		E_1	E_2	E_3	E_4
垂直照度（Ev）	夜休前（Pre-curfew）	2lx	5lx	10lx	25lx
	夜休后（Post-curfew hours）	0[①]lx	1lx	2lx	5lx

注：①如果是用于公共照明的灯具如路灯，此值可提高到 1lx。

图 5-39 照明技术标准文件

图 5-40 投光灯防眩光措施——遮光罩

图 5-41 投光灯具遮光装置与建筑外观相结合

需要进一步说明的是，除了直接光照部分，被照物表面的亮度还应包括反射照度值的贡献。反射照度的大小直接取决于被照面表面材料的反射特性。在大多数场地照明情况下，反射照度都较低，如草地和柏油路面。而颜色相对较浅的表面，如素混凝土和浅色墙面，就要考虑反射照度了。作为建筑师，在建筑设计时如果可以采用较高辐射率的浅色墙面，无疑对照明来讲，可以降低照度，达到节能目的。

建筑物及广告表面最大亮度值　　　　　　　表 5-20

光技术参数	应用条件	环境区域（单位：cd/m^2)			
		E_1	E_2	E_3	E_4
建筑物立面亮度（L_b）	即设计平均照度与反射系数的乘积	0	5	10	5
广告牌亮度（L_s）	即设计平均照度与反射系数的乘积，对于自发光的广告，就是指它本身的亮度	50	400	800	1000

五、将非照明目标的光照降到最低

在城市照明中，我们对居住区、商业区、行政区和娱乐场所的建筑物或招牌照明，当使用投光灯或聚光灯时，务必将光照瞄准被照物。对建筑物或广告进行投光照明时，会有一部分光线射向了建筑物外或广告牌外，应该将这部分光照降低到最低水平。

六、正确选择和使用灯具

为了减少溢散光，灯具选择要考虑适当的配光，不要将光通浪费在被照物的投光区域外，因此需要了解灯具各角度的光度参数。对于环境敏感区域，投光照明对灯具的选择更加谨慎，应选择具有良好控光装置的灯具（可参考第二章光源与灯具指南和第七章建筑物外观照明等相关内容）。在户外照明中，应特别注意投光灯具的光束角分类，不同的光束角分别应用于不同的具体情况。为了控制溢散光，灯具需要附加格栅、反射板和遮光装置。

指定方向灯具光强的最大值　　　　　　　　　　　　表 5-21

光技术参数	应用条件	环境区域			
		E_1	E_2	E_3	E_4
灯具光强（I）	夜休前（Pre-curfew）	2500	7500	10000	25000
	夜休后（Post-curfew hours）	0	500	1000	2500

七、控制照明运行时间

在使用频率较低的时段，关闭部分户外照明。例如，进入午夜后，一些广告牌的照明

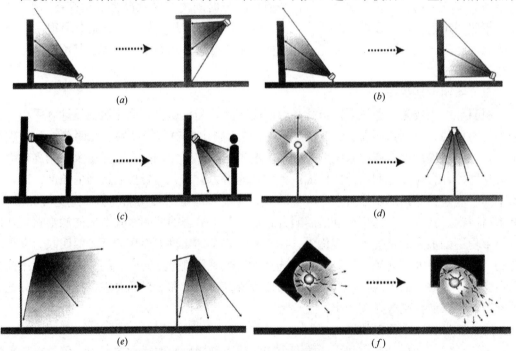

图 5-42　控制光污染的一些具体做法

(a) 建筑物立面被照亮，但是一些光损失了，直接向上。只要有可能，就应该将光束控制向下照射。(b) 如果不可能做到，我们建议应该使用反射器、遮光板和非对称配光，尽量将光投射到需要桩照的区域，将光损失控制在最小。(c) 注意灯具的投射角度，可以将光线压低到行人视线以下，避免对行人产生眩光。(d) 圈中是经常用于步道照明的灯具，光损失很大，朝向天空。正确的照明要求使用安装有反射器和格栅的灯具。(e) 在道路照明中，特别注意使用截光设计的灯具，减少直接眩光。高光效的反射器有助于节能。(f) 应该加强反光器的配光设计，有些情况下应该将对称配光改为非对称配光，使得光更有效地投射到被照区域

和不是位于城市重要景观带的建筑及内透光高层办公建筑,应该将其关闭。临近居民区的城市景观照明,进入夜间休息时段,也应及时关闭。

5.4.3 绿色照明与节能

绿色照明与节能是减少光污染行之有效的措施,对全球生态环境的保护具有战略意义。

一、绿色照明的定义

绿色照明是指通过科学的照明设计,采用效率高、寿命长、安全和性能稳定的照明电器产品(电光源、灯用电器附件、灯具、配线器材以及调光控制和控光器件),改善人民工作、学习、生活的条件和质量,从而创造一个高效、舒适、安全、经济、有益的环境,充分体现现代文明的照明。

二、开展绿色照明计划的意义

节约能源、保护环境及提高照明质量是世界各国实施绿色照明计划的主要原因。国家经贸委与联合国开发计划署(UNDP)和全球环境基金(GEF)共同组织开发的"SETC、UNDP、GEF中国绿色照明工程促进项目"于2001年9月正式启动。随着建设事业的迅速发展,我国电力发展很快。1996年全国发电总量已达到10813亿kW·h。但电力供应不足和效率低下的状况仍然比较严峻,今后相当长时间内这种状况将继续存在。据估计,我国年照明用电量占总发电量的10%左右,而且以低效照明为主,节能潜力很大。新型电光源的涌现,大大提高了照明光效和节能效果,合理采用新型电光源及其配套技术是提高建筑节能的关键。

三、照明节能的途径

照明节能主要是指通过采用节能高效照明产品,提高质量,优化照明设计等手段,达到收益的目的。国际照明委员会(CIE)为此专门提出九项节能原则。照明节能是一项系统工程,应从提高整个照明系统的效率来考虑。除了推广使用高光效光源及采用高效率节能灯具之外,合理的照明设计能挖掘巨大的节能潜力。首先,要控制适当的照度标准,根据不同的位置、建筑的功能特点、环境的背景亮度,确定适当的照度值,避免互相攀比,追求高照度。其次,要选用合理的照明方式,避免不恰当的照明方式造成能源浪费,在对效果影响不是很大的情况下,应优先选择节能的方案,如将大面积的泛光照明改为有重点的局部照明。另外,光源和灯具的合理选择,光源要尽量选用光效高的节能灯,不用或少用白炽灯等光效低的光源。最后,灯具的选型要符合功能和效果的要求,将光通充分地有效利用,尽可能提高光能利用率。

四、还世界一个黑色的天空

关注环保、确保城市夜间生活的安全和舒适,是绿色照明运动的宗旨。但是近年来光污染已逐步成为了一个社会问题,主要表现为对动植物和人类活动的影响。据报道,通过对人类观赏天上自然景象不良影响的调查发现,由于人造发光物大肆污染地球,两成人类不能在晚上看见银河,仅两成半人类可享受到满月时光亮的天空。科学家们呼吁各国在这方面要采取措施。据悉,美国有六个州将为此而限制夜间照明。我国一些城市使用大功率的各种动态探照灯进行表演性照明,但是安装地点、开灯时间没有仔细研究和设计,平日将天空渲染成五颜六色。甚至在重要景区设置，破坏了原有的景观。这种节庆照明的做法应考虑在节日或重大节日进行，不能干扰日常的城市生活。

眩光严重，干扰司机驾车安全行驶，是城市光污染的另一类问题。视野中充斥着分散注意力的光斑和亮点，景观照明灯具安装在司机视平线附近，造成眩光。人行天桥的桥体栏杆用彩光及动态闪烁灯光装饰，高架桥或城市快速道上加装用于装饰环境的动态照明，分散司机的注意力，影响司机行车安全。居住建筑的照明方式不当或周围其他公共建筑照明方式不当，引起居民抱怨或投诉。直接向幕墙投光显然不是一种节能的办法，我们已公布了限制玻璃幕墙建筑的光污染标准，但是对幕墙照明还没有专门的研究和采取相应的措施。再者照度水平与亮度分布失衡，盲目攀比、提高照度、违背节电节资的原则，根本上达不到节能之目的。在制定城市与建筑照明法规方面，北美照明学会（IESNA）曾经做了很多工作，依据研究成果发表了若干切实可行的报告，提出了光污染的具体防治技术。

20世纪美国率先实施绿色照明计划，世界上许多国家包括中国在内也相继推行这一计划，照明节能工作取得令世人瞩目的成绩。在照明产品、照明设计和照明管理及维护方面，仍然存在着巨大的节能潜力。节约能源，保护地球有限的资源和环境，仍是21世纪城市照明的主要课题。

亘古至今，人们总是与夜空保持着紧密的关系。如果在这之间设置障碍，必定会引发自然界的不平衡，不仅是对人类，对其他动植物也是一样。1792年，联合国教科文组织在巴黎举行的会议上强调，过度的人工照明将引发天文观测的巨大破坏，并特别宣布星空也是世界遗产的一部分，理应受到保护。目前最大的祸根就是光污染，在城市照明中30％的光完全是浪费的（国际黑天空协会提供此数据）。是否将城市完全控制在黑暗中呢，当然没有这个必要。

图5-43　2005年日本爱知世博会：LED与太阳能标识照明

为了解决这个问题，只需提出一些法规，加强有效的照明，不再加剧已经形成的高照度的光污染。这样就可以为人类和自然创造和谐的夜环境。

示范题

单选题

表现建筑物的立体形象和立面质感的照明方式是什么？（　　）

A. 内透光照明　　　B. 投光照明　　　C. 轮廓灯照明　　　D. 太空灯照明

答案：B

多选题

景观照明正确利用光,包括哪三方面。(   )

A. 光的数量　　　　B. 光的种类　　　C. 光的色彩　　　D. 光的照射方向　　　E. 光源的位置

答案:A、C、D

判断题

当建筑墙面颜色与照明光的颜色一致时,墙面的颜色将显暗淡,不能创造出特定的照明效果。(   )

答案:错

第6章 照 明 电 气

6.1 照明供电

照明装置的供电决定于电源情况和照明装置本身对电气的要求。

6.1.1 照明对电压质量的要求

照明电光源对电能质量的要求主要体现在对电压质量的要求方面,它包括电压偏移和电压波动两方面。

1. 电压偏移

电压偏移是指系统在正常运行方式下,各点实际电压 U 对系统标称电压 U_n 的偏差,用相对电压百分数表示:

$$\delta_u = \frac{U - U_n}{U_n} \times 100\% \tag{6-1}$$

有关设计规范规定照明器的端电压其允许电压偏移值应不超过额定电压的105%,也不低于额定电压的下列数值:

(1) 对视觉要求较高的室内照明为97.5%。

(2) 一般工作场所的照明、室外工作场所照明为95%,但远离变电所的小面积工作场所允许降低到90%。

(3) 应急照明、道路照明、警卫照明以及电压为12~36V的照明为90%。

2. 电压波动与闪变

电压波动是指电压的快速变化。冲击性功率的负荷(炼钢电弧炉、轧机、电弧焊机)引起连续的电压波动、或电压幅值包络线的周期性变动,其变化过程中相继出现的电压有效值的最大值 U_{max} 与最小值 U_{min} 之差称为电压波动。常取相对值(与系统标称电压 U_n 之比值)用百分数表示:

$$\Delta u_f = \frac{U_{max} - U_{min}}{U_n} \times 100\%$$

电压变化速度低于每秒0.2%的称为电压波动。

电压波动能引起电光源光通量的波动,光通量的波动使被照物体的照度、亮度都随时间而波动,使人眼有一种闪烁感(不稳定的视觉印象)。轻度的是不舒适感,严重时会使眼睛受损、产品报废增多

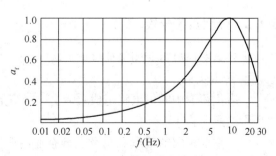

图6-1 闪变视感度曲线

和劳动生产率降低，所以电压波动必须限制。

人眼对不同频率的电压波动而引起的闪烁的视感度曲线示于图6-1。从曲线可知，人眼对波动频率为10Hz的电压波动最敏感，因此可将不同电压波动频率f时的闪变电压在1min内的平均值Δu_{fl}，折合成等效10Hz闪变电压值Δu_{10}，以系统标称电压的百分数表示时可利用下式求得：

$$\Delta u_{10} = \sqrt{\sum (\alpha_f \Delta u_{fl})^2} \times 100\% \tag{6-2}$$

式中 Δu_{fl}——不同电压波动频率f时的闪变电压在1min内的平均值；

α_f——闪变适感度系数，见图6-1所示。

电压波动的允许值与闪变电压允许值一般作如下规定：

（1）用电设备及配电母线电压波动允许值见表6-1。三相电弧炉工作短路时，如能满足母线电压波动允许值，则也满足闪变电压允许值；一般认为也能满足公共供电点的波动电压和闪变电压允许值。

（2）公共供电点（10kV及以下）由冲击性功率负荷产生的电压波动允许值为2.5%，闪变电压允许值见表6-2。

用电设备及配电母线电压波动允许值 表6-1

名　称	电压波动用电设备端子电压水平允许值（%）	配电母线电压波动允许值（%）
三相电弧炉工作短路时，电焊机正常尖锋电流下工作时	90①	2.5②

注：①专供电弧炉用的变电所的电压波动值不受2.5%的限制。

②电焊机有手工及自动弧焊机（包括弧焊变压器、弧焊整流器、直流焊接变流机组）、电阻焊机（即接触焊机包括点焊、缝焊和对焊机）。焊接时电压水平过低时，会使焊接热量不够而造成虚焊。对于自动弧焊变压器和无稳压装置的电阻焊机，电压水平允许值宜为92%，对于有些焊接有色金属的电阻焊机要求略高。

公共供电点冲击性功率负荷产生的闪变电压允许值 表6-2

应用场合	闪变电压允许值 Δu_{fl}① （%）				
	Δu_{10}	Δu_3	Δu_1	$\Delta u_{0.5}$	$\Delta u_{0.1}$
对照明要求较高的白炽灯负荷	0.4（推荐值）	0.7	1.5	2.4	5.3
一般照明负荷	0.6（推荐值）	1.1	2.3	3.6	8

注：①波动频率f为3，1，0.5，0.1Hz的闪变电压允许值Δu_3，Δu_1，$\Delta u_{0.5}$，$\Delta u_{0.1}$是根据Δu_{10}值计算而得。

6.1.2 照明负荷分级

按其重要性可将照明负荷分成三级。

1. 一级负荷

一级负荷为中断供电将造成政治上、经济上重大损失，甚至于出现人身伤亡等重大事故场所的照明。

如：重要车间的工作照明及大型企业的照明。国家、省市等各级政府主要办公室照明；特大型火车站、国境站、海港客运站等交通设施的候车室照明；售票处、检票口照明等；大型体育建筑的比赛厅、广场照明；四星级、五星级宾馆的高级客房、宴会厅、餐厅、娱乐厅主要通道照明；省、直辖市重点百货商场营业厅部分照明、收款处照明；省、市级影剧院的舞台、观众厅部分照明、化妆室照明等；医院的手术室照明、监狱的警卫照明等。

所有建筑或设施中需要在正常供电中断后使用的备用照明安全照明以及疏散标志照明等都作为一级负荷。为确保一级负荷，应有两个电源供电，两个电源之间应无联系且不致同时停电。

2. 二级负荷

中断供电将在政治上、经济上造成较大损失，严重影响重要单位的正常工作以及造成重要的公共场所秩序混乱。

如：省市图书馆的阅览室照明；三星级宾馆饭店的高级客房、宴会厅、餐厅、娱乐厅等照明，大中型火车站及内河客运站，高层住宅的楼梯照明、疏散标志照明等。

二级负荷应尽量做到：当发生电力变压器故障或电力线路等常见故障时（不包括极少见的自然灾害），不致中断供电或中断后能迅速恢复供电。

3. 三级负荷

不属于一、二级负荷的均属三级负荷，三级负荷由单电源供电即可。

6.1.3 电压和供电方式的选择

1. 电压的选择

（1）在正常环境中，我国照明电压采用交流220V（HID灯中镝灯与高压钠灯亦有用380V的）。

（2）容易触及地面而又无防止触电措施的固定式可移动式灯具，其安装高度距地面为2.2m及以下时，在下列场所的使用电压不应超过24V：

①特别潮湿，相对湿度经常在90%以上；

②高温，环境温度经常在40℃以上；

③具有导电性灰尘；

④具有导电地面：金属或特别潮湿的土、砖、混凝土地面等；

⑤手提行灯的电压一般采用36V，但在不便于工作的狭窄地点，且工作者在接触良好接地的大块金属面上（如在锅炉、金属容器内或金属平台上等）工作时，手提行灯的供电电压不应超过12V（输入电路与输出电路必须实行电路上的隔离）。

（3）由蓄电池供电时，可根据容量大小、电源条件、使用要求等因素分别采用220V、36V、24V、12V。

（4）热力管道、隧道和电缆隧道内的照明电压宜采用36V。

2. 供电方式的选择

我国照明供电一般采用380/220V三相四线中性点直接接地的交流网络供电。

（1）正常照明

①一般由动力与照明共用（图6-2A）的电力变压器供电，二次侧电压为380/220V。如果动力负荷会引起对照明不容许的电压偏移或波动，在技术经济合理的情况下对照明可

采用有载自动调压电力变压器、调压器，或照明专用变压器供电；在照明负荷较大的情况下，照明也可采用单独的变压器供电（如高照度的多层厂房、大型体育设施等）。

②当生产厂房的动力采用"变压器-干线"式供电而对外又无低压联络线时，照明电源宜接自变压器低压侧总开关之前（图 6-2D），如对外有低压联络线时，则照明电源宜接自变压器低压侧总开关之后；当车间变电所低压侧采用放射式配电系统时，照明电源一般接在低压配电屏的照明专用线上（图 6-2E，F）。

③动力与照明合用供电线路可用于公共和一般的住宅建筑。在多数情况下可用于电力负荷稳定的生产厂房、辅助生产厂房以及远离变电所的建筑物和构筑物。但应在电源进户处将动力、照明线路分开（图 6-2G）。

④对于一级和二级照明负荷，当无第二路电源时，可采用自备快速启动发电机作为备用电源，某些情况下也可采用蓄电池作备用电源。

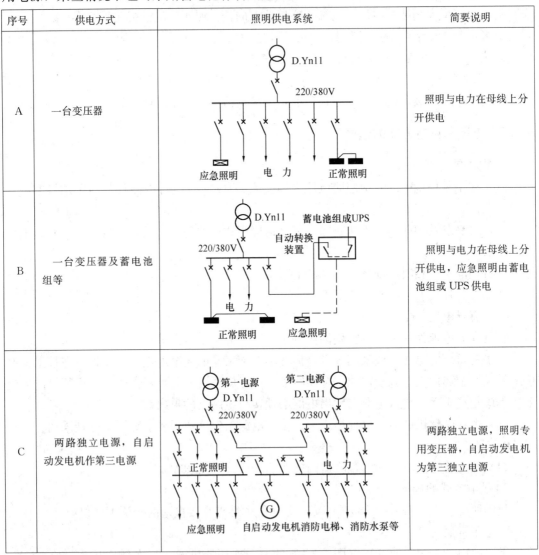

图 6-2 常用照明供电系统（一）

序号	供电方式	照明供电系统	简要说明
D	一台变压器供电的变压器-干线	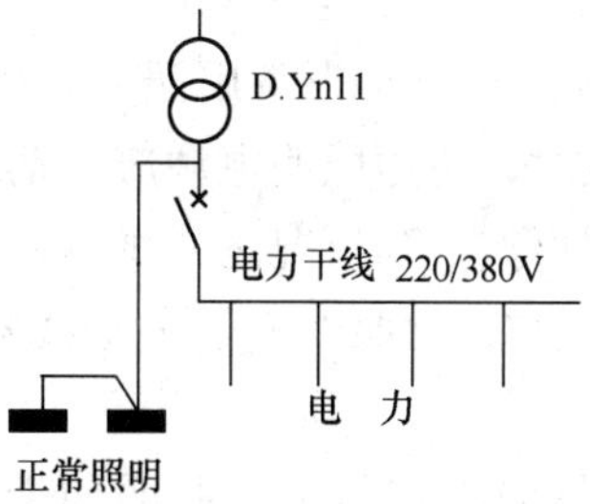 (D.Yn11 变压器，电力干线 220/380V，正常照明，电力)	对外无低压联络线时，正常照明电源接自干线总断路器前
E	两台变压器供电的变压器-干线	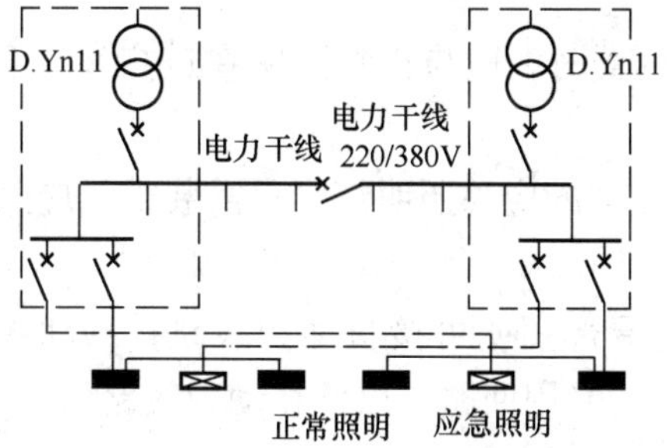 (两台 D.Yn11 变压器，电力干线 220/380V，正常照明 应急照明)	照明电源自变压器低压总断路器后当一台变压器停电时，通过联络断路器接到另一段干线上，应急照明由两段干线交叉供电
F	两台变压器	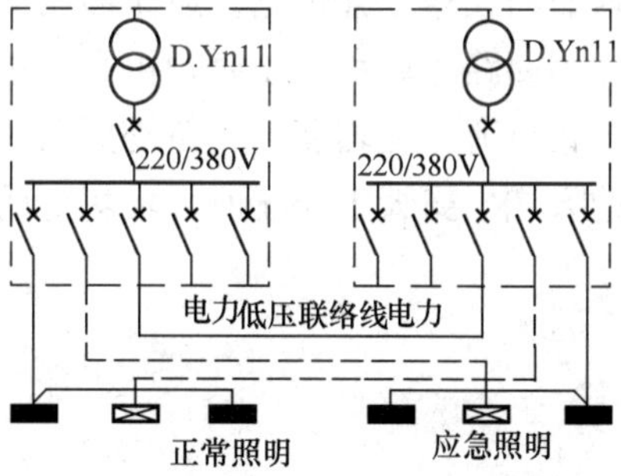 (两台 D.Yn11 变压器 220/380V，电力低压联络线 电力，正常照明 应急照明)	照明与电力在母线上分开供电，应急照明由两台变压器交叉供电
G	由外部线路供电	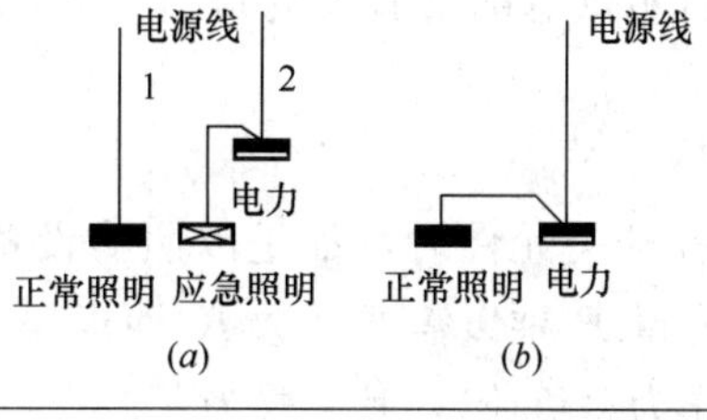 (a) 电源线1、2，正常照明 应急照明 电力；(b) 电源线，正常照明 电力	图（a）适用于不设变电所的较大建筑物，图（b）适用于将要或较小的建筑物
H	两台变压器电源为独立的	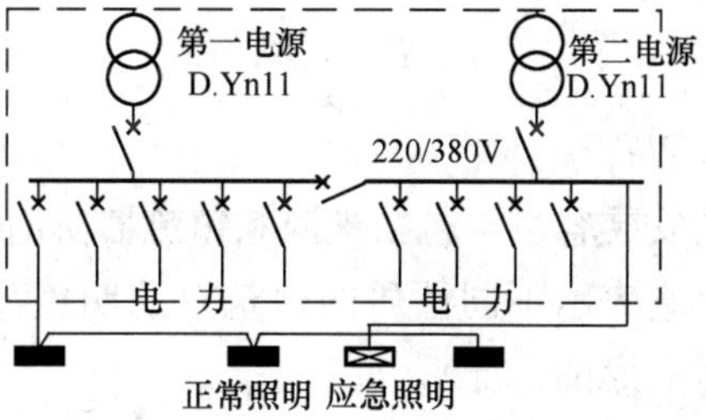 (第一电源 D.Yn11、第二电源 D.Yn11 220/380V，电力 电力，正常照明 应急照明)	变压器的电源相互独立

图 6-2 常用照明供电系统（二）

(2) 应急照明

①供继续工作用的备用照明应接于与正常照明不同的电源。为了减少和节省照明线路，一般可从整个照明中分出一部分作为备用照明。此时，工作照明和备用照明同时使用，则当正常照明因故障停电时，备用照明电源应自动启动运行。

②人员疏散用的应急照明可按下列情况之一供电：

a) 仅装设一台变压器时，与正常照明的供电干线自变电所低压配电屏上或母线上分开（图 6-2A）。

b) 装设两台及以上变压器时，宜与正常照明的干线分别接自不同的变压器（图6-2 E, F, H）。

c) 建筑物内未设变压器时，应与正常照明在进户线后分开，并不得与正常照明共用一个总开关（图 6-2G）。

d) 采用带有直流逆变器的应急照明灯（只需装少量应急照明灯时）。

(3) 局部照明

机床和固定工作台的局部照明可接自动力线路；移动式局部照明应接自正常照明线路，最好接自照明配电箱的专用回路，以便在动力线路停电检修时仍能继续使用。

(4) 室外照明

室外照明线路应与室内照明线路分开供电；道路照明、警卫照明的电源宜接自有人值班的变电所低压配电屏的专用回路上。负荷小时，可采用单相、两相供电；负荷大时，可采用三相供电。并应注意各相负荷分配均衡；当室外照明的供电距离较远时，可采用由不同地区的变电所分区供电的方式。露天工作场所、堆场等的照明电源，视具体情况可由邻近车间或线路供电。

※6.2 照明线路计算

本节主要讨论与确定照明供电网络有关的负荷计算、功率因数补偿计算和电压损失计算。

照明负荷计算

在选择导线截面及各种开关元件时，都是以照明设备的计算负荷（P_c）为依据的。它是按照照明设备的安装容量 P_e 乘以需要系数 K_n 而求得（如三相线路有不平衡负荷时，则以最大一相负荷乘以 3 作为总负荷），其公式为

$$P_c = K_n P_e \tag{6-3}$$

式中　P_c——计算负荷，W；

P_e——照明设备的安装容量，包括光源和镇流器所消耗的功率，W；

K_n——需要系数，它表示不同性质的建筑对照明负荷需要的程度（主要反映各照明设备同时点燃的情况），见表 6-3。

表 6-3 给出了各种建筑计算照明干线负荷时采用的需要系数供参考。照明支线的需要系数为 1。

计算照明干线负荷时采用的需要系数 K_{xn}　　　　　　　表 6-3

建筑物分类	K_{xn}	建筑物分类	K_{xn}
住宅区、住宅	0.6~0.8	由小房间组成的车间或厂房	0.85
医院	0.5~0.8	辅助小型车间、商业场所	1.0
办公楼、实验室	0.7~0.9	仓库、变电所	0.5~0.6
科研楼、教学楼	0.8~0.9	应急照明、室外照明	1.0
大型厂房（由几个大跨度组成）	0.8~1.0		

各种气体放电灯配用的镇流器，其功率损耗以光源功率的百分数表示。

在实际工作中往往需要的是计算电流（I_c）的数值，当已知 P_c 后就可方便地求得 I_c。采用一种光源时，线路的计算电流可按下述公式计算：

（1）三相线路计算电流

$$I_c = \frac{P_c}{\sqrt{3} U_l \cos\varphi} (A) \tag{6-4}$$

（2）单相线路计算电流

$$I_c = \frac{P'_c}{U_p \cos\varphi} (A) \tag{6-5}$$

以上两式中　U_l——额定电压，kV；

U_p——额定相电压，kV；

$\cos\varphi$——光源的功率因数；

P_c、P'_c——分别为三相及单相计算负荷，kW。

采用两种光源混合使用时，线路的计算电流按下式计算：

$$I_c = \sqrt{(I_{a1} + I_{a2})^2 + (I_{r1} + I_{r2})^2} \tag{6-6}$$

式中　I_{a1}、I_{a2}——分别为两种光源的有功电流，A；

I_{r1}、I_{r2}——分别为两种光源的无功电流，A。

气体放电灯的功率因数往往比较低，这使得线路上的功率损失和电压损失都增加。因此，采用并联电容器进行无功功率的补偿，一般可以将并联电容器放在光源处进行个别补偿，也可放在配电箱处进行分组补偿，或放在变电所集中补偿。由于目前较多类型的灯泡尚无与之相配套的单个电容器，为便于维护，较多采用分组补偿或集中补偿。

分散个别补偿时，采用小容量的电容器，其电容 C 可按下式计算：

$$C = \frac{Q_c}{2\pi f U^2 10^{-3}} (\mu F) \tag{6-7}$$

式中　U——电容器端子上电压，kV；

f——交流电频率，Hz；

Q_c——电容器补偿的无功功率，kvar。

Q_c 的数据可按式（6-8）计算，但此时功率 P_c 应为灯泡功率与镇流器功率损耗之和。当采用三相线路供电时，电容器的补偿容量可按下式计算：

$$Q_c = P_c(\tan\psi_1 - \tan\psi_2)(\text{kVar}) \tag{6-8}$$

式中　$\tan\psi_1$——补偿前最大负荷时的功率因数角的正切值；

　　　$\tan\psi_2$——补偿后最大负荷时的功率因数角的正切值；

　　　P_c——三相计算负荷，kW。

6.3　照明线路保护

沿导线流过的电流过大时，由于导线温升过高，会对其绝缘、接头、端子或导体周围的物质造成损害。温升过高时，还可能引起着火，因此照明线路应具有过电流保护装置。过电流的原因主要是短路或过负荷（过载），因此过电流保护又分为短路保护和过载保护两种。照明线路还应装设能防止人身间接电击及电气火灾、线路损坏等事故的接地故障保护装置。间接电击是指电气设备或线路的外壳，在正常情况下它们是不带电的，在故障情况下由于绝缘损坏导致电气设备外壳带电，当人身触及时，会造成伤亡事故。

短路保护、过载保护和接地故障保护均用于切断供电电源或发出报警信号。

6.3.1　保护装置的选择

1. 短路保护

线路的短路保护是在短路电流对导体和连接件产生的热作用和机械作用造成危害前切断短路电流。

所有照明配电线路均应设短路保护，通常用熔断器或低压断路器的瞬时脱扣器作短路保护。

对于持续时间不大于5s的短路，绝缘导线或电缆的热稳定应按下式校验：

$$S \geq \frac{I}{K}\sqrt{t} \tag{6-9}$$

式中　S——绝缘导线或电缆的线芯截面，mm^2；

　　　I——短路电流有效值，A；

　　　t——在已达允许最高工作温度的导体内短路电流作用的时间，s；

　　　K——计算系数，不同绝缘材料的 K 值，见表6-4。

不同绝缘材料的计算系数 K 值　　　　表6-4

绝缘材料		聚氯乙烯	普通橡胶	乙丙橡胶	油浸纸
不同线芯材料的 K 值	铜芯	115	131	143	107
	铝芯	76	87	94	71

当短路持续时间小于0.1s时，应考虑短路电流非周期分量的影响。此时按以下条件校验，导线或电缆的 K^2S^2 值应大于保护电器的焦耳积分（I^2t）值（由产品标准或制造厂提供）。

2. 过载保护

照明配电线路除不可能增加负荷或因电源容量限制而不会导致过载者外，均应装过载保护。通常用断路器的长延时过流脱扣器或熔断器作过载保护。

过载保护的保护电器动作特性应满足下列条件

$$I_B \leqslant I_n \leqslant I_z \tag{6-10}$$

$$I_2 \leqslant 1.45 I_z \tag{6-11}$$

以上式中　I_B——线路计算电流，A；

I_n——熔断器熔体额定电流或断路器的长延时过流脱扣器整定电流，A；

I_z——导线或电缆允许持续载流量，A；

I_2——是保护电器可靠动作的电流（即保护电器约定时间内的约定熔断电流或约定动作电流），A。

熔断器熔体额定电流或断路器长延时过电流脱扣器整定电流 I_n 与导体允许持续载流量 I_z 之比值符合表6-5规定时，即满足式（6-10）及式（6-11）要求。

I_n/I_z 值　　　　表6-5

保护电器类别	I_n (A)	I_n/I_z	保护电器类别	I_n (A)	I_n/I_z	保护电器类别	I_n (A)	I_n/I_z
熔断器	<16	≤0.85①	熔断器	≥16	≤1.0	断路器		≤1.0①

注：①对于 $I_n \leqslant 4A$ 的刀型触头和圆筒帽形熔断器，要求 $I_n/I_z \leqslant 0.75$。

3. 接地故障保护

（1）接地故障及保护通用要求

接地故障是指相线对地或与地有联系的导电体之间的短路。它包括相线与大地，及PE线、PEN线、配电设备和照明灯具的金属外壳、敷线管槽、建筑物金属构件、水管、暖气管以及金属屋面等之间的短路。接地故障是短路的一种，仍需要及时切断电路，以保证线路短路时的热稳定。不仅如此，若不切断电路，则会产生更大的危害性，当发生接地短路时在接地故障持续的时间内，与它有联系的配电设备（照明配电箱、插座箱等）和外露可导电部分对地和对装置外导电部分间存在故障电压，此故障电压可使人身遭受电击，也可因对地的电弧或火花引起火灾或爆炸，造成严重的生命财产损失。由于接地故障电流较小，保护方式还因接地形式和故障回路阻抗不同而异，所以接地故障保护比较复杂。

接地保护总的原则是：

①切断接地故障的时限，应根据系统接地形式和用电设备使用情况确定，但最长不宜超过5s。

在正常环境下，人身触电时安全电压限值 U_L 为50V（电压限值 U_L 的确定系根据国际电工委员会出版物IEC479-1第2版《电流通过人体的效应》决定）。当接触电压不超过50V时，人体可长期承受此电压而不受伤害。允许切断接地故障电路的时间最大值不得超过5s，此值亦根据IEC364-4-41决定。

②应设置总等电位联结，将电气线路的PE干线或PEN干线与建筑物金属构件和金属管道等导电体联结。

单一的切断故障保护措施因保护电器产品的质量、电器参数的选择和其使用过程中性能变化以及施工质量、维护管理水平等原因，其动作并非完全可靠。采用接地故障保护时，还应采用等电位联结措施，以降低电气装置或建筑物内人身触电时的接触电压，提高电气安全水平。

(2) TN系统的接地故障保护

TN电力系统有一点直接接地，电气设备的外露可导电部分用保护线与该点联结。根据中性线（N）与保护线（PE）的组合情况，TN系统有三种类型 TN-S、TN-C-S、TN-C（见图6-3）。但不管哪一种类型，其接地故障保护应满足下式：

$$Z_s \cdot I_a \leqslant U_0 \tag{6-12}$$

式中 Z_s——接地故障回路阻抗，Ω；

I_a——保证保护电器在规定时间内自动切断故障回路的电流值，A；

U_0——相线对地标称电压，V。

切断故障回路的规定时间：对于配电干线和供给固定式灯具及电器的线路不大于5s；对于供给手提灯、移动式灯具的线路和插座回路不大于0.4s。

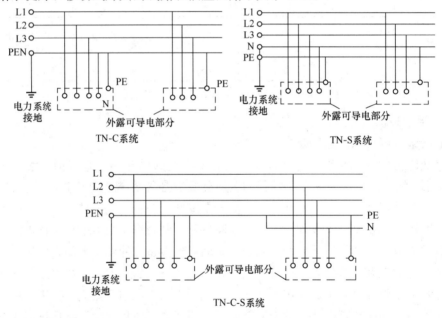

图6-3 TN系统图

用熔断器保护时，接地故障回路电流 I_d 与熔断器熔体额定电流 I_n 的比值不小于表6-6的数值，即可满足式（6-12）及切断故障回路的时间要求。

TN系统用熔断器作线路接地保护的最小 I_d/I_n 值　　　　表6-6

切断时间（s） \ 熔体额定电流（A）	4～10	16～32	40～63	80～200	250～500
5	4.5	5	5	6	7
0.4	8	9	10	11	—

(3) TT系统的接地故障保护

TT电力系统有一个直接接地点，将电气设备的外露可导电部分接至电气上与电力系统的接地点无关的接地极，如图 6-4 所示。

TT 系统接地故障保护要求应符合下式

$$R_A I_a \leqslant 50V \quad (6-13)$$

式中　R_A——外露导电体的接地电阻和 PE 线电阻，Ω；

　　　I_a——保证保护电路切断故障回路的动作电流，A。

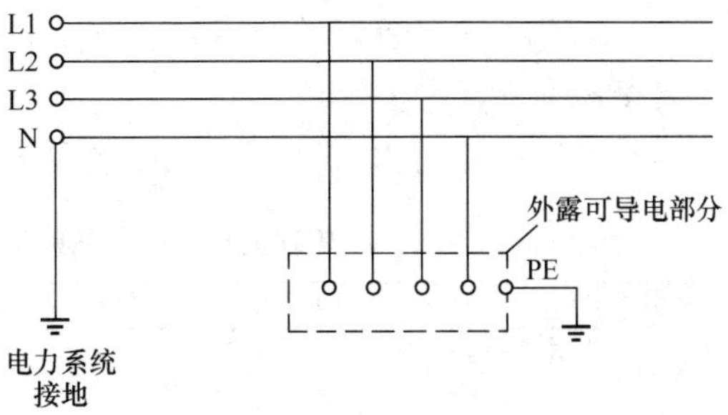

图 6-4　TT 系统图

I_a 值的具体要求如下：

当采用熔断器或断路器长延时过流脱扣器时，I_a 为在 5s 内切断故障回路的动作电流；

当采用断路器瞬时过流脱扣器时，I_a 为保证瞬时动作的最小电流；

当采用漏电保护时，I_a 为漏电保护器的额定动作电流。

（4）当用瞬时（或短延时）动作的断路器保护时，动作电流应取瞬时（或短延时）过流脱扣器整定电流的 1.3 倍。

6.3.2　保护电器的选择

保护电器包括熔断器和断路器两类，其选择的一般原则如下：

1. 按正常工作条件

（1）电器的额定电压不应低于网络的标称电压；额定频率应符合网络要求。

（2）电器的额定电流不应小于该回路计算电流。

$$I_n \geqslant I_B \quad (6-14)$$

2. 按使用场所环境条件

根据使用场所的温度、湿度、灰尘、冲击、振动、海拔高度、腐蚀性介质、火灾与爆炸危险介质等条件选择电器相应的外壳防护等级。

3. 按短路工作条件

（1）保护电器是切断短路电流的电器，其分断能力不应小于该电路最大的预期短路电流。

（2）保护电器额定电流或整定电流应满足切断故障电路灵敏度要求，即符合本节"保护装置选择"条款。

4. 按启动电流选择

考虑光源启动电流的影响，照明线路，特别是分支回路的保护电器，应按下列各式确定其额定电流或整定电流。

对熔断器　　　　　　　　$I_n \geqslant K_m I_B$　　　　　　　　　　（6-15）

对短路器　　　　　　　　$I_n \geqslant K_{k1} I_B$　　　　　　　　　　（6-16）

　　　　　　　　　　　　$I_{n3} \geqslant K_{k3} I_B$　　　　　　　　　　（6-17）

以上式中　I_{n3}——断路器瞬时过流脱扣器整定电流，A；

　　　　　K_m——选择熔体的计算系数；

　　　　　K_{k1}——选择断路器长延时过流脱扣器整定电流的计算系数；

K_{k3}——选择断路器瞬时过流脱扣器整定电流的计算系数。

其余符号含义同上。

K_m、K_{k1}、K_{k3}取决于光源启动性能和保护电器特性,其数值见表6-7。

不同光源的照明线路保护电器选择的计算系数　　　　　表6-7

保护电器类型	计算系数	白炽灯卤钨灯	荧光灯	荧光高压汞灯	高压钠灯	金属卤化物灯
螺旋式熔断器	K_m	1	1	1.3～1.7	1.5	1.5
插入式熔断器	K_m	1	1	1～1.5	1.1	1.1
断路器的长延时过流脱扣器	K_{k1}	1	1	1.1	1	1
断路器的瞬时过流脱扣器	K_{k3}	6	6	6	6	6

注：荧光高压汞灯的计算系数：400W及以上的取上限值，175～250W取中间值，125W以下时取下限值。

5. 各级保护的配合

为了使故障限制在一定的范围内,各级保护装置之间必须能够配合,使保护电器动作具有选择性。配合的措施如下：

（1）熔断器与熔断器间的配合

为了保证熔断器动作的选择性,一般要求上一级熔断电流比下一级熔断电流大2～3级。

（2）自动开关与自动开关之间的配合

要求上一级自动开关脱扣器的额定电流一定要大于下一级自动开关脱扣器的额定电流；上一级自动开关脱扣器瞬时动作的整定电流一定要大于下一级自动开关脱扣器瞬时动作的整定电流。

（3）熔断器与自动开关之间的配合

当上一级自动开关与下一级熔断器配合时,熔断器的熔断时间一定要小于自动开关脱扣器动作所要求的时间；当下一级自动开关与上一级熔断器配合时,自动开关脱扣器动作时间一定要小于熔断器的最小熔断时间。

6. 保护装置与导线允许载流量的配合

为在短路时保护装置能对导线和电缆起保护作用,两者之间要有适当的配合,将在本章第五节中阐述。

6.3.3　保护装置的装设位置

保护电器（熔断器和自动空气断路器）是装在照明配电箱或配电屏内的。箱或屏装设在操作维护方便、不易受机械损伤、不靠近可燃物的地方,并避免保护电器运行时意外损坏对周围人员造成伤害,如大楼各层的配电间内等。

保护电器装设在被保护线路与电源线路的连接处,但为了操作与维护方便可设置在离开连接点的地方,并应符合下列规定：

（1）线路长度不超过3m；

（2）采取将短路危险减至最小的措施；

（3）不靠近可燃物。

当将从高处的干线向下引接分支线路的保护电器装设在连接点的线路长度大于3m的地方时,应满足下列要求：

（1）在分支线装设保护电器前的那一段线路发生短路或接地故障时，离短路点最近的上一级保护电器应能保证符合规定的要求动作。

（2）该段分支线应敷设于不燃或难燃材料的管或槽内。在 TT 或 TN-S 系统中，当 N 线的截面与相线相同，或虽小于相线但已能为相线上的保护电器所保护时，N 线上可不装设保护；当 N 线不能被相线保护电器所保护时，应另在 N 线上装设保护电器，将相应相线电路断开，但不必断开 N 线。

在 TT 或 TN-S 系统中，N 线上不宜装设电器将 N 线断开，当需要断开 N 线时，应装设相线和 N 线一起切断的保护电器。当装设漏电电流动作的保护电器时，应能将其所保护的回路所有带电导线断开。在 TN 系统中，当能可靠地保持 N 线对地电位时，N 线可不需断开。在 TN-C 系统中，严禁断开 PEN 线，不得装设断开 PEN 线的任何电器。当需要在 PEN 线装设电器时，只能相应断开相线回路。

6.4 导线、电缆选择与敷设

6.4.1 电线、电缆形式的选择

导线型式的选择主要考虑环境条件、运行电压、敷设方法和经济、可靠性方面的要求。经济因素除考虑价格外，应当注意节约较短缺的材料，例如优先采用铝芯导线，以节约用铜；尽量采用塑料绝缘电线，以节省橡胶等。

1. 照明线路用的电线形式

（1）BLV，BV：塑料绝缘铝芯、铜芯电线。

（2）BLVV，BVV：塑料绝缘塑料护套铝芯、铜芯电线（单芯及多芯）。

（3）BLXF，BXF，BLXY，BXL：橡皮绝缘、氯丁橡胶护套或聚乙烯护套铝芯、铜芯电线。

2. 照明线路用的电缆

（1）VLV，VV：聚氯乙烯绝缘聚氯乙烯护套铝芯、铜芯电力电缆，又称全塑电缆。

（2）YJLV，YJV：交联聚乙烯绝缘、聚乙烯护套铝芯、铜芯电力电缆。

（3）XLV，XV：橡皮绝缘聚氯乙烯护套铝芯、铜芯电缆。

（4）ZLQ，ZQ：油浸纸绝缘铅包铝芯、铜芯电力电缆。

（5）ZLL，ZL：油浸纸绝缘铝包铝芯、铜芯电力电缆。

电缆型号后面还有下标，表示其铠装层的情况，例如 VV_{20} 表示聚氯乙烯绝缘聚氯乙烯护套内钢带铠装电力电缆。当该电缆埋在地下时，能承受机械外力作用，但不能承受大的拉力。

在选择导线、电缆时一般采用铝芯线，但在有爆炸危险的场所、有急剧振动的场所及移动式灯具的供电应采用铜芯导线。

6.4.2 导线截面的选择

导线截面一般根据下列条件选择：

1. 按载流量选择

即按导线的允许温升选择。在最大允许连续负荷电流通过的情况下，导线发热不超过线芯所允许的温度，导线不会因过热而引起绝缘损坏或加速老化。选用时导线的允许载流量必须大于或等于线路中的计算电流值。

导线的允许载流量是通过实验得到的数据。不同规格的电线（绝缘导线及裸导线）、电缆的载流量和不同环境温度、不同敷设方式、不同负荷特性的校正系数等可查阅设计手册。

2. 按电压损失选择

导线上的电压损失应低于最大允许值，以保证供电质量。

按第二节所述的灯具端电压的电压偏移允许值和第三节所述的线路电压损失计算公式进行。

3. 按机械强度要求

在正常工作状态下，导线应有足够的机械强度以防断线，保证安全可靠运行。

导线按机械强度要求的最小截面列于表 6-8。

按机械强度导线允许的最小截面（单位：mm^2） 表 6-8

用途			导线最小允许截面		
			铝	铜	铜芯软线
裸导线敷设于绝缘子上（低压架空线路）			16	10	
绝缘导线敷设于绝缘子上，支点距离 L（m）	室内 $L \leqslant 2$		2.5	1.0	
	室外	$L \leqslant 2$	2.5	1.5	
		$2 < L \leqslant 6$	4	2.5	
		$6 < L \leqslant 15$	6	4	
		$15 < L \leqslant 25$	10	6	
固定敷设护套线，轧头直敷			2.5	1.0	
移动式用电设备用导线	生产用				1.0
	生活用				0.2
照明灯头引下线	工业建筑	屋内	2.5	0.8	0.5
		屋外	2.5	1.0	1.0
	民用建筑、室内		1.5	0.5	0.4
绝缘导线穿管			2.5	1.0	1.0
绝缘导线槽板敷设			2.5	1.0	
绝缘导线线槽敷设			2.5	1.0	

4. 与线路保护设备相配合选择

为了在线路短路时，保护设备能对导线起保护作用，两者之间要有适当的配合。

5. 热稳定校验

由于电缆结构紧凑、散热条件差，为使其在短路电流通过时不至于由于导线温升超过允许值而损坏，还须校验其热稳定性。

选择的导线、电缆截面必须同时满足上述各项要求，通常可先按允许载流量选择，然后再按其他条件校验，若不能满足要求，则应加大截面。

中性线（N）截面可按下列条件决定：

(1) 在单相及二相线路中，中性线截面应与相线截面相同。

(2) 在三相四线制供电系统中，中性线（N 线）的允许载流量不应小于线路中最大不平衡电流，且应计入谐波电流的影响。如果全部或大部分为气体放电灯，中性线截面不应小于相线截面。在选用带中性线的四芯电缆时，应使中性线截面满足载流量要求。

(3) 照明分支线及截面为 4mm² 及以下的干线,中性线应与相线截面相同。

6.4.3 绝缘导线、电缆敷设

通常对导线型式和敷设方式的选择是一起考虑的。导线敷设方式的选择主要考虑安全、经济和适当的美观,并取决于环境条件。

在屋内,导线的敷设方式最常见的方式为明敷、穿管和暗敷三种。

1. 绝缘导线、电缆明敷

明敷方式是除导线本身的结构外,以导线的外表无附加保护。明敷有几种方法:

(1) 导线架设于绝缘支柱(绝缘子、瓷珠或线夹)上,见图 6-5(a)、(b);

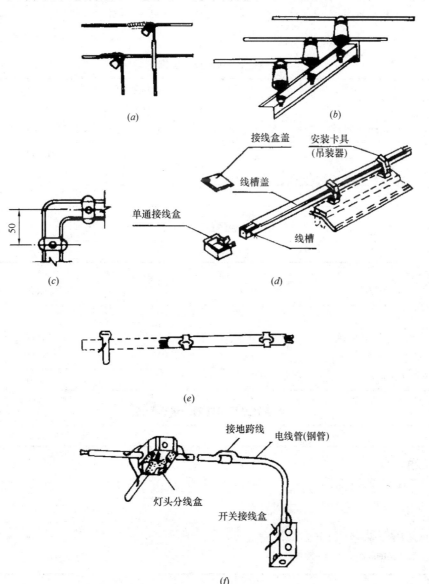

图 6-5 照明线路的各种敷设方式示意图
(a) 瓷珠布线;(b) 瓷瓶布线;(c) 瓷夹布线;(d) 线槽布线;(e) 铝卡布线;(f) 电线管敷设

(2) 导线直接沿墙、天棚等建筑物结构敷设（用卡钉固定，仅限于有护套的电线或电缆，如 BLVV 型电线），称为直敷布线或线卡布线，见图 6-5（c）。

绝缘导线支持物的选择如下：

①单股导线截面在 4mm² 及以下者，可采用瓷夹、塑料夹固定；

②导线截面在 10mm² 及以下者，可采用鼓形绝缘子固定；

③多股导线截面在 16mm² 及以上者，宜采用针式绝缘子或蝶式绝缘子固定。

绝缘导线在户内水平敷设时，离地面高度不小于 2.5m。垂直敷设时为 1.8m。在户外水平及垂直敷设时均不小于 2.7m。户内外布线时，绝缘导线之间的最小距离如表 6-9 所示（不包括户外杆塔及地下电缆线路）。绝缘导线室内固定点之间的最大间距，视导线敷设方式和截面大小而定，一般按表 6-10 决定。绝缘导线至建筑物的最小间距如表 6-11 所示。

绝缘线间的最小距离　　　　　　　　　　　　　　　　　　表 6-9

固定点间距（m）	导线最小间距（m）	
	屋内布线	屋外布线
1.5 及以下	35	100
1.6~3	50	100
3.1~6	70	100
大于 6	100	150

绝缘导线的最大固定间距　　　　　　　　　　　　　　　　表 6-10

敷设方式	导线截面（mm²）	最大间距（mm）
瓷（塑料）夹布线	1~4	600
	6~10	800
鼓形（针式）绝缘子布线	1~4	1500
	6~10	2000
	10~25	3000
直敷布线	≤6	200

绝缘导线至建筑物的最小间距　　　　　　　　　　　　　　表 6-11

布线方式	最小间距（mm）
水平敷设的垂直间距	
在阳台上、平台上和跨越建筑物屋顶	2500
在窗户上	300
在窗户下	800
垂直敷设时至阳台、窗户的水平间距	600
导线至墙壁和构架的间距（挑檐下除外）	35

塑料护套线用线卡布线时，应注意其弯曲半径应不小于该导线外径的 3 倍。线路应紧贴建筑物表面，导线应平直，不应有松弛、扭绞和曲折的现象。在线路终端、转弯中点两

侧，以及距电气器件（如接线盒）边缘50～100mm处，均应有线卡固定。塑料护套线的连接处应加接线盒。

塑料护套线与接地导体及不发热的管道紧贴交叉时，应加绝缘管保护。若敷设在易受机械损伤的场所，应加钢管保护。与热力管道交叉时，应采取隔热措施。

采用铅皮护套线时，外皮及金属接线盒均应接地。

绝缘导线经过建筑物的伸缩缝及沉降缝处时，应在跨越处的两侧将导线固定，并应留有适当余量。穿楼板时应用钢管保护。

电缆明敷一般可利用支架、抱箍或塑料袋沿墙、沿梁水平和垂直固定敷设，或用钩子沿墙（沿钢索）水平悬挂。室内明敷时，不应有黄麻或其他可延燃的外被层，距地面的距离与绝缘导线明敷的要求相同，否则应有防机械损伤的措施。为不使电缆损坏，电缆敷设时最小弯曲半径如下：塑料、橡皮电缆（单芯及多芯）10D（交联聚乙烯电缆为15D）；油浸纸绝缘电缆（多芯）15（$D+d$），D为电缆护套外径，d为电缆导体外径。

2. 绝缘导线及电缆穿管敷设

绝缘导线或电缆穿管后敷设于墙壁、顶棚的表面及桁架、支架等处，我们统称为穿管明敷。

明敷于潮湿环境或直接埋于素土内的管线，应采用焊接钢管（又称普通黑钢管，简称钢管）。明敷于干燥环境的管线，可采用管壁厚度不小于1.5mm的电线钢管（又称薄黑钢管，简称电线管）。有酸碱盐腐蚀的环境，应采用硬聚氯乙烯管（简称塑料管）。爆炸危险环境应采用镀锌钢管。

管子的弯曲半径应不小于钢管外径的4倍。当管路超过30m时应加装一个接线盒；当两个接线盒之间有一个弯时，20m内装一个接线盒；两个弯时，15m内装一个接线盒；三个弯则为8m；弯曲的角度一般为90～105°，每两个120～150°的弯相当于一个90～105°的弯，长度超过上述要求时，应加装接线盒或放大一级管径。明敷管线固定点间的最大间距见表6-12。

明敷管线固定点最大间距（m） 表6-12

管 类	标称管径（mm）				
	15～20	25～32	40	50	63～100
水煤气钢管	1.5	2	2	2.5	3.5
电线管	1	1.5	2	2	
塑料管	1	1.5	1.5	2	2

不同电压、不同回路、不同电流种类的供电线路，或非同一控制对象的线路，不得穿于同一管子内；互为备用的线路也不得共管。但电压为50V及以下的回路、同一设备的电力线路和无抗干扰要求的控制线路、照明花灯的所有回路以及同类照明的几个回路、无防干扰要求的各种用电设备的信号回路、测量回路、控制回路等可穿同一根管。但管内绝缘导线不得多于8根。

穿管敷设的绝缘导线绝缘电压等级不应小于交流500V，穿管导线的总截面积（包括外护套）不应大于管内净面积的40%。

电缆穿管时，管内径不应小于电缆外径的 1.5 倍。常用的单芯绝缘导线穿管管径选择示于附录。

明敷的管线与其他管道（煤气管、水管等）之间应保持一定距离，其数值可查阅附录。

管线通过建筑物的伸缩沉降缝时，需按不同的伸缩沉降方式装设相适应的伸缩装置。

3. 绝缘导线及电缆暗敷

绝缘导线及电缆穿管敷设于墙壁、顶棚、地坪及楼板等处的内部，或在混凝土板孔内敷线称为暗敷。暗敷线缆可以保持建筑内表面整齐美观、方便施工、节约线材。当建筑采用现场混凝土捣制方式时，电气安装工应及时配合，将管子及接线盒等预先埋设在有关的构件中。暗管一般敷设在捣制的地坪、楼板、柱子、过梁等表层下或预制楼板以及板缝中和砖墙内，然后抹灰加粉刷层加以遮蔽，或外加装饰性材料予以隐蔽。在管子出现交叉的情况下，还应适当加厚粉刷层，厚度应大于两管外径之和，且要有裕度。暗敷管线可以用电线管、钢管、硬质塑料管或半硬塑料管，塑料管都要采用难燃型材料（氧指数 27 以上）。

绝缘导线或电缆进出建筑物、穿越建筑或设备基础、进出地沟和穿越楼板，也必须通过预埋的钢管。导线敷设于吊平顶或顶棚内也必须穿管，防止因绝缘遭到鼠害等破坏而导致火灾等事故。电缆可敷设于地沟中，但要防止电缆沟积水，一般采用有护套的电缆，不需穿管。

暗敷的管子可采用金属管或硬塑料管。穿管暗敷时应沿最近的路径敷设，并应尽量减少弯曲，其弯曲半径应不小于管外径的 10 倍。

槽板（塑料槽板、木槽板）布线，只适用于干燥的户内，目前已很少采用。

易爆、易燃、易遭腐蚀的场所布线还应根据其环境特点处理好管子的连接、接线盒、电缆中间接线盒、分支盒等以防火花引起爆炸；故障时导线或电缆护层的延燃或遭受腐蚀等等。应符合有关规程（规范）的规定。

6.5 照明装置的电气安全

6.5.1 安全电流和电压

触电又称电击，它导致心室纤颤而使人死亡，试验表明：流过人体的电流在 30mA 及以下时不会产生心室纤颤，不致死亡。大量测试数据又表明：在正常环境下，人体的平均总阻抗在 1000Ω 以上，在潮湿环境中，则在 1000Ω 以下。根据这个平均数，IEC（国际电工委员会）规定了长期保持接触的电压最大值（称为通用接触电压极限值 U_L）：对于 15～100Hz 交流在正常环境下为 50V，在潮湿环境下为 25V，对于脉动值不超过 10%的直流，则相应为 120V 及 60V。我国规定的安全电压标准为：42V、36V、24V、12V、6V。

6.5.2 电击保护（防触电保护）

防止与正常带电体接触而遭电击的保护称为直接接触保护（正常工作时的电击保护），

其主要措施是设置使人体不能与带电部分接触的绝缘、必须的遮拦等或采用安全电压。预防与正常时不带电而异常时带电的金属结构（如灯具外壳）的接触而采取的保护，称为间接接触保护（故障情况下的电击保护），其主要方法是将电源自动切断，或采用双重绝缘的电气产品，或使人不至于触及不同电压的两点，或采用等电位联结等。在照明系统中正常工作时和故障情况下的电击保护是采取下列方式：

1. 采用安全电压

如手提灯及电缆隧道中的照明等都采用 36V 安全电压。但此时电源变压器（220/36V）的一两次绕组间必须有接地屏蔽层或采用双重绝缘；二次回路中的带电部分必须与其他电压回路的导体、大地等隔离。

2. 保护接地

我国低压网络多采用 TN 或 TT 接地形式（见图 6-3、图 6-4）。系统中性点直接接地，但设备发生故障时（绝缘损坏）能形成较大的短路电流，从而使线路保护装置很快动作，切断电源。

3. 采用残余电流保护装置（RCD）（漏电保护）

通过保护装置主回路各极电流的矢量和称为残余电流。正常工作时，残余电流值为零；但人接触到带电体或所保护的线路及设备绝缘损坏时，呈现残余电流。对于直接接触保护，采用 30mA 及以下的数值作为残余电流保护装置的动作电流；对于间接接触保护，则采用通用接触电压极限值 U_L（50V）除以接地电阻所得的商，作为该装置的动作电流。

在 TN 及 TT 系统中，当过电流保护不能满足切断电源的要求时（灵敏度不够），可采用残余电流保护。

6.5.3 照明装置及线路应采取的措施

1. 照明装置及线路的外露可导电部分，必须与保护地线（PE 线）或保护中性线（PEN 线）实行电气联结。
2. 在 TN-C 系统中，灯具的外壳应以单独的保护线（PE 线）与保护中性线（PEN 线）相连。不允许将灯具的外壳直接与工作中性线（N 线）相连。
3. 采用硬质塑料管或难燃塑料管的照明线路，要敷专用保护线（PE 线）。
4. 爆炸危险场所 1 区、10 区的照明装置，须敷设专用保护接地线（PE 线）。

采用单芯导线作保护中性线（PEN 线）干线，当选用铜导线时，其截面不应小于 10mm^2，选用铝导线时，不应小于 16mm^2，采用多芯电缆的芯线作 PEN 线干线，其截面不应小于 4mm^2。

当保护线（PE 线）所用材质与相线相同时，PE 线最小截面应符合以下要求（按热稳定校验）：相线截面不大于 16mm^2 时，PE 线与相线截面相同；当相线截面大于 16mm^2 且不大于 35mm^2 时，PE 线为 16mm^2；相线截面大于 35mm^2 时，PE 线为相线截面的一半。

PE 线采用单芯绝缘导线时，按机械强度要求，其截面不应小于下列数值：有机械保护时为 2.5mm^2，无机械保护时为 4mm^2。

在 TN-C 系统中，PEN 线严禁接入开关设备。

示范题

单选题

1) 考虑到使用与维修方便，一般每一路单相回路电流不超过多少？（　　）

A. 10A　　　　B. 15A　　　　C. 30A　　　　D. 20A

答案：B

2) 一三相的照明线路设总负荷为10kW，额定电压为220V功率因数为0.8，计算电流为多少？（　　）

A. 97.3A　　　B. 220A　　　C. 32.8A　　　D. 58A

答案：C

多选题

在保证正常压损情况下，某线路允许最大电流25A，下面有哪些灯组接入线路后电流会超过允许值？（　　）

A. 50盏100W白炽灯　　　　　　B. 20盏500W和20盏60W白炽灯

C. 60盏100W白炽灯　　　　　　D. 功率因数为0.4的5盏400W钠灯

E. 功率因数为0.7的25盏35W荧光灯

答案：B、C

判断题

1) 导线敷设方式的选择主要考虑安全、经济和适当美观，并取决环境条件。（　　）

答案：对

2) 在TN-C系统中，灯具的外壳不得以单独的保护线（PE线）与保护中性线（PEN线）相连。（　　）

答案：错

第7章 照明施工图

7.1 电气照明施工图概述

7.1.1 对电气照明施工图的要求

电气照明施工图是指导施工人员安装、操作以及今后维护修理的重要技术资料，也是设备订货的依据。所以施工图纸表达要规范、准确、完整、清楚，文字要简洁。

电气照明施工图的绘制应按国家现行的制图标准执行。现行的标准有：《电气简图用图形符号》GB 4728—2000和《电气技术用文件的编制》GB 6988—1997。2001年1月15日中华人民共和国建设部批准了《建筑电气工程设计常用图形和文字符号》（00D×001）为国家建筑标准设计图集。该图集是根据上述两个标准及其他相关的标准编制的。

电气照明施工图其图纸资料一般应包括电气平面布置图、照明供电系统图、局部安装制作大样图、施工说明及主要设备材料表，详细的还应包括建筑防雷等。

7.1.2 设计总则

按我国目前的设计程序，多采用两阶段设计，即初步设计和施工图设计。各阶段的设计深度和有关的设计内容等要求分述如下：

1. 初步设计

（1）初步设计的深度应满足下列要求：

1）综合各项原始资料经过比较，确定电源、照度、布灯方案、配电方式等初步设计方案，作为编制施工图设计的依据。

2）确定主要设备及材料规格和数量作为订货的依据。

3）确定工程造价，据此控制工程投资。

4）提出与其他工种的设计及概算有关系的技术要求，作为其他有关工种编制施工图设计的依据。

（2）说明书内容

1）照明电源、电压、容量、照度选择及配电系统形式的确定原则。

2）光源与灯具的选择。

3）导线的选择及线路控制方式的确定。

4）工作、应急、检修照明控制原则，应急照明电源切换方式的确定。

（3）图纸应表达的内容、深度

1）照明干线、配电箱、灯具、开关平面布置，并注明房间名称和照度。

2）由配电箱引至各灯具和开关的支线，仅画出标准房间，多层建筑仅画标准层。

（4）计算书照度计算、保护配合计算、线路电压损失计算等。

（5）主要设备材料表统计出整个工种的一、二类机电产品和非标设备的数量及主要材料。

2. 施工图设计

（1）施工图设计深度的要求

1) 据此编制施工图预算。

2) 据此安排设备材料和非标准设备的订货或加工。

3) 据此进行施工和安装。

（2）图纸应表达的内容与深度

1) 照明平面图：在建筑平面图的基础上绘制出配电箱、灯具、开关、插座、线路等平面布置，标出配电箱、干线及分支线路回路的编号，标注出线路走向、引入线规格、线路敷设方式和标高、灯具型号容量及安装方式和标高。多层建筑照明一般只绘制出标准层平面布置，对于较复杂的照明工程应绘制出局部平面图。图纸说明：电源电压、引入方式、照明负荷计算方法及容量、导线选型和敷设方式、设备安装高度、接地形式等。

2) 照明系统图：用单线图绘制，标出配电箱、开关、熔断器、导线型号、保护管径和敷设方法，以及用电设备名称等。

3) 照明控制图：包括照明控制原理图和特殊照明装置图。

4) 设备材料表：列出该工程所需主要设备和材料。

以上图纸及说明书的深度及要求，在实际工程中应根据工程的特点和具体情况可能有所变化，但一般希望应按照上述要求去做。

7.1.3 电气照明施工图的主要内容

电气照明施工图一般由电气照明供电系统图、电气照明平面图、非标准件安装制作大样图及有关施工说明、设备材料表等组成。

1. 电气照明供电系统图

电气照明供电系统图又称照明配电系统图，简称照明系统图，是用国家标准规定的电

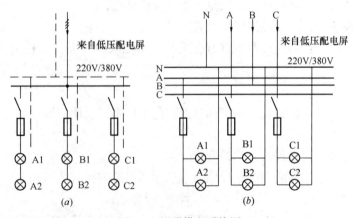

图 7-1　照明供电系统图

(a) 用单线图绘制；(b) 用多线图绘制

气图用图形符号概略地表示电气照明系统的基本组成、相互关系及其主要特征的一种简图。系统图上表达的主要内容有以下几项：

(1) 电缆进线回路数、电缆型号规格、导线或电缆敷设方式及穿管管径照明供电系统图一般采用单线图形式绘制，并用短斜线在单线表示的线路上标示出电线的根数。如果另用虚线表示出中性线时，则在单线表示的相线线路上只用短斜线标示出相线导线的根数，如图 7-1 (a) 所示。必要时，照明供电系统图也可用多线图形式绘制，如图 7-1 (b) 所示。

照明系统图中，关于常用导线敷设方式的标注见表 7-1，管线敷设部位见表 7-2。

导 线 敷 设 方 式　　　　　　　　　　　　　表 7-1

序号	名称	旧代号	新代号	序号	名称	旧代号	新代号
1	导线或电缆穿焊接钢管敷设	G	SG	7	用钢线槽敷设	CC	SR
2	穿电线管敷设	DG	TG	8	用电缆桥架敷设	—	CT
3	穿硬聚氯乙烯管敷设	VG	PG	9	用瓷夹板敷设	CJ	PL
4	穿阻燃半硬聚氯乙烯管敷设	ZVG	FPC	10	用塑料夹敷设	VJ	PCL
5	用绝缘子（瓷柱，瓷瓶）敷设	CP	K	11	穿蛇皮管敷设	SPG	CP
6	用塑料线槽敷设	XC	PR	12	穿阻燃塑料管敷设	—	PVC

管 线 敷 设 部 位　　　　　　　　　　　　　表 7-2

序号	名称	旧代号	新代号	序号	名称	旧代号	新代号
1	沿钢索敷设	S	SR	7	暗敷设在梁内	LA	BC
2	沿屋架或跨屋架敷设	LM	BE	8	暗敷设在柱内	ZA	CLC
3	沿柱或跨柱敷设	ZM	CLE	9	暗敷设在墙内	QA	WC
4	沿墙面敷设	QM	WE	10	暗敷设在地面或地板内	DA	FC
5	沿天棚或顶板敷设	PM	CE	11	暗敷设在屋面或顶板内	PA	CC
6	在能进入的吊顶内敷设	PNM	ACE	12	暗敷设在不能进入的吊顶内	PNA	ACCF

例 7-1　某厂房照明系统图中标注有 BV (3×50+1×16+PE16) PC50-PC，试解释。

解：表示该线路是采用铜芯塑料绝缘线，三根相线每根 $50mm^2$，一根 $16mm^2$ 中性线，一根 $16mm^2$ 保护线，PC 表示穿硬聚氯乙烯管敷设，管径 50mm，FC 表示沿地面暗设。本例中若电线型号 BV 中加一个 L 为 BLV 型，则表示铝芯塑料绝缘电线。由于电缆型号繁多，可以参考电气施工图册或产品样本。

例 7-2　某大学学生宿舍，电源进线标注是 VLV22 (3×50+1×25) SC70-BC，试解释。

解：表示该线路是采用铝芯塑料绝缘、塑料护套钢带铠装四芯电力电缆，其中三芯是 $50mm^2$，一芯是 $25mm^2$，穿钢管敷设，管径 70mm，暗敷在梁内。

(2) 总开关及熔断器的规格型号、出线回路数量、用途、用电负载功率数及各条照明支路分相情况，如图 7-2 所示为某照明配电系统图，C45N2-10/1P30A 表示是 C45N 系列、双极、脱扣器额定电流为 10A 的小型低压断路器。

(3) 用电参数。照明配电系统图上，还应标出设备容量、需要系数、计算容量、计算电流、配电方式等。

（4）配电回路参数系统。图中各条配电回路上，应标出该回路编号，各照明设备的总容量，其中也包括插座和电风扇等用电器的容量。

（5）照明供电系统图上标注的各种文字符号和编号，应与照明平面图上标注的文字符号和编号相一致。

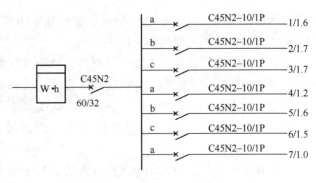

图 7-2　照明配电系统图

2. 电气照明平面图

电气照明平面图又称照明平面布线图，简称照明平面图，照明平面图主要反映建筑物中各种电气设备的安装（敷设）位置和方式，设备的规格、型号、数量及房间的设计照度值等，还应标出照明进户线路、照明干线、支线的导线型号、规格、根数及敷设方式等。多层建筑有标准层时可只绘出标准层照明平面图。

在照明平面图上除了用规定的图形符号表示各种电气设备外，还应用规定的文字标注规则和方法对其进行文字标注。在照明平面图中，文字标准主要表达照明器具的种类、安装数量、灯泡功率、安装方式、安装高度等，一般灯具文字标注表达式为

$$a-b\frac{c\times d}{e}f$$

式中　a——某场所同类照明器具的套数，一张平面图中不同类型灯分别标注；

　　　b——灯具类型代号；

　　　c——照明器内安装灯泡或灯管数量，单个一般不标注；

　　　d——每个灯泡或灯管的功率（W）；

　　　e——照明器具底部距本层楼地面的安装高度；

　　　f——安装方式代号。

7.2　电气照明施工图的读图

图纸种类很多，常见的工程图纸分为两类：建筑工程图和机械工程图。电气施工图属于建筑工程图类，它按专业可划分为建筑图、结构图、采暖通风图、给排水图、电气图、工艺流程图等，各种图纸都有各自的特点及表达方式，存在着不同的规定画法和习惯做法。但是也有许多基本规定和格式是各种图纸统一遵守的，比如国家标准的图例符号。下面介绍与电气识图有关的一些基础知识。

7.2.1　电气施工图的基本知识

1. 图幅

图纸的幅面尺寸有六种规格，即 0 号、1 号、2 号、3 号、4 号、5 号。对于同一个项

目尽量使用同一种规格的图纸,这样整齐划一,适合存档和使用,便于施工。具体尺寸见表 7-3。

图幅尺寸（单位：mm）　　　　　　　　　　　　　　　　表 7-3

幅面代号	0	1	2	3	4	5
宽×长（$B×L$）	841×1189	594×841	420×594	297×420	210×297	148×210
边宽	10	10	10	10	10	10
装订侧边宽	25	25	25	25	25	25

2. 图标

图标亦称标题栏,是用来标注图纸名称(或工程名称、项目名称)、图号、比例、张次、设计单位、设计人员以及设计日期等内容的栏目。图标的位置一般是在图纸的右下方,紧靠图纸边框线。图标中文字的方向为看图的方向,即图中的说明、符号均以图标中的文字方向为准。

3. 比例

电气设计图纸的图形比例均应遵守国家制图标准绘制。一般不可能画得跟实物一样大小,而必须按一定比例进行放大或缩小。例如,普通照明平面图多采用 1∶100 的比例,当实物尺寸太小时,则需按一定比例放大,如将实物尺寸放大 10 倍绘制的图纸,其比例标为 10∶1。

一般情况下,照明平面布置图以 1∶100 的比例绘制为宜;电力平面布置图多数以 1∶100 的比例绘制,但少数情况下,也有以 1∶50 或 1∶200 的比例来绘制的。大样图可以适当放大比例。电气系统图、接线控制图可不按比例绘制,可绘制示意图。

4. 详图

在按比例绘制图样时,常常会遇到因某一部分的尺寸太小而使该部分模糊不清的情况。为了详细表明这些地方的结构、做法及安装工艺要求,可采用放大比例的办法,将这些细部单独画出,这种图称为详图。

有的详图与总图在同一张图纸上,也有的详图与总图不在同一张图纸,这就要求用一种标志将详图与总图联系起来,使读图方便。我们将这种联系详图与总图的标志称为详图索引标志。现举例说明,如图 7-3 所示。

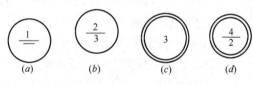

图 7-3　详图标志
(a) 1 号详图与总图画在一张图上;
(b) 2 号详图画在第 3 号图纸上;
(c) 3 号详图被索引在本张图纸上;
(d) 4 号详图被索引在第 2 号图纸上

5. 图线

图线中的各种线条均应符合制图标准中的有关要求。电气工程图中,常用的线型有:粗线、虚线、波浪线、点画线、双点画线、细实线。

(1) 粗实线:在电路图上,粗实线表示主回路。

(2) 虚线:在电路图中,长虚线表示事故照明线路,短虚线表示钢索或屏蔽。

(3) 波浪线:在电路图中,波浪线表示移动式用电设备的软电缆或软电线。

(4) 点画线：在电路图中，点划线表示控制和信号线路。

(5) 双点画线：在电路图中，双点划线表示 36V 及以下的线路。

(6) 细实线：在电路图中，细实线表示控制回路或一般线路。

6. 字体

图纸中的汉字采用直体长仿宋体。图中书写的各种字母和数字，采用斜体（右倾斜与水平线成 75°角），当与汉字混合书写时，可采用直体字。物理量符号用斜体。汉字的笔画粗细为字高的 1/15。各文种字母和数字的笔画粗细约为字高的 1/7 或 1/8。字体的宽度约为高度的 2/3。各种字体从左到右横向书写，排列整齐，不得滥用不规范的简化字和繁体字。

7. 标高

在照明电气图中，为了将电气设备和线路安装或敷设在预想的高度，必须采取一定的规则标出电气设备安装高度。这种在图纸上确定的电气设备的安装高度或线路的敷设高度，称为标高。通常以建筑物室内的地平面作为标高的零点。高于零点的标高，以标高数字前面加"＋"号表示；低于零点的标高，以标高数字前面加"－"号表示，标高的单位用"米"表示，标高的图形符号如图 7-4 所示。

图 7-4　标高
(a) 用于室内平面，剖面图上；
(b) 用于总平面图上的室外地面

7.2.2　电气照明施工图的读图

要看懂电气施工图，必须掌握电气施工图的表示方法。前面介绍了电气照明施工图的基本知识，下面结合实际图例来分析读图的一般方法。

1. 读图步骤和方法

(1) 先看图上的文字说明。主要包括图纸目录、器件明细表、施工说明等。

(2) 读图顺序读图时，按照从系统图到施工平面图，从电源进户线到总配电箱（盘），再从配电箱（盘）沿着各条干线到分配电箱（盘），再从各个分配电箱（盘）沿着各条支线分别读到各个负载的顺序。同时读图时要注意把握好以下几个基本要点：

1) 搞清楚该工程的供电方式和电压。

2) 电源进户线方式：常用的进户线方式有电缆进户（埋地或架空），户外电杆引线入户和沿墙预埋支架敷设导线入户。

3) 干线及支线情况：主要是干线在各层或配电箱之间的连接情况，各条干线或支线接入三相电路的相别，干线和支线的敷设方式和部位。

4) 配线方式：照明配线方式常用的有明敷设（运用绝缘护套线、瓷夹、瓷瓶等）和暗敷设（用塑料或木槽板、穿各种电线管等）。

5) 电气设备的平面布置，安装方式和安装高度等。

6) 施工中应注意的问题。

(3) 读图方式将与该工程有关的图纸资料结合起来认真、仔细对照阅读，包括局部大样图及指定的规范、标准及图集等，通过细读可以使我们进一步了解设计意图，增强对图纸总体的认识，并熟悉"设计说明书"中的内容，以便正确指导施工。

2. 读图举例

如前所述，电气照明施工图是将照明供电系统中的导线、电缆及各种设备，用统一规定的图形、文字符号，按照规定的画法来表达照明供电系统原理和施工方法的图样。因此，电气施工图与电气原理之间就存在着对应的转换。电路原理图可通过量化转化为平面图，例如，图7-5（a）中一个开关控制一盏灯的电路图，其开关是明装还是暗装没有表明，灯是壁灯或是花灯没标明。若用电气施工图例则不能模棱两可了，必须统一并要在图形符号旁或在"施工说明"中，将灯具开关的型号规格列出来，以便于采购、安装。在图7-5（a）中的施工图就标明一只明装单极拉线开关，控制一只普通白炽灯。而图7-5（b）中原理图与图7-5（a）中的原理图一样，但从平面图可看出，是由一只暗装单极开关控制一个球形灯，读者可自行分析图7-5（c）、（d）的原理图和平面图之间的转化。

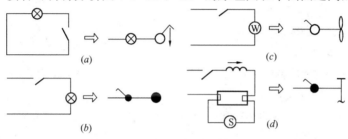

图 7-5 电气原理图转化为平面布置图

示范题

单选题

在电气照明线路布置图中，用哪种线形绘制控制开关到灯具的连接？（　　）

A. 多根实线　　　　B. 单条实线　　　　C. 间断线　　　D. 折线

答案：B

多选题

下面哪些项目是照明施工图中应具备的？（　　）

A. 照明设计说明　　B. 施工进度表　　C. 线路布置图　　D. 费用预算清单

E. 配电系统图

答案：A、C、D

判断题

下面的电气照明布线图是两个拉线开关控制的灯电路：（　　）

答案：错

第8章 变压器

8.1 变压器的配置

变压器台数应根据负荷特点和经济运行进行选择。当符合下列条件之一时，宜装设两台及以上变压器：

(1) 有大量一级或二级负荷；
(2) 季节性负荷变化较大；
(3) 集中负荷较大。

装有两台及以上变压器的变电所，当其中任一台变压器断开时，其余变压器的容量应满足一级负荷及二级负荷的用电。

原规范规定单台变压器（低压为0.4kV）的容量不宜大于1250kVA。当用电设备容量较大、负荷集中且运行合理时，可选用较大容量的变压器。

(1) 当照明负荷较大或动力和照明采用共用变压器严重影响照明质量及灯泡寿命时，可设照明专用变压器；
(2) 单台单相负荷较大时，宜设单相变压器；
(3) 冲击性负荷较大，严重影响电能质量时，可设冲击负荷专用变压器。
(4) 在电源系统不接地或经阻抗接地，电气装置外露导电体就地接地系统（IT系统）的低压的电网中，照明负荷应设专用变压器。

多层或高层主体建筑内变电所，宜选用不燃和难燃型变压器。

在多尘或有腐蚀性气体严重影响变压器安全运行的场所，应选用防尘型或防腐型变压器。

《民用建筑电气设计规范》对变压器有如下规定：

应根据用电负荷的容量及分布，使变压器深入负荷中心，以降低电能损耗和有色金属消耗。在下列情况之一时，宜分散设置配电变压器：

(1) 单体建筑面积大或场地大，用电负荷分散。
(2) 超高层建筑。
(3) 大型建筑群。

对于空调、采暖等季节性负荷所占比重较大的民用建筑，在确定变压器台数、容量时，应考虑变压器的经济运行。

对于空调、采暖等季节性负荷所占比重较大的民用建筑，在确定变压器台数、容量时，应考虑变压器的经济运行。

为减少电压偏差，供配电系统的设计应符合下列要求：

(1) 正确选择变压器的变压比和电压分接头；
(2) 合理减少系统阻抗；
(3) 合理补偿无功功率；
(4) 尽量使三相负荷平衡；

10(6)kV 配电变压器不宜采用有载调压型，但在当地 10(6)kV 电源电压偏差不能满足要求，且用电单位有对电压要求严格的设备，单独设置调压装置技术经济不合理时，也可采用 10(6)kV 有载调压变压器。

变电所符合下列条件之一时，宜装设两台及以上变压器：
(1) 有大量一级负荷及虽为二级负荷但从保安角度需设置时（如消防等）。
(2) 季节性负荷变化较大时。
(3) 集中负荷较大时。

在下列情况下可设专用变压器：
(1) 当动力和照明采用共用变压器严重影响质量及灯泡寿命时，可设照明专用变压器。
(2) 当季节性的负荷容量较大时（如大型民用建筑中的空调冷冻机等负荷），可设专用变压器。
(3) 接线为 Y，yno 的变压器，当单相不平衡负荷引起的中性线电流超过变压器低压绕组额定电流的 25% 时，宜设单相变压器。
(4) 出于功能需要的某些特殊设备（如容量较大的 X 光机等）宜设专用变压器。

具有下列情况之一者，宜选用接线为 D，yn 11 型变压器：
(1) 三相不平衡负荷超过变压器每相额定功率 15% 以上者。
(2) 需要提高单相短路电流值，确保低压单相接地保护装置动作灵敏度者。
(3) 需要限制三次谐波含量者。

设置在一类高、低层主体建筑中的变压器，应选择干式、气体绝缘或非可燃性液体绝缘的变压器；二类高、低层主体建筑中也宜如此，否则应采取防火措施并符合有关规定。

特别潮湿的环境不宜设置浸渍绝缘干式变压器。

低压为 0.4kV 变电所中单台变压器的容量不宜大于 1000kV·A，当用电设备容量较大、负荷集中且运行合理时，可选用较大容量的变压器。

设置在二层以上的三相变压器，应考虑垂直与水平的运输对通道及楼板荷载的影响，如采用干式变压器时，其容量不宜大于 630kV·A。

居住小区变电所内单台变压器容量不宜大于 630kV·A。

8.2 变压器的运行、维护

变压器特殊使用环境代号含义如下：
TA 表示干热地区专用
TH 表示湿热带地区专用
T 表示干湿热带通用

W 表示防轻腐蚀专用

GY 表示高原地区专用

变压器架设在双杆变压器台上时，平台底部距离地面的高度应大于 3 米。

变压器的金属外壳必须有效的接地。

对电力电变压器可以通过负载端的电流表及时了解负荷的变化情况。

为防止变压器内部受潮，在无风晴天的户外进行变压器吊芯检查时，对空气相对湿度要求必须小于 75%。

油浸式变压器中的变压器油可以消除内部放电飞弧，并加强内部散热和绝缘。

为了提高变压器的工作效率，应尽量选用铜损和铁损较小的变压器；在使用上应通过必要措施来改善负载端功率因数。

变压器工作时会在内部产生热量，在合理的温升条件下允许变压器有瞬间的过载。

一般情况下，对变压器每年应进行一次小修。维修后的变压器在重新投入运行前，为了确保大修后的变压器能正常运行，运行前要进行 3 到 5 次的冲击实验。

为了确保新安装变压器能正常运行，同样在运行前也要进行 3 到 5 次的冲击实验。

对正常运行中的变压器进行巡视检查，是发现设备缺陷、保障安全运行的重要方法，同时也是防止事故发生和扩大的有效措施。为了及时发现问题，处理问题，限制事故的发展，应对变压器进行定期和不定期的不停电的外部检查，并把发现的结果记录下来。检查周期可依据负荷情况而定，按周围温度的高低，天气的好坏等分为正常和特殊检查。一般正常巡视半月一次，特殊巡视可根据具体情况和气候的突变情况增加巡视次数。巡视检查时应注意以下几点：

1. 声音是否正常；

2. 检查有无渗油或漏油，油的颜色和油位是否正常，油温是否正常；

3. 负载电流和外壳温度是否超过允许值；

4. 各导线接头有无松动和放电现象，变压器套管是否清洁，有无破损裂纹和放电痕迹；

5. 变压器的接地是否良好，引上线、引下线与接户线是否动位，其安全距离是否满足要求；

6. 变压器配电室或变架附近有无临时堆放的易燃杂物和易燃物品。

大雾天气进行特殊巡视时应重点观察变压器瓷套管有无放电闪烙。

8.3 变压器的故障处理

变压器发生常见故障有：变压器油故障、绕组故障、磁路故障和外部结构性故障。

变压器在运行中往往因长期超负荷运行，绕组短路或接地，以及缺油、进水受潮等原因，使变压器绝缘老化击穿损坏，从而导致发生故障。为预防或减少故障的发生，判断故障有无，耳听法则是常用的方法之一。这些声音对应的故障是：

"咕嘟"声并伴随油温表指示不断上升，一般是变压器油击穿。

"咯咯"间隙声响并伴随配电屏电流表指针摆动，说明系统负荷在快速变化引起铁芯振荡。

"轰轰"的响声大多是变压器低压侧的电力线接地引起的。

"*丝丝*"尖锐声多是变压器过负荷或电压超过额定值引起铁芯磁饱和所致。

"吱吱"多是变压器内部的分接开关（调压开关）接触不良或是杆式跌落熔断器松动所致。

"叭叭"是变压器引出线间或引出线对外壳放电。

"劈劈啪啪"放电声是变压器内部绕组短路。

"叮当"和"呼……呼"变压器的内部声响多是变压器铁芯上有遗留零件和工具。

"叭啦、叭啦"的内部机械声响可能是硅钢片松动或穿芯螺栓螺母未拧紧。

当三相交流供电变压器发生某些故障时，需要拉断高压跌落熔断器，拉断的先后顺序是：

1. 先拉中间相；
2. 再拉背风的一相；
3. 最后拉迎风的一相。

故障排除后合上高压跌落熔断器时的先后顺序是：

1. 先合迎风的一相；
2. 再合背风的一相；
3. 最后合迎风的一相。

变压器发生故障停止供电进行检修时，应先关断低压端电闸，再关断高压端电闸。恢复供电时，应先合上高压端电闸，再合上低压端电闸。

变压器发生故障起火，灭火时的注意事项是：

1. 不可使用普通泡沫灭火器灭火，避免因灭火剂导电而发生触电事故。
2. 不可用水灭火，因变压器油比水轻，会使油随水流造成火势蔓延。
3. 要迅速切断电源。
4. 可使用带绝缘性的灭火剂灭火。如四氯化碳、二氧化碳、"1211"、"1202"、干粉灭火剂等。

变压器内部进行检修时，工作人员进入场地前应登记所携带的使用维修工具名称和数量，维修后应及时清点工具及数量，避免在变压器内部遗留工具造成新的故障。

变压器如果内部受潮，极易发生变压器油被击穿的故障。为确保变压器持续正常供电不间断，可以采用带负荷干燥法处理变压器受潮。具体方法是：把干燥用的真空喷雾滤油机与运行变压器的油路连接好，然后将运行中的热油自变压器底部抽出打入真空喷雾干燥罐内，经喷嘴喷出雾化使其中的水蒸气发成水蒸气，由真空泵抽出至冷凝器成水滴排出。去除水的变压器油再打回变压器，经过一段时间的循环，即可使变压器内部电气绝缘提高。

变压器内部的飞弧放电预示绕组匝间绝缘击穿。夜间可见变压器高压或低压接线柱放电，一般是接触不良、瓷套管有裂纹或者瓷套管表面太脏。

干燥器通常装于变压器变压器顶盖上。在干燥器的玻璃圆筒中装有硅胶。储油柜内的空气通过时，硅胶能吸收潮气。硅胶正常为白色，吸潮后变为蓝色。变色的硅胶可以从干燥器中倒出来，通过在烈日下暴晒使其恢复到白色重新使用。

变压器在加入新变压器油或对内部原有油进行过滤后，24小时之内常会发生气体继电器轻瓦斯动作。这属于正常现象。

变电所配有备用变压器时，当运行中的变压器发生严重故障时，可将供电转切到备用变压器继续供电。例如变压器内部发生某一相短路故障时，只切断单相低压端或高压端都是不可行的，必须及时启用备用变压器以保证供电不中断。

变压器的过电压一般分为两类：外部过电压（雷击过电压）和内部过电压。外部过电压是由雷击引起的；内部过电压是由于电力系统中的参数发生变化时，电磁能振荡和积聚而引起的。两类过电压都会使变压器损坏或绕组主绝缘被击穿。

变压器铁芯接地如断裂或与铁芯接触不良有时会在铁芯与油箱间发生放电。铁芯松动，穿芯夹紧螺杆未拧紧，会出现严重的噪音。铁芯片间绝缘漆擦伤或绝缘层老化会造成变压器空载电流大，损耗增加，温升增高油色变深。穿芯夹紧螺杆与铁轭间的绝缘损坏，或由于铁芯两点以上接地会造成迭片局部过热熔毁。

自耦变压器发生短路故障比双绕组变压器发生短路故障更为危险。短路电流会更大，约为正常运行时额定电流的50~100倍以上。由于短路电流产生的机械应力与电流平方成正比，自耦变压器短路所受机械应力比双绕组变压器大得多，损坏的可能性也大得多。

8.4 变压器的保护

为防止变压器在运行或实验时由静电感应产生悬浮电位对地放电，应将变压器外壳及其上的金属件和设备必须可靠接地。但是紧固铁芯的穿心螺杆不可以接地。对100kVA以上的配电变压器其接地电阻不应大于4Ω。

根据工程需要临时安装的变压器，应放在高于地面0.3m的台子上，并建有围栏，变压器外壳与围栏的距离应保持在0.8m以上。

在供配电线路中应加装保护变压器的自动保护装置。例如避雷器、瓦斯气体继电器、熔断器等。当发生线路断线落地时，应及时跌落式熔断器。

在运行中的变压器如发生如下情况：严重的漏油、防爆管向外喷油、变压器着火等应立即停止运行。

当配电变压器高低压侧保险熔丝熔断或掉闸，首先应检查一次侧保险和防雷间隙是否有短路接地现象。还应检查变压器油是否有冒烟外溢现象，变压器温度是否正常。分别用摇表检测高压或低压侧对地电阻；高低压间的绝缘电阻。再用直流电桥测试线圈的直流电阻；检查三相电阻是否平衡。在全面查清并排除故障后才能运行。

当变压器发生过负荷的增加，线圈温度也会不断增加，也将加速变压器绝缘的老化程度。因此变压器不允许随意过负荷。变压器的过负荷的程度和时间均有规定。例如对冷却系统不能正常工作，内部存在异常未予消除，全天满负荷运行的变压器不得再超负荷运行。变压器过负荷的必须条件是不损坏变压器正常使用期限，过负荷数值不得超过30%。

三相电压不平衡。此时应先检查三相负荷情况。对D，y接线的三相变压器，三相电压不平衡超过10V以上，则必须停电进行修理。

一般要求运行中变压器中性点对地的零序电压应不大于相电压的20%。

为防止变压器内部受潮,在无风晴天的户外进行变压器吊芯检查时,对空气相对湿度要求必须小于75％。

为了确保新安装变压器能正常运行,同样在运行前也要进行3到5次的冲击实验。

变压器干燥、烘干和加热时应注意以下几点来保证安全技术措施:

1. 工作现场应配备一定数量的消防器材和消防工具;
2. 工作现场应尽量少设与工作无关的设备,消除污物,挂出警告牌,架设围栏,围栏内禁止使用明火;
3. 工作人员应建立工作操作守则和安全守则;
4. 工作过程中,必须注意变压器油箱是否渗油,电接触点和导线的加热情况是否符合变压器加热的技术规范;
5. 加热用的电炉和鼓风机应有不透电火花的装置。

示范题
单选题

1) 变压器发生故障起火,灭火时不可使用的手段是哪些?(　　)
   A. 切断变压器电源　B. 泼水灭火　　　C. 四氯化碳灭火　D. 干粉灭火
   答案:B

2) 变压器特殊使用环境代号含义中哪个是代表干热地区专用?(　　)
   A. T　　　　　　　B. TH　　　　　　C. W　　　　　　　D. TA
   答案:D

3) 指出下面哪些设备不是变压器的自动保护装置?(　　)
   A. 熔断器　　　　　B. 瓦斯气体继电器　C. 压力式温度计　D. 避雷器
   答案:C

4) 距点光源1m处与光线方向垂直的被照面的照度为100 lx若此刻与被照面法线成30°时的照度为多少?(　　)
   A. 50 lx　　　　　 B. 17.3 lx　　　　 C. 86.6 lx　　　　D. 25 lx
   答案:C

5) 一只1000lm的白炽灯,安装在球形乳白色玻璃罩内,其透光率为0.8,四周各方向均为多少?(　　)
   A. 128 cd　　　　　B. 200 cd　　　　 C. 64 cd　　　　　D. 800 cd
   答案:C

6) 一个面积为10m²的表面,垂直受到1000lm光通量的照射,则其平均照度为多少?(　　)
   A. 10000 lx　　　　B. 100 lx　　　　 C. 10 lx　　　　　D. 800 lx
   答案:B

7) 当一个点光源距工作面3m远时发出3000cd的光强,此平面上的垂直照度为多少?(　　)
   A. 1000 lx　　　　 B. 333 lx　　　　 C. 250 lx　　　　 D. 318 lx

答案：B

8) 一个点光源距工作面 3m 远，发出的光强为 3000cd，光的入射方向与平面法线的夹角为 60°，此刻平面上该点的照度为多少？（　　）

  A. 166.7 lx   B. 333 lx   C. 288.7 lx   D. 318 lx

答案：A

9) 一个管状的高压钠灯，发光部分的长度为 100mm，直径为 8mm，垂直于柱面的发光强度为 5000cd. 均匀的向四周发光，则灯管表面的亮度为多少？（　　）

  A. 5000000 cd/m² B. 6250000 cd/m² C. 5 cd/m² D. 6.25 cd/m²

答案：B

10) 一张漫反射的稿纸，照度为 1000lx 其表面的反射率为 0.7，则此纸的亮度为多少？（　　）

  A. 700 cd/m²   B. 111 cd/m²   C. 250 cd/m²   D. 223 cd/m²

答案：D

11) 当一个点光源距工作面 5m 远时发出 3000cd 的光强，此平面上的垂直照度为多少？（　　）

  A. 600 lx   B. 120 lx   C. 250 lx   D. 38 lx

答案：B

12) 一个管状的高压钠灯，发光部分的长度为 100mm，直径为 8mm，垂直于柱面的发光强度为 8000cd. 均匀的向四周发光，则灯管表面的亮度为多少？（　　）

  A. 10000000 cd/mm² B. 6250000 cd/mm² C. 5 cd/m² D. 6.25 cd/mm²

答案：A

13) 一张漫反射的稿纸，照度为 800lx 其表面的反射率为 0.8 则此纸的亮度为多少？（　　）

  A. 1000 cd/m² B. 204 cd/m² C. 640 cd/m² D. 318 cd/m²

答案：B

14) 已知某路灯安装高度为 h，在与垂直线呈角度 γ、方位角为 c 方向的发光强度为 $I_{\gamma c}$，则该发光强度所指向的路面一点 A 处的照度是什么？（　　）

  A. 与高度 h 成反比   B. 与高度 h 的平方成反比
  C. 与 $I_{\gamma c}$ 成反比   D. 与 $I_{\gamma c}$ 的平方成反比

答案：B

15) 某路灯光中心 C 距地面垂直高度为 10m，该灯具指向路面上一点 A 的发光强度为 14400cd/m²，C、A 连线与地面法线所成夹角为 60°，则该灯具在 A 点的照度是多少？（　　）

  A. 10lx   B. 14lx   C. 18lx   D. 22lx

答案：C

16) 某一段路共有 3 基路灯，它们各自在路面上 A 点处产生的照度分别为：$E1$、$E2$、$E3$，则 A 点的实际照度是多少？（　　）

  A. $E1+E2+E3$ B. $(E1+E2+E3)/3$

C. 大于（$E1+E2+E3$）　　　　　　D. 小于（$E1+E2+E3$）

答案：A

17）当计算路面平均照度时，如果已知路面上有规律分布的每个点的照度，则平均照度指什么？（　　）

A. 所有照度值之和　　　　　　　　B. 最小照度与最大照度的比值
C. 最小照度与最大照度之和除以2　　D. 所有照度值之和除以照度值总数

答案：D

18）CIE将车辆驾驶员在行驶中观察前方目标的视线角度假定为1°，这是针对其主要的观察距离为车前多少米？（　　）

A. 40～120m　　B. 50～140m　　C. 60～160m　　D. 70～180m

答案：C

19）设某道路路面为标准的暗路面（$S<0.15$），当采用截光型灯具照明时，其平均照度为30lx，则其平均亮度为多少？（　　）

A. 1.00cd/m²　　B. 1.25cd/m²　　C. 1.67cd/m²　　D. 2.50cd/m²

答案：B

20）在宽度为36m的直道路上，以40m间距双侧对称均匀布置双光源路灯，所用光源的光通量为28000lm。假设灯具的利用系数为0.45，维护系数为0.7，则路面的平均照度约为多少？（　　）

A. 24.5 lx　　B. 20.9 lx　　C. 12.25 lx　　D. 6.13 lx

答案：A

21）为防止邻近带电设备的影响，要求高压验电器与带电设备距离在6kV时，大于多少？（　　）

A. 75mm　　B. 100mm　　C. 150mm　　D. 200mm

答案：C

22）隔离板采用干燥木板制成，高度不小于多少？（　　）

A. 1.8m　　B. 1m　　C. 0.5m　　D. 3m

答案：A

23）安全网固定在水平铁上，距地面不小于多少米？（　　）

A. 2m　　B. 3m　　C. 4m　　D. 5m

答案：B

24）用绝缘操作杆操作时，绝缘工具在使用前应详细检查，其有效长度的绝缘电阻值应不低于多少？（　　）

A. 10000MΩ　　B. 5000 MΩ　　C. 1000 MΩ　　D. 10000Ω

答案：A

25）高级光色型的荧光高压汞灯的相关色温是多少？（　　）

A. 2500～3000K　　　　　　　　　B. 3300～3500K
C. 3500～4000K　　　　　　　　　D. 5500～6000K

答案：B

26) 选用高压钠灯工作是和扼流圈镇流器串联在一起的，在设计时应该使电弧电压小于电源电压的多少倍？（　　）

　　A. 1/2　　　　　　B. 1/3　　　　　　C. 1/4　　　　　　D. 1/5

　　答案：A

27) 所有使用扼流圈或漏电抗变压镇流器的电路都有一个低的滞后功率因数，通常为多少？（　　）

　　A. 0.1～0.3　　　　B. 0.2～0.4　　　　C. 0.2～0.5　　　　D. 0.3～0.5

　　答案：D

28) 最常见的汞灯的工作电压均方根值通常是多少？（　　）

　　A. 75～105V　　　　B. 70～110V　　　　C. 95～145V　　　　D. 105～145V

　　答案：C

29) 一般纸质电容器的功率损耗是什么？（　　）

　　A. $0.1 W \cdot \mu f^{-1}$　　B. $0.2 W \cdot \mu f^{-1}$　　C. $0.5 W \cdot \mu f^{-1}$　　D. $0.4 W \cdot \mu f^{-1}$

　　答案：B

30) 一般塑料薄膜电容器的功率损耗是多少？（　　）

　　A. $0.1 W \cdot \mu f^{-1}$　　B. $0.2 W \cdot \mu f^{-1}$　　C. $0.5 W \cdot \mu f^{-1}$　　D. $0.4 W \cdot \mu f^{-1}$

　　答案：C

31) 连接高压钠灯和触发器的导线间的分布电容是和下列哪项成正比的。（　　）

　　A. 导线的截面积　　B. 导线的长度　　C. 导线的材质　　D. 导线的直径

　　答案：B

32) 当频率超过下列哪项时，高强度气体放电灯就会产生声共振。（　　）

　　A. 4kHz　　　　　　B. 3kHz　　　　　　C. 2kHz　　　　　　D. 1kHz

　　答案：D

33) 在道路照明实践中，同时考虑到显示能力和经济性，路面平均亮度应在什么范围？（　　）

　　A. $0.5～1.0 cd \cdot m^{-2}$　　　　　　B. $0.5～1.5 cd \cdot m^{-2}$

　　C. $0.5～2.0 cd \cdot m^{-2}$　　　　　　D. $0.5～2.5 cd \cdot m^{-2}$

　　答案：C

34) 计算最低半柱面照度时可以选择离灯具下方什么位置点？（　　）

　　A. 0.5m　　　　　　B. 0.8m　　　　　　C. 0.6m　　　　　　D. 0.4m

　　答案：A

35) 影响眩光指数 G 的因素中，不属于和道路照明布置有关的因素的是什么？（　　）

　　A. 从灯具垂直面平面上76°高度角方向所看到的灯具的发光面积

　　B. 从眼睛水平线到灯具的垂直距离

　　C. 每千米的灯具数量

　　D. 平均路面亮度

　　答案：A

36) 冲突区布灯时,对灯具的配光和布置提出了要求,80°方向的光强不大于多少?( )

A. 20cd·m^{-2} B. 30cd·m^{-2} C. 40cd·m^{-2} D. 10cd·m^{-2}

答案:B

37) 冲突区布灯时,对灯具的配光和布置提出了要求,90°方向的光强不大于多少?( )

A. 20cd·m^{-2} B. 30cd·m^{-2} C. 40cd·m^{-2} D. 10cd·m^{-2}

答案:D

38) 在实际操作中,可根据隧道类型及采取的不同措施确定隧道趋近段的亮度,其最高亮度为多少?( )

A. 3000~8000cd·m^{-2} B. 2000~6000cd·m^{-2}
C. 1000~7000cd·m^{-2} D. 4000~8000cd·m^{-2}

答案:A

39) 桥梁夜景照明中,从经验值看,被照表面在照明较暗淡的区域,所需要的平均亮度为多少?( )

A. 2cd·m^{-2} B. 3cd·m^{-2} C. 4cd·m^{-2} D. 5cd·m^{-2}

答案:C

40) 桥梁夜景照明中,从经验值看,被照表面在照明比较明亮的区域,所需要的平均亮度为多少?( )

A. 7cd·m^{-2} B. 6cd·m^{-2} C. 4cd·m^{-2} D. 5cd·m^{-2}

答案:B

41) 桥梁夜景照明中,从经验值看,被照表面在照明很明亮的区域,所需要的平均亮度为多少?( )

A. 12cd·m^{-2} B. 13cd·m^{-2} C. 14cd·m^{-2} D. 15cd·m^{-2}

答案:A

42) 从照明效果和节能考虑,立面材料反射比低于多少时,不宜使用投光照明。( )

A. 10% B. 20% C. 30% D. 40%

答案:B

43) 电磁兼容性是指在什么环境中。( )

A. 在干扰环境中 B. 在潮湿环境中 C. 在强光环境中 D. 在正常环境中

答案:A

44) 作为一个系统,总线线路同接地部件应该如何防止辐射造成电磁干扰。( )

A. 一条直线 B. 交叉敷设 C. 大面积环线 D. 平行敷设

答案:C

45) 三相照明线路设总负荷为10kW,额定电压为220V 功率因数为0.8 则其计算电流为多少?( )

A. 97.3A B. 220A C. 32.8A D. 58A

答案：C

46）气体放电灯的功率因数低，可采用并联电容分散个别补偿，其电容 C 可按下式计算 $C = Q_C/(2\pi fU^2 \times 10^{-3})$ 式中 Q_C 是指什么？（ ）

    A. 气体放电灯的功率因数　　　　B. 电容器的无功率
    C. 电容器的有功率　　　　　　　D. 气体放电灯的功率

答案：B

47）工作在 220V 的灯具，其功率因数为 0.7，经计算其"视在功率"是 650W，接入线路后的工作电流应是多少？（ ）

    A. 约 1A　　　B. 约 2A　　　C. 约 3A　　　D. 约 4A

答案：C

48）测某一照明支路电压在 220V 时工作电流是 15A，功率表测得的"有功功率"是 3000W，该支路的功率因数约为多少？（ ）

    A. 95%　　　B. 91%　　　C. 85%　　　D. 98%

答案：B

49）有一 220V 线路准备接入 10 盏高压钠灯，每盏灯标称功耗为 400W，功率因数是 0.4，试算将灯接入电路后电流约是多少？（ ）

    A. 约 30A　　　B. 约 35A　　　C. 约 40A　　　D. 约 45A

答案：D

50）在照明线路中接入 15 盏高压钠灯，每盏灯标称功耗 1000W，功率因数是 0.6，问该线路中视在功率是多少？（ ）

    A. 约 100kW　　　B. 约 15kW　　　C. 约 25kW　　　D. 约 12.5kW

答案：C

51）有 20 盏组合荧光灯，每盏灯标称功耗 120W，功率因数是 0.75，问该线路中的无功功率约是多少？（ ）

    A. 2117W　　　B. 1217W　　　C. 1721W　　　D. 1127W

答案：A

52）一铜金属截面为 25mm²，长约 300m 的线路，经查表在 50℃时每千米电阻率为 0.824Ω，当工作在 35A 电流时产生的电压降是多少？（ ）

    A. 约 5.4V　　　B. 约 8.7V　　　C. 约 10.5V　　　D. 约 12.3V

答案：B

53）有一段 220V 线路其总电阻为 0.285Ω，当灯具最低工作电压为 210V 时，可提供的最大工作电流是多少？（ ）

    A. 约 30A　　　B. 约 40A　　　C. 约 25A　　　D. 约 35A

答案：D

54）现有一个直接工作在 220V 的 LED 组成的小灯，测得"有功功率"为 0.5W，工作电流为 20mA，该灯具的功率因数值是多少？（ ）

    A. 约 0.3　　　B. 约 0.11　　　C. 约 0.95　　　D. 约 0.75

答案：B

55) 220V 分三个支路供电,测得各路工作电流分别为 8.5A,8.0A 和 9.0A,相对应的"有功功耗"分别为 1650W,1700W 和 1780W,总线路的功率因数应是多少?( )
 A. 约 0.91   B. 约 8.5   C. 约 8.0   D. 约 7.8
 答案:A

56) 220V 分三个支路供电,测得各路工作电流分别为 8.5A,8.0A 和 9.0A,相对应的"有功功耗"分别为 1650W,1700W 和 1780W,问线路的总"视在功率"应是多少?( )
 A. 约 5010W   B. 约 6000W   C. 约 5610W   D. 约 5800W
 答案:C

57) 有一工作在 220V 的 440W 灯具,功率因数为 0.5,其工作电流应该是多少?( )
 A. 6A   B. 8A   C. 4A   D. 2A
 答案:C

58) 以 220V 为基准,已知变压器空载额定电压是 105%,变压器内部电压损失为 2.5%,末端灯具允许最低工作电压为 95%,问线路允许最大电压损失为多少?( )
 A. 10%   B. >7.5%   C. <7.5%   D. <5%
 答案:C

59) 一铝金属截面为 25mm² 的线路,经查表在 50℃时每千米电阻率为 1.389Ω,每千米感抗为 0.0947Ω,该电路功率因数是多少?( )
 A. 约 0.998   B. 约 0.988   C. 约 0.978   D. 约 0.899
 答案:A

60) 考虑光源启动电流的影响,照明线路的保护电器,在确定插入式熔断器的额定电流或整定电流时其计算系数最大的光源是什么?( )
 A. 100W 白炽灯   B. 100W 荧光灯
 C. 250W 荧光高压汞灯   D. 250W 高压钠灯
 答案:C

61) 考虑光源启动电流的影响,照明线路的保护电器,在确定断路器的瞬时过流脱扣器额定电流或整定电流时其计算系数最大的光源是什么?( )
 A. 都一样   B. 100W 荧光灯
 C. 250W 荧光高压汞灯   D. 250W 高压钠灯
 答案:A

多选题

1) 运行中的变压器在哪种情况下不需要停止运行。( )
 A. 严重漏油   B. 交流哼声   C. 负载电流变化   D. 变压器着火
 E. 向外喷油
 答案:B、C

2) 巡视检查时应注意是以下哪几点?( )

A. 声音是否正常　　B. 标识位置　　C. 接头有无松动　　D. 变压器型号

E. 渗油或漏油

答案：A、C、E

3）下面关于光的阐述哪几个是正确的？（　　）

A. 光是以电磁波传播的辐射能　　　　B. 可见光的波长范围为 257～780nm

C. 自然界的光包含可见光、紫外线、红外线

D. 能被人感知的光为可见光　　　　E. 红外线波长 100～380nm 之间

答案：A、C、D

4）下述几种对视觉的阐述哪几个是正确的？（　　）

A. 光谱光视效率曲线是反映人眼对不同波长可见光的灵敏度的曲线

B. 人眼对不同波长可见光的灵敏度是不同的

C. 道路照明应该遵循暗视觉的一般规律

D. 在暗视觉的情况下，人眼最高灵敏度的波长向长波方向移动

E. 只要亮度大于 10cd·m² 人眼的光谱光视效率都一样

答案：A、B、E

5）对人眼光色感觉的阐述哪几个是正确的？（　　），

A. 锥状细胞无色感因此在昏暗的环境下人不能分辨颜色

B. 波长长的光色偏红，波长短的光色偏青

C. 在明视觉环境下，人们能清楚的分辨出物体的五颜六色

D. 人眼对不同波长可见光的灵敏度是相同的

E. 波长为 707nm 的光是蓝紫色

答案：B、C

6）反映光源光通量在空间分布的参数以下哪些是错的？（　　）

A. 亮度　　　　B. 光出射度　　　　C. 发光强度　　　　D. 光效

E. 色温

答案：A、B、D

7）描述光源颜色的参量是什么？（　　）

A. 显色指数　　　　B. 色坐标　　　　C. 色温　　　　D. 主波长

E. 温度

答案：B、C、D

8）下述几种光源请指出光源亮度最亮的三种。（　　）

A. 钨丝灯　　　　B. 荧光灯　　　　C. 太阳　　　　D. 碳极弧光灯

E. 蓝天

答案：A、C、D

9）指出三种显色性较好的光。（　　）

A. 黄光　　　　B. 日光　　　　C. 白炽灯光　　　　D. 红光

E. 荧光灯

答案：B、C、E

10) $L = \rho E/\pi$ 这个关系式中 L 是指什么？（　　）
A. 光源的亮度
B. 任何物体的亮度
C. 任何漫反射物体表面的亮度
D. 向四周均匀发光光源的亮度
E. 任何漫反射平面表面的亮度
答案：C、E

11) $L = I/A$ 此关系式中各参数的意义是什么？（　　）
A. I 是面积 A 发出的发光强度
B. I 是面积 A 接受的发光强度
C. L 是光源的表面亮度
D. L 是反射光源的表面亮度
E. I 是面积 A 发出的光通量
答案：A、C、D

12) 余弦定律 $E = I\cos\gamma/h^2$ 中 γ 及 h 的意义是什么？（　　）
A. γ 是光线投射方向与受光面的夹角
B. γ 是光线投射方向与受光面法线的夹角
C. h 是光源到受光面的垂直距离
D. h 是光源到受光面的斜向距离
E. h 是光源到受光面上受光点的距离
答案：B、E

13) 道路照明计算中，下列哪些方法可用于平均照度计算？（　　）
A. 逐点计算法
B. 功率密度法
C. 等照度曲线法
D. 利用系数法
E. 平均光通量法
答案：A，C，D

14) 道路照明计算中，计算路面照度总均匀度可利用的条件有哪些？（　　）
A. 最大照度
B. 最小照度
C. 亮度均匀度
D. 平均照度
E. 换算系数
答案：B，D

15) 道路照明计算中，计算路面亮度总均匀度可利用的条件有哪些？（　　）
A. 最大亮度
B. 最小亮度
C. 亮度均匀度
D. 平均照度
E. 功率密度
答案：B，C，D

16) 一般来说，下列哪二项频率的闪烁可以忽略不计。（　　）
A. 2.0Hz 以下
B. 2.5Hz 以下
C. 3.0Hz 以上
D. 15Hz 以上
E. 10Hz 以上
答案：B、D

17) 下列对控制总线描述正确的有哪些？（　　）
A. 完全与传统照明安装过程相同，十分简单
B. 使用 PC 机或手编程机
C. 只使用 RS232 接口
D. 需要对每个单元模块的每项功能进行反复现场测试和调整
E. 只需要对每个单元模块赋予物理地址即可
答案：B、D

18) 用"无功功率"、"有功功率"和功率因数（cosΦ），求"视在功率"的正确数学表达式是哪些？（　　）

A. "有功功率"/cosΦ
B. "有功功率"+"无功功率"
C. [（"有功功率"^{2}+"无功功率"^{2}）$^{0.5}$]
D. "无功功率"×cosΦ
E. "有功功率"×cosΦ

答案： A、C

19) TT系统接地故障保护时，保证保护电路切断故障回路动作的电流值应满足什么条件？（　　）

A. 当采用熔断器或断路器长延时过流脱扣器时，能在5s内切断故障回路
B. 当采用熔断器或断路器长延时过流脱扣器时，能在3s内切断故障回路
C. 当采用断路器瞬时过流脱扣器时，为保证瞬时动作的最小电流
D. 当采用漏电保护时，为漏电保护器的最大电流
E. 当采用漏电保护时，为漏电保护器的额定电流

答案： A、C、E

判断题

1) 变压器的过电压一般分为两类：外部过电压不会给变压器造成损坏。（　　）

答案： 对

2) 自耦变压器发生短路故障比双绕组变压器发生短路故障更为危险。（　　）

答案： 错

3) 设I_α为与反射面的法线成α角方向上反射面的发光强度，I_{max}是反射面的法线上的发光强度，$I_\alpha = I_{max}\cos\alpha$这个关系式仅符合完全漫反射的材料表面。（　　）

答案： 对

4) 平面中任意一点的照度（与光强方向不垂直）与那点方向的光强及被照面与入射光线的夹角γ的余弦成正比，与光源至计算点的距离d的平方成反比。（　　）

答案： 错

5) 功率因数为0.5的照明电路，"无功功率"是"有功功率"的$\sqrt{3}$倍。（　　）

答案： 对

第 2 篇

高级工应会部分

第 9 章 电气照明基础知识

9.1 供配电线路

※9.1.1 供配电线路及其接线方式

电力线路是电力系统的重要组成部分,担负着输送和分配电能的重要任务。电力线路按电压分,有高压(1kV 以上)线路和低压(1kV 及其以下)线路。

(1) 高压线路的接线方式

供配电系统的高压线路有放射式、树干式和环形等基本接线方式。

1) 放射式接线

图 9-1 是高压放射式线路的电路图。放射式线路之间互不影响,因此供电可靠性较高,而且便于装设自动装置;但是高压开关设备用得较多,且每台高压断路器须装设一个高压开关柜,从而使投资增加。这种放射式线路发生故障或检修时,该线路所供电的负荷都要停电。要提高其供电可靠性,可在各变电所高压侧之间或低压侧之间敷设联络线。要进一步提高其供电可靠性,还可采用来自 2 个电源的 2 路高压进线,然后经分段母线,由 2 段母线用双回路对用户交叉供电。

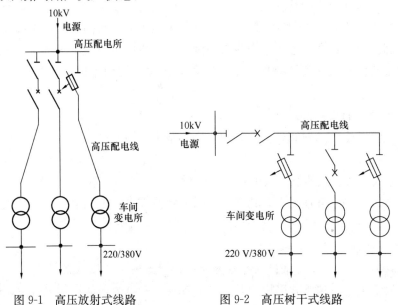

图 9-1 高压放射式线路　　　图 9-2 高压树干式线路

2) 树干式接线

图 9-2 是高压树干式线路的电路图。树干式接线与放射式接线相比,具有以下优点:

多数情况下，能减少线路的有色金属消耗量；采用的高压开关数量较少，投资较省。但有下列缺点：供电可靠性较低，当高压配电干线发生故障或检修时，接于干线的所有变电所都要停电；且在实现自动化方面，适应性较差。要提高供电可靠性，可采用双干线供电或两端供电的接线方式，如图9-3所示。

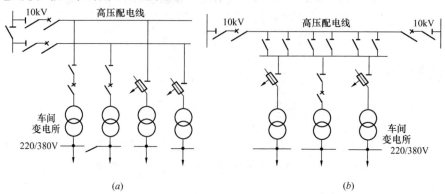

图 9-3 双干线供电和两端供电的接线方式
（a）双干线供电；（b）两端供电

3）环形接线

图9-4是环形接线的电路图。环形接线实质上是两端供电的树干式接线。这种接线在现代化城市电网中应用很广。为了避免环形线路上发生故障时影响整个电网，也为了便于实现线路保护的选择性，大多数环形线路采取"开环"运行方式，即环形线路中有一处开关是断开的。

实际上，高压配电系统往往是几种接线方式的组合，视具体情况而定。不过一般高压配电系统宜优先考虑采用放射式，因为放射式的供电可靠性较高，且便于运行管理。但放射式采用的高压开关设备较多，投资较大，因此对于供电可靠性要求不高的车间变电所辅助生产区和生活住宅区，可考虑图9-4高压环形接线采用树干式或环形供电，这样比较经济。

（2）低压线路的接线方式

低压配电线路也有放射式、树干式和环形等基本接线方式。

1）放射式接线

图9-5是低压放射式接线。放射式接线的特点是：其引出线发生故障时互不影响，供电可靠性较高，但是一般情况下，其有色金属消耗量较多，采用的开关设备也较多。放射式接线多用于设备容量大或对供电可靠性要求高的设备配电。

2）树干式接线

图9-6（a），（b）是2种常见的低压树干式接线。树干式接线的特点正好与放射式接线相反，一般情况下，树干式采用的开关设备较少，有色金属消耗量也较少，但干线发生故障时，影响范围大，因此供电可靠性较低。树干式接线在机械加工车间、工具车间和机修车间等应用比较普遍，而且多采用成套的封闭型母线，灵活方便，也比较安全，适于供电给容量较小而分布较均匀的用电设备；或照明备如机床、小型加热炉等。图9-6（b）所

示"变压器-干线组"接线，图 9-5 低压放射式接线省去了变电所低压侧整套低压配电装置，从而使变电所结构大为简化，投资大为降低。

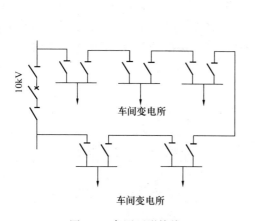

图 9-4　高压环形接线

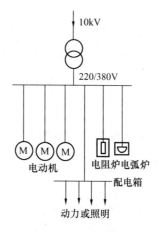

图 9-5　低压放射式接线

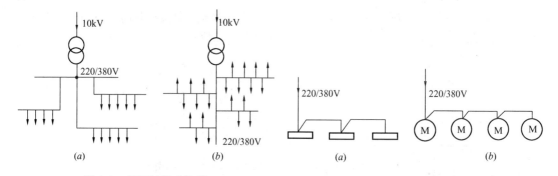

图 9-6　低压树干式接线
（a）低压母线放射式配电的树干式；
（b）低压"变压器-干线组"的树干式

图 9-7　低压链式接线
（a）连接配电箱；（b）连接电动机

图 9-7（a），（b）是一种变形的树干式接线，通常称为链式接线。链式接线的特点与树干式基本相同，适用于用电设备彼此相距很近、而容量均较小的次要用电设备。链式相连的设备一般不宜超过 5 台，链式相连的配电箱不宜超过 3 台，且总容量不宜超过 10kW。

3）环形接线

图 9-8 是由 1 台变压器供电的低压环形接线。

一些配电变电所低压侧，也可以通过低压联络线相互连接成为环形。

环形接线供电可靠性较高，任意一段线路发生故障或检修时，都不致造成供电中断，或只短时停电，一旦切换电源的操作完成，即能恢复供电。环形接线可使电能损耗和电压损耗减少，但是环形系统的保护装置及其整定配合比较复杂，如配合不当，容易发生误动作，反而扩大故障停电范围。实际上，低压环形线路也多采用"开环"方式运行。在低压配电系统中，往往是采用几种接线方式的组合，视具体情况而定。

总之，电力线路（包括高压和低压线路）的接线应力求简单。运行经验证明，供电系统如果接线复杂，层次过多，不仅浪费投资，维护不便，而且由于电路串联的元件过多，因操作错误或元件故障，图9-8低压环形接线而产生的事故也随之增多，事故处理和恢复供电的操作也比较麻烦，从而延长了停电时间。同时由于配电级数多，继电保护级数也相应增多，动作时间也相应延长，对供电系统的故障保护十分不利。因此《供配电系统设计规范》（GB 50052—95）规定："供电系统应简单可靠，同一电压供电和系统的变配电级数不宜多于两级。"此外，高低压配电线路都应尽可能深入负荷中心，以减少线路的电能损耗和有色金属消耗量，提高电压水平。

※9.1.2 供配电线路的结构和敷设

建筑供配电系统中的电力线路有架空线路、电缆线路、室内配电线路等。

（1）架空线路的结构和敷设

由于架空线路与电缆线路相比有较多优点，如成本低、投资少、安装容易、维护和检修方便，易于发现和排除故障等，所以架空线路应用广泛。

架空线路由导线、电杆、绝缘子和线路金具等主要元件组成，见图9-9。为了防雷，有的架空线路上还装设有避雷线（架空地线）。为了加强电杆的稳固性，有的电杆还安装有拉线或扳桩。

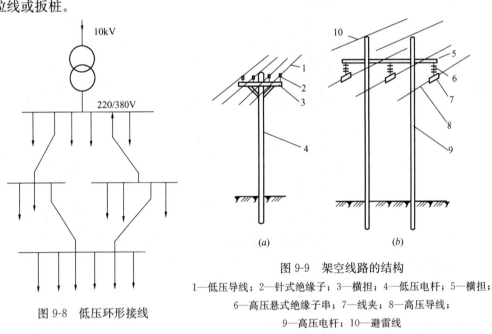

图9-8　低压环形接线

图9-9　架空线路的结构
1—低压导线；2—针式绝缘子；3—横担；4—低压电杆；5—横担；
6—高压悬式绝缘子串；7—线夹；8—高压导线；
9—高压电杆；10—避雷线

1）架空线路的导线

导线是线路的主体，担负着输送电能的功能。它架设在电杆上边，要经常承受自身重力和各种外力的作用，并要承受大气中各种有害物质的侵蚀。因此，导线必须具有良好的导电性，同时要具有一定的机械强度和耐腐蚀性，尽可能质轻而价廉。

导线材质有铜、铝和钢。铜的导电性最好（电导率为53MS/m），机械强度也相当高（抗拉强度约为380MPa），铜是贵重金属，应尽量节约；铝的机械强度较差（抗拉强度约为 160MPa），但其导电性较好（电导率为 32MS/m），且具有质轻、价廉的优点。根据我国资源情况，能以铝代铜的场合，尽量采用铝导线。钢的机械强度很高（多股钢绞线的抗拉强度达 1200MPa），而且价廉，但其导电性差（电导率为 7.52MS/m），功率损耗大（对交流电流还有铁磁损耗耗，并且容易锈蚀，因此在架空线路上一般不用钢线。

架空线路一般采用裸导线。裸导线按其结构分，有单股线和多股绞线。供电系统一般采用多股绞线。在机械强度要求较高和 35kV 及其以上的架空线路上，则多采用钢芯铝绞线。其横截面结构，如图 9-10 所示。这种导线的钢芯，用以增强导线的抗拉强度，弥补铝线机械强度较差的缺点，而其外围用铝线，取其导电性较好的优点。由于交流电流在导线中的集肤效应，交流电流实际上只从铝线通过，从而克服了钢线导电性差的缺点。钢芯铝线型号中表示的截面积就是其导电的铝线部分的截面积。例如 LGJ-120，120 表示钢芯铝线中铝线的截面积，mm^2。

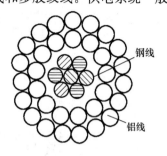

图 9-10 钢芯铝线截面

2) 电杆、横担和拉线

电杆是支持导线的支柱，是架空线路的重要组成部分。对电杆的要求主要是要有足够的机械强度，同时尽可能经久耐用、价廉、便于搬运和安装。

电杆按其采用的材料分，有木杆、水泥杆和铁塔等。其中，水泥杆应用最为普遍，因为它可节约大量的木材和钢材，而且经久耐用，维护简单，也比较经济。

电杆按其在架空线路中的功能和地位分，有直线杆、分段杆、转角杆、终端杆、跨越杆和分支杆等。图 9-11 是上述各种杆型在低压架空线路上应用的示意图。

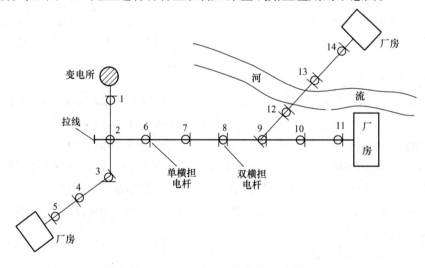

图 9-11 各种杆型在低压架空线路上的应用
1, 5, 11, 14—终端杆；2, 9—分支杆；3—转角杆；
4, 6, 7, 10—直线杆（中间杆）；8—分段杆（耐张杆）；12, 13—跨越杆

横担是安装在电杆的上部，用来安装绝缘子以架设导线。常用的横担有木横担、铁横担和瓷横担。现在普遍采用的是铁横担和瓷横担。瓷横担是我国独创的产品，具有良好的电气绝缘性能，兼有绝缘子和横担的双重功能，能节约大量的木材和钢材，有效地利用杆

塔高度，降低线路造价。瓷横担在断线时能够转动，以避免因断线而扩大事故，同时由于它表面光滑便于雨水冲洗，可减少线路维护工作。另外由于它结构简单，安装方便，可加快施工进度，是绝缘子和横担方面的发展方向之一。但瓷横担比较脆，安装和使用中必须注意。图 9-12 是高压电杆上安装的瓷横担。

拉线是为了平衡电杆各方面的作用力，并抵抗风压、防止电杆倾倒而使用的，如终端杆、转角杆、分段杆等往往都装有拉线。拉线的结构，如图 9-13 所示。

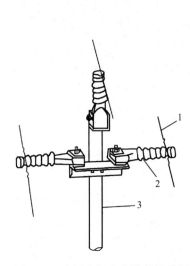

图 9-12　高压电杆上安装的瓷横担
1—高压导线；2—瓷横担；
3—电杆

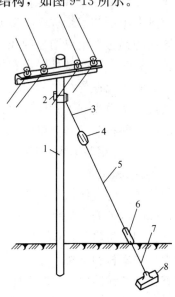

图 9-13　拉线的结构
1—电杆；2—拉线的抱箍；3—上把；4—拉线绝缘子；
5—腰把；6—花篮螺钉；7—底把；8—拉线底盘

3) 线路绝缘子和金具

绝缘子又称瓷瓶，用来将导线固定在电杆上，并使导线与电杆绝缘。因此对绝缘子既要求具有一定的电气绝缘强度，又要求具有足够的机械强度。线路绝缘子按电压高低分低压绝缘子和高压绝缘子 2 大类。图 9-14 是高压线路绝缘子的外形结构。

线路金具是用来连接导线、安装横担和绝缘子等的金属附件，如图 9-15 所示。它包括安装针式绝缘子的直脚和弯脚，安装蝴蝶式绝缘子的穿芯螺钉，将横担或拉线固定在电杆上的 U 形抱箍，调节拉线松紧的花篮螺钉，以及悬式绝缘子串的挂环、挂板、线夹等。

4) 架空线路的敷设

①敷设的要求和路径的选择

敷设架空线路，要严格遵守有关技术规程的规定。整个施工过程中，要重视安全教育，采取有效的安全措施，特别是立杆、组装和架线时，更要注意人身安全，防止发生事故，竣工以后，要按照规定的手续和要求进行检查和验收，确保工程质量。

选择架空线路的路径时，应考虑以下原则：

a. 路径短，转角少。

b. 交通运输方便，便于施工架设和维护。

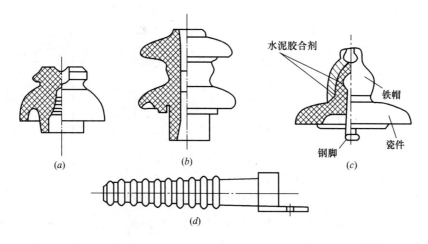

图 9-14 高压线路绝缘子
(a) 针式；(b) 蝴蝶式；(c) 悬式；(d) 瓷横担

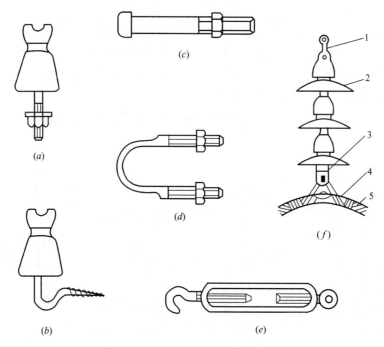

图 9-15 架空线路用金具
(a) 直脚及绝缘子；(b) 弯脚及绝缘子；(c) 穿芯螺钉；(d) U形抱箍；(e) 花篮螺钉；(f) 悬式绝缘子串及金具
1—球头挂环；2—绝缘子；3—碗头挂板；4—悬垂线夹；5—架空导线

  c. 尽量避开河汊和雨水冲刷地带及易撞、易燃、易爆和危险的场所。
  d. 不应引起机耕、交通和行人困难。
  e. 应与建筑物保持一定的安全距离。
  f. 应与工厂和城镇的建设规划协调配合，并适当考虑今后的发展。
  ② 导线在电杆上的排列方式
  三相四线制低压架空线路的导线，一般都采用水平排列，如图 9-16 (a) 所示。由于

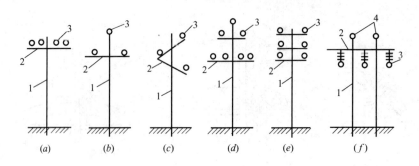

图 9-16 导线在电杆上的排列方式
1—电杆；2—横担；3—导线；4—避雷线

中性线的电位在三相对称时为零，而且其截面也较小，机械强度较差，所以中性线一般架设在靠近电杆的位置。

三相三线制架空线路的导线，可三角形排列，如图 9-16（b）所示；也可水平排列，如图 9-16（f）所示。

多回路导线同杆架设时，可三角、水平混合排列，如图 9-16（d）所示，也可全部垂直排列，如图 9-16（e）所示。电压不同的线路同杆架设时，电压较高的线路应架设在上面，电压较低的线路则架设在下面。

③架空线路的档距、弧垂及其他距离

架空线路的档距（又称跨距），是指同一线路上相邻 2 根电杆之间的水平距离，如图 9-17 所示。

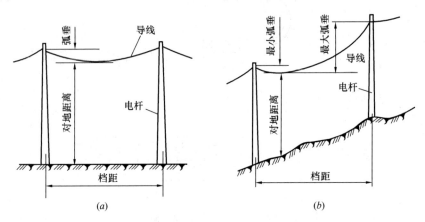

图 9-17 架空线路的档距和弧垂
（a）平地；（b）坡地

导线的弧垂（又称弛垂），是架空线路 1 个档距内导线最低点与两端电杆上导线悬挂点间的距离，是由于导线存在着荷重所形成的。弧垂不宜过大，也不宜过小，过大则在导线摆动时容易引起相间短距，而且可造成导线对地或对其他物体的安全距离不够；过小则使导线内应力增大，在天冷时可能收缩绷断。

架空线路的线路距离、导线对地面和水面的最小距离、架空线路与各种设施接近和交叉的最小距离等，在有关技术规程中均有规定，设计和安装时必须遵循。

(2) 电缆线路的结构和敷设

电缆线路与架空线路相比,具有成本高、投资大、维修不便等缺点,但是它具有运行可靠、不易受外界影响、不需架设电杆、不占地面、不碍观瞻等优点,特别是在有腐蚀性气体和易燃、易爆场所,不宜架设架空线路时,只有敷设电缆线路。在现代化建筑供配电系统中,电缆线路得到了越来越广泛的应用。

1) 电缆和电缆头

电缆是一种特殊的导线,在几根(或单根)绞绕的绝缘导电芯线外面,统一包有绝缘层和保护层。保护层又分内护层和外护层。内护层用以直接保护绝缘层,外护层用以防止内护层受机械损伤和腐蚀。外护层通常为钢带构成的钢铠,外覆麻被、沥青或塑料护套。

电缆的类型很多。供电系统中常用的电力电缆,按其缆芯材质分铜芯和铝芯2大类。按线芯数分单芯、2芯、3芯、4芯、5芯电力电缆。按其采用的绝缘介质分油浸纸绝缘、塑料绝缘、橡皮绝缘电缆等。油浸纸绝缘电力电缆具有耐压强度高、耐热性能好和使用年限较长等优点,因此应用相当普遍,如图9-18所示。但是工作时,其中的浸渍油会流动,因此它的两端安装高度差有一定的限制,否则电缆低的一端可能因油压过大而使端头胀裂漏油,而高的一端则可能因油流失而使绝缘干枯,耐压强度下降,甚至击穿损坏。

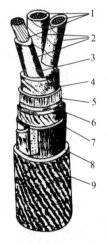

图9-18 油浸纸绝缘电力电缆
1—缆芯(铜芯或铝芯);2—油浸纸绝缘层;3—麻筋(填料);4—油浸纸(统包绝缘);5—铅包;6—涂沥青的纸带(内护层);7—浸沥青的麻被(内护层);8—钢铠(外护层);9—麻被(外护层)

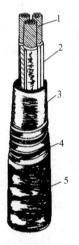

图9-19 交联聚乙烯绝缘电力电缆
1—缆芯(铜芯或铝芯);2—交联聚乙烯绝缘层;3—聚氯乙烯护套(内护层);4—钢铠或铝铠(外护层);5—聚氯乙烯外套(外护层)

塑料绝缘电缆是后来发展起来的,具有结构简单、制造加工方便、质量较轻、敷设安装方便、不受敷设高度限制以及能防酸碱腐蚀等优点,因此它在供电系统中逐步取代黏性油浸纸绝缘电缆。目前我国生产的聚氯乙烯绝缘及护套电缆,已生产至10kV电压等级。交联聚乙烯绝缘电力电缆,如图9-19所示,其电气性能更优越,现已生产至110kV电压等级。有低毒难燃性防火要求的场所,可采用交联聚乙烯、聚乙烯、乙丙橡胶等不含卤素的电缆。60℃以上的高温场所,应按经受高温及其持续时间和绝缘要求,选用耐热聚氯乙烯、交联聚乙烯、辐照式交联聚乙烯或乙丙橡胶绝缘等适合的耐热型电缆。100℃以上高温，宜采用矿物绝缘电缆。

电力电缆型号的含义及其选择条件（环境条件和敷设方式要求等），详见有关设计手册。必须注意：在考虑电缆线芯材质时，一般情况下应按"节约用铜"原则，尽量选用铝芯电缆。但用于下列情况的电力电缆应采用铜芯：

①振动剧烈、有爆炸危险或对铝有腐蚀等严酷的工作环境。

②安全性、可靠性要求高的重要回路。

③耐火电缆及紧靠高温设备的电缆等。

电缆头包括电缆中间接头和电缆终端头。运行经验表明，电缆头是电缆线路中的薄弱环节，电缆线路的大部分故障都发生在电缆接头处。由于电缆头本身的缺陷或者安装质量上的问题，往往造成短路故障，引起电缆头爆炸，破坏了电缆线路的正常运行。因此，电缆头的安装质量十分重要，密封要好，其耐压强度不应低于电缆本身的耐压强度，要有足够的机械强度，且体积尽可能小，结构简单，安装方便。

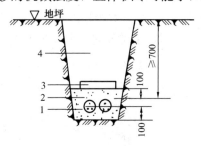

图 9-20 电缆直接埋地敷设
1—电力电缆；2—砂；
3—保护盖板；4—填土

2) 电缆的敷设

①电缆的敷设方式

常见的电缆敷设方式有直接埋地敷设（见图 9-20）、利用电缆沟（见图 9-21）和电缆桥架敷设（见图 9-22）、电缆隧道、电缆排管等。

②电缆敷设路径和选择

选择电缆敷设路径时，应考虑以下原则：

a. 避免电缆遭受机械性外力、过热、腐蚀等危害。

b. 在满足安全要求条件下应使电缆较短。

c. 便于施工、维护。

d. 应避开将要挖掘施工的地方。

③电缆敷设的一般要求

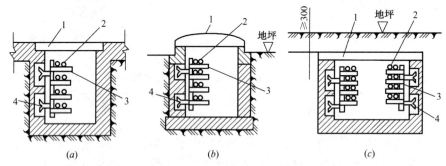

图 9-21 电缆在电缆沟内敷设
(a) 户内电缆沟；(b) 户外电缆沟；(c) 厂区电缆沟
1—盖板；2—电缆；3—电缆支架；4—预埋铁件

敷设电缆，一定要严格遵守有关技术规程的规定和设计的要求，竣工以后，要进行检查和验收，确保线路的质量。部分重要的技术要求如下：

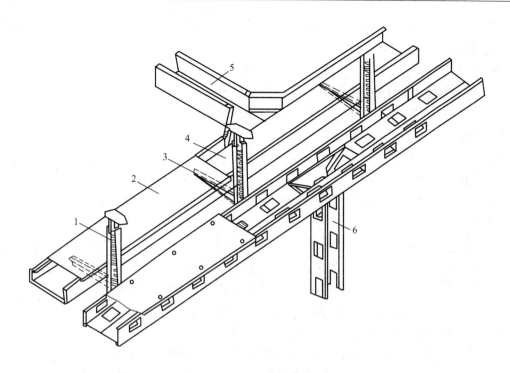

图 9-22 电缆桥架
1—支架；2—盖板；3—支臂；4—线槽；5—水平分支线槽；6—垂直分支线槽

A. 电缆长度宜按实际线路长度考虑5%～10%的裕量，作为安装、检修时备用。直埋电缆应做成波浪形埋设。

下列场合的非铠装电缆应采取穿管保护：电缆引入或引出建筑物或构筑物；电缆穿过楼板及主要墙壁处；从电缆沟道引出至电杆，或沿墙敷设的电缆距地面2m高度及埋入地下小于0.3m深度的一段；电缆与道路交叉的一段。所用保护管的内径不得小于电缆外径或多根电缆包络外径的1.5倍。

B. 多根电缆敷设在同一通道中位于同侧的多层支架上时，应按下列要求进行配置：

a. 应按电压等级由高至低的电力电缆、强电至弱电的控制和信号电缆、通信电缆的顺序排列；

b. 支架层数受通道空间限制时，35kV及其以下的相邻电压级电力电缆，可排列同一层支架，1kV及其以下电压级电缆也可与强电控制和信号电缆配置在同一层支架上；

c. 同一重要回路的工作与备用电缆实行耐火分隔时，宜适当配置在不同层次的支架上。

C. 明敷的电缆不宜平行敷设于热力管道上部。电缆与和管道之间无隔板防护时，相互间距应符合《电力工程电缆设计规范》(GB 50217—94) 中的允许距离。

D. 电缆应远离爆炸性气体释放源。

a. 易燃气体密度比空气大时，电缆应在较高处架空敷设，且对非铠装电缆采取穿管或置于托盘、槽盒内等机械性保护；

b. 易燃气体比空气轻时，电缆应敷设在较低处的管、沟内，沟内非铠装电缆应埋沙。

E. 电缆沿输送易燃气体的管道敷设时,应配置在危险程度较低的管道一侧,且应符合下列规定:

a. 易燃气体密度比空气大时,电缆宜在管道上方;
b. 易燃气体密度比空气小时,电缆宜在管道下方。

F. 直埋敷设于非冻土地区的电缆,其外皮至地上构筑物基础的距离不得小于0.3m;至地面的距离不得小于0.7m;当位于车行道或耕地的下方时,应适当加深,至地面距离不得小于1m。电缆直埋于冻土地区时,宜埋入冻土层以下。直埋敷设的电缆,严禁位于地下管道的正上方或下方。有化学腐蚀的土壤中,电缆不宜直埋敷设。

G. 同一路径的电缆数量不足20根时,宜采用电缆沟敷设;多于20根时宜采用电缆隧道敷设。

H. 电缆沟、隧道应有通风防水措施,底部应设有0.5%坡向电缆井内的积水坑。

I. 电缆沟进入建筑物时应设防火墙,电缆隧道进入建筑物处应设带门的防火墙。

J. 电缆引入线穿墙过管宜不小于ϕ100钢管,供电单位维护管理时应为ϕ150钢管。

K. 采用预分支电缆布线时,应根据电缆最大直径预留穿楼板洞口,同时还应在电缆干线的最顶端的楼板上预留吊钩,以便固定主干电缆。

L. 电缆桥架布线适用于同一路径的电缆数量较多或用电设备较集中的场所。

a. 电缆桥架、托盘水平敷设时其距地高度不宜低于2.5m,垂直敷设时其距地高度不宜低于1.8m,否则应加金属盖板保护,但敷设在电气专用房间内时除外。

b. 电缆桥架多层敷设时,其层间距离一般可按下列原则选取:电力电缆间不应小于0.3m;电力电缆与弱电电缆间不应小于0.5m;控制电缆间不应小于0.2m;桥架上部距顶棚、楼板或结构梁等障碍物不应小于0.5m。

c. 不同电压、不同用途的电缆,不宜敷设在同一层桥架上。例如,1kV及其以下与1kV以上的电缆,双回路电源电缆;应急电源与正常电源电缆线路;强电与弱电电缆。

d. 电缆桥架上的电缆应在电缆首端、末端以及每隔30～50m处,设有电缆干线编号、型号、用途等标记。

e. 电缆桥架在通过防火墙及防火楼板时,应采用无机防火堵料封堵。

9.2 照明配电箱

9.2.1 照明配电箱的选择

配电箱是线路分支时的接头连接处,也是线路控制开关及保护电器的安装场所。目前建筑物中所使用的照明配电箱都是标准的定型产品,配合断路器及漏电保护器的安装。照明配电箱分为明装式和嵌入式两种,主要由箱体、箱盖、汇流排(接线端子排)、断路器安装支架等部分组成。箱体由薄钢板制成(房间开关箱可为塑料制品),箱盖拉伸成盘状,断路器手柄外露,打开盖门可操作断路器。带电部分均被箱盖遮盖,箱体上、下两面设有敲落孔,可根据安装需要任意敲落。当断路器未装满留有空位时,用配套的遮片遮盖窗口,使配电箱整齐美观。

照明配电箱型号较多，常用的有 XXM、XRM、PXT 系列，其外形如图 9-23 所示。

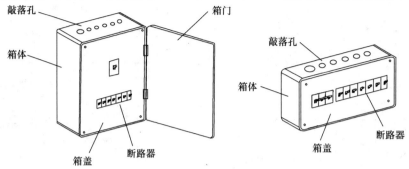

图 9-23　照明配电箱外形

PXT 系列照明配电箱的型号及各部分的意义如下：

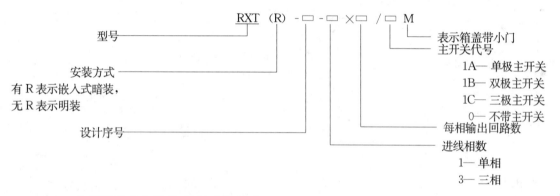

PXT 系列照明配电箱的主要型号见表 9-1。

PXT 系列照明配电箱　　　　　　　　　表 9-1

单相进线	三相进线	单相进线	三相进线
PXT-1-1×4/1B	PXT-2-3×2/1C	PXT-1-1×9/0	PXT-2-3×8/1C
PXT-1-1×5/1A	PXT-2-3×3/1C	PXT-1-1×10/1B	PXT-2-3×10/1C
PXT-1-1×6/0	PXT-2-3×4/1C	PXT-1-1×11/1A	
PXT-1-1×7/1B	PXT-2-3×5/1C	PXT-1-1×12/0	
PXT-1-1×8/1A	PXT-2-3×6/1C		

选择照明配电箱时，首先考虑配电箱的安装方式，明装时选择悬挂式的照明配电箱，暗装时选择嵌入式的照明配电箱；其次考虑配电箱是否能够容纳所要安装的断路器。照明配电所用的小型断路器均为标准产品，断路器额定电流在 100A 以下时，单极（1P）的宽度为 18mm；额定电流在 100A 及以上时，单极（1P）的宽度为 27mm。带漏电保护的小型断路器，额定电流在 50A 以下时，单相漏电保护单元宽度为 27mm，三相漏电保护单元宽度为 36mm；额定电流在 50A 及以上时，单相漏电保护单元宽度为 36mm，三相漏电保护单元宽度为 45mm。

例如图 9-24（a）的层配电箱进线为三相电源带三极主开关，每相输出 2 回路，可选用型号为 PXT-2-3×2/1C 的配电箱。图 9-25（a）的房间开关箱，进线为单相电源带双极

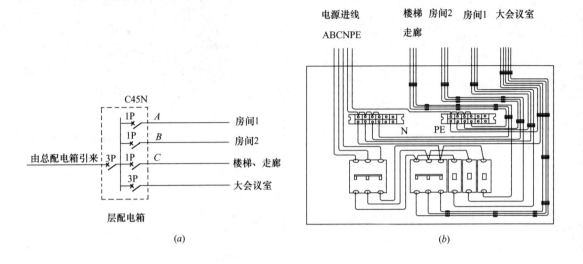

图 9-24 某房间开关箱安装接线示意图
(a) 系统图；(b) 接线图

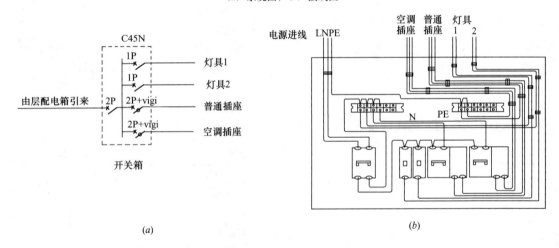

(a)

图 9-25 某房间开关箱安装接线示意图

主开关，出线为四个单极断路器带一个单相漏电保护单元，安装总宽度为 7.5P，可选用 PXT-1-1×7/1B 型配电箱，安装后空余位置用塑料片遮盖。

9.2.2 照明配电箱的接线

照明配电箱线路进出有上进上出、上进下出、下进下出等几种，箱内装有断路器、漏电保护器、熔断器、电度表等电器。目前建筑照明供配电系统均为 TN-S 系统，配电箱内设有零线（N 线）接线端子排和接地保护线（PE 线）接线端子排。接线时应按照设计图纸进行，配电箱内电线应排列整齐美观，连接牢靠。竖直安装的电器应上端接电源侧，下端接负载侧；水平安装的电器应左端接电源侧，右端接负载侧。

如图 9-24 所示为某层配电箱的系统图及箱内接线示意图。

当配电箱内装设有漏电保护器时，应根据漏电保护器的极数正确接线。如图9-25所示为装设有单相漏电保护器的房间开关箱的系统图与接线图。图9-26为零线（N）和接地保护线（PE）的接线端子排连接示意图。

9.2.3 漏电保护器及接线

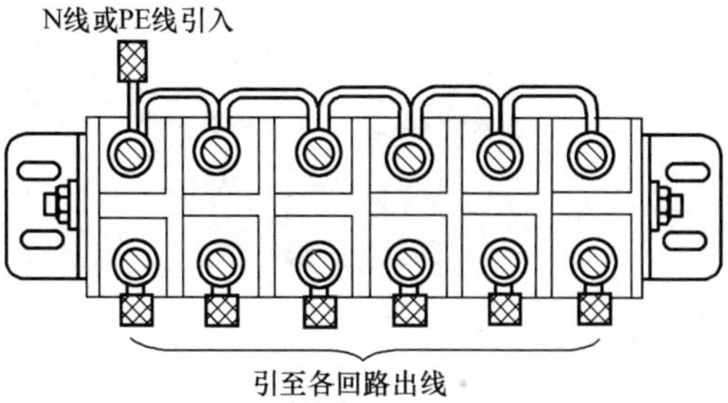

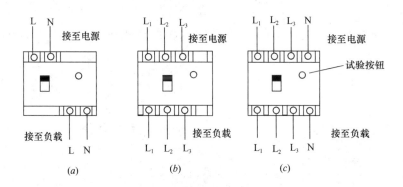

图9-26 接线端子排连接示意图

独立的漏电保护器有单相、三相之分，三相漏电保护器又分为三相三线和三相四线两种。照明线路的插座支路及其他易发生触电危险的支路均需装设漏电保护器，一般选用漏电动作电流为30mA的漏电保护器，潮湿场所则选用漏电动作电流为15mA的漏电保护器。三相三线漏电保护器主要用于电动机的漏电保护，三相四线漏电保护器主要用于照明干线的漏电保护，其漏电动作电流一般为100～1000mA。如图9-27所示为漏电保护器的接线示意图。

图9-27 漏电保护器接线示意图
(a) 单相；(b) 三相三线；(c) 三相

漏电保护器与断路器合为一个整体时，称为漏电断路器。漏电断路器有1P+N、2P、3P、3P+N、4P等5种形式，1P+N、2P用于单相线路，3P用于三相三线线路，3P+N、4P用于三相四线线路。其接线原理如图9-28所示。

9.2.4 电度表及接线

电度表的种类较多，从工作原理及其使用功能分，有机械式电度表、电子式预付费电度表、智能型自动抄表电度表等；从相数分，有单相电度表、三相三线电度表、三相四线电度表等；从测量对象分，有有功电度表、无功电度表等。普通机械式电度表中，单相的如DD862系列，三相的如DFIB62系列，选用时应根据线路的形式、工作电压、工作电流进行，电度表的额定电流应和线路工作电流相适应。当线路的工作电流较大时，应配合相应的电流互感器。如图9-29所示为单相和三相有功电度表的直接接线示意图，图9-30为三相有功电度表经电流互感器接线示意图。

217

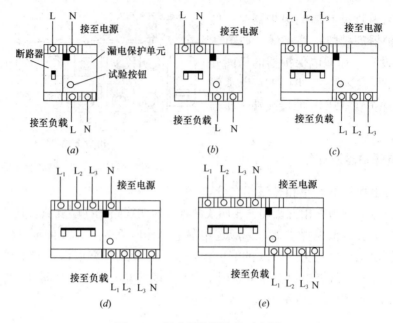

图 9-28 漏电断路器接线示意图

（a）单相 1P；（b）单相 2P；（c）三相三线 3P；（d）三相四线 3P+N；（e）三相四线 4P

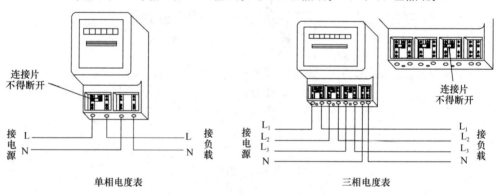

图 9-29 电度表直接接线

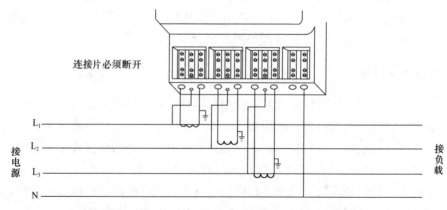

图 9-30 三相电度表经电流互感器接线

示范题
单选题
1) 供配电系统设计规范规定，同一电压供电和系统的变配电级数不宜多于多少？（ ）
A. 两级   B. 三级   C. 四级   D. 五级
答案：B

2) 配电箱的操作手柄与侧墙的距离应不小于多少？（ ）
A. 200mm   B. 250mm   C. 300mm   D. 350mm
答：A

多选题
下列各配电箱哪几种型号是单相进线。（ ）
A. PXT-1-1×7/1B   B. PXT-2-3×6/1C
C. PXT-2-3×8/1C   D. PXT-1-1×5/1A
E. PXT-2-3×4/1C
答：A、D

判断题
1) 照明配电箱预埋螺栓的长度应为螺栓的埋设深度。（ ）
答：错

2) 照明配电箱（盘）内配线应整齐，同一端子上的导线连接不多于 2 根、防松垫圈等零件应齐全。（ ）
答：对

第10章 图形符号

10.1 常用图形符号

名称	图形符号	名称	图形符号
球形灯	●	聚光灯	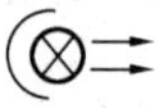 ⊗→
局部照明灯	☾	泛光灯	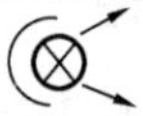 ⊗⇒
矿山灯	⊖	双极开关	明装双极开关 / 暗装双极开关 / 防水双极开关 / 防爆双极开关
安全灯	⊖		
防爆灯	 ○		
防水防尘灯	 ⊗		
深照型灯	△	三极开关	明装三极开关 / 暗装三极开关 / 防水三极开关 / 防爆三极开关
事故照明灯	✳		
自带电源的事故照明灯（应急灯）	⊠		
开关一般符号	○	荧光灯（日光灯）	荧光灯一般符号 / 双管灯 / 3管灯 / 5管灯
单极开关	明装开关 / 暗装开关 / 防水（密闭）开关 / 防爆开关		
		防爆荧光灯	├──◄
		定时器（限时装置）	t
广照型灯	◠	定时开关	
天棚灯、吸顶灯	⌣	钥匙开关	
花灯（吊灯）	 ⊗		
弯灯（马路弯灯）		单极拉线开关	暗 / 明 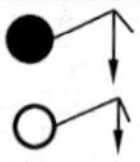
壁灯			
投光灯	 ⊗	单极双控拉线开关	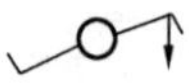

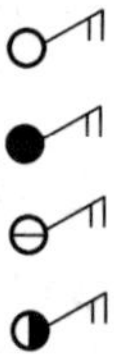

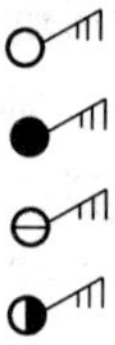

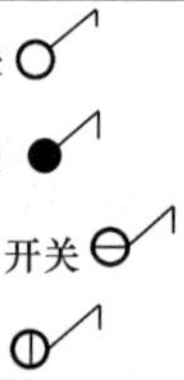

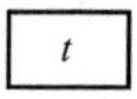

续表

名称	图形符号	名称	图形符号
单极即时开关		吊扇	
双控开关（单极三线）		热水器	
具有指示灯的开关		感应加热炉	
多拉开关（如用于不同照度）		架空线路	
调光开关		具有隔离变压器的插座	
按钮	管通形 密闭形 防爆形 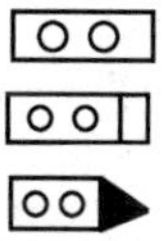	电信插座（多媒体插座）	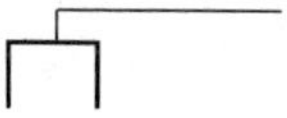 用下列文字符号区分： TP—电话　PC—电脑 TI—电传　TV—电视 M—传声器　FU—调频 喇叭
单相插座			
暗插座			
防水（密封）插座		抽油烟机排风扇	
防爆插座		电阻加热装置	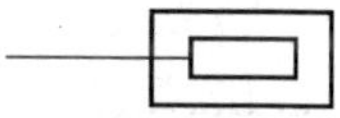
带保护接点的插座（三孔）	单相插座	电话有线分路站	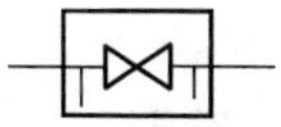
暗装带保护接点的插座		中性线、零张	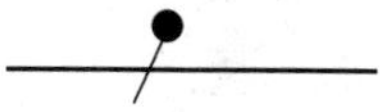
插座箱、插线板、多功能插座		保护线	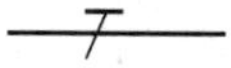
多个插座（多功能插座，图中表示3个插座）	形式1 形式2	向上配线（由此向上布线）	如：由1楼向2楼 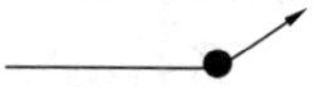
具有保护板的插座		电杆的一般符号	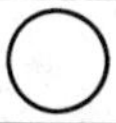
具有单极开关控制的插座		动力—照明配电箱	
具有联锁开关的插座		照明配电箱（屏）	
防水带保护接点的插座		落地配电箱	
带保护接地插孔的三相插座	明装 暗装 防水 防爆	直流配电屏	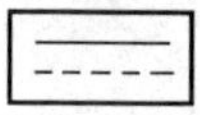
		分线盒	一般符号 指出投光方向 示出灯具 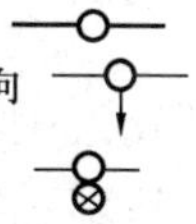

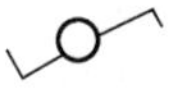

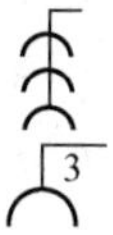

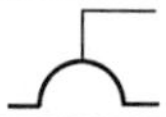

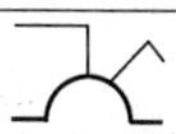

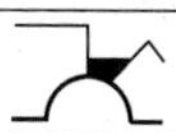

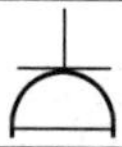

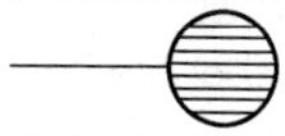

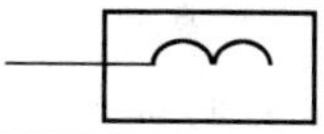

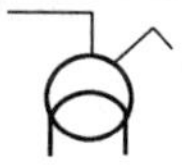

续表

名称	图形符号	名称	图形符号
室外分线盒	 内容同上 $\frac{A-B}{C}D$	分线箱	 内容同上 $\frac{A-B}{C}D$
保护线和零线共同		壁龛分线箱	 内容同上 $\frac{A-B}{C}D$
向下配线（由此向下布线）	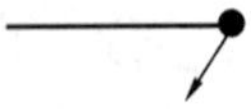	电话	
带照明灯的电杆	一般符号 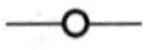 指出投光方向  示出灯具 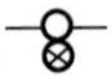	电缆分支接线盒	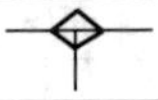
		三分配器	
		配电室（表示1根进线，5根出线）	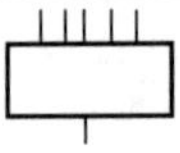
信号板、信号箱、信号屏	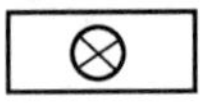	天线	
架空配电箱		电缆中间接线盒	
多种电源配电箱		二分配器	
交流配电屏	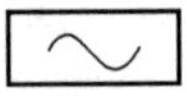	电缆穿管保护	 可加注文字符号表示规格数量
室内分线盒	 内容同上 $\frac{A-B}{C}D$	示出配线照明引出位置	一般符号  墙上引出 

示范题

单选题

下列几种符号哪个是明装开关的符号。（　）

A. 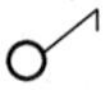　　　B.　　　C. 　　　D.

答：A

多选题

下列几种符号哪个是配电箱的符号（　）

A. 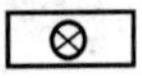　　B. 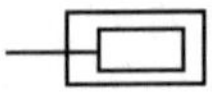　　C. 　　D.　　E.

答案：C、D、E

判断题

直流配电屏的符号为　　　（　）

答案：错

第 11 章 故 障 分 析 判 断

11.1 白天大片亮灯

白天在一个或以上电源点的范围内发生非人为的灯泡点燃称为大片亮灯。

11.1.1 控制线有电

(1) 现场情况

傍晚，A 变电所所内光电控制器处于准备状态，即光电控制器内的继电器接点断开，控制线电源并没有从 A 变电所内送到控制线上，可是控制线有电，即在 A 变电所控制范围内的路灯全部点亮。

天慢慢黑到一定程度，当天空的照度值等于光电控制器的闭合动作值时，光电控制器内继电器的触点闭合即从 A 变电所向控制线送出控制电源。

(2) 分析

当 A 变电所所内光电控制器处于准备状态时，而控制线有电，说明控制线上的电源来自变电所外的线路上，即控制线与低压配电线路有连线的地方。天黑后，由光电控制器向控制线送出控制电源的同时，可能出现两种情况（见图 11-1）。

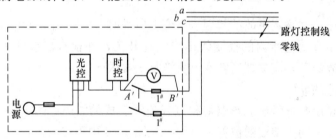

图 11-1 控制线上的电源来自变电所外的线路

1) 1#控制线的熔断器不熔断，说明通过光电控制器触点送出的电源与控制线同低压配电线路连线的电源同相位。

2) 1#控制线的熔断器熔断（或低压配电线路的熔丝熔断），说明通过连线点到控制线上的电源相位与 A 变电所内通过光电控制器送给控制线的电源的相位不同。这时，如图 11-1 所示的 A'、B' 两点用交流电压表 500V 一档测量的电压值应在 380V 左右。

(3) 寻找故障点

首先应确定故障点的方向，其方法有。

a. 节点电流法：选择在距变电所较近有 3 个或 3 个以上的支线的节点，如图 11-2 的 a、b、c 三点中的任一点，用钳型电流表，测量各支线中控制线的电流值，在负荷侧大的

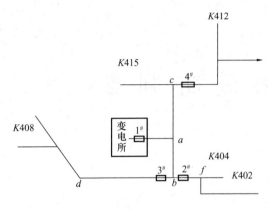

电流值的支线，即为故障点所在的那一支线。如在该节点以下的控制线范围还很大，就继续用测节点电流法寻找故障点。

b. 分段试停法：用分段试停控制线的分支熔断器的办法，寻找故障点。在控制线上无分支熔断器时，可采用折搭控制线弓子的办法，寻找故障点。如图11-2所示，拉开 b 点2#分支熔断器，若此时在2#分支以下（即K404方向）的灯全部熄灭，则说明这个方向上没有连线。继续拉开3#分支熔断器，若 b 点方向的灯全部熄

图11-2　大片亮灯现场接线图

灭，而沿 d 点方向的灯继续亮，说明连线点在3#分支熔断器以下。此时，可继续用折搭弓子的方法或查线法寻找故障点。注意：事故后，应及时恢复断开的弓子与分支熔断器，防止造成大片灭灯。

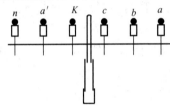

图11-3　同担架设示意图

a、b、c—低压配电三相相线；K—控制线；
a'—路灯低压相线；n—公用零线

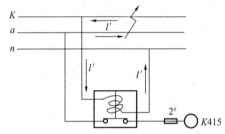

图11-4　大片亮灯自保持图

在发现事故后，并确定事故的起因来自变电所外时，应首先与变电所值班员联系，通知变电所值班员断开变电所内的控制线出线隔离开关，并检查出线的1#熔断器是否正常。现场处理好故障后，应立即通知变电所恢复正常供电。

（4）造成故障的原因

从前面已知是由配电低压线与路灯控制线连线造成的故障。图11-3是配电低压线与控制线、路灯相线的同担架设的位置示意图。从图11-3中可以看出，造成控制线 K 有电的原因是：①配电低压 c 相与控制线 K 连线，造成大片亮灯；②路灯低压相线 a' 与控制线 K 连线（亮灯以后），当第二天早晨控制线 K 从变电所内失去电源时，由 a' 向 K 倒送电源使控制线保持有电，全部或部分的继续保持亮灯。查找故障点方法是以在亮灯范围内逐个断开电表箱内的控制线上熔断器的方法（见图11-4的2#熔断器）。

因此，造成这种故障的外因是：①天气——如刮大风；②线路近旁有较大树冠；③外力破坏。其内因是导线截面差较大，导线的垂度不平，线间距离过小等。如用涂塑导线，这类故障就可防止。

11.1.2　开关拔不掉

低压供电的道路照明电源的开关设备，有许多仍用油浸式开关或CJ10-250型单极

交流接触器，由于种种原因，在长期使用后会发生主接点熔焊的现象，致使当早晨控制线失去电源后，交流接触器因熔焊而仍处合闸位置，造成了该电源供电范围内大片亮灯。

11.1.3　路灯高压供电范围内的大片亮灯

在 10kV 路灯高压供电范围内的低压路灯相线和低压配电相线，在外力的作用下造成连线，配电电源经过路灯低压相线由路灯专用变压器，反送出 10kV 电源到路灯高压线路上，造成变电所所带 10kV 路灯高压线路有电，致使该变电所所带的部分或全部灯泡点亮。在目前还没有能解决迅速查找故障点情况下，只能用逐个断开变压器的办法来查找具体故障点。

11.2　晚上大片灭灯

在应亮灯的时间内发生一个或以上电源点的范围内灯泡不能点亮，称为大片灭灯。

11.2.1　控制线远方短路

（1）现场情况

如图 11-2 所示，据报 $K408$ 灭灯。在赴 $K408$ 途中路径 $K412$ 处，发现该处也大片灭灯，测 $K408$ 处的控制线 K 的电压是 130V；在变电所内测控制线 K 的负荷电流为 25A，控制线 a 点的电压 170V；又因控制线 1♯、2♯、3♯ 熔断器的熔丝为 30A，所以均未熔断。

（2）分析

变电所的控制线正常负荷电流约 10A 左右（每台路灯开关的操作线圈工作电流约 0.3A），在故障时的负荷电流约 25A 以上。造成过电流的原因是在控制线的某处有短路。$K412$ 处控制线一侧的末端电压为 130V，说明故障点不在 $K412$ 方向。

（3）测量

在 a 点用钳型电流表测量 1♯a、ab、ac 三个电流值，$I1\♯a ≌ Iab$，证明故障点在 ab 侧。再通过测量 2♯ 熔断器、3♯ 熔断器的电流值，$I1\♯a ≌ Iab ≌ I3\♯$，说明故障点在 2♯ 熔断器下（即在 $K404$ 方向）。在短路点及短路点以下的电压值为 0，测 $K404$ 的控制线电压 UK404＞0V，而 UK402＝0V。则短路点在 $K402$ 附近。当测量到控制线电压为 0V 的始端，即为短路点，具体确定还应查线。

（4）说明

故障并没有发生在 $K408$、$K412$ 方向，为什么这两处也发生大片灭灯？一般电器的操作线圈的最低吸合电压不应低于操作线圈额定工作电压的 85%，即 $220V \times 0.85 = 187V$。由于路灯用开关一般由小厂生产，技术力量薄弱，产品质量的离散性大，所以有的开关能吸合，有的开关的操作线圈处在长时间低电压运行又不能吸合，而烧坏线圈。

为防止图 11-2 中因控制线短路而扩大事故，调整控制线 2♯、3♯ 的熔断器的熔丝由原 30A 改为 10A，保证熔断器熔断的选择性。

11.2.2 其他的大片灭灯

(1) 电表箱内会丢 RC1A 熔断器的盖，在改用 RL1 系列螺旋式熔断器后，就基本不丢了。

(2) 树与电线矛盾引起的大片灭灯，从道路照明的故障记录中可以发现两个特点：①树木茂盛的夏秋季故障多于冬春季，其比例约 3∶1 到 4∶1；②大片灭灯多于大片亮灯，其比例约 3∶1。故障的原因是因处于同一轴线上的照明架空线与街道树木的矛盾。这种矛盾有时也会危及行人的安全。

发生大片亮灯、大片灭灯的原因很多，有时还交错的发生。其主要原因有以下几个：

a. 连线。

b. 断线。

c. 定时钟因电池无电停走、接触簧软不断开、不准时。

d. 交流接触器的主触头熔焊、线圈烧坏。

e. 光电控制器的动作值过小，灵敏度也过高。

f. 外力破坏（人、自然）。

在所有的故障中，应足够重视的是配电低压相线与路灯低压相线在非亮灯时间内的连线，这种故障可能危及电业工人的人身安全。解决的办法是：①配电低压线与路灯低压线分担架设；②用塑料喷涂导线；③经过经济技术比较，合理地加大导线截面。

园林绿化与路灯设施都从美化城市角度出发，就可以合作和解决路树与路灯的小矛盾。

采用真空接触器来替代交流接触器，并将交流控制改交流控制直流运行。用路灯控制仪取代光电控制器。

判断线路故障的性质以及故障是否已消除，往往要通过测量变压器的负荷电流、电源电压与控制线电压来确定。在现场测量负荷电流时，往往会发现下面两种现象：①在接通电源后约 5min 左右，钳型电流表所指示的电流值迅速下降到刚测时的三分之一左右，则说明该指示值为负荷电流；②在接通电源 5min 后，钳型电流表的指示值几乎一直不降低下来，则说明线路上有短路故障（此时电流值较大而且离电源稍远处的灯具也发光不正常）或有断线故障（因电流指示值较小，所以下降幅度也小）。

11.3 架空线路常见故障

架空线路故障现象主要表现为由断线而造成缺相或供电中断；由碰线而造成短路或供电设备的损坏；由大电流冲击或超负荷运行而造成设施损坏。凡是有可能造成断线和碰线及设施损坏的各种情况都会引发故障。线路及附属设备的老化；某些自然灾害；人为的破坏及其他人为事故等都有可能造成断线和碰线及设施的损坏。

11.3.1 由自然灾害造成的架空线路故障

由于架空线路的架线方式使其在雷雨天气非常容易遭受雷电的电击损害，根据统计数据雷电是造成架空线路事故的第一因素，约占整个事故的 40% 左右。

洪水可能冲刷架空线杆基础；洪水过后往往还会使其浸泡过的架空线杆基底松动，使线杆发生歪斜或倾倒，使输电导线拉断或碰线。

大地震也会使架空线杆杆体发生歪斜、倾倒或折断。使输电导线拉断或碰线。

大风时在架空线路附近的大树摇动或折断，极易挂断输电导线或使其剧烈摇摆，也会使输电导线造成断线和碰线。大风造成的高空坠物砸断输电导线也时有发生。

要注意防止山火或野火对木质电杆杆体的损毁，经常及时清除杆体周围的杂或易燃物，防止杆体在火灾中引火烧身。引发断杆或倒杆而使线路受损。

潮湿阴冷的冰雪天气会使架空的输电导线外表包裹厚厚的冰层，以至重量超过其承载值而发生倒杆或断线。

架空导线长期遭受风沙、海风雾气、化工厂有害气体等的侵袭会使其线体被腐蚀，多股导线中存在一个或数个导线已断情形，从而降低自身的承载能力，极易发生断线。

架空线路线杆上的绝缘瓷瓶表面因灰尘污垢或鸟粪的堆积，在绝缘瓷瓶和横担之间搭建的鸟巢极易在阴雨潮湿和雨夹雪的气候条件下引发放电短路故障。夜间对架空线路巡视时往往会见到绝缘瓷瓶处发生电晕和电火花。

11.3.2 人为原因造成的架空线路故障

在架空线路沿线的某些生活和生产活动也存在造成线路损坏的因素，因此在相应的法规中规定了某些生活和生产活动时需要报请或通知到电力部门。以求得电力部门的协助和配合，确保送电线路的送配电的安全。

兴修水利的挖渠开沟应根据规定与线路和线杆保持相应距离，在架空线路附近的必要建房和植树造林等也要按规定划分区域、并按规定保持与线路的距离。在架空线路附近进行爆破施工、起重吊装，燃放鞭炮或释放气球等活动都必须争得电力部门许可，并采取了相应措施以避免损坏线路设施。

横跨道路的架空线路也有因车辆载物过高而发生放电或挂断线路的事故，道路沿线附近的线杆也常有因交通事故被撞断撞倒的，同样会引发线路导线的断线或碰线故障。

当前不法分子偷窃盗割输电线路及破坏附属设施也是造成线路故障的因素之一。

11.3.3 缺乏维护而引发的故障

沿海地区或大型化工企业地区由于长期裸露导线极易受到腐蚀，使导线截面变细，多股导线发生断股从而产生导线局部发热进一步加速老化的恶性循环，最终导致导线折断。

绝缘瓷瓶表面的污秽和裂痕，绝缘瓷瓶和横担松动引起相线之间距离过近，在潮湿阴雨和大雾时极易引发线间击穿放电或对地短路放电。

表面开裂、水泥块脱落、钢筋裸露的水泥电杆及过火后的木质电杆要及时修复或更换；发现线杆基础松动要及时进行加固处理，防止造成倒杆引发断线或碰线。

11.4 电缆线路常见故障

11.4.1 架空敷设电缆常见故障

电缆线根据敷设方式不同其常见故障也将有所不同。通过空中架空结构敷设电缆虽然外部和内部都有绝缘保护层，几乎不会发生对地放电或线间放电的可能，但是遭受雷电的超高压击穿还是有可能的。所以必须做好架设电缆的防雷措施。

11.4.2　地埋敷设电缆常见故障

地埋敷设电缆常见故障有断线，其断线又分成整根电缆折断和内部部分导线断线。通常整根电缆折断一般是受到强外力作用时发生，如地震引起的地表层上下错位或滑坡；地下管道施工引起表层塌陷都会将埋设在此的电缆拉断；城市挖沟敷设管道或农村挖渠打井等的盲目施工也常将电缆挖断。

地埋敷设电缆穿过地下管道，如果施工中牵引力过大，超过电缆的受力极限时常会使其内部发生部分导线被拉断，就会造成送电线路的"缺相"故障。这样的电缆从外表看是完整无损、无明显损坏痕迹，只是有内部断线。我们称之为电缆的封闭性故障。

直接地埋敷设电缆由于其表面直接和周围土壤接触，会受到周围环境中某些因素与自身因素的长期相互作用而引发电缆的加速老化和损坏，使电缆击穿放电造成"短路"和"断电"故障。

例如按照国家标准规定：电缆运行电压不能超过正常电压15%，如果电缆长期工作在超负荷状态，使其温升过高就会加速绝缘老化。其表现为：电缆表面颜色严重退化、表皮硬化开裂或大面积龟裂。又例如长期工作在高温潮湿环境下的电力电缆，在交变的电磁力作用下使绝缘层生成"水树"，从而导致绝缘下降引发漏电故障。

因此直埋电力电缆应注意与其他热力管道按规定保持足够距离；遇到地下水层较浅或其他腐蚀性土层时应增加保护管套。

11.4.3　管道内敷设电缆常见故障

通常大型的工矿企业比较多地采用管道内敷设电力电缆的方式，往往是数十根各种用途的电缆同时敷设在管道中。由于在有限空间中电缆密度过大，不利于散热而使管内温度远超过国家标准规定的70℃环境温度，加速了电缆的老化，使正常工作环境下寿命应15~20年的电缆在短短5~6年内就发生了损毁。电力电缆常因老化后绝缘能力降低引发击穿放电故障。有时因管道内通风不良温升过快，还会因放电火花引起大面积燃烧的停电故障。

管道内维护不到位，使雨水、工业废水和化工污水渗漏到管道内，使电缆长期浸泡在水中，在绝缘层生成"水树"或"硫化树"，导致绝缘能力降低击穿放电和短路等故障。

11.5　供配电常见故障

供配电系统是由多种电力设备及供电线路组成的，它们之中任何部分出现故障都可能影响到整个供配电的正常运行。例如输送电力的架空线路、地埋电缆、变压器、熔断器、继电器开关等发生故障都有可能造成供配电故障。

供配电常见故障主要表象是三相供电的"缺相"、相电压不平衡、断电、电压波动超出规定范围、零线带电等。

这些故障的发生常与下列因素有关：自然灾害对供配电线路和设施的破坏（如地震、

台风、雷电、海啸等造成的破坏）；在供配电线路和设施附近进行的某些生产活动所造成的损坏（如爆破作业、砍伐高大树木、高楼坠物碰断架空线；挖沟开渠碰断地下电缆等）；线路和设施老化，维护不及时造成漏电和短路，带有继电器的配电设备的误动作或功能失效；工作中操作人员的误操作等。

当架空输电线路某相发生断线落地，会造成该相电的对地放电短路，或长时间超负荷供电会使熔断器因过热而熔断，造成严重的三相供电的"缺相"故障。由此会引发其他两相电压的升高，升高电压约是原电压的 1.73 倍左右，如不及时采取断电处理还会导致其他配电设施因过电压而损坏。使故障范围进一步扩大。

输电线路的架设由于设计或施工存在缺陷，例如线杆距离过远、线间距过近、架线横担松动、架设导线过于松垂，线路附近高大树木随风摆动等，都有可能使线路在风中发生"混线"事故，造成线间的短路故障。特别是供配电线路中的相线间的"碰线"损坏比相线与零线"碰线"更严重。

供配电线路的导线是根据实际用电需求设计选用的，对未来发展也都做了适当考虑。因此对线路中的电压和电流大小采取了必要的限制和保护。主要是通过线路中的各种过电压、过电流或过载保护继电器、熔断器、断路器来完成的。

熔断器熔断开路也是供配电常见故障之一。它分两种情况：如果内部发黑且有锡珠飞溅的痕迹，这说明线路发生了瞬间短路故障；如果熔丝中间熔断且有锡液流痕，这说明该相线路长时间超负荷运行而引发了故障。

对于过电压和欠压保护继电器、过电流保护继电器、过载保护继电器等这些线路中的设备，虽然可以通过它们自动保护供电线路的"过压"、"过流"、"过载"，但是它们也会因老化，维护不当而造成误动作和不动作，使线路发生"断电"故障。例如继电器线圈短路和断路、内部机械零件磨损或卡死、螺丝松动、灵敏度调整过高等都会造成这些设备的误动作和不动作。当电压或电流有较大的波动、线路有小故障发生时，如果该动作的保护设备不动作将会使供配电线路故障进一步扩大。

雷雨天气供配电线路直接遭到雷击时，在线路中产生瞬间过电压和过电流，也是造成各种保护设备误动作或者损坏，也会造成大面积停电故障。有时尽管供配电线路没有直接遭到雷击，但是在长距离线路中感应的电动势电压或电流也足以使部分设备误动作，同样会造成停电故障。

居民区供配电的输送线路如果发生零线断路故障，会给用电户造成零回路线带电严重后果。

示范题
单选题
当控制线与其他相线刮碰造成"路灯白天大片亮灯"后，这时变电所合闸给控制线路供电，路灯继续点亮无变化。如果原照明控制线路是由 B 相供电，那么刮碰搭接的是何相线？（　　）

A. A 相　　　　　B. B 相　　　　　C. C 相　　　　　D. N 相

答：B

多选题

某地段受保护的大树树冠在大风作用下的摆动，经常造成同杆的照明与配电线路连线，发生白天大片亮灯的故障，为了消除隐患以下那种措施是可行的。（   ）

A. 砍掉树冠　　　　　B. 两线杆间用地埋线　　　　　　C. 用涂塑导线

D. 照明与配电分两横担架线　　　　E. 移动线杆位置

答：B、C、E

判断题

应禁止在架空线路附近进行施工放炮，以免飞物碰断线路导线。（   ）

答：对

第12章 道路照明

12.1 道路照明的安装

道路照明的安装从内容上来说涉及电气、机电和土建等方面，每方面各有规范，本书不作讨论，在此只从照明的角度对安装简单说明。

道路照明质量的好坏从设计一开始就决定了，不良设计绝对得不到好的照明效果；反之，好的照明设计如果没有合格的安装实施，也达不到设计目的。合格的安装应该严格按照设计施工图来进行，这就要求安装人员必须做到：

（1）严格的灯具定位。道路照明灯具的定位包括灯杆的定位和灯具投射方向的定位。灯杆的定位准确比较容易做到，而且即使有一些偏移，对照明效果的影响也不会太严重；但对灯具投射方向则不然，灯具的投射方向一方面决定于灯杆的加工精度，另一方面与灯具和灯杆的相对固定有关，前一个因素通过加强灯杆安装前的验收可以解决，后者则完全取决于安装工人操作。灯具与灯杆的相对定位必须严格测量灯具出光平面与地面的角度，保证与设计一致。

（2）严格的光源和反射器定位。大部分时候，安装人员只需将光源拧紧就可以确保其定位。但有时候由于道路形状的变化或灯杆定位的限制，在同一条通路使用同一款外形的灯具却必须利用其不同的配光（如道路宽窄不一，宽的地方希望使用宽延展配光，窄的地方希望使用窄延展配光；又如灯杆定位间距不一，间距长的要用长投射配光，短的要用短投射配光，以求达到均匀度的满足），灯具本身也提供实现这样要求的可能，而灯具生产厂家在出厂时只按标准位置定位反射器与光源的相对位置，这时，安装人员就要根据设计说明和产品说明调节并准确定值。道路照明灯具是很精确的光线分配器具，光源与反射器、透射罩的相对定位相差1cm就会造成光学分布很大的不同，照明效果迥异。所以，设计和安装人员对此均应特别注意。

12.2 电气线路安装、运行及维护

户外敷设和维护线路时，现场工作人员必须配备有工作手套、安全帽及绝缘胶鞋。

对于输送电力线路应定期巡视，其巡视周期根据经验最好为一到两个月。当台风过后、地震过后或线路发生故障时需要进行特殊巡视。在巡视架空线路时应注意：混凝土电线杆有无裂缝或脱落；绝缘子表面有无破损或裂痕；导线是否有破损断股；电线杆是否发生倾斜等。

抢修架空线路的断线故障时应准备好紧线器和导线压接钳。登杆作业时，为保障高空

工作人员的人身安全，不可将安全带系在电线杆横担上或电线杆顶梢上。

向一级负荷供电的双电源线路应分杆架设。

正常运行情况下用电设备端子处电压偏差允许值（以额定电压的百分数表示）可按下列要求验算：

(1) 一般电动机±5％。

(2) 电梯电动机±7％。

(3) 照明：在一般工作场所为±5％；在视觉要求较高的屋内场所为+5％、−2.5％；对于远离变电所的小面积一般工作场所，难以满足上述要求时，可为+5％、−10％；应急照明、道路照明和警卫照明为+5％、−10％。

(4) 其他用电设备，当无特殊规定时为±5％。

电子计算机供电电源的电能质量应满足表12-1所列数值。

计算机性能允许的电能参数变动范围表　　　　　表12-1

级别 项目 指标	A 级	B 级	C 级
电压波动（％）	−5～+5	−10～+7	−10～+10
频率变化（Hz）	−0.05～+0.05	−0.5～+0.5	−1～+1
波形失真（％）	≤5	≤10	≤20

医用 X 线诊断机的允许电压波动范围为额定电压的−10％～+10％。

12.2.1　10kV 线路的安装、运行、维护

不同金属、不同绞向、不同截面的导线严禁在架杆挡距内连接。

10kV 及以下架空线路的导线截面，一般按计算负荷、允许电压损失及机械强度确定。当采用电压损失校核导线截面时：高压线路，自供电的变电所二次侧出口至线路末端变压器或末端受电变电所一次侧入口的允许电压损失，为供电变电所二次侧额定电压（6kV、10kV）的 5％。

12.2.2　低压线路的安装、运行、维护

架空线按电压等级可分为低压和高压两种，低压架空线是指小于 1kV 以下的电压线路。

1kV 以下的架空线路敷设时，对于不同类型和材料导线的最小截面积是有相应要求的。在《民用建筑电气设计规范》做了具体规定，请见表12-2。

导线最小截面（mm²）　　　　　表12-2

线路 导线种类	高压线路		低压线路
	居民区	非居民区	
铝绞线及铝合金绞线	35	25	16
钢芯铝绞线	25	16	16
铜绞线	16	16	(直径 3.2mm)

例如架空线路采用铝绞线时最小截面积应是 16mm²。

提供 12～36V 安全电压时，严禁使用自耦变压器低压输出端作为供电电源。

架空线路导线的线间距离，应根据运行经验确定，如无可靠运行资料时，不应小于《民用建筑电气设计规范》所列数值，如表 12-3 所示。

架空线路导线间的最小距离（m） 表 12-3

电压\档距(m)	40 及以下	50	60	70	80	90	100
高压	0.60	0.65	0.70	0.75	0.85	0.90	1.00
低压	0.30	0.40	0.45	—	—	—	—

注：1. 表中所列数值适用于导线的各种排列方式；
  2. 靠近电杆的两导线间的水平距离，对于低压线路不应小于 0.50m。

例如低压架空线线杆的档距为 50m 时，架空线路横担上各导线的最小间距应是 0.4m。

低压线路架设时，对不同长度水泥线杆在埋设时，其埋设深度应按《民用建筑电气设计规范》要求实施，如表 12-4 所示。

电杆埋设深度（m） 表 12-4

杆高（m）	8	9	10	11	12	13	15
埋深	1.50	1.60	1.70	1.80	1.91	2.00	2.30

例如 10m 长的水泥电杆埋设深度应是 1.7m。

架空电缆与地面的最小净距不应小于《民用建筑电气设计规范》所列数值，如表 12-5 所示。

架空电缆与地面的最小净距（m） 表 12-5

线路通过地区	线路电压	
	高压	低压
居民区	6.00	5.50
非居民区	5.00	4.50
交通困难地区	4.00	3.50

例如高压电缆在经过居民区时距地面最小净距应是 6m。

使用电力电缆做三相四线制电力传输时，应选用四芯电力电缆；而不能选用三芯电缆加一根单芯电缆方式做三相四线制电力传输。

12.2.3 照明线路的安装、运行、维护

对于同类照明电路，允许多个回路敷设在同一金属管中，但是管内绝缘导线总数不应多于 8 根。线路照明与事故照明不可以共管敷设。当导线穿管敷设时不可在管内接线或分线。

同杆架设线路时，其上下横担之间的距离应按照《民用建筑电气设计规范》所列数值

进行设置。如表 12-6 所示。

同杆架设的线路横担之间的最小垂直距离（m）　　表 12-6

杆型 导线排列方式	直线杆	分支或转角杆
高压与高压	0.80	0.45/0.60
高压与低压	1.20	1.00
低压与低压	0.60	0.30

  例如当低压供电线路与照明线路同杆架设时，上下横担之间的垂直距离应是 0.6m。当照明线路和低压供电线路同杆架设时，照明线路应敷设在供电线路的下层。
  在街道狭窄和建筑物稠密地区所架设的线路应选择使用绝缘导线。
  为了实现路灯开关自动化，可利用光控开关或定时自动开关替代路灯开关。
  严禁将照明灯具的控制开关安装在 N 线上。

12.2.4　线路保护

  直接埋地敷设的电缆之间及与地下的其他设施最小净距应按《民用建筑电气设计规范》实施。请见表 12-7。
  配电盘上的电路保护设备必须安装在相线上。

直接埋地敷设的电缆之间及与各种设施的最小净距（m）　　表 12-7

项　目	敷设条件	
	平行时	交叉时
建筑物、构筑物基础	0.50	
电杆	0.60	
乔木	1.50	
灌木丛	0.50	
1kV 以下电力电缆之间，以及与控制电缆和 1kV 以上电力电缆之间	0.10	0.50（0.25）
通讯电缆	0.50（0.10）	0.50（0.25）
热力管沟	2.00	（0.50）
水管、压缩空气管	1.00（0.25）	0.50（0.25）
可燃气体及易燃液体管道	1.00	0.50（0.25）
铁路（平行时与轨道、交叉时与轨底，电气化铁路除外）	3.00	1.00
道路（平行时与路边，交叉时与路面）	1.50	1.00
排水明沟（平行时与沟边，交叉时与沟底）	1.00	0.50

  例如直接埋地敷设的电缆，当平行敷设在燃气管上方时，应与保持的最小净距为 1m。穿管敷设的导线或电缆其绝缘强度应不低于交流电 500V。
  使用电缆直接埋地敷设时，一般埋设深度不应小于 0.7m。而穿越农田时不应小于 1m。
  在靠近沿海地区由于盐雾的存在，架空线路应选择使用铜导线。
  同一电源的高、低压线路宜同杆架设。为了维修和减少停电，直线杆横担数不宜超过四层（包括路灯线路）。

架空线路与甲类火灾危险区的防火间距应大于电杆高度的 1.5 倍以上。

对于输送电力线路应定期巡视，其巡视周期根据经验最好为一到两个月。当台风过后、地震过后或线路发生故障时需要进行特殊巡视。在巡视架空线路时应注意：混凝土电线杆有无裂缝或脱落；绝缘子表面有无破损或裂痕；导线是否有破损断股；电线杆是否发生倾斜等。为了及时考察检修工作质量，鉴定线路及设备是否存在缺陷还应由主管工程师定期做监察巡视。

在线路发生短路故障时，短路保护器和熔断器能快速有效地切断低压线路的连接。

12.2.5 降低线路损耗的措施

采用两相三线、三相三线或三相四线的照明回路比单相二线供电回路可以获得如下好处：

（1）减少导线根数。

（2）减少导线截面积。

（3）减少电压损失。

设计中应正确选择电动机、变压器的容量，减少线路感抗。在工艺条件适当时，可采用同步电动机以及选用带空载切除的间歇工作制设备等措施，以提高用电单位的自然功率因数。当采用提高自然功率因数措施后，仍达不到下列要求时，应采用并联电力电容器作为无功补偿装置。

采用电力电容器作无功补偿装置时，宜采用就地平衡原则。低压部分的无功负荷由低压电容器补偿，高压部分的无功负荷由高压电容器补偿。容量较大、负荷平稳且经常使用的用电设备的无功负荷宜单独就地补偿。补偿基本无功负荷的电容器组，宜在配变电所内集中补偿。居住区的无功负荷宜在小区变电所低压侧集中补偿。

高压供电的用电单位，功率因数为 0.9 以上。低压供电的用电单位，功率因数为 0.85 以上。

12.2.6 电气线路常见故障

高压架空线发生断落地面事故时，应以落点为圆心半径为 8m 建立防护区避免行人接近。

抢修架空线路的断线故障时应准备好紧线器和导线压接钳。登杆作业时，为保障高空工作人员的人身安全，不可将安全带系在电线杆横担上或电线杆顶梢上。

在线路发生短路故障时，短路保护器和熔断器能快速有效地切断低压线路的连接。

12.3 低压电器及配电装置

12.3.1 低压电器安装和使用时一般安全要求

低压配电电器根据在电路所处的地位和作用，分为配电电器和控制电器两大类，例如刀形开关、熔断器、转换开关等属于配电电器；而控制继电器、电磁铁等属于控制电器。

照明配电箱暗装时，要求配电箱底边距地面高度应为 1.4～1.5m。

热继电器的工作环境温度与被保护设备的环境温度之差禁止超过 15～25℃。

根据《低压配电装置及线路设计规范》第 3.1.3 条的规定，安装落地式电力配电箱时，宜使其底部高出地面。当安装在屋外时，应高出地面 0.2m 以上。

根据《低压配电装置及线路设计规范》第 3.1.5 条的规定，配电装置室内通道的宽度，一般不小于下列数值：

一、当配电屏为单列布置时，屏前通道为 1.5m；

二、当配电屏为双列布置时，屏前通道为 2m；

三、屏后通道为 1m，有困难时，可减小为 0.8m。

根据《民用建筑电气设计规范》的规定，导线的设计安全系数，不应小于下表 12-8 所列数值。

导线的设计安全系数　　　　表 12-8

导线种类	单股	多股	
		一般地区	重要地区
铝绞线、钢芯铝绞线及铝合金绞线	—	2.5	3.0
铜绞线	2.5	2.0	2.5

注：重要地区指大、中城市的主要街道及人口稠密的地方。

在低压线路中，负荷开关、继电器、接触器可以起到开关功能的作用。

所有配电电器的工作电压范围、电压频率、使用环境温度应与所使用的电路环境相适应。

12.3.2 刀开关安装、运行、维护

一般封闭式负荷开关应安装在离地面 1.3～1.5m 的高度上。

12.3.3 熔断器安装、运行、维护

熔断器的主要功能就是为限制电路中的电流，当被保护线路在发生短路或过载时，熔断器中的熔丝就会熔断，达到保护线路的目的。

严禁利用钳子将原有熔丝中间剪小口的方式以减小熔丝截面的方法充当小电流熔丝使用。

12.3.4 断路器安装、运行、维护

低压断路器用"双金属片脱扣器"时，若由于过载而分断后，一般需要 3～5min 的冷却，双金属片复位后才能"再扣"。

低压断路器的动作灵敏系数（K）等于，被保护线路短路时的最小电流除以低压断路器瞬时"脱扣"的整定电流。通常情况下，在被保护的线路中应选用灵敏系数 $K=1.5$ 的低压断路器。

12.3.5 漏电断路器安装、运行、维护

在一般工作场合或民宅中为防止发生人身触电事故，应选取 30mA 漏电电流的漏电保护器。

建筑施工工地的用电设备在安装漏电保护器时，应选取 15~30mA 漏电电流的漏电保护器。

12.3.6 接触器安装、运行、维护

对于照明和电热器电路，所选择的交流接触器额定工作电流应为电路计算电流的 1~1.5 倍。

根据国家相关规定，交流接触器的线圈应保证在线路电压变化为原电压的 85%~105%时应能正常工作。

直流接触器是专门为控制直流电路而设计的，所以不可以用交流接触器替代直流接触器使用；也不能用直流接触器替代交流接触器使用。

示范题

单选题

1) 1kV 以下的架空线路所用的铜绞线最小直径是多少？（　　）
   A. 1.5mm　　　B. 2.0mm　　　C. 3.2mm　　　D. 3.5mm
   答案：C

2) 10m 长的钢筋混凝土电杆埋设深度应是多少？（　　）
   A. 2.0m　　　B. 2.3m　　　C. 2.5m　　　D. 2.8m
   答案：B

3) 架空电缆经过居民区时与地面的最小净距不应小于多少？（　　）
   A. 3.5m　　　B. 4.0m　　　C. 5.0mm　　　D. 5.5mm
   答案：D

多选题

1) 低压配电电器根据在电路所处的地位和作用。分为配电电器和控制电器两大类，请指出以下哪些电器属于配电电器。（　　）
   A. 控制继电器　　B. 刀形开关　　C. 电磁铁　　D. 接触器
   E. 熔断器
   答案：B、E

2) 在线路发生故障时，以下哪些电器设备功能可以为工作人员提供故障警报？（　　）
   A. 短路保护器　　B. 故障指示灯　　C. 手动闸刀开关　　D. 音响报警
   E. 熔断器
   答案：B、D

判断题

1) 低压供电的用电单位，功率因数为 0.85 以上。（　　）

答案：对

2) 电梯电动机正常运行情况下用电设备端子处电压偏差允许值是 ±5%。（　　）

答案：错

12.4　灯台、工井与引出线

(1) 灯台（灯座）

路灯用地埋电缆与钢筋混凝土灯杆时，电缆引出线位置只能在灯杆的外面，专门设置一个放电缆引出的地方，俗称"灯台"（灯座），其外形如图 12-1。在灯台下面应浇铸厚约 100mm 左右，尺寸比灯台略大的混凝土层，确保灯台平整。

(2) 引出线

路灯电缆到每根灯杆的处理方式有：①直放；②切断两种。

①直放

与架空线路一样，电缆从首端一直放到线路末端，中间不作切断处理。从电缆芯引出电源有 2 种做法：

a. 破绝缘后引出线：无论电缆是二芯还是三芯，电缆在灯台处，破开电缆护套，将电缆芯分开后，各芯均除去 10mm 左右电缆绝缘层，将独股破绝缘的导线在电缆芯上紧绕 4~5 圈，与自身小层拧 2 个花后引出如图 12-2。在破电缆绝缘处再用塑料绝缘带，重层压 1/2，绕二层。每芯均照此做法。

b. 扎针法：图 12-3 中扎针架与扎针活塞是用高强度塑料压成，电缆芯可在扎针活塞取下后，从活塞口进入，后装上活塞，用手拧架，使黄铜扎针扎破电缆绝缘与电缆芯良好接触。引线固定在 6（手拧架）与 7（黄铜螺母）之间。扎针的尖端与电缆铝芯接触部分经特殊处理，可防止铜铝产生电池效应。这个方法也可用在架空电缆上。

②切断

a. 用线鼻子连接

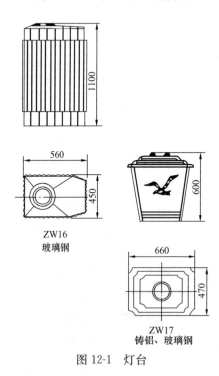

图 12-1　灯台

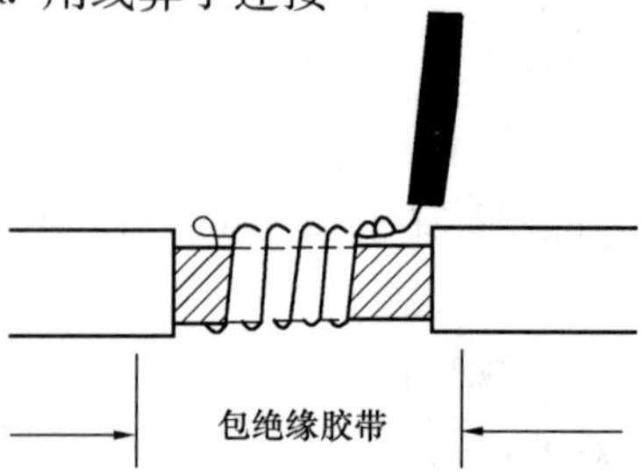

图 12-2　缠绑引出法

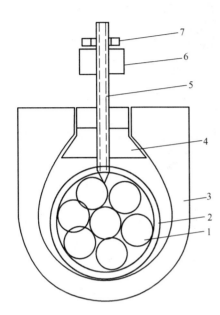
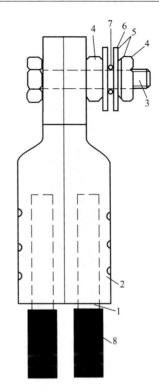

图 12-3 扎针架示意图

1—电缆芯；2—电缆绝缘；3—扎针架；
4—扎针活塞；5—扎针（黄铜）；6—手拧架；7—黄铜螺母

图 12-4 线鼻子

1—电缆芯；2—线鼻子；3—螺栓；
4—螺母；5—弹簧垫圈；6—平板垫圈；
7—引出线；8—电缆

将电缆切断后，削去绝缘层，用同规格的线鼻子（铜芯电缆用铜鼻子，铝芯用铜铝鼻子）用液压钳将塞入电缆芯部分的线鼻子压紧，其做法如图 12-4。引出线应压在两个平板垫圈中间，外侧平板垫圈与外侧螺母中间应加弹簧垫圈，以保持接触良好。在整个外面套个一头热封的透明软塑管。

注意：引出线不可压在线鼻子与第一个螺母之间，这样做法压接不紧密。

b. 用铜管连接

将切断的电缆，两端各适度剥去部分绝缘，将芯线等长度插入铜管内，其中端将接灯负荷的铜芯也插入铜管内，用液压钳将铜管与电缆芯线压在一起，压完的铜管应平直。在铜管外面套上一段透明塑料软管，使带电部分不外露。

具体做法：16mm² 铜芯电缆，用壁厚 1.5mm 的铜管，如图 12-5 所示。

c. 专用电缆接线盒

图 12-6 是国外的样品，在钢杆下部门内安装。图中是 2 个灯用的，所以是 2 个螺旋熔断器。(a)图是全景，(b)图与(c)图是内部接线，(d)图是接线板。在处理灭灯打开外盖（外壳是塑料制品）就是(c)图的样子，完全可以防止工作人

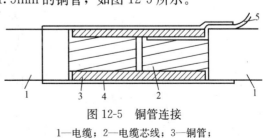

图 12-5 铜管连接

1—电缆；2—电缆芯线；3—铜管；
4—软塑料管；5—接灯引线

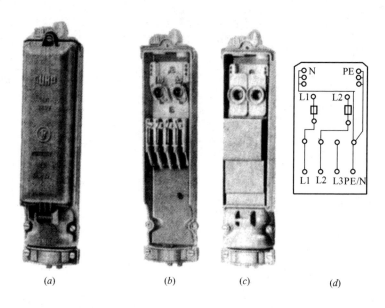

图 12-6　电缆接线盒

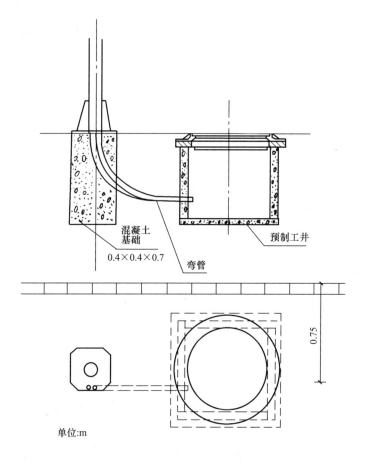

图 12-7　工井示意图

员与外人误碰导电部分。

（3）工井

地下直埋电缆，电缆到每个灯杆切断，连接电缆的工艺技术较差，如电缆切面小，负荷电流又大，常在首端发生因接触不良电缆连接处烧坏事故。为事故处理时有裕度可供做新的接头，在每个灯杆处均设工井，工井内留有一定量的裕量电缆。工井的形状与尺寸，各地差异很大。北京习惯用预制的钢筋混凝土板到现场拼装的明井（通用型），有的是砖砌的分直通型、转角型、丁字型、四通型等多种。工井的示意图如图12-7所示。

井型以明井为主，上加防盗井盖，暗井已逐渐废弃。

示范题
单选题
导线跨越建筑物时，导线与建筑物的垂直距离在最大计算垂度情况下不应小于多少？（　　）
A. 2m　　　　B. 2.5m　　　　C. 2.8m　　　　D. 3.2m
答：B

多选题
作用在电线单杆上的水平荷载是哪些？（　　）
A. 导线上的风压　　B. 电杆的风压力　　C. 温度应力　　D. 操作工的负荷
E. 冰雪的负荷
答：A、B、E

判断题
紧凑型绝缘线，架设方式的措施是缩小绝缘子的间距。（　　）
答：错

12.5　道路照明维护与管理

12.5.1　概述

照明设施的维护与管理人员主要包括：照明设备的管理负责人员、照明的维护管理人员、维护和检修的主要人员。

12.5.2　维护管理人员的职责

照明设备管理负责人员的职责：
（1）收集上级部门的安全卫生、电力运行等方面的管理及规定，并负责贯彻执行；
（2）负责照明维护管理计划的制订；
（3）收集并了解相关行业的照明标准；

(4) 收集并了解照明产品的技术资料及新的照明技术信息;
(5) 保证电力的合理运用;
(6) 保证良好照明工作环境的有效性;
(7) 收集整理下属各照明设施的运行情况。

照明的维护管理人员的职责:
(1) 负责照明维护管理计划的实施;
(2) 负责详细记录照明设备的运行情况;
(3) 分析照明产品运行过程中出现的问题,并制订解决方案;
(4) 提出改善和提高照明工作环境的方案;
(5) 根据使用情况制订照明产品的购买计划。

维护和检修的主要人员的职责:
(1) 负责检查及处理照明运行过程中出现的问题;
(2) 负责光源、灯具及其附件的更换;
(3) 负责光源、灯具及其附件的清扫;
(4) 负责照明设施运行过程中各产品技术参数的检测;
(5) 负责照明工作环境的照明情况的检测。

12.5.3 维护参数

(1) 引起光损失的因素

引起光损失主要有四个因素:光源光通量衰减、光源及镇流器损坏、灯具污垢积累、房间表面的污染。光源的光通量随着时间及使用程度而衰减,但耗电却始终不变。由于人眼对于照明条件的变化适应力极强,大多数人不会注意到照明水平在逐渐下降。但是最后照度会降到影响场所的照明环境、工作人员的工作及安全的程度。过去,一些非照明专业人员通过增加灯数补偿未来出现的光损失这个问题。这种办法简化了维护,但又增大了投资成本、电费以及与之相关的污染。

1) 光源光通量衰减

光源在使用过程中,随着时间的推移,发出的光通量逐渐缓慢降低。这种变化称为光源光通量衰减(也称光通量维持率),并用初始光源光通量的百分比表示。一般以光源点亮 100h 的光通量为基准,与经过一定时间以后的光通量之比,称作这时的光通量维持率 $f(t)$,其计算如公式 (12-1) 所示。

$$f(t) = F(t)/F(100) \times 100 \tag{12-1}$$

式中 $F(t)$ ——为光源点燃 t 小时灯的光通量,lm;
   $F(100)$ ——为光源点燃 100h 灯的光通量,lm。

不同光源的光衰速度是不一样的,同一类型的光源光衰速度也是不同的。影响光源光通量衰减的主要因素是光源内壁上的积炭或灯管发光涂层的老化,这些又受到光源自身的质量、镇流器及附属设备的质量、照明装置的运行条件(如环境温度、电源电压、光源的点燃位置等)的影响。白炽灯及高压钠灯的光源光通量衰减最小(即在其整个使用寿命中能保持光输出接近初始光通量)。荧光灯、金属卤化物灯、高压汞灯光通量衰减较快。

各种光源都有自己的光衰曲线和寿命曲线，有了这两条曲线，就可以确定该光源光通量的衰减系数。

图 12-8 是某典型光源的寿命曲线，从典型光源的寿命曲线可以看出，当光源用至平均寿命的 80% 时，已有 20% 损坏了，这样就不能达到场所作业所要求的照度值。我们可以在光源用至平均寿命的 70% 时来确定其光衰系数，此时仅有 10% 的光源损坏不亮，达到的照度值与场所作业所要求的照度值相差不大。根据实验和调查，各种光源光衰系数为：白炽灯

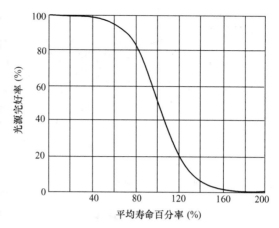

图 12-8 典型光源的寿命曲线

0.92、荧光灯 0.8、高压钠灯 0.88、金属卤化物灯 0.85。考虑到我国光源的实际产品质量，我国照明标准确定的光源光通量的衰减系数如表 12-9。

光源光通量的衰减系数 表 12-9

光源种类	白炽灯	荧光灯	汞灯	高压钠灯	金属卤化物灯
光衰系数	0.92	0.8	0.78	0.88	0.85

光源光通量维持率越高，经过一定时间的光通量变化越小，初期设备费和电力费的投入就越少。通常当出现下列情况时，则认为气体放电灯已达到了其使用寿命极限：

a. 光的颜色明显改变；

b. 光亮度显著降低；

c. 不能启动。

此时标志着光源达到其终了寿命。为了达到一定的照度水平，通过提前更换光源，用更少的灯泡和更低的耗电达到同样的照度水平。

2）光源及镇流器损坏

光源及镇流器一旦损坏即不再发光。有时损坏的灯泡及镇流器数月后才被换掉，严重影响了照明工作场所的照明条件。

①光源损坏

光源生产厂家一般在产品使用说明书中列出了产品"平均额定寿命"。这是累积损坏光源达到一半时的点亮时间。有些灯泡安装后很快便坏了，随着使用时间增加损坏率也增加。影响光源寿命的因素如下：

a. 镇流器电路类型不同；

b. 安装失当；

c. 产品自身因素；

d. 光源的开启次数。

根据所用光源类型及工作条件，可以准确计算光源损坏率或光源的亮灯率。

光源使用后，随着时间的推移，光源就逐个不亮。这时以开始时的灯数为基准，与经

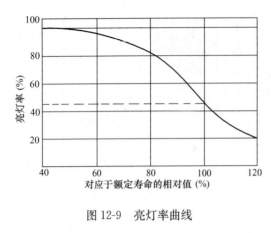

图 12-9 亮灯率曲线

过一定时间后还保留点亮的灯数之比,称作这时的亮灯率,$n(t)$,其计算如式(12-2)所示。

$$n(t) = N(c)/N(0) \times 100 \quad (12-2)$$

式中 $N(c)$——为点亮 t 时间后亮灯的数量;

$N(0)$——为初期点灯时的数量。

将点灯时间与亮灯率之间的关系在坐标图上表示出来,称作亮灯率曲线(图12-9)。亮灯率曲线对于确定光源的更换时间和维修供应计划提供出有效信息。

通过计算可以预先安排好在严重损坏刚要出现之前成批换灯。在 70% 额定寿命时成批换灯可降低光源损坏造成的光损失以及降低零散换灯带来的费时费力等。另外,灯具中使用过期的光源会让镇流器提前损坏。在成批换灯间隔期内损坏的个别光源是容许的,必要时可个别更换。

通常当出现下列情况时,则认为气体放电灯已达到了其寿终极限:

a. 自行重复启动熄灭过程;

b. 已达到规定的使用寿命,即当光源光通量低于其额定光通量的 80% 时所点亮的时间。

②镇流器损坏

镇流器一般比光源寿命长,其寿命主要由其工作温度决定。工作温度随镇流器类型、灯具外壳散热特性及灯具安装方法而变,这些因素使镇流器寿命更难计算。因为电子镇流器发热小,电子镇流器预期寿命长于电感镇流器。

12.5.4 维护管理计划的制定

为使照明维护工作富有成效,必须对照明设施定期进行维护。制定一个切实可行的维护计划,定期清扫和擦洗照明装置表面及反射面,更换损坏的光源。有助于使该项工作得到认可,也能让其他人员在将来或其他设施中实施这项维护工作。同时也便于未来的管理人员了解有效维护的重要性,保证维护工作的连续性。

制订维护管理计划需要考虑的因素:

(1) 基本情况的调查

——使用的灯泡及镇流器类型;

——灯泡/镇流器平均寿命;

——每年点亮总时数;

——产品价格;

——单个换灯劳动成本;

——成批换灯劳动成本;

——电费;

——环境污染程度。

(2) 换灯方式及间隔

在换灯方式中有个别更换、分批更换和全部更换等三种。

个别更换方式就是光源在使用时如果有灯不亮,即直接进行更换的方式。这是换灯方式中最经济的方式。这种方式适用于在特定周期内更换次数多而规模小的照明设施和使用时间短的照明设施中。

分批更换方式就是使用初期不亮的光源随时予以更换(个别更换方式),在适当时期当不亮的灯数开始显示出增加的倾向时,则将新、旧光源全部更换(集团更换方式)。最普通的光源的更换方式是在一般场所使用灯具,其集团更换周期为五年一次。

全部更换方式就是不亮光源数在达到维修期间(时间)或达到预定不亮光源数以前并不进行光源的更换,待达到维修时间时全部进行更换的方式。这种方式适用于难于更换灯的场所和新、旧光源混在一起使美观成为问题的场所,一般费用要增加。

可以选择适当的时间间隔进行分批更换。一般情况下光源在额定寿命的70%以后损坏率急剧上升。因此,进行分批更换通常是在光源额定寿命的70%时。例如,一种光源额定寿命1万小时,每年工作4000h,则应在灯泡寿命的7000h换灯,或以大约1年半的间隔进行分批更换。

(3) 预测光衰对照度的影响

由于光源光通量的衰减、灯具的污垢积累以及房间表面的污染都将对照度产生影响。因此,需要根据光源的性能、质量情况以及环境的污染程度等评估对照度的影响,预测照度的衰减速度,确保工作场所的照度不低于标准规定的维持照度。

(4) 维护方法

——内部现有人员维护或将维护任务外包;

——使用正常上班时间,晚上或周末完成任务;

——管理应达到的效果;

——废弃灯泡及镇流器的处理方式;

——确定产品型号;

——确定出入口及应急照明的检测方法。

(5) 预测维护工作的费用

维护工作计划中最难的一部分是预算维护工作的费用。采用不同的换灯方式以及设备的使用寿命、期限等都对维护工作的费用产生影响,每年的维护费用可能有变化。同时,因为预算通常要提前一年做好,必须预计换灯时间及经费等。

维护管理工作计划主要应包括的内容:

①维护管理人员(分派的职务、资格);

②维护管理经费(分别开列项目);

③维护管理组织(内部和外部的关系、联络人的电话等);

④维护管理有关的法律规定(收集、保管);

⑤设备配置图(配线图、特殊场所的明确区分);

⑥设备总账(设备名称、台数、主要规格、制造者、保修联络者);

⑦教育训练（知识、技能、安全知识等内容和教育体制等）；
⑧检查标准（检查项目、检查时间等）；
⑨检查卡片（设备名称、测定仪器）；
⑩修补和修理（使用说明书等）；
⑪各种报告（报告日期、报告形式等）；
⑫维修零件（零件名称、更换时间等）；
⑬维修计划书的重新评价，标准等的修改；
⑭其他。

12.5.5　维护管理计划的实施

经过深思熟虑制定的计划比较容易实施。有些单位将主要维护任务外包出去，而平时的日常维护由本单位职工进行个别维护。也有的将照明设施的维护管理完全包给外面的专业照明维护公司。不论选用何种办法，全面按照制定的维护管理计划实施，是保证照明设施正常运转，创造良好照明环境的根本保证。

（1）光源的维护

对于一般照明设施中常用的光源，为了使用安全，要求的禁止和注意事项见表12-10。

光源维护的禁止和注意事项　　　　表 12-10

编号	项目	禁止和注意事项	一般照明用白炽灯	荧光灯	高强气体压放电灯（HID灯）	卤素灯	放射型白炽灯	起辉器
1	禁止（破坏）	由于是玻璃制品，因而不得落下撞物体、加以强制力或有裂纹	○	○	○	○	○	○
2	禁止（过热）	不要在玻璃表面上贴布和纸等以及涂刷涂料	○	○	○	○	○	—
3	禁止（火灾）	不要把布和纸等接近灯或接近易燃物体点灯	○	—	○	○	○	—
4	禁止（烫伤）	灯亮时或刚刚熄灭后的电灯，由于尚热，绝对不能用手或皮肤触摸	○	—	○	○	○	—
5	注意（使用条件）	在白炽灯上标明的电压下使用	○	—	—	○	○	—
6	注意（使用条件）	荧光灯，HID灯要求与镇流器组合使用。器具（镇流器）的使用要保证适合于灯的相应种类、额定电压、额定功率	—	○	○	—	—	—
7	注意（使用条件）	起辉器的使用要适合于荧光灯和插座	—	—	—	—	—	○
8	注意（点灯方向）	对指定点灯方向的灯要按指定方向使用	—	—	○	○	—	—

续表

编号	项目	禁止和注意事项	一般照明用白炽灯	荧光灯	高强气体压放电灯（HID灯）	卤素灯	放射型白炽灯	起辉器
9	注意（灯头温度）	灯头部分的温度不得在超过指定温度状态下使用（一般照明用白炽灯为160℃，卤素灯的密封部分的温度在360℃以下）	○	—	○	○	○	—
10	禁止（更换清扫）	灯、起辉器更换和器具清扫时必须切断电源	○	○	○	○	○	○
11	禁止（紫外线、亮度）	开着的灯不得直视（将会眼痛）（杀菌灯开灯时绝对不能直视）	—	○	○	○	○	—
12	注意（处理）	扫除时不要用扫除工具损坏表面（对于环形荧光灯、不要从灯中间强行伸入器具）	○	○	○	○	○	○
13	注意（器具）	在淋雨和水滴及潮气多的场所使用时，必须使用有防水构造的器具	○	○	○	○	○	○
14	注意（器具）	在有振动和冲击的场所，必须使用有抗振构造的器具（灯）（在有振动和冲击的场所不得使用卤素灯）	○	○	○	○	○	○
15	注意（器具）	在受酸等腐蚀时，必须使用耐酸构造的器具	○	○	○	○	○	○
16	注意（器具）	在粉尘多的场所，必须使用密封构造的器具	○	○	○	○	○	○
17	注意（开关）	开关频繁寿命就短	—	○	—	○	—	—
18	禁止（异状）	当灯光的外管、球壳偶然有破裂时，绝对不许开灯（否则有紫外线的危害和有破损、掉落等的危险）	—	—	○	—	—	—

注：摘自日本《照明手册》，有删节。

(2) 灯具的维护

在使用和维护灯具时，为了使用安全而要求的禁止和注意事项，归纳起来列于表12-11中（特殊灯具的使用与维护方法应根据灯具制造厂的有关说明书办理）：

主要灯具的使用方法　　　　　　　　　　　　　　　表 12-11

编号	禁止和注意事项
01	在确定电源电压、频率的基础上必须采用适当的灯具
02	需要接地者，一定要接地使用
03	应请专业电工进行配线和安装

续表

编　号	禁止和注意事项
04 05 06	连接外部配线时，电线不能接触或靠近高温的地方 指定用于某个场所的电线，必须采用适当的电线 室内用的器具不能在室外使用
07	燃气、燃油炉等采暖器具的直接上面不能安装灯具
08 09 10	灯具要按照规定进行安装 在坚硬的地方要安装牢固 嵌入器具要按照规定嵌入，将四周加固
11	器具的搬运，要按照规定进行
12	特别不能用导线担负器具的重量
13 14 15	更换器具内部配线时，不要进行部件的加工 在组合器具的情况下，必须使用适当的机械配件来组合 使用合适的灯，特别不能使用超过指定瓦数的灯
16	不能将纸和布之类放置在器具的近处或盖住器具
17 18 19	换灯、拆卸罩子和保险时，必须切断电源 金属部分不能随意使用亮光粉 将灯卸下，要用干布擦抹
20	玻璃罩要用干布擦抹，并要处理指纹和油污不得残留
21	用干布或掸子清扫器具顶背的灰尘
22	在使用中发生异常时，应停止使用，切断电源

注：摘自日本《照明手册》，有删节。

示范题

单选题

成批换灯的时间应规定在什么时间？（　　）

A. 光源"平均额定寿命"的时间　　　　B. 70％额定寿命时

C. 80％额定寿命时　　　　　　　　　D. 90％额定寿命时

答：B

多选题

影响光源寿命的因素是什么？（　　）

A. 镇流器电路类型　B. 安装失当　　　C. 产品外形　　　D. 灯具反光器材

E. 光源的开启次数

答：A、B、E

判断题

灯具中使用过期的光源会让镇流器提前损坏。（　　）

答：对

12.6 道路照明节能

12.6.1 绿色照明的应用

一、概述

人口、资源和环境是当前世界各国普遍关注的重大问题，它关系到人类社会经济的可持续发展，而其中的资源和环境与照明关系最为密切。自 1973 年世界上发生第一次能源危机以来，引起国际上和一些发达国家对照明节能特别重视，一些国家相继提出一些照明节能的原则和措施。而绿色照明新理念就是在这样的背景下，首先于 1991 年由美国环保局提出，尔后积极推进绿色照明工程的实施，并且很快得到联合国的支持和世界许多国家的关切，相继制定照明节能政策和照明节能标准以及具体技术对策。目前，在一些国家已取得越来越大的社会、经济和环境效益。绿色照明的前景广阔，有巨大的发展潜力。大力全方位实施绿色照明是我国今后照明科技长远发展目标。

我国从 1993 年开始准备启动绿色照明工程，并于 1996 年正式开始实施了《中国绿色照明工程实施方案》，又于 2001 年，原国家经贸委与国际组织合作开发了中国绿色照明工程促进项目，其计划已完成，并取得显著成效。

已制定常用照明光源及其镇流器能效标准，住宅、公共建筑以及工业建筑的照明节能标准。开展了国家实验室照明电器产品的一致性比对，强化了测试能力。以多种形式和渠道宣传绿色照明的意义和好处，提高了各界节能环保意识。组织了专业性及绿色照明教育和培训，开展节能认证和标识工作。通过开展大宗采购、供需侧（DSM）照明节能试点和质量承诺等活动，为照明节电积累了宝贵经验，为节电产品推广奠定了良好的基础。

二、实施绿色照明的宗旨

绿色照明是节约能源、保护环境、有益于提高人们生产、工作、学习效率和生活质量，保护身心健康的照明。

1. 节约能源

人工照明主要来源于由电能转换为光能，而电能又大多来自于化石燃料的燃烧。据目前估算，地球上的石油、天然气和煤炭的可采年限有限，世界能源不容乐观。节约能源，对于地球资源的保存，延长其枯竭年限，实现人类社会可持续发展具有重大意义。

据国际照明委员会（CIE）估测，16 个发达国家 2000 年的照明用电量占总电量约为 11%，而照明的能量效率为 65lm/W，年人均照明用电量约为 1200kWh。

我国的照明用电量大约为总发电量的 10%～12%，2005 年我国发电量为 24740 亿 kWh，照明用电约为 2474～2969 亿 kWh，比三峡电站总发电量还多，但我国人均照明用电量平均只有 180kWh，处于低水平，但是照明总用电量年年增长，可见用电量之大，节约能源任务之艰巨。

2. 保护环境

由于化石燃料燃烧产生二氧化碳（CO_2）、二氧化硫（SO_2）、氮氧化物（NOx）等有害气体，造成地球的臭氧层破坏、地球变暖、酸雨等问题。地球变暖的因素中，50%是由二氧化碳形成的，而大约80%的二氧化碳来自化石燃料的燃烧。据美国的资料，每节约1kWh的电能，可减少大量大气污染物，如表12-12所示。由此可见，节约电能，对于环境保护的意义重大。

每节约 1kWh 的电能可减少的空气污染物的传播量 表12-12

燃料种类 \ 空气污染物	SO_2 (g)	NOx (g)	CO_2 (g)
燃 煤	9.0	4.4	1100
燃 油	3.7	1.5	860
燃 气		2.4	640

3. 提高照明品质

提高照明品质，应以人为本，有利于生产、工作、学习、生活和保护身心健康。在节约能源和保护环境的同时，还应力图照明品质有个飞跃的提高。具体体现在照明的照度应符合该场所视觉工作的需要，而且有良好的照明质量，如照度均匀度、良好的眩光限制和光源的显色性以及长寿命等。节约能源和保护环境必须以保证数量和质量为前提，创造有益于提高人们生产、工作、学习效率和生活质量，保护身心健康的照明，为达此目的，采用高光效的光源、灯具和电器附件以及科学合理的照明设计是至关重要的。

三、照明节能原则

当前国际上认为，在考虑和制订节能政策、法规和措施时，所遵循的原则是，必须在保证有足够的照明数量和质量的前提下，尽可能节约照明用电，这才是照明节能的唯一正确原则。照明节能主要是通过采用高效节能照明产品，提高质量，优化照明设计等手段，达到受益的目的。

为节约照明用电，一些发达国家相继提出节能原则和措施。如美国照明学会提出12条节能原则措施，日本照明普及会提出7条原则，均大同小异。现仅将国际照明委员会（CIE）所提的9条原则叙述如下：

（1）根据视觉工作需要，决定照明水平；
（2）得到所需照度的节能照明设计；
（3）在考虑显色性的基础上采用高光效光源；
（4）采用不产生眩光的高效率灯具；
（5）室内表面采用高反射比的材料；
（6）照明和空调系统的热结合；
（7）设置不需要时能关灯或灭灯的可变装置；
（8）不产生眩光和差异的人工照明同天然采光的综合利用；

(9) 定期清洁照明器具和室内表面，建立换灯和维修制度。

进入 20 世纪 90 年代前后，一些国家先后制订照明节能的数量标准，对于节约照明用电在技术上立法，作为检验是否节能的评价依据。

照明节能是一项系统工程，要从提高整个照明系统的效率来考虑。照明光源的光线进入人的眼睛，最后引起光的感觉，这是复杂的物理、生理和心理过程，该照明过程与效率如图 12-10 所示。

由图 12-10 可知，欲达到节能的目的，必须从组成节能系统的各个因素加以分析考虑，以提出节能的技术措施。

四、绿色照明经济效益

在照度相同条件下用紧凑型荧光灯取代白炽灯的效益见表 12-13（未计镇流器功耗）。

紧凑型荧光灯取代白炽灯的效益　　　表 12-13

普通照明白炽灯 (W)	紧凑型荧光灯 (W)	节电效果 [W, (节电率,%)]	节省电费 (%)
100	25	75 (75)	75
60	16	44 (73)	73
40	10	30 (75)	75

直管形荧光灯升级换代的效益见表 12-14（未计镇流器功耗）。

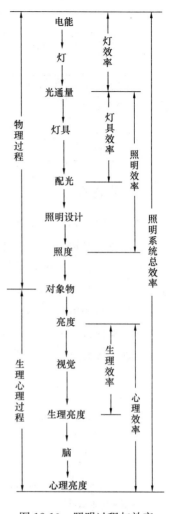

图 12-10　照明过程与效率

直管形荧光灯升级换代的效益　　　表 12-14

灯种	镇流器型式	功率 (W)	光通量 (lm)	光效 (lm/W)	替换方式	照度提高 (%)	节电率 (%)
T12（38mm）	电感式	40	2850	71	—	—	—
T8（26mm）	电感式	36	3350	93	T12→T8	17.54	10
T8（26mm）	电子式	32	3200	100	T12→T8	12.28	20
T5（16mm）	电子式	28	2900	104	T12→T5	1.75	30

高强度气体放电灯的相互替换的效益见表 12-15（未计镇流器功耗）。

高强度气体放电灯的相互替换的效益　　　　　　　　　表 12-15

序号	灯种	功率(W)	光通量(lm)	光效(lm/W)	寿命(h)	显色指数 R_a	替换方式	照度提高(%)	节电率(%)
1	荧光高压汞灯	400	22000	55	15000	40	—	—	—
2	高压钠灯	250	22000	88	24000	65	1→2	0	37.5
3	金属卤化物灯	250	19000	76	20000	69	1→3	−13.6	37.5
4	金属卤化物灯	400	35000	87.5	20000	69	1→4	37.1	0

12.6.2 半夜灯

道路照明工程应注重经济效益，所以应根据布灯方式、电源接线方式和交通量等具体情况，合理控制道路照明的能源消耗。

半夜灯是在不影响社会治安和交通安全的前途下，采取适当的技术措施，降低光源的功率或减少点亮光源的数量，以满足最低照明的需要。除夜间交通量极少，几乎无行人的边缘道路的照明以外，不宜采用全部半夜熄灯的办法。

（1）半夜灯几种做法

①熄灭部分点亮的光源，如表 12-16 所示。

半夜灯的几种运行方式　　　　　　　　　表 12-16

序号	说明	图例
1	路面较窄，设一排灯照明，设计时可按二条相线一条零线，灯隔杆接，后半夜可隔杆关灯	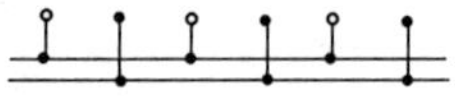
2	路面较宽，设有中间隔离带的上、下行道路。灯杆设在隔离带上双弧杆，后半夜可取邻杆交错关灯	
3	路面较宽又无中间隔离带，在采用双侧对称布灯时，后半夜可关其中一排灯	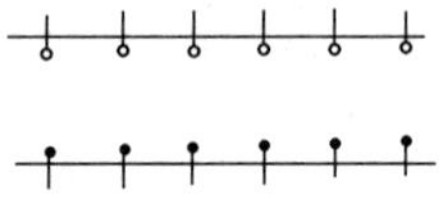
4	道路横断面分快、慢车道布置，共设四排灯双侧对称排列者。后半夜，可停慢车道灯（见右图 *a*）；快车道可停其中一排灯（见右图 *b*）；或邻杆交错关灯（见右图 *c*）	 (*a*)  (*b*)  (*c*)

注：● —灭　　○ —亮

②适当降低电源电压：a. 采用自耦变压器定时降压法：如在 23:00 始，电压降低 10% 左右，如福州市路灯所采用的控制箱。b. 在线路上串联电抗器降压法如无锡市路灯处的做法。

③采用双光源照明器：前半夜点二盏气体放电灯，从午夜始关掉其中一只功率大的光源，达到节能。

（2）半夜灯的控制

①有控制线的半夜灯控制接线原理图，如图 12-11 所示。

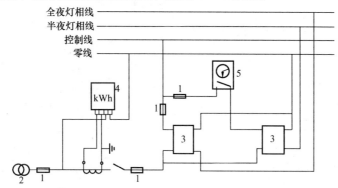

图 12-11　有控制线的半夜灯控制接线原理图
1—熔断器；2—路灯变压器；3—真空接触器；4—电度表；5—SDK-2 型定时钟

② 单电源控制的半夜灯接线原理图，如图 12-12 所示。

图 12-12 中的接线应注意以下几点：

a. 光电控制器的电源宜接在 A 点。因有的光电控制器，在接通电源的瞬间立即动作一次，再约经 40s 左右，断开投入预备状态。正常送电的操作程序是先送变压器一次侧熔断器——合变压器二次侧隔离刀闸——合电表箱内隔离刀闸。其需要的操作时间一般超过 40s，在合电表箱内隔离刀闸时光电控制器已进入预备状态，这样可防止将电源送到低压照明线路上。

b. 半夜灯定时钟的控制用电源，宜接在熔断器 5 前的 B 点。这样 2# 交流接触器的控制电源受光电控制器与定时钟的双重控制。

c. 宜将 1# 和 2# 交流接触器的主触点电源接在 C 点，预防有一个拒动而影响到另外一个。

d. 熔断器 4 应接在 B 点，不能接在熔断器 5 的出线侧。

③在控制线末端有二台以上变压器的半夜灯接线原理图，如图 12-13 所示。这个做法的优点是减少定时钟的数量和维护工作量。

在图 12-12 及图 12-13 中的交流接触器是扩大控制容量用的。因光电控制器与定

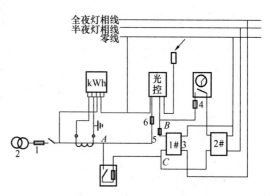

图 12-12　单电源的半夜灯控制接线原理图
1、4、5、6—熔断器；2—路灯变压器；3—交流接触器

时钟的工作电流分别是 0.5A 与 1A，而一般控制电路的工作电流远远超过此值，何况还有发生控制线短路故障的可能，所以为了满足控制电路电流值的需要，加装了这只单极交流接触器，其型号可选用 CJ10-20 或 CJ10-40。

④ 高压供电范围内的半夜灯控制接线原理图，如图 12-14 所示。

（3）半夜灯的运行时间

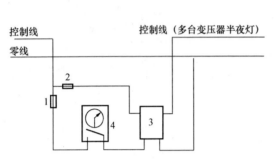

图 12-13　一只定时钟控制多台变压器的半夜灯接线原理图

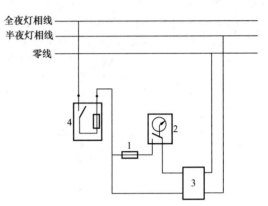

图 12-14　高压供电的半夜灯控制接线原理图

1、2—熔断器；3—交流接触器；4—SDK-2 型定时钟

半夜灯的运行时间可根据各城市的具体情况安排，其中应考虑到附近工厂下夜班的时间。如北京一般是常年控制在 22：30 熄灭半夜灯，使用 SDK-2 型定时钟控制。在路灯控制仪停半夜灯时，一般夏季 24 点关，冬季 23 点关。

（4）有关半夜灯的附加说明

一般要设半夜灯，需从道路照明规划设计开始就应有计划地安排。若不考虑半夜灯时，每一侧的快、慢车道的道路照明可共用一对相线与零线；若要设半夜灯，而且还考虑后半夜慢行车道不需要点灯时，可设计成每一侧的快车道的灯与慢车道的灯各用一条相线，零线可公用。这样做虽略增加一些投资，但可从减少线损得到补偿，同时社会效益也好。

对于新改造的半夜灯，在投资改造低压照明线路时，需做经济技术比较后再确定。

※12.6.3　无功补偿与节能

无功电源同有功电源一样，是保证电能质量不可缺少的部分。在电力系统中应保持无功平衡，否则，将会使系统电压降低、设备损坏、功率因数下降，严重时，会引起电压崩溃，系统解裂，造成大面积停电事故。因此，解决电网的无功容量不足，增装无功补偿设备，提高网络的功率因数，对电网的降损节电，安全可靠运行有着极为重要的意义。

（1）无功补偿的作用与配置

①无功补偿的作用

a. 降低线路损失

当电流通过电阻为 R 的线路时，其功率损失为

$$\Delta P = 3I^2 R \times 10^{-3} (\text{kW}) \text{ 或} \tag{12-3}$$

$$\Delta P = 3\left(\frac{P}{\sqrt{3}U\cos\varphi}\right)^2 R \times 10^{-3}$$
$$= \frac{P^2+Q^2}{U^2}R \times 10^{-3}(\text{kW}) \tag{12-4}$$

式中 I——流过线路的电流，A；

Q——线路传输无功功率，kvar；

$\cos\varphi$——线路负荷的功率因数。

由于有功损耗与 $\cos\varphi$ 成反比，所以提高功率因数 $\cos\varphi$ 可以大大降低损失。

b. 增加电网的传输能力，提高设备利用率

若 P_1 和 P_2 为补偿前后的有功功率，$\cos\varphi_1$ 和 $\cos\varphi_2$ 为补偿前后的功率因数，则

$$\Delta P = P_2 - P_1 = S(\cos\varphi_2 - \cos\varphi_1) \tag{12-5}$$

为补偿前后的有功功率增量。从上式可见，在视在功率 S 不变的前提下，线路传输功率将有所增加，其增加值为 ΔP。

c. 减少设备容量

在保证有功负荷 P 不变的条件下，增加无功补偿时，可以减少设备容量。这是因为

$$\Delta S = P\left(\frac{1}{\cos\varphi_1} - \frac{1}{\cos\varphi_2}\right) \tag{12-6}$$

当 $\cos\varphi$ 提高后，在输送同样的有功功率的情况下，上式的 ΔS 是负值，即可以减少视在功率。

d. 改善电压质量

配电线路电压损失的计算公式是

$$\Delta U = \frac{PR+QX}{U_N} \times 10^{-3} \tag{12-7}$$

电压损失率的计算公式是

$$\Delta U\% = \frac{PR+QX}{10U_N^2} \tag{12-8}$$

式中 R、X——线路的电阻和电抗，Ω；

U_N——线路电压，kV。

当线路加装补偿电容器后，则其电压损失减小值为

$$\Delta U\% = \Delta U_1\% - \Delta U_2\%$$
$$= \frac{PR+QX}{10U_N^2} - \frac{PR+(Q-Q_C)X}{10U_N^2} \tag{12-9}$$
$$= \frac{Q_C}{S_N}\frac{U_x}{1000}\%$$

其中

$$U_x\% = \frac{\sqrt{3}I_N X}{U_N}\%$$

可见，当加装补偿电容器后，可使电压损失下降，其下降值为 $\Delta U\%$。

e. 减少用户电费支出

用户电费的减少包括两个方面，一是因为线损降低而节约了电费支出，二是由于功率因数提高而节省费用。

(a) 因线损降低而减少的电费：

Ⅰ 直接按线路和变压器损失降低计算
$$\Delta F = [(\Delta P_\mathrm{L} + \Delta P_\mathrm{b}) - \mathrm{tg}\delta]T\beta$$

Ⅱ 用无功经济当量估算节约的电费支出
$$\Delta F = (C_\mathrm{b} - \mathrm{tg}\delta)Q_\mathrm{C}T\beta$$

式中 ΔF——减少的电费支出，元；

ΔP_L——减少的线路损失，kW；

ΔP_b——减少的变压器损失，kW；

C_b——无功功率经济当量，kW/kvar；

Q_C——无功补偿容量，kvar；

T——补偿装置运行小时数，h；

β——单位有功电度价格，元/kWh；

$\mathrm{tg}\delta$——补偿设备的介质损耗，kW/kvar。

(b) 由于功率因数提高而减少的电费支出。

电费减少的计算，详见《功率因数调整电费办法》。

② 无功补偿的配置

当电网需要增设的补偿容量确定后，即应按照"全面规划，合理布局，分级补偿，就地平衡"的总原则，进行合理的配置，以便取得最大的综合补偿效益。具体要求是：

a. 既要满足全区（地区或县）的无功功率平衡，还要满足分区（供电区）、分站（变电站）的无功平衡，尽可能地使长距离输送的无功量小，最大限度地减少功率及电能损耗。

b. 集中补偿与分散补偿相结合，以分散补偿为主。既要在变电站进行集中补偿，又要在配电线路及部分用户进行分散补偿，但大部分补偿设备应配置在配电网络中，以实现就地就近补偿。

c. 电力部门补偿与用户补偿相结合。据统计分析，无功功率大约有50%消耗在用户方面，剩下的约50%左右消耗在电力网的损耗上。因此，由电力部门与用户共同进行补偿是适宜的。

d. 降损与调压相结合，以降损为主。

(2) 无功电源与无功负荷

① 无功电源

a. 同步发电机

同步发电机既是有功电源，又是无功的主要电源。一般中、小型发电机的额定功率因数为0.80～0.85，即每供给10万kW的有功功率，同时还供给7.5～6.2万kW的无功功率，如果发电机的有功输出未满载，在保证发电机的电压为额定电压，并且定转子电流也不超过额定值的条件下，发电机的无功出力还可以适当增加。

b. 输电线路的充电功率

架空线路的导线是平行排列的，导线之间形成电容，当电压加在输电线上时，线路便产生充电电流。即使线路不接负载，也有电容电流流过。由于电容电流的存在，运行中的输电线路将产生充电功率，影响沿线路各点的电压、输电功率和功率因数。因此，分析电力网的运行情况时，必须计算线路的电容和充电功率。

三相架空线路每 km 的电容按下式计算

$$C_0 = \frac{0.0241}{\lg \frac{D_j}{r_{dz}}} \times 10^{-6} \tag{12-10}$$

线路的充电功率按下式计算

$$Q_C = 2\pi f C_0 U_N^2 L \tag{12-11}$$

式中　C_0——架空线路的电容，F/km；

　　　Q_C——架空线路的充电功率，kvar；

　　　D_j——相间几何均距，m；

　　　r_{dz}——导线的等值半径，m；

　　　U_N——架空线路的电压等级，kV；

　　　f——电网的频率，Hz。

10kV 及以下的线路，因充电功率较小，一般不计。输电线路的充电功率可参照表 12-17 选用。

输电线路单导线的充电功率（单位：kvar/km）　　　表 12-17

电压（kV） 导线型号	35	66	110
LGJ-35	3.25	10.28	
LGJ-50	3.32	10.49	30.34
LGJ-70	3.41	10.77	31.11
LGJ-95	3.51	11.09	31.98
LGJ-120	3.57	11.28	32.49
LGJ-150	3.64	11.49	33.06
LGJ-185	3.71	11.70	33.65
LGJ-240	3.79	11.96	34.35

c. 并联电容器

并联电容器（又称移相电容器）是一种无功电源，它的主要用途是补偿电力网中感性负荷需要的无功，提高网络的功率因数，并兼有调压的辅助作用。并联电容器补偿的联结方式分为单相、三相星形、三相三角形三种，见图 12-15 所示。

单相电容器发出的无功功率为

$$Q_C = \frac{U_\varphi^2}{X_C} = \omega C U_\varphi^2 \times 10^{-3} \text{（kvar）} \tag{12-12}$$

三相星形电容器发出的无功功率为

$$Q_C = 3\frac{U_\varphi^2}{X_C} = \omega C U_N^2 \times 10^{-3} \text{ (kvar)} \tag{12-13}$$

三相三角形电容器发出的无功功率为

$$Q_C = 3\omega C U_N^2 \times 10^{-3} \text{ (kvar)} \tag{12-14}$$

式中　U_φ、U_N——电容器的相电压、线电压，kV；

　　　C——电容器的标称容量，μF；

　　　ω——电网的角频率。

在实际结线中，为了满足补偿容量的需要，往往采用多台电容器并联或串联组成电容器组，如图 12-16 所示。若每台电容器的容量均为 C_0，则由 m 组并联，由 n 台串联组成的电容器组总容量为

$$C = \frac{m}{n}C_0$$

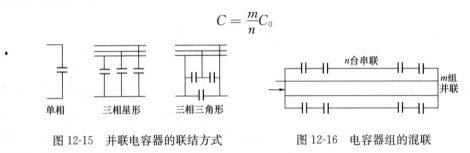

图 12-15　并联电容器的联结方式　　　图 12-16　电容器组的混联

并联电容器发出的无功功率与电压平方成正比，当电网传输的无功较大，补偿点的电压偏低，需要大量无功使电压恢复时，电容器发出的无功反而随电压的下降成平方关系减小，促使电压更趋于下降。相反，当补偿点电压偏高，需要减少无功时，电容器却随电压升高而增发无功，又促使电压升高。电容器这种无功特性满足不了电网调压要求，为此，常用带负荷调压变压器与并联电容补偿配合使用的运行方式。如果没有带负荷调压装置，一般是将电容器组分成若干组，实行分组投切。当电网电压降低或负荷功率因数减小时，投入部分电容器组；反之，则切除部分电容器组。

并联电容器由于具有设备简单、安装和维护方便、本身损耗低、节电效果显著等优点，在电力网的无功补偿中得到广泛的应用。

示范题

单选题

在照度不变的情况下，用高压钠灯替代荧光高压汞灯，其节电率可达到多少？（　　）

A. 20%　　　　B. 30%　　　　C. 25%　　　　D. 37.5%

答：D

多选题

大量使用质量低劣的电子镇流器会造成下列哪些影响？（　　）

A. 多消耗有功功率　　　　　　B. 对电网污染

C. 可能烧毁灯具　　　　　　　D. 威胁其他用电设备安全运行

E. 多消耗无功功率

答：B、C、D

判断题

道路的照明功率密度指标与光源无关。（　　）

答：错

第 13 章 景 观 照 明

13.1 夜景照明设施的维护与管理

照明设施只有在好的维护条件下才能够保持连续有效地工作。维护不好会加重照明设施的老化和损坏，会使照明设施表面积聚灰尘，从而降低光的利用率，既浪费能源，又不能满足照明的要求。为了大体上恢复到初始使用时的照明水平，就需要更换光源，清扫照明设施，甚至还得重新粉饰墙壁和顶棚等。这个使照明水平不致降低得太低的维护工作称之为照明维护。图 13-1 所示是某建筑照明设施一年维护一次和不维护两种情况下随时间变化的照度衰减曲线图。对于夜景照明而言，更是如此。因为夜景照明的设施大多暴露在室外，不仅受风吹、日晒、雨淋等的影响，还会受到一些人为因素的破坏，对于人身的安全均会带来潜在的不安全因素，由此看出夜景照明系统的管理方法及措施，保证照明系统高效持续运行。

为此，国家建设部 1992 年 11 月以第 21 号令发布《城市道路照明设施管理规定》，北京、天津、深圳、南京、沈阳等许多城市以政府令的形式颁布了《城市夜景照明管理办法》，辽宁省制定了《辽宁省城市道路照明设施管理实施细则》。这些制度均为夜景照明设施的维护与管理提供了依据。

照明设施维护参数与换灯方式的确定

（1）维护参数的确定

①照度维护系数

夜景照明计算中使用的维护系数为：$M = E/E_0$

式中　E——设计照度，lx；

　　　E_0——初始照度，lx。

由于光源在使用过程中光能量下降，照明器和光源由于污染而致实际效率下降以有由于室外环境的污染程度不同，维护系数会有不同的值，即 $M = M_l M_d M_w$

式中　M_l——对光源老化的维护系数；

　　　M_d——对光源和照明器被污染的维护系数；

　　　M_w——对室外环境污染程度的维护系数。

夜景照明的照度维护系数不仅涉及光源光通量的衰减情况，而且还要考虑建筑所外的环境，照明器承受污染的性能以及清扫维护周期等因素。一般污染环境的夜景照明装置，设计时常取维护系数为 0.6~0.7，如果空气污染严重或者不能定期执行维护计划，设计计算时维护系数取 0.5，用以补偿光通量的损失。在夜景照明设计计算时，可以按照照明装置安装环境的空气洁净程度，照明装置的清扫周期和照明装置承受污染的性能来适当选取维护系数。

夜景照明维护系数的选取方法可参照如图13-2所示的方法,即将左边竖线上的"环境污染程度"和右边竖线上的"清扫周期"的点连接起来,边线与中间表示"维护系数"的竖线相交,交点的读数就是照明装置安装在该"环境污染程度"的环境下和在该"清扫周期"情况下的维护系数值。

中间竖线的两侧均有数值,左侧数值是不易污染的照明装置的维护系数值,右侧数值是易污染的照明装置的维护系数值。例如,将左边竖线"环境污染程度"为"洁净"的点和右边竖线"清扫周期"为"540天"的点连接起来,连线与表示维护系数数值的中间竖线相交于一点。如果一个照明装置有较好的承受污染的性能,那么维护系数取0.7;如果承受污染的性能较差,则取0.6。

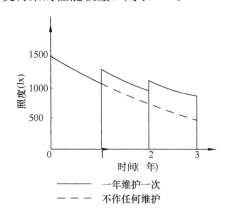

图13-1 某建筑照明照度衰减曲线

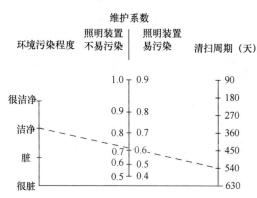

图13-2 夜景照明维护系数的选取

我国《工业企业照明设计标准》GB 50034—1992、《民用建筑照明设计标准》GBJ 133—1990、《城市道路照明设计标准》CJJ 45—1991等照明设计标准均规定室外照明照度维护系数取0.7,维护周期为2次/年。

②光通量维持率

光源在使用过程中,随着时间的推移,光通量逐渐缓慢降低,一般以光源点燃100h的光通量为基准,与经过一定时间以后的光通量之比,称作这时的光通量维持率$f(t)$,即

$$f(t) = [F(t)/F(100)] \times 100$$

式中 $F(t)$——光源点燃t小时灯的光通量,lm;

$F(100)$——光源点燃100h灯的光通量,lm。

将光通量维持率与光源点燃时间的关系在坐标图上表示出来,称作光源的运行曲线,如图13-3所示。

光通量维持率越高,随时间的推移光通量变化越小,初期设备费和电费就越少。通常当出现下列情况时,则认为气体放电灯已达到了其使用寿命极限:

a. 光颜色明显改变。

b. 光度显著降低。

c. 不再启动。此时标志着光源达到其终了寿命。

d. 自行重复启动熄灭过程。

e. 已达到规定的使用寿命,即当光源光通量低于其额定光通量的80%时所点燃的时间。

③亮灯率

光源使用后,随着时间的推移,光源会逐个不亮,以开始时的灯数为基准,与经过一定时间后还保留点亮的灯数之比,称作这时的亮灯率$n(t)$,即

$$n(t) = N(t)/N(0) \times 100$$

式中 $N(t)$——点燃t时间后亮灯灯数;

$N(0)$——初期点灯时的灯数。

将点灯时间与亮灯率之间的关系在坐标上表示出来,称作亮灯率曲线,如图13-4所示,亮灯率曲线对于确定光源的更换时间和维修供应提供了有效信息。

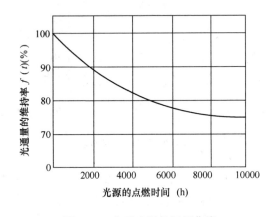

图13-3 典型光源的运行曲线

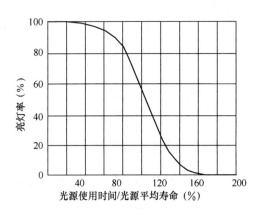

图13-4 典型光源亮灯率曲线

(2) 换灯方式的确定

在换灯方式中有个别更换、局部集中更换和集中更换等三种,对这些方式作以下说明。

个别更换方式就是光源在使用时如果有灯不亮,即直接进行更换的方式,这是换灯方式中最经济的方式,在特定周期内更换次数多而规模小的照明设施和使用时间短的照明设施中,这种方式适用。

局部集中更换方式就是使用初期不亮的光源随时予以更换(个别更换方式);在适当时期当不亮的灯数开始显示出增加的倾向时,则将新、旧光源全部更换(集中更换方式)。最普通的光源的更换方式是一般场所使用荧光灯,其集中更换期为3年一次。

集中更换方式就不亮光源数在达到维修期间(时间)或达到预定不亮灯数以前并不进行光源的更换,待达到维修时间时全部进行更换的方式。这种方式适用于难于更换灯的场所和新、旧光源混在一起使美观成为问题的场所,一般费用要增高。

13.2 夜景照明设施的施工与验收

为保证城市夜景照明工程的施工质量，促进施工技术水平的提高，确保安全运行，夜景照明工程的施工与验收越来越引起人们的重视。

13.2.1 夜景照明设施的施工

（1）一般要求

夜景照明工程的施工首先应按已批准的设计图纸进行，如需修改设计，应经原设计单位同意方可进行；同时施工前应根据工程规模、施工环境及市政要求（如通过市政道路，占用部分绿地）等具体情况编制施工组织设计或方案，制定可靠的防护、环保措施及符合国家及地方法规、技术文件规定的安全技术措施。

施工中所使用的设备材料应符合国家现行标准的有关规定，技术文件应齐全，型号、规格及外观质量应符合设计要求；施工人员必须经培训合格后持证上岗；施工中使用的检测仪器、仪表须经检定合格且在有效使用期内。施工结束后，应清除施工过程中所造成的垃圾、渣土，施工时确需损坏的绿地、草坪或市政道路等，应恢复原貌。

1) 夜景照明系统应采用 TN-S、TN-C-S 系统，金属电线保护管、金属盒（箱）必须与保护地线（PE 线）有可靠的电气连接。

2) 夜景照明配电箱盘内接线整齐，回路编号齐全，标识正确、明晰。

3) 夜景照明配电箱盘内应分别设置零线和保护接地线（PE 线）汇流排，零线和保护接地线应经汇流排引出。

4) 线路保护管尽量采取暗敷设方式，确需明敷设时，应做到整齐美观且不影响建筑物、构筑物的整体观感效果。

5) 线路保护管宜采用镀锌钢管。镀锌钢管应采用丝扣连接，丝扣处绕聚四氟乙烯带与管箍连接，用管钳拧紧，丝扣外露 2~3 扣，丝扣外露部分应做好防腐处理，管口及连接处均应密封。电气连接应采用熔焊连接。

6) 线路保护管不宜穿过设备或建筑物、构筑物基础，当必须穿过时，应采取保护措施。

7) 管线经过建筑结构沉降、伸缩缝处，应装两端固定的补偿装置，线缆要留足余量。

8) 配线施工前，建筑、构筑工程应符合下列要求：

①对配线施工有影响的模板、脚手架等应拆除；

②对配线施工可能造成污损的建筑装修工程应全部结束；

③自建筑物引出的电源管线及支架、预埋件，应在建筑施工中预埋，规格、尺寸应符合设计要求。

9) 当线路保护管属于下列情况之一时，中间应增设接线盒或拉线盒，且接线盒或拉线盒的位置应便于穿线：

①管长度每超过 30m，无弯曲；

②管长度每超过 20m，有一个弯曲；

③管长度每超过 15m，有两个弯曲；

④管长度每超过 8m，有三个弯曲。

10）垂直敷设电线保护管属于下列情况之一时，应增设固定导线用的拉线盒：

①管内导线截面 50mm² 及以下，长度每超过 30m；

②管内导线截面为 70～95mm² 及以下，长度每超过 20m；

③管内导线截面为 120～240mm² 及以下，长度每超过 18m。

11）线路保护管的弯曲应符合下列规定：

①当线路明配时，弯曲半径不应小于管外径的 6 倍；当两个接线盒间只有一个弯曲时，其弯曲半径不应小于管外径的 4 倍；

②当线路暗配时，弯曲半径不应小于管外径的 6 倍；当埋设于地下或混凝土内时，其弯曲半径不应小于管外径的 10 倍。

12）线路保护管的弯曲处不应有搋皱、凹陷和裂缝，且弯扁程度不应大于管外径的 10%。

13）水平或垂直敷设的明配线路保护管，其水平或垂直安装的允许偏差为 1.5%，全长偏差应不大于管内径的 1/2。

14）明配钢管应排列整齐，固定点间距应均匀，钢管管卡间的最大距离符合表 13-1 的规定，管卡与终端、弯头中点、电气器具或盒（箱）边缘的距离宜为 150～500mm。

钢管管卡间的最大距离　　　　　　　　　　　　　　　　表 13-1

敷设方式	钢管种类	钢管直径（mm）			
		15～20	25～32	40～50	65 以上
		管卡最大距离（m）			
吊架、支架或沿墙敷设	厚壁钢管	1.5	2.0	2.5	3.5
	薄壁钢管	1.0	1.5	2.0	

15）配线工程施工中，电气线路与管道间最小距离应符合表 13-2 的规定。电气线路与建筑物、构筑物之间的最小距离应符合表 13-3 的规定。

电气线路与管道间的最小距离　　　　　　　　　　　　表 13-2

管道名称	配线方式		最小间距（mm）
蒸汽管道	平行	管道上	1000
		管道下	500
	交叉		300
暖气管、热水管	平行	管道上	300
		管道下	200
	交叉		100
通风、给排水及压缩空气管	平行		100
	交叉		50

注：1. 对蒸汽管道，当在管外包隔热层后，上下平行距离减至 200mm。

2. 暖气管、热水管应设隔热层。

电气线路与建(构)筑物间的最小距离　　　　　　　　　　　表 13-3

敷　设　方　式		最小距离（mm）
水平敷设的垂直	距阳台、平台、屋顶	2500
	距下方窗户上口	300
	距下方窗户下口	800
垂直敷设时至阳台窗户的水平距离		750
导线至墙和构架的距离（挑檐下除外）		50

16）固定支架及结构框架要牢固，满足防风、抗震要求并良好接地。

17）管内导线包括绝缘层在内的总截面积不应大于管内截面积的40%，穿线完毕并经绝缘摇测合格后，管口应用硅胶进行密封。

18）古典建筑照明施工可采用铅皮护套线（防鼠咬）施工，供电线路必须设计安装漏电保护装置及过热保护装置。

19）配线工程施工结束后，应将施工中造成的建筑物、构筑物孔、洞、沟、槽修补完整。

20）配线工程采用的管卡、支架、吊钩、拉环和箱盒等应为镀铸件或涂耐高温的高性能防腐涂料。

21）配线施工中非带电金属部分的接地或接零应可靠。

22）线管、盒及灯具设备连接处应作密封处理。

23）配线工程的施工及验收除应符合本章要求外，尚应符合国家及地方有关标准的规定。

24）灯具不得直接安装在易燃物件上，灯具位置除考虑照明效果外，还需考虑维修、保养方便安全。

（2）建筑物、构筑物的夜景照明施工

1）位于建筑物、构筑物顶部或外墙的灯具金属外壳、金属管路及其固定支架应根据建筑物、构筑物的高度和防雷等级做好相应的防雷接地连接。

2）室外支架（柱）上安装的灯具距地面高度不宜低于3m，附着在建筑物、构筑物上的灯具距地面高度不宜低于2.5m。当灯具安装高度低于上述高度时，灯具的金属外壳及其金属支架（柱）必须可靠接地。

3）金属卤化物灯的安装应符合下列要求：

①灯具安装高度宜大于5m，导线应经接线柱与灯具连接，且不得靠近灯具表面；

②灯管必须与触发器和限流器配套使用；

③落地安装的反光照明灯具应采取保护措施；

④投光灯的底座及支架应固定牢固，转轴应沿需要的光轴方向拧紧固定；

⑤导线预留部分不宜过长，且在灯具安装完毕后及时做好调整、固定等保护工作。

（3）广场、道路、步行街照明施工

1）灯具安装高度不宜低于2.5m，当低于2.5m时，应满足如下要求：

①灯具金属外壳及金属支架或管路必须可靠接地；

②灯具应保证在承受一般外力冲击情况下不致于变形和破碎。

2）地灯照明灯具应采用防水型，且其金属外壳须可靠接地。

3）地下电缆可采用聚氯乙烯电缆穿镀锌钢管敷设。

4）霓虹灯的安装应符合下列要求：

①灯管应完好无破裂。

②灯管应采用专用的固定支架固定，且牢固可靠。灯管与建筑物、构筑物表面的最小距离不宜小于20mm。

③霓虹灯专用变压器所供灯管长度不应超过允许负载长度。

④霓虹灯专用变压器的安装位置宜隐蔽，且检修方便，非检修人员不宜触及；明装高度不宜低于3m，当小于3m时须采用防护措施。室外安装应采取防水措施。

⑤霓虹灯专用变压器的二次导线和灯管间的连线应采用额定电压不低于15kV的高压尼龙绝缘导线。

⑥霓虹灯专用变压器的二次导线与建筑物、构筑物表面的距离不应小于20mm。

（4）园林和室外休闲娱乐场所照明施工

1）灯具安装高度不宜低于2.5m，当低于2.4m时，其金属外壳必须有可靠接地或接零保护。

2）其照明灯具宜采用36V以下低压。

3）照明灯具应选用防水型，且其金属外壳须可靠接地。

4）必要部位可设置警示牌"游人止步"、"注意远离电器设备"、"勿靠近电气设备"等。

（5）水景的照明施工

1）照明灯具应采用36V及以下低压，36V及以下照明变压器的安装应符合下列要求：

①电源侧应有短路保护装置，其保护装置的保护电流不应大于变压器的额定电流。

②外壳、铁芯和低压侧的任意一端应可靠接地。

2）照明灯具必须选用防水型，密封严密，且其金属外壳须可靠接地。

3）线路保护管宜采用镀铸钢管，并可靠接地，管口必须密封处理；与灯具连接导线须采用防水型电缆，电缆应固定牢固，避免被游人触及，不得漂浮，接头应在防水分线盒中连接。

4）施工之后要摇测线路绝缘并做记录，绝缘电阻必须不小于20MΩ。试运行24h之后再次摇测绝缘，其绝缘电阻值不能低于20MΩ。

5）供电设计应有漏电保护装置，漏电开关动作电流和动作时间应分别不大于15mA和0.1s。

13.2.2 夜景照明工程施工的验收

（1）验收条件

在全部工程施工完毕，经24h试运行合格，并经过预验，将在预验中提出的问题进行整改完成后，方可验收。

(2) 验收的组织

验收的组织应由建设单位组织，由监理公司、设计单位、施工单位和有关质量管理人员等 5~7 人，组成验收小组，由建设单位任组长，在验收时的要求做好测试数据和讨论意见的记录。

(3) 技术资料的验收

1) 材料、设备合格证或质量证明材料。

2) 施工质量检验评定，隐蔽工程项目验收资料。

3) 试运行记录，接地电阻及绝缘摇测电阻记录。

4) 技术洽商、变更记录。

5) 施工技术文件（组织设计、方案、交底、施工日志）。

(4) 安装工程的验收

1) 已安装的各种设备（含灯具配管等）是否符合设计图纸的要求。

2) 已安装的各种设备（含灯具配管等）是否符合国家有关规程。

3) 已安装工程的质量要通过必要的检验手段，证明达到合格产品。

4) 已安装的设备要通过试运行。

(5) 验收后工作

在完成资料和安装工程的验收后，结合实际效果，要作出总的评价意见。在同意验收后由组长写出验收报告，由参加人员签认，留档存查，本验收资料合并工程档案，由建设单位和相关单位保存。

13.3 夜景照明器材和设备

13.3.1 常用夜景照明灯具

(1) 基本要求

1) 对夜景照明灯具的基本要求：

a. 光学控制，对光源进行配光，提供符合要求的光分布，达到人工照明的目的；

b. 固定光源及其附件（镇流器、触发器、电容器、启动器等）；

c. 保护光源及其附件不受机械损伤、污染和腐蚀；

d. 提供照明安全保证，如电气和机械安全、防水、防尘、防腐蚀和防爆等；

e. 装饰美化环境。

2) 灯具的防护等级。

夜景照明用灯具主要在室外使用，用以美化夜晚的建（构）筑物、路桥、街道、庭院、广场、园林绿地、水景、街头小品、雕塑等，使用环境和使用条件复杂，为了防止人、工具或灰尘等固体异物触及或沉积在灯具带电部件上引起触电、短路等危险，防止雨水等进入灯具内造成危险，应根据使用环境选用符合 GB 7000 中相关防护等级的灯具。表示防护等级的代号由特征字母"IP"和两个特征数字组成。特征数字含义见表 13-4。

3) 灯具的防触电保护。

为了保证人体安全，灯具所有带电部位必须采用绝缘材料加以隔离，称为防触电保护。灯具的防触电保护分类见表13-5。夜景照明灯具一般不得采用O类灯具，在一般场所采用Ⅰ类、Ⅱ类灯具，在使用条件和方法比较差的场所，如人手可直接触及的装饰灯、水池等场所用灯具，应采用Ⅲ类灯具。

防护等级特征字母IP后面特征数字的含义 表13-4

第一位特征数字	防 护 等 级	
	简短说明	含义
0	无防护	没有专门防护
1	防大于50mm的固体物	人体某一大面积部分，如手（但对有意识的接近并无防护），直径超过50mm的固体物
2	防大于12mm的固体物	手指或长度不超过80mm的类似物，直径超过12mm的固体物
3	防大于2.5mm固体物	直径或厚度大于2.5m的工具、电线材等，直径超过2.5mm的固体物
4	防大于1mm的固体物	厚度大于1mm的线材或片条，直径超过1mm的固体物
5	防尘	不能完全防止灰尘进入，但进入量不足以妨碍设备正常运转的程度
6	尘密	无灰尘进入
第二位特征数字	防 护 等 级	
	简短说明	含义
0	无防护	没有特殊防护
1	防滴	垂直滴水无有害影响
2	15°防滴	当外壳从正常位置倾斜在15°以内时，垂直滴水无有害影响
3	防淋水	与垂直成60°范围以内的淋水无有害影响
4	防溅水	任何方向溅水无有害影响
5	防喷水	任何方向喷水无有害影响
6	防猛烈海浪	猛烈海浪或强烈喷水时，进入外壳水量不致达到有害程度
7	防浸水影响	浸入规定压力的水中经规定时间后进入外壳水量不致达到有害程度
8	防潜水影响	能按制造厂规定的条件长期潜水

注：第二位特征数字为7，通常指水密型。第二位特征数字为8，通常指加压水密型。水密型灯具未必适合于水下工作，而加压水密型灯具应能用于这样的场合。

灯具的防触电保护分类 表13-5

灯具分类	灯具主要性能	应用说明
O类	保护依赖基本绝缘——在易触及的部分及外壳和带电体间绝缘	适用安全程度高的场合，且灯具安装、维护方便，如空气干燥、尘埃少、木地板等条件下的吊灯、吸顶灯
Ⅰ类	除基本绝缘外，易触及的部分及外壳有接地装置，一旦基本绝缘失效时，不致有危险	用于金属外壳灯具，如投光灯、路灯、庭院灯等，提高安全程度
Ⅱ类	除基本绝缘，还有补充绝缘，作成双重绝缘或加强绝缘，提高安全	绝缘性好，安全程度高，适用于环境差、人经常触摸的灯具，如台灯、手提灯等
Ⅲ类	采用特低安全电压（交流有效值<50V），且灯内不会产生高于此值的电压	灯具安全程度最高，用于恶劣环境，如机床工作灯、儿童用灯、水下灯、装饰灯等

4) 夜景照明用灯具按用途分类见表13-6。

夜景照明用灯具按用途分类　　　　　　　　　　　表13-6

投光灯		路灯	高杆灯	庭院灯	埋地灯	水下灯	装饰灯
探照灯<10°	泛光灯>10°						

5) 夜景照明用灯具的效率要高，我国目前尚未有灯具效率的规定，按原轻工业部《工矿民用节能灯具部优评选质量检测级别》中有关灯具效率部分列出供参考，见表13-7。《北京市绿色照明技术规程》DBJ 01—607—2001对灯具效率的规定见表13-8和表13-9。

不同质量级别的灯具效率要求　　　　　　　　　　　表13-7

灯具种类		以下三种质量级别的灯具效率（%）[①]		
		A级	B级	C级
直管荧光灯具带格栅		≥55	≥50	≤50
直管荧光灯具带棱柱板或乳白板		≥85	≥75	≤75
圆形投光灯	$\theta<40°$	≥45	≥40	<40
	$40°\leq\theta\leq70°$	≥50	≥45	<45
	$\theta>70°$	≥60	≥55	<55
方形投光灯	$\theta<70°$	≥50	≥40	<40
	$70°\leq\theta\leq100°$	≥60	≥50	<50
	$\theta>100°$	≥70	≥60	<60

注：① A级：优等（国际先进水平）；B级：良好（国内先进水平）；C级：一般（国内一般水平）。
1. θ 为发光角。
2. 多光滩灯具效率限定值为表中值的80%，封闭型灯具的效率限定值为表中值的85%。

荧光灯灯具效率　　　　　　　　　　　表13-8

灯具出光口形式	敞开	保护罩（玻璃或塑料）		铝片格栅
		透明、棱镜	磨砂	
灯具效率	75%	65%	55%	60%

高强度气体放电灯灯具效率　　　　　　　　　　　表13-9

灯具出口形式	敞开	带格栅或透光罩
灯具效率	75%	55%

用作间接照明的灯具（荧光灯或高强度放电灯），其效率不宜低于75%；投光灯的灯具效率随光束角大小不同而异，宽光束角灯具其效率不宜低于55%。

采用防尘的密闭灯具应尽量采用带过滤器的灯具。过滤器对灯具总光输出效率的影响见图13-5。由图可以看出，带过滤器的灯具4年后光输出在73%，不带过滤器的灯具只有61.9%；清洁和换新灯后，带过滤器的灯具效率恢复到初始灯具效率的98%，不带过滤器的灯具只能恢复到87%。

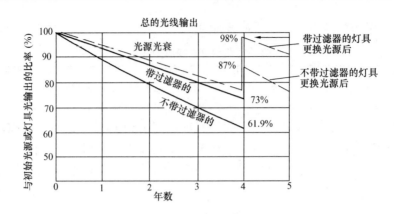

图 13-5 过滤器与灯具光输出效率关系

(2) 灯具选择

选择夜景照明用灯具的基本原则：

1) 应具有合理的配光曲线，符合要求的遮光角；
2) 应具有较高效率，达到节能指标；
3) 灯具的构造应符合安全要求和周围的环境要求，如防水、抗撞击、抗风等；
4) 灯具造型应与环境协调，起到装饰美化的作用，表现环境文化；
5) 灯具应便于安装、维修、清扫，且换灯简便；
6) 灯具的性能价格比合理；
7) 灯具光通维持率高，即灯具的反射材料和透射材料具有反射比高和透射率高及耐久性好；
8) 灯具应有和环境相适应的光输出和对溢散光的控制，以免造成光污染和不必要能耗；
9) 灯具应通过"中国强制认证"，简称"CCC标志"。

13.4 夜景照明高新技术的应用

随着整个科学技术的飞速发展，高新技术的不断出现，照明领域的新光源、新灯具、新材料、新方法和新技术层出不穷，有力地促进了城市夜景照明的发展，使夜景照明的技术和艺术水平越来越高，照明效果越来越好。用一般传统的照明方法或技术难以解决的问题，如远离光源的照明问题，变光变色的动态照明问题，重大庆典活动或节日的特殊夜景照明问题，超高层建筑照明的维修问题及边远缺电地区的照明问题等等，通过光纤、导光管、LED灯、激光、太空灯球、变色电脑灯、光电转换技术等的应用均可得到解决，不仅收到了令人叹为观止、魅力无穷的景观效果，而且社会和技术经济效益也十分显著。在本书的有关章节中虽然也提到一些照明高新技术，但只是点到为止，未能细述。为了便于设计和有关照明工程及管理人员参考使用推广这些照明的新技术，在本节集中对以下高新技术的简况和应用需注意的问题分别介绍：

(1) 光导纤维（简称光纤）照明技术；

(2) 导光管和微波硫灯照明技术；

(3) 激光在夜景工程中的应用技术；

(4) 发光二极管（简称 LED 灯）照明技术；

(5) 其他照明新技术（含太空灯球、电致发光带、电脑灯、远程监控、虚拟技术和全息图技术等）。

※13.4.1 光纤照明技术

光在透明体中经多次反射传播光线的现象很早就为人们所发现，但"光导纤维"则是 1956 年首次由 Kapany 提出。所谓光导纤维，简称光纤，顾名思义是一种传导光的纤维材料。这种传光的纤维材料线径细（一般只有几十微米，一微米等于百万分之一米，比人的发丝还细）、重量轻、寿命长、可挠性好、抗电磁干扰、不怕水、耐化学腐蚀，加上原料丰富、生产能耗低、经光纤传出的光基本上无紫外和红外辐射等一系列优点，很快在通信、医疗器械、交通运输、建筑物的采光照明及城市夜景装饰照明等许多领域得到推广应用。

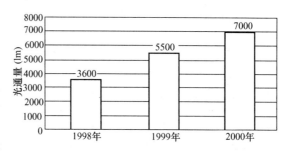

图 13-6　3m600 芯，ϕ20mm 光纤与 250W 金属卤化物灯发光器的光输出

就光纤照明而言，它与传统照明方式相比，除了具有上述优点外，还有照明光源远离照明地点，照明设施安装检修方便，特别是一些窄小或有防水、防尘和防爆等要求的空间，用光纤照明十分安全可靠，照明效果也比较理想。因此从光纤问世以来，在短短的 50 年里，特别是最近几年光纤在照明中的应用技术发展迅速、成效显著，见图 13-6 和图 13-7。由图 13-6 看出，3m600 芯 ϕ20mm 的光纤和 250W 金属卤化物灯发光器的光输出从 1998～2000 年，只有 3 年时间就翻了一番。由图 13-7（a）看出 30m1500 芯中 ϕ35mm 的光纤和 400W 金属卤化物灯发光器的光输出，在 4 年里提高了 2.4 倍。由图 13-7（b）看出 30m 长侧向发光光纤的亮度从 1993 年 500cd/m^2 到 2001 年增至 3000cd/m^2，8 年提高了 6 倍。由图 13-7（c）看出光纤照明设备提供流明数的价格，从 1993 年每流明 68 便士（英币）到 2000 年降至 19 便士。英国业内人士预测 10 年后将降至 7 便士。影响光纤照明技术推广的价格贵和侧向发光光纤表面亮度低的问题已基本解决。正如图 13-7（d）所示，最近 10 年（1998～2008 年）照明光纤产量将大幅度上升，照明系统的使用量将增长 10 倍。

一、光纤照明系统的组成、特性和产品概况

图 13-8 所示的光纤照明系统由三部分组成，即发光器（或称光源）、光纤（分端面发光和侧面发光两种光纤）和光纤末端灯具。

1. 光纤的导光原理

光纤导光是利用光在两种均匀、各向同性和折射率不同的透明介质中传播时所产生的全反射原理而实现的。如图 13-9（a）所示，当光在玻璃和空气两种介质中传播，光源的光线垂直照射时，光线垂直通过玻璃射向空气。随着照射的光线的入射角 θ_i 逐渐增大，

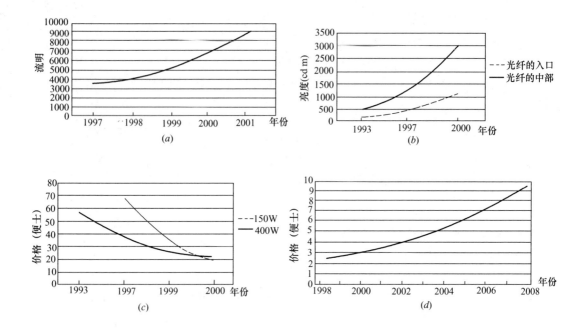

图 13-7 今后 10 年光纤照明产品的发展情况的预测

（a）30m 长光纤和 400W 金属卤化物灯的光输出；（b）30m 长侧向发光光纤的亮度；
（c）每流明数的价格；（d）今后 10 年光纤的价格预测

透过玻璃的折射角 θ_t 也逐渐加大，在入射角 θ_i 增大到超过临界角 θ_{ic} 时，光线就不发生折射，而全部被反射。这也就是上面提到的全反射。

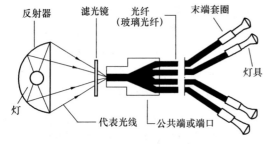

图 13-8　光纤照明系统的组成

如果把玻璃板改为折射率 n_1 的玻璃棒，在外面包一层折射率为 n_2，且 $n_2 < n_1$ 的介质，当光线的入射角超过临界角 θ_{ic} 时，光线在玻璃棒中发生多次全反射，将光线导向另一端，见图 13-9 的（b）。把玻璃棒的直径减小到纤维状的细丝时，这就是我们说的光导纤维。若再把若干细丝组合在一起就形成导光纤维束。一般光纤材料的 n_2/n_1 值为 0.82 左右，$\theta_{ic} = 35°$，也就是说入射光和光纤轴的夹角小于 35°时，才能形成全反射导光现象，见图 13-9（c）～（e）。

2．光纤的种类和特性

（1）按材料分类

光纤的种类很多，按制作的材料分类，在采光照明工程中使用的光纤主要有石英玻璃光纤（简称石英光纤）、多组分玻璃光纤和塑料光纤三种。这三种光纤的基本特性与技术参数如表 13-10 所示。与采光效率关系最密切的因素是光纤对光的衰减率。尽管光纤是按全反射原理设计，而且用光学性能良好的石英、多组分玻璃或塑料制成，但是由于材料本身，特别是其中的杂质对光的吸收和散射，材料在微观上的不均匀性造成的散射，以及光波导的功率泄漏等原因，光在光纤中传输时，均会造成损失。光纤对光的衰减率有两种表示方法：一是

用入射光和出射光经过一千米后,光衰减了多少分贝,单位为 dB/km。计算式为

$$D = 10\log(I_0/I)(\text{dB}) \tag{13-1}$$

式中,I_0 和 I 分别为入射光和出射光的发光强度。

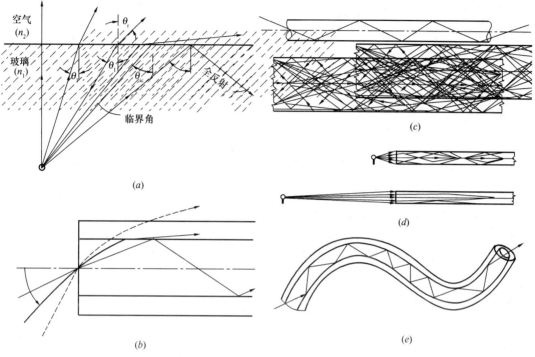

图 13-9 光纤导光的原理和过程

(a) 全反射原理的形成;(b) 光线在玻璃棒中的全反射;
(c) 多次全反射情况;(d) 光源和光纤关系;(e) 弯曲光纤的导光

光纤的种类和特性 表 13-10

	塑料	多组分玻璃	石英
光纤直径（μm）	200～2000	30～50	100～1000
包层厚度	1～2μm	1～2μm	1/4D
N.A. 数值孔径（mm）	0.5	0.63	0.2～0.4
衰减率（dB/km）	1000	>450	20
允许弯曲半径（mm）	<9	<20	<20～500
允许温度范围（℃）	－40～70	－20～180	－20～180

另一种表示方法为每米光纤对光的衰减率,也就是光线在光纤中经过一米的传输所损失的百分数,单位为%。

光纤产品一般给出的衰减率为 D,只有用户要求时,厂家才提供光纤的每米衰减率。原因是光纤对光的衰减基本上是线性的,只要知道千米的衰减率,就可求出每米的衰减率。例如对 $\alpha=120\text{dB/km}$ 的光纤,按(13-1)式可求出入射光经过 1m 长的光纤后,光强度衰减为 97.3%,也就是说光纤的衰减率为 2.7%。以上两种光纤的光衰减率和光谱衰减率如图 13-10 和图 13-11 所示。

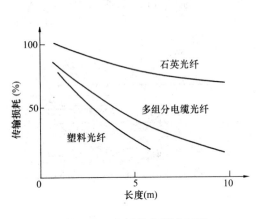
图 13-10　光纤的光衰减率图

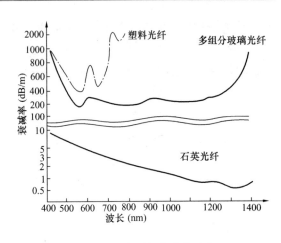
图 13-11　光纤的光谱衰减率

由图 13-10 看出，石英光纤的光衰减率最低，多组分玻璃光纤次之，塑料光纤最大。这也就是说，石英光纤的传光效率最高，多组分玻璃光纤次之，而塑料光纤最低。但是石英光纤的价格较昂贵，多组分玻璃光纤次之，塑料光纤较便宜。比如，光谱衰减率低于 1dB/km 的石英光纤的造价很贵，它主要应用于通信工程，照明工程一般选用 100dB/km 左右的光纤，以装饰为目的的光纤工艺品（如光纤花、光纤树，或室内光纤装饰图案等）可选用造价较低，光衰减率为 800dB/km 左右的光纤产品。

光纤束的断面形状及应用范围见表 13-11。光纤外套管的种类与材料见表 13-12。

光 纤 断 面 种 类　　　　　　　　　　表 13-11

端面结构	应 用 范 围
●	随机型、属于变通型端面，也是使用最多的一种端面格式
◐	半圆型，一般用于有特殊要求的照明工程或科学仪器
◎	同心型或空心型，用于博展馆采光照明或其他装饰照明
▦	其他（实例），装饰照明、位移测量仪、振动位移探头

光纤外套管的种类　　　　　　　　　　表 13-12

SUS 柔软型	柔软不锈钢套管
SUS 内塘型	"弯和直"不锈钢管
SUS 蛇型管包覆硅橡胶包层形式	不锈钢管外套硅橡胶套管
PVD 外套	柔软 PVC 护套

(2) 按发光形式分类

光纤按发光形式分类，主要有如图 13-12 所示的端头发光和侧向发光两种。照明工程大量使用的这两类光纤都是由高品质的聚甲基丙烯酸甲酯或丙烯酸酯制造，这类光纤就是前面提到的塑料光纤。关于这两种不同形式发光光纤的特性对照详见表 13-13。

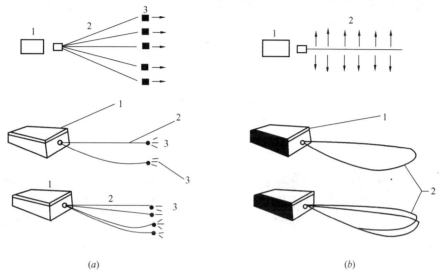

图 13-12　照明光纤的种类

(a) 端头发光光纤；(b) 侧面发光光纤

1—发光器；2—光纤；3—光纤末端灯具

端头发光光纤和侧面发光光纤特性对照表　　　　　表 13-13

比较项目	端 头 发 光 光 纤	侧 面 发 光 光 纤
外观形态		
导光原理		
光纤材料	高品质的聚甲基丙烯酸甲酯（有机玻璃，简称 PMMA 料）作芯料，包皮为氟化 PVC 材料	高纯，不掺杂质的丙烯酸酯或共聚合物 PMMA 作芯料，透明的氟化 PVC 材料或碳化树脂作包皮
光纤线径	线径一般为 0.1～5mm，视发光器型号而定	线径一般为 8～15mm，有时也作 ϕ20mm，所谓大口径 LCPOF 光纤

续表

比较项目	端头发光光纤	侧面发光光纤
弯曲弧度	光纤柔软、弯曲弧度一般为25°~30°，易于安装	光纤弯曲弧度一般为50°左右，较端头发光光纤安装困难些
数值孔径	$NA=0.5$，入射光的入射角 α 为 $60°$（$\alpha=2\sin(NA)=60°$）	NA 为 0.66，光线入射角约为 $80°$
光纤长度	一般为8~30m，有资料介绍最长为50~60m	单端进光光纤为15m左右，双端进光光纤为30~40m，最长可作到120m

比较项目	端头发光光纤	侧面发光光纤
断面形式	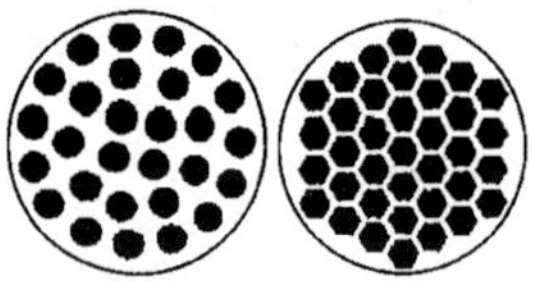 （图：端头发光光纤断面）	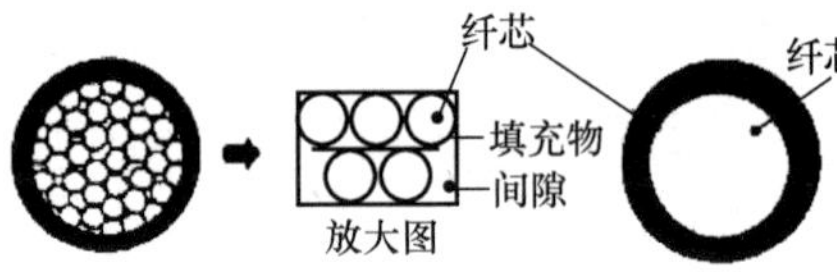 （图：侧面发光光纤断面，标注纤芯、填充物、间隙、放大图）
光谱特性	在可见光全光谱范围具有较好的导光率，输出光线的色度偏移小	入射光线的入射角恰当时，整根光纤输出光线均匀，而光谱色度偏移小
耐热湿度	70℃，光纤进光端因温度高，一般在端面前加隔红外线片	85~120℃，在进光端面前加隔红外线辐射片
光纤的衰减率	衰减率为130db/km，即每米损耗率约为2.25%。衰减率和光纤长度关系如图	侧向发光光纤的光衰减用光纤的表面亮度表示，使用200W金属卤化物灯发光器的光纤亮度随长度变化曲线如图所示
	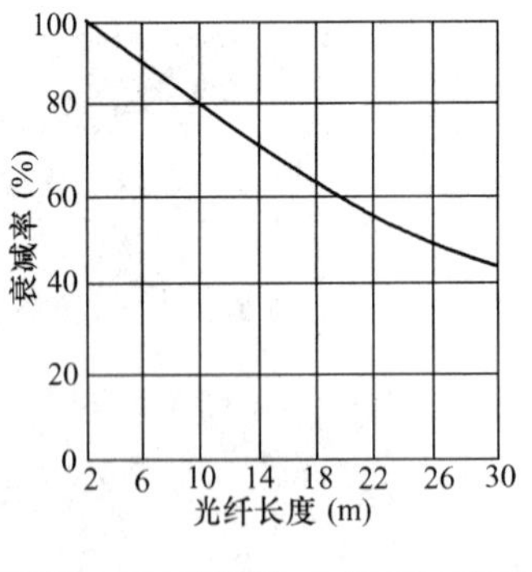 （图：衰减率(%) vs 光纤长度(m)曲线）	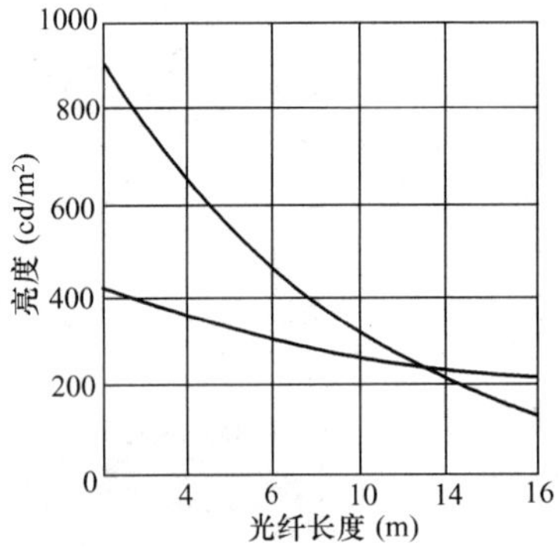 （图：亮度(cd/m²) vs 光纤长度(m)曲线）
耐久性与寿命	试验表明，环境温度65℃时，10年内，对青绿光衰减10%，对其他光无衰减，耐久性好；塑料光纤由于长时间使用，会变黄发脆，影响其寿命。因此，一般厂家标称寿命为15~20年	耐久性和端头发光光纤相同，端头发光光纤寿命较短，厂家标称寿命一般为10~15年

二、存在问题

尽管近年来光纤照明技术进步较快，产品质量明显提高，价格也在下降，但是毕竟推广使用时间较短，在应用中出现的问题不少，归纳起来主要有如下八个方面的问题：

(1) 使用的光纤照明器材不配套。光纤照明系统中的发光器、光纤和末端灯具的耦合不佳的问题时有发生，导致照明系统的光通量输出效率低。

(2) 侧向发光光纤的表面亮度低，在环境亮度较高的工程中使用，照明的景观装饰效果不好，甚至没有效果。

(3) 使用多台发光器时，由于发光器之间的变光和变色系统不同步，打乱了有规律变化的动态照明的变光变色的节律。

(4) 一般长度在30m以上使用侧向发光光纤，由于光纤接头耦合不好，或光纤包皮损伤面漏光，导致勾勒的建筑轮廓中出现明亮的光点。

(5) 在水下或喷泉的光纤照明系统中，由于光纤末端的投光照明灯具的投光角度选择不当，或安装不对，以致漏光，造成水柱或水面不亮。

(6) 发光器安装位置过于狭小，通风又不良，当环境温度高时，降低了光源的使用寿命，并带来检修更换光源不便的问题。

(7) 光纤照明产品质量、标准和数据问题。由于缺少发光器、光纤和光纤末端灯具的标准及相应的光、电和颜色等技术参数，甚至没有，设计人员无法进行科学的照明方案设计，以致工程照明效果很难达到设计预期的要求。

(8) 光纤照明器材价格问题。尽管近年光纤照明器材价格有所下降，但和一般照明器材相比，价格还是过高，一般用户难以承受。

三、注意事项

（一）立项时应注意做好充分的论证工作

从实际出发，权衡利弊，充分论证，光纤照明工程的立项应谨慎从事。

光纤照明技术的优点甚多，但它的不足和使用存在的问题也不能忽视。目前有些光纤照明工程的照明效果不好，甚至报废，不仅经济损失重大，而且影响也不好。分析原因之一是立项时，业主往往轻信只介绍优点，不讲问题的误导宣传，片面追求高新技术的应用所造成的。因此，在推广这一技术时，必须权衡利弊，充分论证，既要看优点，又要重视不足的一面，进行充分论证，必要时还可做点局部试验，观其实效，切忌盲目追求使用高新技术，严防立项时失误。

（二）深入了解用户要求和工程情况，注意掌握第一手资料

由于光纤照明和一般电气照明的方法，使用的器材的特征差别较大，设计人员在设计前必须深入了解用户（业主）和工程情况，主要有：

(1) 用户采用光纤照明的意图和要求，设计投入的经费；

(2) 使用光纤照明的工程特征、环境亮度、照明的部位、发光器设置的位置；

(3) 征求工程设计人员，特别是建筑师和电气工程师对光纤照明和其他照明方式配合的意见和建议，因为光纤照明往往和其他照明方式配合使用效果更好；

(4) 收集工程资料或拍摄相关照片。

（三）在设计光纤照明方案时，应注意考虑和一般电气照明相结合

由于光纤照明系统的光通量输出比一般电气照明要小，而且设备较昂贵。不少工程不是大面积使用光纤照明，而是在关键部位，画龙点睛地使用光纤照明技术。这样既省钱，照明效果也不错。当然财力充足的用户，也可大面积使用。

（四）注意了解光纤照明产品情况

由于光纤照明使用发光器、光纤和末端灯具等产品的技术含量高，特别是初次使用这一技术的设计人员，必须深入了解产品的以下情况：

1. 发光器

对发光器除了解光源的功率、光效、颜色及寿命等情况外，还要重点了解：

（1）光纤进光端的光照是否均匀？

（2）光纤进光端的温度和温度控制器在一个周期（12h）内是否正常？

（3）发光器是否有电磁兼容（EMC）和射频干扰（RFI）的抑制功能？

（4）发光器是否内置同步器？

2. 光纤方面

光纤方面除了解其直径、长度、光损耗、数值孔径、温度范围及弯曲半径等情况外，还应了解：

（1）光纤进光端的耐温寿命试验是否在特定照明工程的环境温度下进行的？

（2）光纤在出厂前是否都进行过光传输性能的检验？端头发光光纤的光损耗，侧向发光光纤的表面亮度随光纤长度的衰减率，使用相应发光器的型号。

（3）末端灯具的配光情况，光束角大小及防水防尘性能是否经检验？相关参数资料等。

（4）发光＋光纤＋末端灯具是否进行过整体试验。

（五）确定光纤数量与长度时，应注意对光衰减的影响

1. 端头发光光纤长度的确定

尽管光纤长度可做到 30m，50m 和 60m，但光的衰减损耗较大，设计时，使发光器尽量靠近光纤出光口，以减小光纤长度。建议光纤长度控制在 10m 以内，最长不要超过 30m。

2. 侧向发光光纤长度的确定

考虑到侧向发光光纤的表面亮度随光纤长度衰减较快，为提高光纤表面亮度的均匀性，最好按表 13-14 所示配置，采用从两端进光方案；对单端进光光纤，一定要利用好末端反光塞，以提高亮度均匀性。

侧向发光光纤长度等参数的确定举例　　　　　　表 13-14

光纤的配置方式示意图	配置	光纤直径(mm)	光纤束数量 Octous 发光器	光纤束数量 Focus 发光器	最大长度(m) Octous 发光器	最大长度(m) Focus 发光器
	单发光器单端配置进光	8	4	4	10	15
		11	4	2	10	15
		15	4	1	10	15
	单发光器双端配置进光	8	2环	2环	30	40
		11	2环	1环	30	40
		15	2环	—	30	—

续表

光纤的配置方式示意图	配置	光纤直径(mm)	光纤束数量 Octous发光器	光纤束数量 Focus发光器	最大长度（m） Octous发光器	最大长度（m） Focus发光器
	双发光器双端配置进光	8	4	4	30	40
		11	4	2	30	40
		15	4	—	30	
	多发光器双端配置进光	8	4	4	30	40
		11	4	2	30	40
		15	4	—	30	

注：以飞利浦公司的 Octopus 发光器和 Focus 发光器为例，若用其他发光器，光纤长度等参数会略有变化。

（六）选择发光器，应注意综合考虑诸因素的影响

光纤照明效果的好坏，发光器的选择十分重要。一般情况下，根据光纤照明系统的光通量输出数，照明色彩要求，使用光纤数量以及发光安装部位的环境条件选用相应的发光器。表 13-15 给出了不同类别光纤照明工程所用发光器的选择。

不同类别光纤照明工程所用发光器的选择　　表 13-15

No.	照明工程类别	背景亮度	光通输出量	光纤数	色彩	发 光 器 种 类
1	建筑立面重点照明	较低	大	多	冷色	150W 以上金属卤化物灯发光器
		低	中等	多	暖	100W 以上卤钨灯或 150W 陶瓷、金属卤化物灯发光器
2	建筑物轮廓照明	较低	大	单根大芯	可变	150W 以上带色盘和同步器的发光器
3	小喷泉照明	较低	较大	较多	冷色	200W 金属卤化物灯发光器
		较低	较大	较多	暖色	150W 陶瓷金属卤化物灯发光器
4	大喷泉照明	不限	大	多	变色	带色盘 200W 以上金属卤化物灯发光器
5	引入导向照明	低	中等	较少	冷色	200W 金属卤化物灯发光器
		低	中等	较少	暖色	150W 陶瓷金属卤化物灯或 100W 卤钨灯发光器
		低	中等	多	变色	带色盘 200W 以上金属卤化物灯发光器
6	广告或标志照明	中等	大	多	变色	带色盘 200W 以上金属卤化物灯发光器

（七）选择末端灯具，应注意配光的合理性和外观的装饰性

具体要求：①注意灯具的配光和光束角不要弄错；②灯具造型和颜色跟环境协调一致；③安装时尽量隐蔽，力求见光不见灯。

（八）注意防止产生各发光器变光变色不同步的现象

由于发光器所照射光纤长度或提供的端头发光的光点有限，在大面积光纤照明工程中使用的发光器数量较多，有的多至数十台或数百台。如果各发光器的变光变色不同步，将直接影响照明效果。尽管解决同步问题不难，但不同步现象时有发生，千万不能大意。解决办法：①仔细阅读产品说明，严格按规定接线；②在发光器使用数量超过 20 台时，应在中间设置控信放大器，以保证从总控制发生器发出的信号毫无衰减地达到每台发光器，使其变光变色的同步性控制在规定时间内（通常为 0.015s）；③注意采取同步控制系统的抗干扰的措施和相应的保护措施。

（九）施工安装使用中应注意事项

（1）光纤和发光器连接时，耦合头安装一定要准确到位，丝毫不能错位。

（2）光纤剪切一定要用专业工具，确保端面平整光滑、对接准确。为此，每次剪切均需更换新的刀片。

（3）多股光纤束剪切，端面应作抛光磨平处理。

（4）侧向发光光纤安装时，不要破损外包皮，以免漏光，特别光纤转弯时更要细心。

（5）光纤末端灯具安装的角度要准确，特别是水下和喷泉的光纤照明系统更应细心。

（6）发光器的排风散热孔不能水平向上，以免灰尘侵入；同时还应注意发光器环境的通风，使环境温度控制在说明书规定的范围内。

（7）光纤照明系统使用过程中应特别注意定期维修、清扫，及时排除系统故障。

※13.4.2 导光管和微波硫灯照明技术

一、概况

导光管顾名思义就是光线沿着管道通过镜面反射或经棱镜面进入全内反射或是散射（漫反射），从管道一端导向另一端的导光器具。国际照明委员会将导光管统称为 Hollow Light Guides（简称 HLG 照明系统）。由于导光管的导光方法有镜面反射、棱镜的全内反射和漫反射之分，导光管又分成为图 13-13 所示的镜面反射型、棱镜型、漫反射型和复合型四种。微波硫灯（简称硫灯）是一种发光体小、光效高、使用寿命长的新光源。导光管和硫灯（含灯具）组成导光管照明系统。

从 1874 年 B. H. 契柯列夫首次提出导光管照明，并在圣·彼得堡奥赫金火药厂付诸实施后，已有 100 多年的历史。20 世纪 80 年代之前主要研究开发有缝镜面反射型导光管照明。在这方面前苏联的照明工作者研究最多，并积累了许多宝贵经验。到 1981 年加拿大怀特赫德教授（LA. Whitehead）发明棱镜型导光管（Prismatic Light Tube）后，近 20 年各国照明工作者较集中地研究开发这一照明系统，到 1995 年在怀特赫德教授指导下，组装了二套棱镜型导光管并配套使用了美国 Fusion Lightting 公司生产的微波硫灯，灯的光效高达 130～140lm/W，寿命长达 6 万 h。

如今，世界上有 12 个国家的 15 家公司生产导光管照明系统，并组装了数万套导光管

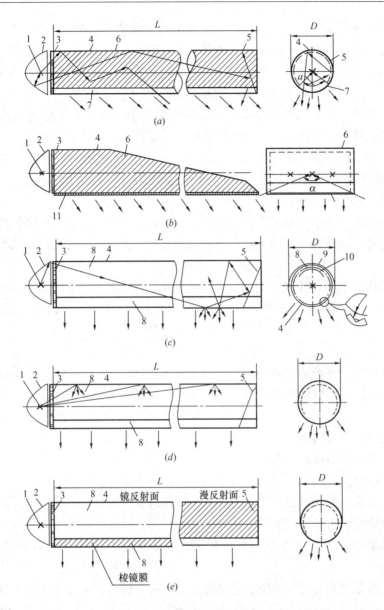

图 13-13 几种导光管的结构示意图
(a) 有缝镜面反射型导光管；(b) 有缝棱形镜面反射型导光管；
(c) 棱镜型导光管；(d) 漫反射型导光管；(e) 复合型导光管

1—光源；2—灯具反光器；3—隔红或紫外线板；4—导光管外壳；5—导光管反光层；6—导光管反光层；
7—导光管出光口；8—导光管棱镜层；9—导光管外亮；10—导光管外保护层；11—出光面

装置。这些装置在建筑、街道、广场、桥梁、隧道、机场、地铁、工厂车间和过街天桥等许多工程中使用，成效显著，社会反响强烈，显示出这一照明系统的强大生命力。

二、导光管照明系统的特点和问题

（一）特点

概括起来有以下特点：

（1）用灯少。照明系统可使用大功率高强度气体放电灯，如金属卤化物灯、高压钠灯和微波硫灯等，改变了以往在室内照明中不宜使用大功率气体放电灯的局面。由于这些灯的光效高、寿命长，有利于照明节能和维修。

（2）照明均匀、无眩光。一般情况下，光线在导光管内经过多次反射形成亮度均匀的发光带照明，所以室内照明均匀性好，眩光较低。

（3）维修简便。由于照明用灯的数量少，光源使用寿命长，而且光源箱远离照明部位，并设置在检修方便的地方，因此照明系统维护管理工作量小，费用低。

（4）不积尘、抗污染。密封的导光管系统比普通照明灯具的积尘和污染要少，加上HLG照明系统具有的气动自洁特性，空气中原始粒子不会落在灯具的出光面上，减少了灰尘污染对系统减光的影响。

（5）安全可靠。由于光源远离照明地点，甚至放在室外，从而大大降低或排除了室内照明场所的雷击、爆炸和火灾的危险，特别适合于有防爆和防尘要求的特殊场所，如兵器厂（库）、化工厂和洁净车间（室）等工程的照明。

（6）能隔热、防紫外线和变色。在光源箱室的出光口通过采取隔热、防紫外线和变色变光措施，HLG照明系统为照明工程师进行室内外景观或功能照明设计创造了十分有利的条件。

（二）问题

尽管导光管照明系统的特点突出，有不少优点，但也不能忽视它的问题和不足之处。其中最突出的问题是系统的光利用率低和设备造价比一般照明贵得多。如目前国外普通棱镜导光管（TLP-6型直径约20cm）造价高达5000元/m。光效和造价成为目前制约导光管照明发展的两个主要因素。

三、导光管和微波硫灯的基本特性

（一）系统的分类

导光管照明系统由光源箱、导光管和出光部件组成，按导光方式，可分为以下四类：

(1) 有缝镜面反射型导光管照明系统。它是利用镜面反射进行导光的系统。

(2) 棱镜型导光管照明系统。它是利用光在棱镜中产生的全反射原理进行导光的系统。

(3) 漫反射型导光管照明系统。它是通过漫反射率高的管壁进行导光的照明系统。由于这种系统较简单，导光效率低，一般为20%～25%，而且相对长度（管长和管径之比）只有10～15。因此该系数除个别场所使用外，使用较少。

(4) 复合型导光管照明系统由前三类照明系统复合而成，只有特定场所使用。

（二）导光原理和管型种类

为了对比有缝镜面反射型导光管和棱镜型导光管的原理和管型种类，用列表形式加以介绍，详见表13-16。

（三）不同导光管的性能比较

几种主要导光管性能比较详见表13-17。

（四）导光管的配套光源

导光管照明系统配套使用的光源，主要有金属卤化物灯、微波硫灯，有时也使用高显色高压钠灯或氙灯。金属卤化物灯、高压钠灯和氙灯。

有缝镜面反射型导光管与棱镜型导光管的导光原理和管型种型　　　　表 13-16

比较项目	有缝镜面反射导光管	棱镜型导光管
导光原理	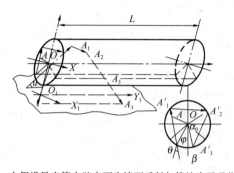 在假设导光管内壁表面为镜面反射与管缝为无吸收的透明的基础上按镜面反射定律,利用光在管内多次反射原理,使光线在管内从一端向另一端传导,当表面反射比为 ρ 时,经 n 次反射后,光的强度减弱为 ρ^n 倍,另外部分光线通过管缝射入室内,光路如图所示	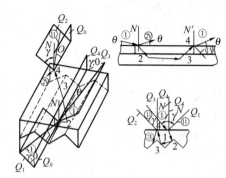 棱镜型导光管的导光是利用棱镜的全反射原理实现如图所示。入射光 I 经反射点 l 进入透明棱镜,至 2、3 两点产生全反射光 E,并从点 4 射出。产生全反射的条件是入射光的入射角应小于棱镜的折射率 θ,在角 θ 内的入射光均可产生全反射,而且光线从入射侧射出。这样光线在管内经多次全反射后,实现向前导光的目的
管型与种类	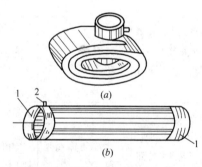 (a)图柔性导光管是利用塑料膜加工成形,管的重量轻,可成卷运输,使用时安装方便,特别是使用芳香族聚酯膜比普通 PET 聚酯膜的强度大,而且耐高温,管内反射层用真空镀膜方法完成; (b)图刚性导光管采用 PVC 挤压成形,外观整齐,表面光滑,比较美观,但重量较大,导管长度有限,运输安装不如柔性导光管;管内壁反射层可用镀膜和吸附反射膜方法完成	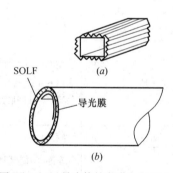 (a)图 Whitehead 导光管的发明人 Whitehead 利用折射率为 1.5 的透明聚丙烯塑料加工成形,棱镜外侧顶角为 90°,呈等腰三棱形,只要入射光与管的轴线的夹角小于 27°,光线即可在棱镜内产生全反射,每次反射的吸收率为 0.2%,传导光的效率较高; (b)图 3M 公司的导光管是根据该公司的专利用 PMMD 塑料制成的微细棱镜薄板,板厚 0.5mm,幅宽 960mm,长度不限,使用时将板卷起,放入透明管中,在出光部分另外加一层引光膜,使一定量光线外射

几种主要导光管性能比较　　　　　表 13-17

序号	性能	导光管种类			
		镜面反射型	棱镜型	漫反射型	复合型
1	导光管结构复杂程度	较简单 (1)管材只有外壳与反射层 (2)灯具	复杂 (1)管材有棱镜膜、防透光层和固定管及出光面 (2)灯具	最简单 (1)只有一漫反射管 (2)灯具	最复杂 (1)镜反射＋棱镜＋漫反射 (2)光源灯具
2	反光材料性能与加工难易程度	纯化学镀铝($\rho=0.92$)，Minf 自卷材($\rho=0.96$)，镀银反射面($\rho=0.95$)制作工艺简单	聚碳酸醋卷材制作工艺复杂，棱尖不易保证，3M 公司生产卷材宽为 1m	一般漫反射管材制作工艺简单	几种材料复合制作工艺复杂，正在研制过程中
3	管材断面形状	圆、方、模形	主要是圆形	圆形与方形	圆形与方形
4	相对管长($L:\phi$)	30～40(30 最佳)	40～100(40 最佳)	10～15(15 最佳)	50～110(50 最佳)
5	系统光效(%)	30～42	35～50	20～25	40～55
6	亮度均匀性(单端进光时)$L_始/L_末$	4～6(管长 30m)	2(管长 40m)	2～3(管长 20m)	~1.5(管长 50m)
7	亮度均匀性(双端进光时)$L_始/L_中$	2～3	1	1～2	1～1.5
8	艺术性	亮度分布不够均匀，艺术性不如棱镜型，但方形和模形管比圆形好	亮度均匀，较美观，但每节之间有一暗线，对外观有影响	美观，装饰效果好	亮度均匀，艺术性好
9	经济性	较贵	昂贵	价廉	昂贵
10	应用场所	车间(功能照明)与公共场所(地铁、地道与过街桥等)	民用公共建筑、道路与夜景装饰照明工程	建筑装饰照明工程	室内外高档灯饰工程

（五）微波硫灯的基本特性

1. 硫灯的发光原理

硫灯的发光原理不同于常规电光源，不是靠灯丝或电极间气体放电激励发光物质而发光，而是先将电能转换为微波能，然后微波能通过微波传输系统输送到灯泡内，激励其中的发光物质（硫元素）发光如图 13-14 所示。其光谱近似于太阳光光谱。

2. 硫灯的特性

（1）发光机理新。正如前面所述，它是按微波激励硫元素的机理而发光的光源，完全不同于传统的白炽灯或气体放电光源。

(2) 由于发光物质为单质硫，灯的发光效率高达 100lm/W，而光通量的维持率很高，可以说到灯的寿命终止时，发光的数量基本不变。

(3) 灯内既无电极，也没有灯丝，光源的寿命大幅度延长，系统寿命高达 6 万 h，可换的磁控管的寿命也有 1.5～2 万 h，从而大大减少照明系统的维修工作量和维修费用。

(4) 灯的发光物质是硫，发出的光谱接近日光，光色自然，显色性好，显色指数在 85 以上，色温为 5700K。

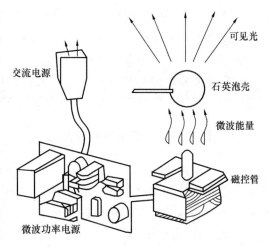

图 13-14　硫灯的发光原理示意图

(5) 硫灯内既无汞、又无卤素元素，而且辐射的红外线和紫外线的数量很少，对防止柔和有害射线的污染，保护环境有利。

(6) 灯的发光体尺寸小，十分有利于导光管照明系统中光源箱的灯具的光学设计，这时硫灯和导光管配套是较理想的光源的重要因素之一。

(7) 硫灯点灯的启动时间只需 25s，点灯即亮，而金属卤化物灯的点灯启动时间需 5～7min。

(8) 硫灯可在 30%～100%范围内调光，而金属卤化物灯则不能调光。

3. 硫灯的问题

(1) 电源箱和微波箱的散热和通风问题，在室外夜景工程使用硫灯还有防雨水问题。常规光源的电源箱可以封闭起来，防水防尘 IP 等级较易达到，而硫灯的电源箱和微波箱，不仅要散热，还要通风和防水。这三者是有矛盾的。这一问题目前基本解决，但不够理想。

(2) 噪声大。这是由于电源箱需强迫冷却而设置的高速风扇造成的。

(3) 造价比金属卤化物灯昂贵得多。

四、室外夜景工程应用导光管照明系统的注意事项

推广导光管照明系统时，必须注意以下几点。

(1) 不宜大量使用，应坚持画龙点睛，在工程的特征部位使用的原则。这点不仅是因为导光管照明系统的造价昂贵，也是许多夜景工程实践经验的总结。

(2) 不能把导光管当作霓虹灯、美耐灯或串灯等普通线灯饰材料使用，应充分了解它们之间的不同特征，如前面说的导光管的 6 大特点和硫灯的 8 点特征及存在的问题，并对使用导光管的业主进行科学全面的介绍，深入了解业主的意图和要求后，经充分论证，最后确定是否使用导光管照明技术，切勿简单从事。

(3) 在建筑夜景工程中使用导光管照明系统时，应和建筑的一般部位使用的传统照明系统结合起来考虑，把两种照明有机地结合起来。在设计导光管照明方案时注意听取建筑师的意见与建议，让导光管照明在夜景工程中真正起到表现特征的画龙点睛的作用。

(4) 在导光管照明系统的方案设计时，要特别注意保持导光管使用的光源灯具与导光管的配合关系。因为两者耦合不好,不仅会影响系统的效率,还会使导光管的亮度分布的均匀性也会有很大影响。另外在系统使用过程中,对系统进行检修时,也千万注意不要破坏光源灯具与导光管的耦合关系。

(5) 既要看到棱镜型导光管和微波硫灯及灯具有很多优点,也要看到其他型式导光管照明系统的优点,应综合考虑和比较它们的性能、价格,选取最佳的系统方案。

13.4.3 激光在夜景工程中的应用技术

激光这一高新科技自20世纪60年代问世以来,发展十分迅速,并在工业、农业、通信、医疗和国防等许多部门推广应用,可谓应用范围越来越广。就照明领域而言,激光在重大节日庆典活动的特殊夜景照明、许多旅游景点或公共场所的激光水幕电影的照明、建筑物的夜景照明、室内的平台照明及娱乐场所的特种照明等等方面的应用也不少,而且成效十分显著。如庆祝香港回归时,在北京天安门广场、广州天河体育场和香港维多利亚港的激光表演把庆典推向高潮,又如在迎接新世纪的到来时,北京世纪坛的夜空中出现五彩缤纷的激光,特别是用激光组织的"喜迎新世纪"字样,随着欢快的音乐腾空而升时,为整个庆典增色生辉,光彩夺目的激光在世人心目中留下了十分深刻的印象。所以说,尽管激光在夜景工程的应用时间不长,但它的神效和魅力越来越引起人们的重视。

一、激光和激光器

激光是基于受激发射放大原理而产生的一种相干光辐射。

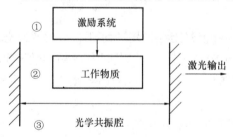

图 13-15　激光器结构示意图

激光器是利用受激辐射原理使光在某些受激发工作物质中放大或振荡发射的器件。或是能够发射出激光的技术装置。它的工作过程是用光、电及其他方法对工作物质进行激励,使其中一部分粒子激发到能量较高的状态中,当这种状态的粒子数大于能量较低状态的粒子数时,由于受激辐射作用,该工作物质就能对某一定波长的光辐射产生放大作用,也就是当这种波长的光辐射通过工作物质时,就会射出强度被放大而又与入射光波相位一致、频率一致、方向一致的光辐射,这种情况称光放大。若把激发的工作物质置于谐振腔内,则光辐射在谐振腔内沿轴线方向来回反射传播,多次通过工作物质,使光辐射被放大了很多倍,而形成一道强度很大,方向集中的光束—激光。一般激光器由激光工作物质、激励(也称泵浦)系统和光学共振腔三部分组成,详见图 13-15。

二、激光的几个突出特点

(1) 亮度特别高。与普通光源比,自然界中最亮的光源莫过于太阳,它的发光亮度大约为 10^3 W/(cm²·球面度),可是大功率激光器输出的激光亮度达 $10^{10}\sim 10^{17}$ W/(cm²·球面度),比太阳的亮度还要高得多。

(2) 定向性或称方向性特强。由激光器发出的激光以定向光束方式向前传输,几乎不发散,光束的立体角极小,约为 $10^{-5}\sim 10^{-8}$ 球面度。

(3) 单色性好。由激光器发射出的激光,通常集中在十分狭窄的光谱范围内,具有很高的单色性。若设激光器输出的中心频率为 ν,频谱宽度为 $\Delta\nu$,在较好情况下,其单色性的表征量 $\nu/\Delta\nu$ 可高达 $10^{10} \sim 10^{13}$ 数量级,而较好的单色光源的单色性量值也只有 10^6 数量级左右。

(4) 光的相干性好。由于激光具有定向性和单色性好的特点,按经典的电磁场观点,激光比较接近于理想的单色平面波(不聚焦时)或单色球面波(聚焦时),比较接近理想的完全相干的电磁波场。

(5) 光子简并度高。太阳在可见光谱区内的光子简并度为 $10^{-3} \sim 10^{-2}$ 数量级,一般人工光源的光子简并度也小于 1,而激光的光子简并度就高达 $10^{14} \sim 10^{17}$ 数量级,可见激光的光子简并有多么高。激光的这些极为独特的特性,使得由它创造的激光景观神奇、独特,也是常规灯光难以达到的。

三、激光器的种类

激光器的种类很多,按激光工作物质分类,主要有五大类:

(1) 气体激光器。它所采用的工作物质是气体。根据气体中真正产生受激发射作用的工作粒子性质的不同,它分成原子气体激光器、离子气体激光器、分子气体激光器、准分子气体激光器等。

(2) 固体(晶体和玻璃)激光器。这类激光器所采用的工作物质是通过把能够产生受激辐射作用的金属离子掺入晶体或玻璃中构成发光中心而制成的。

(3) 液体激光器。这类激光器所采用的工作物质主要有两类:一类是有机荧光染料溶液;另一类是含有稀土金属离子的无机化合物溶液,其中金属离子(如 Na^{3+})起工作粒子作用,而无机化合物液体($SeOCl_2$)则起基质作用。

(4) 半导体激光器。这类激光器是以一定的半导体材料作工作物质而产生受激发射作用,其原理是通过一定的激励方式(电注入、光泵或高能电子注入),在半导体物质的能带之间或能带与杂质能级之间,通过激发非平衡载流子而实现粒子数反转,从而产生光的受激发射作用。

(5) 自由电子激光器。这是一种特殊类型的新型激光器,工作物质为在空间周期变化的磁场中高速运动的定向自由电子束,只要改变自由电子束的速度就可产生可调谐的相干电磁辐射,原则上其相干辐射谱可从 X 射线波段过渡到微波区域,因此具有很诱人的前景。

激光器除按工作物质分为五大类外,还有按激励方式、运转方式、输出波段范围和输出功率大小进行分类。如按输出波段范围可分为红外、可见光和紫外三个不同波段的激光器,照明用的激光器集中在可见光波段范围内,其中代表性激光器有:红宝石激光器(694nm)、氦氖激光器(632.8nm)、氩离子激光器(488nm 和 514.5nm)、氪离子激光器(476.2、520.8、568.2nm 和 647.1nm)以及一些可调谐染料激光器等。由于波长的不同,激光颜色也不一样。因此,按色彩可分为蓝、绿双色、红色和全色(也称全彩)等几种不同色彩的激光器。

此外,按输出功率大小分类,有大、中、小功率激光器,其功率范围:

(1) 小功率激光器。输出功率通常规定在 1W 以内,如 50、100、150、200、300mW

激光器等等。

(2) 中等功率激光器。输出功率一般在1~10W范围之内。

(3) 大功率激光器。输出功率，一般在10W以上。

四、激光在夜景工程中的应用

由于激光的特点突出，激光器和配套器材的品种多，特别是激光的控制技术水平越来越先进、高超，所以它在夜景工程中的应用不断增多，概括起来主要有以下四个方面。

(一) 激光——城市的地标和夜景闪光点

鉴于激光亮度特高，方向性又强的优点，不少城市把明亮的激光光束作为地标使用。如深圳的地王大厦楼顶的40W大功率激光光束，能给10km以外观众指向定位，效果不错。又如荷兰埃尔霍温的地标的激光束，成为该城的一景。再如美国拉斯维加斯金字塔娱乐城顶部的激光束，天气好时，在洛杉矶都能看到，地标作用十分显著。激光成为这些城市夜景中让众人注目的闪光点，见图13-16～图13-19。

图13-16 深圳地王大厦楼顶的地标激光（局部）

图13-17 远眺深圳地王大厦的地标激光

图13-18 城市的多彩地标激光束

(二) 激光——建筑夜景特效照明较理想的媒质

激光在建筑夜景工程中的应用有点类似于舞台上的激光利用情况。不是用激光照明，而是用这种特殊光源来点缀建筑夜景或表现一种特殊的艺术效果。如图13-20所示埃及金字塔的夜景照明，利用明亮的激光勾勒金字塔的轮廓，并在塔尖顶处形成高光点的艺术效果，是其他照明方法不及的；用轮廓灯配合适量泛光灯照明，把金字塔的夜间形象表现得惟妙惟肖，给人以艺术美的享受；同时，还利用激光束无限聚焦的投影技术在金字塔的主立面打出不同的文字或图案。这样既装饰了夜景，又具有很好的宣传作用和很强的知识性与趣味性。

图 13-19　美国拉斯维加斯金字塔娱乐城顶尖的 60W 大功率激光束成为该城夜景中精彩一笔

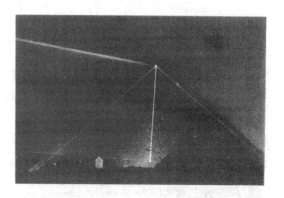

图 13-20　埃及金字塔的激光夜景

又如图 13-21 所示法国巴黎法方斯中心广场周边的三个建筑的立面照明，不是用泛光灯把墙面照得很亮，而是以墙为幕，用激光投影技术，在上面打出不同图案文字，并连成一个节目，加上音响和文字解说，不仅夜景独具特色，给观众耳目一新之感，且寓教于乐，具有很好的宣传教育作用。这方面的实例还很多，有兴趣的读者可阅读有关文献。

图 13-21　巴黎法方斯中心广场的激光夜景表演的三个不同画面

（三）激光——重大庆典之夜表现主题、烘托气氛的有力工具，并为城市夜景增光添彩

在庆祝香港回归时，为表现主题、烘托气氛，离香港最近的深圳特区，决定在庆祝晚会上使用激光技术。当时使用了 1 台输出功率为 20W 的大功率激光器，三个激光射头，用 3×50m 光纤将射头布置在晚会会场的左、中、右三点上，当回归钟声敲响时，数十束明亮、色彩斑斓的激光从三点齐射夜空，并在夜空中有韵律的摆动，真是群情激奋，万众欢腾，把晚会推向最高潮，见图 13-22。在这方面还有许多成功作品有兴趣的读者可阅读有关文献。

图 13-22　深圳庆香港回归晚会的激光夜景

（四）激光＋水幕——公园和旅游景点夜景演示节目的主角

激光在公园和旅游景点等休闲场所的应用，往往和喷泉、水幕连在一起。人们说神奇的激光，而激光和喷泉或水幕连用则更显神奇。神奇的激光束，利用激光投影技术，通过电脑程序控制，投射在水幕或照射在喷泉上，形成千姿百态、内容丰富、形象逼真的画面，即水幕电影供游人欣赏，成为室外夜景灯光表演节目的主角。

2002年国庆时，"北京大观园之夜"就是利用这一技术，再加上音乐和解说，在园中的湖面上向游客展现出一个梦幻的园林世界，一道道彩色激光投射在水幕上，伴随悠扬古典乐曲在高10m、宽18m的扇形水幕上争奇斗艳，形成一幅幅音水合一、灯景交融的画面，演绎出一部红楼诗卷中"女娲补天、宝玉出世、神游仙境、情满人间"的交响曲，把游人带入了梦幻缥渺的艺术境界，为首都节日夜景增色不少，详见图13-23、图13-24。又如云南昆明石林公园的阿诗玛湖与莲花湖的大型激光水幕电影，再现阿诗玛和阿黑哥动人的爱情故事，为石林夜景增色不少，给游人以美的享受，见图13-25～图13-27。

图13-23　北京大观园激光水幕电影夜景之一　　图13-24　北京大观园激光水幕电影夜景之二

图13-25　云南昆明石林公园中的阿诗玛湖的夜景　　图13-26　云南昆明石林公园中莲花湖的激光水幕电影的夜景之一

在国内外许多室外休闲场所，如我国上海的豫园、深圳的荔枝公园、厦门的鼓浪屿、云南昆明世博园和石林公园、香港特区海洋公园，新加坡圣陶沙公园，美国拉斯维加斯不

图 13-27　云南昆明石林公园中莲花湖的激光水幕电影的夜景之二

少景点的水面上都利用了激光水幕影视技术丰富人们的夜生活和美化城市夜景，收到了显著的技术、艺术、经济和社会效益，深受市民和游客欢迎。

13.4.4　发光二极管照明技术

发光二极管（Lighting Emitting Diode，简称 LED）是 20 世纪后 50 年代发展起来的一种新光源。这种光源的优点十分突出诱人，很快引起了照明界的高度重视。在城市夜景照明领域，尽管应用 LED 光源刚刚开始，但已显示出它特有的技术和艺术魅力。本节对 LDE 的发光原理、特性、优点和问题，目前的产品现状，LED 在城市夜景工程中的应用，应用的注意事项及今后的发展趋势作一简介。

一、LED 光源的发光原理

（一）单色 LED 光源的发光原理

LED 光源其实是一个 PN 结的二极管。它由管芯即发光半导体材料和导线支架组成，管芯周围由环氧树脂封装，以保护管芯，见图 13-28（a）。当电流从 PN 结的阳极流向阴极时，管芯半导体晶体就会发光，光的颜色取决于使用的晶体材料的种类。LED 的工作情况与标准的硅二极管相同，在正向电压达到 2V 以前，正向电流很小；随着电压继续上升，电流增大速度很快，大量电子流入 P 结，使管芯半导体晶体发光，见图 13-28（b）和（c）。从 LED 发光过程看出，一是发出的光为单色光；二是不同的管芯半导体材料发出不同的单色光；三是发光的强弱和正向电流有关。

（二）白光 LED 光源的发光原理

自 20 世纪 60 年代出现单色光 LED 后，直到 90 年代初，人们试验研究了铟（In）、氮（N）、铝（Al）、磷（P）和铝镓铟磷（AlGaInP）等许多元素的发光情况，但都不是白光。

到 1993 年日本日亚化学公司将发蓝光的氮化镓（GaN）构成 LED 芯片，将光致发光的荧光粉（YAG）充其周围，形成白光 LED，见图 13-29。发光过程是 LED 芯片发出的紫外线和兰光激发荧光粉发出荧光，黄光又和兰光混合形成图 13-30 的白光。这一发光原理与荧光灯类似。

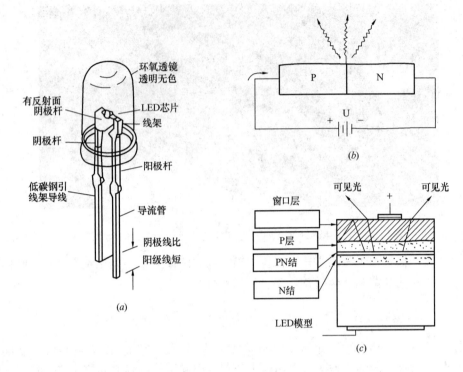

图 13-28 单色 LED 光源的发光原理

(a) 单色 LED 的结构；(b) PN 结二极管发光示意；(c) PN 结二极管发光模型示意

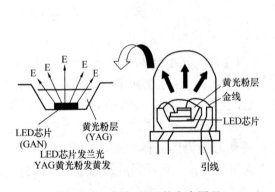

图 13-29 白光 LED 的发光原理

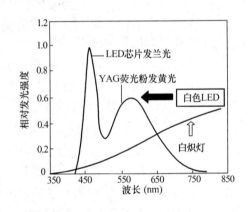

图 13-30 白光 LED 和白炽灯的光谱曲线

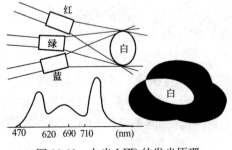

图 13-31 白光 LED 的发光原理

白光 LED 的另一种发光原理是将几种单色光的 LED 芯片混装在一起，按红、绿、蓝混色原理合成为白光，见图 13-31。同时，产业界不断地改进使用荧光粉的演色性，就连最热门的纳米技术都用上了。因为纳米技术有助于增加光的透过率，使发光更接近自然光。表 13-18 列举了白光 LED 的种类和发光原理。

白光 LED 的种类和发光原理　　　　　　表 13-18

方式	激励源	发光材料	发光原理
单芯片型	蓝色 LED	InGaN/YAG	用蓝色光激励 YAG 荧光粉发出黄色光，光效 15lm/W，驱动回路简单，应用广泛
	蓝色 LED	InGaN/荧光材料	在蓝色光下使用蓝、绿、红三种荧光粉
	蓝色 LED	ZnSe	从薄膜层发出蓝色光使基板被激励发出黄色光的结构
	紫外 LED	IncaN/荧光材料	在紫外光下使用蓝、绿、红三种荧光粉
2 芯片型	青 LED、黄绿 LED	InGaN, GaP	利用互补的关系将双色 LED 安装在一个包装内
3 芯片型	蓝 LED、绿 LED、红 LED	InGaN, AⅡnGaP	将蓝、绿、红三色 LED 安装在一个包装内，光效 20lm/W，可发出全彩色的光
多芯片型	多种光色的 LED	InGaN, GaPN, AlInGaP	将遍布可见光区的多种光色的芯片封装在一起，构成白色 LED

二、LED 光源的基本特性

从景观照明角度，要有效地利用 LED 光源，就必须对它的光、电和热特性及一些基本参数有所了解。

LED 的光和颜色特性

1. LED 的效率和光通量

最早的 LED 的光效很低，只有 4～5lm/W，后来随着芯片晶体的生长和荧光粉的改进，现在白光 LED 的光效可达 15～20lm/W，预测今后 LED 光效若按每年上升 5lm/W，到 2010 年可达 60lm/W，见图 13-32。该光效介于白炽灯（14lm/W）与紧凑型荧光灯（87lm/W）之间。

2. LED 的光谱特性

LED 的发光原理决定了它的发光的单色性。图 13-33 为不同材料 LED 的相应的主波长 λ_D 和光谱曲线，各谱线的半宽度 $\Delta\lambda$ 有一定的差异，详见表 13-19。

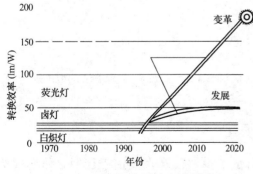

图 13-32　LED 光源的光效预测

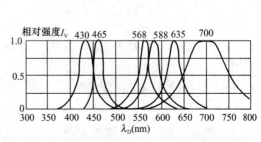

图 13-33　不同材料发光二极管的光谱曲线

各主波长 λ_D 谱线 $\Delta\lambda$ 表 13-19

主波长 λ_D	430	470	570	590	625	642	700
峰值波长 λ_p	430	465	568	588	635	660	—
半宽度 A_λ	65	28	28	35	38	20	100

3. LED 的光强分布特性

目前 LED 发出光束的角度用 1/2 半宽度角 $\theta_{1/2}$ 表示，即光强降低到峰值光强 1/2 时的光束角，见图 13-34（a）。由于目前的 LED 光源都是对称的透镜，所以它的扩散角为 $2\theta_{1/2}$。LED 的光强分布曲线，都可用 $I_\theta = I\cos^n\theta$ 表示。因此，在利用多个 LED 集中起来制成"二次光源"时，在计算上是比较方便的。LED 原光强分布曲线，见图 13-34（b）。

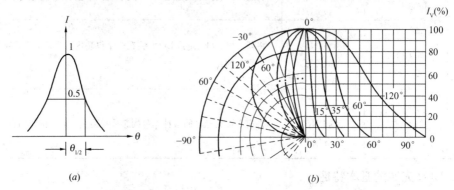

图 13-34　LED 光源的光强分布特性

（a）半宽角 $\theta_{1/2}$；（b）几种不同光束角发光二极管的极坐标（左）与直角坐标配光曲线，I_V 为相对光强

三、LED 的优点和问题

（一）优点

（1）光效高，耗能量减少约 80%，对环境保护十分有利。

（2）颜色好，属于黄、橙、红、蓝、绿和白光系列发光。目前白光 LED 的显色指数 R_a 在 70 以上，色温范围为 3600～11000K 之间。

（3）寿命长，约 10 万 h，光衰为初始时的 50%。

（4）电压低，LED 光源供电电压在 6～24V 之间，使用安全。

（5）体积小，每个 LED 小片只有 3～5mm 正方形大。

（6）无污染、光源内无汞等有害金属物。

（7）无红外线和紫外线辐射。

（8）发热量低。

（9）可靠性强，LED 是固体封装，抗冲击和抗振性好，适合于在振动场所（环境）中使用。

（10）照明设施维护管理成本低。

（二）问题

（1）单个 LED 光源体积太小，光通输出量太少，很难直接用于照明。如光效为 15lm/W 的 5mm×5mmLED 的光通量为 1lm。对照明来说，通常要求光源发出的光通量都在数百、数千流明，甚至上万流明。也就是说需数百、数千 LED 光源甚至上万个 LED 光源方能代替常用照明光源。这就引出了"LED 二次光源和灯具"的开发问题。

（2）LED 光源的寿命问题。一般说 LED 寿命为 10 万 h，由于温度、电气、材料和工艺等诸多因素约影响，从产品的系统寿命分析，10 万 h 难以达到。应用表明，LED 光源的实际使用寿命为 2 万～3 万 h。按 IEC60598 标准设计的灯具，其大部分机械和电气部件的寿命应该是 10 万 h（其供电电压 140V，工作环境温度 25℃），而目前使用高频电子镇流器和其电子器件的寿命据保证为 5 万 h。那么从这点考虑，灯具或其他部件的密封在 LED 寿命到达以前就变坏了。由此引出了 LED 灯具使用电子器件是否应与 LED 同样寿命的问题。

（3）LED 光源的光束发射角小，光源的方向性太强。

（4）LED 光源价格昂贵，尽管今后 LED 的价格会不断下降，目前说，LED 光源和常规光源的性价也相差实在太大。

总之，尽管 LED 光源的优点很多，但以上这些问题严重地制约了它在照明工程上的应用。

四、LED 光源在夜景照明工程上的应用

尽管目前 LED 光源存在这样或那样的问题，但人们认为它是 21 世纪最有发展前途的新光源，并被誉为第四代光源，发展前途无量。因此，近年来 LED 光源及相应灯具、电源与电控设备发展很快。从高亮度白光 LED 光源照明实用系统、造型各异的 LED 埋地灯、应急、照明灯、与太阳能电池配套的 LED 庭院灯、室内照明灯、各种动态或静态的标牌指示灯、标志灯、交通信号灯、作为建筑夜景照明用 LED 局部投光灯、LED 光带，还有 LED 嵌装在两块大面积平板玻璃之间，通过透光导线连接的装饰面光源……真是琳琅满目，品种繁多，为 LED 在照明工程上的应用创造了十分有利的条件。

LED 光源除前面所述的自身优点外，在夜景照明应用中还有以下景观特征：

（1）照明效果的动态或动感化。比如天文馆、富凯大厦和国际俱乐部的夜景照明，不仅构图和建筑立面特征十分和谐协调，光源色彩鲜艳，而且使用电脑程序控制，有规律地变化照明效果，使夜景照明动静结合，实现了夜景照明的动态化。

（2）夜景照明设备的隐蔽性好。设计人员可巧妙地将 LED 灯和建筑立面构件组合为一体，由于灯的体积小，不易被观景者发现，白天也不会影响建筑立面景观，是实现见光不见灯、藏灯照景要求较理想的照明光源和技术。

（3）夜景照明的安全性好。LED 光源在低电压下工作，而且光源无汞、无玻璃等易碎物件，在室外地面或离地面不高的部位，如园林绿地、道路护栏、桥梁护栏中使用，以及一些市政设施，如路桥、公共汽车站、电话亭和书报亭等处使用不会引发安全问题。

（4）夜景照明设施的维修与管理工作量很小。这是目前使用其他光源的照明设施难以达到的。原因是这种光源的寿命很长，如果无意外原因损坏光源，可以使用 10 年、8 年也不需要更换。因此，它特别适合安装在维修困难的地方，如屋顶、高塔或十分狭小的空间内。因此，LED 灯的问世和使用，使人们对创造一个明亮、舒适、优美、洁净和便捷的夜景光明世界充满信心。

五、夜景工程应用 LED 的注意事项

(1) 由于 LED 光源的光通输出量小，用大面积泛光照明的建筑夜景工程应特别注意不要使用 LED 光源和相应灯具进行照明，但局部小面积投光照明可用 LED 光源和灯具照明，见图 13-34。

(2) 在使用 LED 光源作成点光源的灯具或作成带状 LED 灯具，进行建筑物或构筑物立面或立面轮廓照明时，一定要注意采取措施防止 LED 发光的方向性对夜景照明的影响。

(3) 在夜景工程中使用 LED 光源，应从以下三方面注意灯具中多个 LED 光源亮度的均一性。

1) 由于一个产品中要使用许许多多个发光二极管，各发光二极管的发光亮度必须相同或呈一定比例后才能呈现均一的外观，因此控制好各发光二极管的工作电流是十分重要的。

2) 控制发光二极管的电流来保证各二极管灯光亮度的一致性，就要使用恒流源，而不使用恒压源。将电流保持为恒定的数值分配给各二极管后就能得到好的效果，其中若干个串联后选择性能相同的串联再并联，采用恒流供电就可获得大面积的发光二极管的发光面。

3) 在发光二极管的使用数据中，都列出了在规定正向电流下的功耗和发光情况，目前常用的发光二极管的功率约在 $60\sim150$mW 之间。

(4) 在考虑 LED 光源的寿命时，应注意温度和电气配件对光源寿命的影响。

(5) 由于目前 LED 光源和灯具的价格昂贵，在夜景工程中使用 LED 光源应持慎重态度，应在充分调研论证后，确有必要时方可使用。

六、LED 光源和灯具的发展趋势

自 1993 年日亚公司推出第一个高亮度 LED 光源后，10 年来 LED 发展很快。据美国趋势研究所对 1999～2009 年以氮化镓（GaN）LED 市场作的预测，照明光源的数量由 1999 年 3.7 万只增加到 2002 年 12 亿只，2009 年 3365 亿只，年增长率达 97.5%；成本价格年下降率为 9.5%，经济效益年增长率则高达 787%。这表明 LED 照明光源和灯具在今后几年将有更大更快的发展。尽管如此，LED 替代白炽灯和荧光灯就不是几年的事，还有大量工作要做。

※13.4.5 其他照明技术

一、太空灯球照明技术

太空灯球是 1998 年法国爱尔斯塔公司推出的一种特殊的照明灯球。所谓太空灯球是用特殊的漫透射材料制成，里面充有氮气（也有充普通气体的）和光源的气球。将它升到天空一定高度后，通电发光进行照明。这种新型照明灯球的使用十分简便灵活，特别适用于大面积照明，为重大节日庆典渲染喜庆气氛。因此，它一推出，在社会上和照明界引起高度重视。

如法国国庆时，两排共 16 个灯球把凯旋门和香榭丽舍大街照得亮如白昼，为庆典活动创造了一个独特的光照环境。又如我国国庆 50 周年庆典时，天安门广场靠近金水桥区域，由于平均照度只有 10 余 lx，显得不亮，影响晚上联欢活动的演出效果。经反复研究和现场试验，决定使用太空灯球进行照明。实践表明，仅使用了 6 个太空灯球，就将该区域的平均照度提高了近 30lx，达到设计的 40lx 的要求，为庆典活动增添了浓厚的节日喜庆气氛，见图 13-35。又如 2000 年中秋节在昆玉河的滨角园码头用太空灯球照明，为节日之夜增色不少，见图 13-36。后来在世纪坛迎接新世纪到来的庆典活动、大连服装节、深圳的高科技交易会以及不少地方的中秋节庆典活动中，使用太空灯球照明均收到了令人满意的照明功能和艺术装饰的效果。开始应用时，同样因进口太空灯球造价昂贵，使用的单位甚少，随着国产太空灯球的问世，影响技术推广的造价问题将逐步得以解决。

图 13-35　用太空灯球营造的天安门广场

图 13-36　北京昆玉河上滨角园码头中秋之夜的太空灯球照明的夜景

二、电致发光冷光带的照明技术

电致发光冷光带，又称 EL 发光带，是利用电激发磷光体而发光的一种光带。它由 EL 光带、供电装置和电源线三部分组成。

EL 冷光带是一种平面薄膜冷光带，具有超薄、耗能低、寿命长、发光均匀柔和等特点，适合于大面积平面、曲面的均匀照明，以及普通照明所不能胜任的特殊规格形式的照明场合。它不会产生紫外线，在有烟和雾的场合能见度极高，具有特优的防水防潮、抗振动及任意弯曲等性能，可以制作出任何尺寸和图形，可弯曲、粘贴和悬挂。它非常省电，节能 75%～80%；寿命长，10h/天可以使用 3～5 年，5h/天可以使用 5～7 年，且发光时不会产生任何热能；体积小（厚度仅 0.020 英寸），携带方便（可卷曲）；应用简单（交直流均可）。

EL 冷光带发的光线均匀柔和、不发热、无有害射线；没有可视角的限制；可调暗而保持色调，有蓝、绿、黄、白、橙、红等 10 种颜色。

由于光带不受电源变化周期的影响，振动或碰击不会影响寿命，适用性强，可弯曲、悬挂、粘贴、嵌套等；并能储存于极端的环境下，因此，EL 冷光带在室内外装饰照明、灯箱广告和夜景照明工程中得到了广泛的应用，并收到较好的照明和景观装饰效果。如位于美国夏洛特 NC 市第一联合银行总部大楼的夜景照明，除侧墙用了一点泛光照明外，正面基本上是利用随机内透光，重点是顶部照明。设计师在顶部退层的女儿墙上用 EL 冷光带勾勒出 4 道显目的横向线条，最后在玻璃筒拱屋顶，顺着拱顶结构的框架用 EL 冷光带勾勒出 7 道光带，使大楼夜景照明，简洁明快，较好地表现出建筑的特征。这也是夜景工程中使用 EL 冷光带一个较成功的实例，详见图 13-37。由于 EL 冷光带的表面亮度较低，应注意被照对象的背景亮度过高时不宜采用。

(a)　　　　　　　　　　　　(b)

图 13-37　美国夏洛特 NC 市第一联合银行总部大楼用 EL 冷光带作夜景照明的景观
(a) 照明前的情况；(b) 照明后的情况

三、电脑灯照明技术

所谓电脑灯是具有电脑程序控制功能的灯具。随着光源、灯具和电脑控制技术的发展，这类灯具品种繁多，归纳起来主要有三类：一是重大节日夜景照明类，如电脑探照灯和各种空中之花电脑灯；二是建筑夜景照明类，如城市之光电脑灯、变光色动态照明电脑灯和技影图案的电脑灯等；三是广告标志类电脑灯。

城市夜景工程中的电脑灯照明技术就是利用电脑程序控制灯的光束亮度、色彩及方向等的变化，创造出一些独特的灯光或景观效果。如世纪坛在迎接新世纪到来的 2008 年奥运会北京申办成功的庆典晚会上，使用了 10 台 7kW 大功率高亮度的电脑探照灯，10 道明亮的光束，创造出世纪坛光芒四射的独特效果。由于同时在坛体北侧使用了 6 台 1800W 可变亮度和色彩的电脑投光灯进行照明形成的动态照明效果，加上激光、光纤和太空灯球等高新技术的应用，使庆祝活动洋溢出强烈的节日气氛，见图 13-38。又如罗马斗兽场和悉尼歌剧院使用电脑灯夜景照明，创造出一种独特的夜景效果给人们留下十分深刻的印象，见图 13-39。电脑灯在 2002 的什刹海旅游文化节、大观园之夜和朝阳公园举办的游园活动中应用后，均收到功效奇特、魅力无穷的独特效果。但平日不要随意使用强光束电脑探照灯，以免浪费能源和产生光污染。

图 13-38 北京世纪坛用电脑灯的夜景照明

图 13-39 罗马斗兽场和悉尼歌剧院用变色电脑灯的夜景照明效果
（a）罗马斗兽场的夜景；（b）悉尼歌剧院的夜景

四、夜景照明的监控新技术

所谓监控新技术就是将电力电子技术、电脑技术、自控技术、视频技术和现代化的通信网络技术结合于一体形成的一种远程监控与管理技术，用以实现城市夜景照明系统的监控与智能化管理。

1. 监控管理的功能

（1）夜景灯光集中遥控开关功能；
（2）开关数据查询功能；
（3）亮灯完好率监视功能；
（4）上报事件的处理及显示功能；
（5）故障的诊断和预测功能；
（6）数据保存和多媒体演示功能。

2. 监控方式（详见表 13-20）

监控方式（系统）的种类与比较　　　　　　表 13-20

性能 方式	PSTN	UHF	CDPD	GSMP
名称	程控电话网系统（电话通信系统）	自立发射塔台系统（无线数传电台）	无线系统（1）（蜂窝状数字式分组数据交换网）	无线系统（2）（公用环球网络系统）
优点	可靠，维护量小，设备成本比较低	运行费少，不要与方式3协调，群呼实施简单	安装简单，专业通信维护，维护成本低	网络成熟，专业通信维护，维护成本低。覆盖面与发展空间大

续表

性能\方式	PSTN	UHF	CDPD	GSM
缺点	不能群呼，报装与协调比较困难	易受干扰，维修量较大，设备初装费多	有一定运行费用，各城区不同	有一定运行费用，业务需逐步开展
适用范围	较少的控制点，群呼要求不高的地区	平原和中小城市	大中城市	大中城市
开发公司	广州科立电气公司	①广州科立电气公司 ②山东泰安地天泰新技术开发公司 ③上海公用事业自动化工程公司	①广州科立电气公司 ②深圳亚美达通信设备公司 ③北京康拓公司 ④北京融商能达公司	①广州科立电气公司 ②深圳亚美达通信设备公司 ③北京康拓公司 ④北京融商能达公司

注：PSTN：电话通信系统；UHF：无线数传电台系统；CDPD：cellular Digital Packet Data（无线系统）；GSM：Global System Mobile Communication（无线系统）。此外，还有 DDN，ISDN，GPRS 等监控方式。

3. 监控技术的发展趋势

从城市或景区的实际情况出发，以利用公共无线通信网为主的多种监控方式相结合的混合监控方式（系统）将成为今后的发展趋势。

图 13-40 是北京建设中的夜景照明控制系统各监控中心通信组网图。该系统（IMAS）采用了目前最新的 2.5G 的 GRPS 通信技术，集计算机、通信、机电、自控等多种先进技术于一体，不仅具有比较强大的全天候的监控能力，而且还具有相当完善的管理功能。

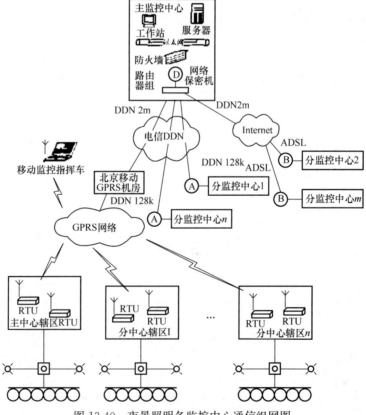

图 13-40 夜景照明各监控中心通信组网图

该监控系统的管理功能主要体现在对设施运行状态数据的统计与管理，对业主、管理人员的管理及对夜景照明日常工作的管理。管理功能的突出特点是监控中心具有与业主实时信息交换的能力，监控中心和业主中的一方有突出事件或工作请求时，都可及时准确地把信息传递给对方，接收方收到信息后，可将处理结果及时反馈给发送方，实现双方的良性互动，大大增强了夜景照明管理工作的灵活应变能力，提高了夜景照明管理工作的效率。

13.5 彩色光的使用

13.5.1 主要色与调剂色

图 13-41 中的建筑物是通过彩色光照明来塑造夜景的例子。整个建筑物体量不大，由两个部分组成：底部的城台和上部的建筑物，二者分别使用冷白色灯光和暖黄色灯光来进行照明。

图 13-41　大面积的城台墙面通过冷色光照明构成景观主色调，顶部建筑用暖色光照明形成调剂，主次关系清晰，夜景效果鲜明

两个部分相比，城台的比重在建筑整体中占绝对优势。因此，照明城台的冷白色光构成了夜景观中的主调色，而黄色光成为了调剂色。这样的塑造方式，使得建筑物的两个部分得以很有效地区别，也恰当地平衡了各景观局部的大小、冷暖、远近等关系。由于建筑物的体量不大，如果过多地采取营造光影的照明方式，可能会使景观显得小气，无法反映城台本身所蕴含的气势。

整个城台使用同一光色的灯光进行均匀的照明，能形成一种小中见大的效果。城台上边的建筑物换用另一种色调的灯光照明，既调剂了气氛，又反衬了城台的体量，也利于观景视线的收束。经冷白光照明的城台立面，可以产生一种沧桑凝重的效果。城台顶部建筑的暖黄光照明营造了一种活跃亲切的气氛，让人感受到逝去的历史中托举着曾经的辉煌。因此，主要色和调剂色的选取、搭配、定位、使用等是彩色光夜景设计中首先应予重视的问题。

13.5.2 用灯光色彩区分建筑层次的问题

当一座建筑物分为很多层次，并且各层次立面的面积比例相差并不是很大时，如果采取在不同层次立面上使用不同颜色的灯光，就是个值得商量的事情了。一座建筑虽然层次很多，但它毕竟是个整体，而颜色上的差异使人产生将建筑人为地割裂开来的感觉，可能会让人误认为是多座建筑重叠在一起。

一般当使用几种色彩的灯光去照明一座建筑时，最好能确定一种色彩作为建筑夜景的主色，用它来照明建筑的大部分立面。而另外的色彩可使用在建筑上一些较小的部位上，起到一种调剂气氛，点缀装饰的作用。

图 13-42 复杂的立面层次，再加上照明光色的变化，使得夜景效果显得很乱

图 13-42 中的建筑是一座有着较多层次的建筑。其夜景照明中两种彩光的比例就有点显得过于均衡，主调光色不明确，景观的核心和重点也不突出。其实，对这种多层次、并且每个层次的面积都比较大，层次之间的组合关系又很丰富的对象，还是应该立足于单一颜色的照明。为避免景观单调，体现出层次间的变化，可采取不同层次立面的照明亮度有所变化的方法。此外，还可在各个立面的照明中，通过适度控光以形成一些诸如亮度退晕等效果，以免整个立面上亮度过于均匀而导致效果平淡。如果希望建筑的夜景增加一点活跃气氛，可以在建筑顶部的塔楼檐口等特殊部位施用一点彩色光即可。

13.5.3 光影与色彩的选择

有时一座建筑物的立面有比较复杂的层次和构造。为了提高夜景效果的丰富性，采取了使用不同色彩的灯光来照明不同立面局部的方法。有时还将不同色彩交错设置，如图 13-43 所示。

(a)

(b)

图 13-43 既然选择了用光影变化来塑造建筑夜景，就不宜再考虑照明光色的多样化，否则就搞不清彩色光夜景设计的想法何在

这样的做法，虽然使建筑的穹顶和坡屋顶重点部位得以突出，不同的立面层次也有了明显的差异，但同时也破坏了建筑整体感，景观效果很混乱。像这类建筑，门帽、穹顶、坡屋顶是建筑上的突出部分，也是建筑夜景的焦点，应该予以强调。但是采取改变光色的方式来进行塑造，会让人感觉到它们像是被从建筑上分离了出去，与建筑本体的衔接显得很生硬。其实该建筑的照明对屋顶及穹顶的处理是采取了营造光影变化的方式，这样的照明处理已足以强调顶部和立面的照明效果差异。如果再增加光色上的变化，不仅没有必要，还会给建筑夜景的效果带来负面影响。如果坡顶和穹顶也采取与建筑立面照明同样的光色，但在光影效果和照明亮度上形成一点差异，那么既能保持建筑夜景的完整性，也使

顶部得到了很好的强调，使顶部夜景既是建筑景观的焦点，又是建筑本体的自然延伸。

至于建筑立面上分层设置的不同彩光则显得更无必要，完全可以采取分层设置同光色的照明，通过不同层段上照明亮度的变化和光影效果来塑造建筑立面的层次。这类建筑上的门据、拱券、门洞确实应该通过照明给予强调，但最好是通过照明亮度上的变化或光影效果的组织来完成。此外还应调动照明手法，以恰当的光影来对立面上的层高线、檐线、柱头柱脚线等线饰给予足够的强调，这样才能使这类特点鲜明的建筑真正以自身构造上的优势来展现出夜景魅力。图 13-44 就是一个在这些方面都做得很成功的例子。

13.5.4　结合建筑特点组织彩色光设计

图 13-45 中的建筑夜景分别在建筑的底部、中部、顶部使用了三种颜色的照明光。虽然建筑的层数不多，但由于色彩搭配得比较合理、组织得很有秩序，光色的使用呼应了建筑特点和观赏需要，使建筑夜景获得了比较协调的效果。

图 13-44　建筑立面有丰富的细节，选择光影来塑造建筑夜景当是最好的选择

图 13-45　如果照明对象合适、色彩配置合理，也能塑造出效果鲜明而协调的彩色光夜景

建筑底部是与人最接近的部位，通过橙黄色的照明光能营造出一种温暖亲切的气氛。靠近柱脚设置的照明灯具，有效地塑造了柱脚及门洞弧顶的线饰，适中的照明亮度使得在建筑附近活动的人感觉很舒适，能留住人们的脚步，让他们更好地欣赏建筑的夜景。

建筑顶部的照明采用了明黄色的灯光，通过其醒目的色调来强化远观效果，另外也能与底部的景观形成呼应。

建筑中部立面的夜景设计追求两个目标，一是使该部分立面的景观效果尽量体现出自身的特色，二是起到对顶部和底部夜景的调剂，以形成一个和谐统一的整体夜景。关于自身特色的塑造，重点放在了对立面上的小饰件和窗口檐线的光影塑造上。由于灯具紧贴墙面，使这些饰件和檐线产生了十分明显的阴影，这些有特色的光影图案有效地丰富了中段墙面的夜景效果。关于中段夜景协调整体关系的考虑，采用了白光照明和营造比较强的亮度退晕效果。由于建筑的高度有限，如果在整个建筑上都使用同样色调的光照明，会使夜景效果显得过于单调。相对平淡的中部立面就会被淹没掉，建筑的高度感就会相应地被降低。所以使用的白光照明为顶部和底部之间加入了一点色调上的调剂，同时为避免中段照明色调变化过于突出，造成立面被生硬切割的印象，中段的照明采取了比较强的光退晕方式，使中段的大部分立面都处于较低亮度的状态。

从建筑的整体夜景来看，虽然是几种色彩的灯光在建筑的不同层面上交错施用，但由于考虑了良好的搭配和组织，使得整体效果显得比较和谐。此外，由于建筑的每个层面景观都具有较强的秩序感，又通过对层高线的利用，同时对灯具进行了合理选择和设置，使不同区位上的照明光没有产生互相混合和干扰的现象，每个区段上的夜景效果都显得明确利索，这也是整体夜景比较成功的因素之一。

13.5.5 利用彩色光强调建筑上的结构变化

建筑上的孔洞或沟槽是某些建筑立面构成中的重要组成部分。如果能在夜景设计中很好地发挥它们的作用，可以更好地塑造建筑的夜景形态，使景观更为生动。通过对孔洞沟槽的缘口、内部表面、形状构成等进行有针对性的照明塑造，能使它们成为建筑上有特点的景观局部，也能使立面的景观层次和夜景构图得以有效地丰富。

孔洞内部的照明与外立面的照明息息相关。当对外立面进行投光照明塑造建筑夜景时，有时会因控制不好孔洞内外的用光比例，而使孔洞内外的亮度接近，无法感受到孔洞的形态和深度。有时，即使是控制了孔洞内外的亮度差别，也会因外立面照明灯光对孔洞沿口的覆盖而使孔洞边界变得模糊。所以在孔洞线沟槽内换用其他色彩的灯光进行照明往往是比较有效的办法，既起到了活跃建筑夜景效果的作用，而且孔洞的较小面积的彩光也不会扰乱建筑整体的景观形态。在孔洞或沟槽内设计灯光及色彩应注意掌握如下的一些原则：

（1）孔洞沟槽内的照明亮度应高于外立面的亮度，同时要注意控制内外亮度的比例，过大或过小都削弱夜景效果；

（2）孔洞内设计的灯光应将孔洞形态及内部构造做尽可能清晰的表现；

（3）要注意掌握孔洞沿口处内外照明的衔接，尽量有一个明显的边界；

（4）当孔洞为多个独立孔洞连续排列的形式时，每个孔洞的照明方式或照明色彩都应一致；

（5）当孔洞为竖向的连续贯通式沟槽形式时，宜采取在沟槽内统一设置照明灯光，以使沟槽内自下而上形成亮度渐变的照明效果；

（6）孔洞内的光源和灯具不应被人直接看到；

（7）严格控制孔洞内照明形成的眩光。

13.5.6 利用彩色光强调空间

排成一列的建筑群，若其中的某座建筑在位置上后退，其前面就出现了一个小广场，形成了一个小空间。有时一座建筑是配有迎廊配合内庭的布局，那么这个廊或庭也构成了一个空间。其他诸如街边小游园、展宽的街道、交叉路口等都构成了一种很特殊的城市空间。在夜景照明设计中，对这种空间的塑造是十分值得关注的事情。一方面，此类空间是城市景观的重要内容，它往往是人群活动比较集中的场所，另一方面，对这类空间的塑造可以更有效地强化建筑群或者是城市街道夜景的节奏感，完善城市夜景整体效果。

图13-46是一座建筑内庭的照明效果。为了使内庭有更明确的空间感，使用了彩色光照明的方式，外墙面及廊柱立面采用白光照明，而内庭的几个立面则使用了黄色光照明，

光色上的变化使内庭的空间感得以突出。图 13-47 是内庭采用了与外墙面同样光色照明时的效果，可以看到其空间感大为逊色。

图 13-46　建筑内庭的照明使用了另外一种色彩的灯光，使其空间感得到了加强

图 13-47　而当内庭和外墙面使用同样光色的照明，使人体会不到恰当的空间感

13.5.7　利用彩色光强调顶部

在图 13-48 的夜景中，建筑的顶部是整个景观中最重要的部分。它既是建筑夜景的焦点，又是统摄全局的要素，所以对顶部构造进行完整的照明表现，并尽量强调它的形态特点，是使整个建筑夜景获得完善的根本。

屋顶的檐口部位采用了明黄色的照明光进行表现，对其层次结构都作了比较细致的刻画。屋顶表面不仅设置了照明，还对其翠绿的颜色作了强化处理，既很有效地展示了屋面的形貌，也和檐部景观匹配在一起，构成了醒目突出的顶部景观。

其实这类坡屋顶的照明一直是不太好处理的一件事。采用泛光照明往往因效率不高而形不成很明显的效果，还会产生大量的外溢光而影响周边环境，此外灯具的隐蔽安装也不好解决。因此，有时就采取对屋面不做照明而将其虚掉的做法，或者是仅仅照亮顶部的天线榄杆，通过这种比较间接的方式来表现顶部效果。

图 13-48　塔楼屋顶照明中的彩色光使其夜景效果更突出，也提高了其在建筑整体中的控制影响力

但在本例中，建筑的高层塔楼立面基本上没有设置照明，只对中间的沟槽略作表现，基本上是一种虚化低调的处理。这样就要求顶部构造的夜景必须完整，否则塔楼的形体特点将无从体现。与塔楼相连的低层建筑夜景效果主要塑造展示的是窗间的带状实墙和檐部实墙，表现出来的是一些方框形的夜景图案，效果上比较"散"。从整体的夜景构成来看，需要一个有分量的顶部夜景来形成核心，起到聚拢全局的作用，所以塔楼顶部夜景效果的醒目突出就显得十分必要了。

13.5.8 建筑群夜景中的彩色光使用

当许多建筑聚集在一起形成一个建筑群时，夜景照明的设计就要考虑更全面一些的问题，既要考虑单体建筑夜景的特色，同时又要顾及整个群体夜景效果的协调。

设计建筑群中各建筑的夜景照明时，如果所有建筑物都采用同样光色和同样手法的照明，会使得整体夜景在感觉上很单调，视觉效果上也显得拥堵。所以设计时通过照明手法、照明亮度、照明色彩等方面的合理搭配，塑造出既和谐统一又个性鲜明的建筑群体夜景是很重要的。

图 13-49　建筑群中的大部分建筑夜景采用了黄色光照明，黄色成为基调色，个别建筑使用的白光照明是对整体效果的一种调剂

在图 13-49 的建筑群夜景中，大部分建筑物的立面照明都采用了黄色的泛光照明，因而形成了以黄光为主基调的群体夜景。但其中的一座形体上比较突出的建筑物使用了白光来进行照明，光色上的变化强化了它的地位，使人能够很明显地感受到它在这个群体夜景中的核心地位。白色光的使用，对大部分建筑立面上的黄光形成了一种调剂，避免过多单一颜色的使用所造成的单调感。由于白光属于中性色，白光在个别建筑上的使用，没有造成整个建筑群以黄色光作为夜景主基调的改变，建筑群的夜景效果仍是呈现出一种比较明确的色调倾向。

在建筑群中，对个别建筑使用彩光照明时还应注意，一座建筑的各个侧面都要使用同一色彩的照明光，以免让人误解为它的某个侧立面是其他建筑的立面。同时，相邻建筑在照明光色彩上不宜混合使用。建筑的照明光不应溢出到其他相邻建筑上，避免彩色光混合使不希望的色彩出现。

在建筑的夜景照明中，有很多表现建筑形体和特点的方法，自然使用彩色光照明也是其中的一种方法。如果能将这些照明手法与建筑的形体姿态、风格特点恰当地结合起来，进行有针对性的、合理的配置，能使建筑群的夜景形成统一、有序、协调、有良好的层次感、个性鲜明的整体效果。

13.5.9 使用彩色光时照明部位的控制

如果一座建筑的夜景设计上使用几种彩色光，每种彩光都有其相应的投照部位，为了获得理想的照明效果，需要对彩色光照明的范围进行严格的控制，避免其投射到其他彩色光照明的部位上。否则，如果产生了几种彩色光混合的现象，可能会形成让人无法预料甚至是十分难看的色彩，那样，就会导致夜景效果的混乱。

这就要求在进行照明设计时，要选择合适的照明灯具，提出恰当的光参数要求。比如，灯具的光束角、溢散光数量、主光强方向、配光曲线、截光角等；同时，安装灯具时要调准投光位置，严格控制投光方向，以使得这部分照明光严格限定在它所照明的范围之内。

除此之外，还必须考虑被照明的对象是否适合于用多种色彩的灯光来进行照明，也就是说，建筑的结构形式是否能够做到把彩色光控制在所使用的区域范围内，而不会溢出到其他的部位上。

图 13-50 中的建筑夜景采用了两种色彩的灯光，分别照明建筑主体墙面和檐口内立面。这两种彩色光互相配合，较好地表现了建筑的形态特点，夜景效果上也显得很鲜明。檐口处的两条黄色光既有效地突出了景观中的重点，也形成了和谐的夜景构图。

但是，在该建筑的低层建筑檐口部位使用的黄色光却产生了外溢，投射到高层建筑的墙面上，混入了该墙面原来的白色灯光之中，形成了一种混合色的照明光。这部分混色照明光破坏了原有的夜景构图，也污染了墙面上的照明效果，这样的结果绝不是原设

图 13-50 建筑群中的大部分建筑夜景采用了黄色光照明，黄色成为基调色，个别建筑使用的白光照明是对整体效果的一种调剂

计中所希望看到的。究其原因，还是在于建筑立面的结构形式不适合于用这样的彩光配合方式来设计夜景。尽管檐口内立面的照明效果十分鲜明醒目，整体效果上的配合也比较恰当，但由于这种外溢污染光的出现，就使得夜景效果大为逊色。当在檐口处使用彩色光进行照明时，主要依靠檐口上边的屋檐来控制彩色光的投照范围。虽然该建筑有着很宽深的屋檐，能将入射光有效地控制在屋檐之下，但对于由这部分彩色光所形成的反射光，它却无法做到有效的控制。这些反射光恰好落在了和它连在一起的高层建筑的立面上，造成了一种色彩上的污染。

13.5.10 用变色照明效果构筑特色景观

在建筑的某些局部，按照一定规律，交替使用不同色彩的灯光照明，可以形成一种很有特色的景观，也能使景观具有标志性的意义。比如：按时段变换景观灯光的色彩能起到报时作用，按日期变换色彩能起到日历的作用，在特殊的日子或节日变换色彩又具有纪念或庆祝的意义。这样，就增强了景观和我们的生活之间的联系，不再单单地将它视为一个观赏性的景观对象，而成为与城市生活的节奏脉动相呼应的角色。如图 13-51。

图 13-51 以变色效果塑造建筑的顶部夜景，增加景观特色和吸引力

示范题

单选题

1) 我国照明设计标准规定室外照明照度维护系数取值多少？（　　）

A. 0.4　　　　B. 0.5　　　　C. 0.6　　　　D. 0.7

答案：D

2) 2002年国庆时，"北京大观园之夜"利用的是哪项技术？（　　）

A. 激光＋水幕　　B. 激光　　　　C. 喷泉　　　　D. 舞台激光

答案：A

多选题

金属卤化物灯的安装应符合下列哪些要求？（　　）

A. 灯具安装高度宜小于2m，导线应经接线柱与灯具连接，且不得靠近灯具表面
B. 灯管不与触发器和限流器配套使用
C. 落地安装的反光照明灯具应采取保护措施
D. 投光灯的底座及支架应固定牢固，转轴应沿需要的光轴方向拧紧固定
E. 导线预留部分不宜过长，且在灯具安装完毕后及时做好调整、固定等保护工作

答案：C、D、E

判断题

为了使桥体颜色变化多样，灯光应该采用动态模式。（　　）

答案：错

第 14 章 防雷与保护接地

14.1 防雷与接地的基本知识

14.1.1 雷电的基本知识

1. 雷电的形成

雷是一种大气中的放电现象。在雷雨季节里，靠近地面的空气受热上升、空气中的水蒸气随着气流的上升被带到高空，由于高空气温仍然很低，水蒸气遇冷凝结成小水滴飘浮在空中，这种悬浮状水滴的逐渐积聚和增多，便形成浓积云。此外，在高空水平移动的冷气团或暖气团在其前锋交界面上也会形成大面积的浓积云。

观察证明，浓积云在形成过程中，某些云团带有正电荷，另一些云团则带有负电荷。它们对大地的静电感应使地面产生异号电荷。当这些云团电荷积聚到一定程度时，不同电荷的云团之间，或云团与大地之间的电场强度足以使空气绝缘遭到破坏（一般为 25～30kV/cm），从而开始游离放电，我们称这种游离放电为"先导放电"。云团对地的先导放电是由云端向地面跳跃或逐渐发展的，当它到达地面时（地面上的建筑物，架空输电线等），便会产生由地面向云团的边导主放电。主放电的时间很短，一般只有 50～100μs。在主放电阶段里，由于异性电荷的剧烈中和，会出现很大的雷电流（可达几十千安至几百千安），并随之发生强烈的闪光和巨响，这就形成了雷电，图 14-1 是一次雷云向地面直接放电的全过程示意图。

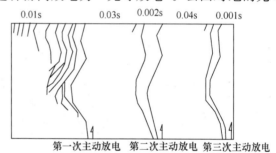

图 14-1 雷云向地面直接放电的全过程示意图

2. 直接雷和直接雷过电压雷电直接击中输电线路的导线、避雷针和杆塔，或建筑物、构筑物等，称为直接雷。直接雷的危害最大。

当雷电放电的先导通道直接击中输电线路的导线、杆塔或其他建筑物时，大量雷电流通过被击物体，在被击物体的阻抗和接地电阻上产生电压降，使被击点出现很高的电位，这就是直接雷过电压，直接雷放电时能产生几百万伏的电压和数百千安的电流。

3. 感应雷和感应过电压

感应雷又称为雷电感应，分静电感应和电磁感应两种。静电感应是由于雷云接近时，使架空线路、导体或建筑物内易于传导电流的金属管道、构架等物体上感应出与雷云电荷符号相反的束缚电荷（图 14-2a），当雷击大地时，主放电开始，先导通道中的雷云电荷自下而上被迅速中和。这时导线等物体上的束缚电荷闲失去约束而变为自由电荷，它以电压波的形式沿导线向两端流动，如图14-2b所示。由于主放电的速度很快，沿导线流动的感应电压波的幅值就会很高，这种沿导线流动的电压波，就是感应过电压。电磁感应是由于发生雷击时，雷电流在周围空间产生迅速变化的强磁场，使附近的金属导体上感应出很高的电压而形成的。

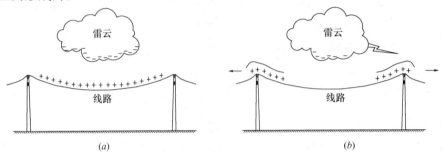

图14-2 静电感应过电压示意图
(a) 雷云在线路上方，线路产生束缚电荷；(b) 放电后自由电荷在线路上产生过电压

感应过电压的幅值与雷电主放电电流的幅值成正比，与雷击点距导线的距离成反比，并与导线的平均高度有关。实测结果证明当雷击点距离导线大于60m时，感应电压幅值 U_g 可由下式计算：

$$U_g = 25 \times \frac{Ih_d}{S} (kV) \tag{14-1}$$

式中　I——雷电流幅值（kA）；
　　　S——直接雷击点与线路的距离（m）；
　　　h_d——导线悬挂的平均高度（m）。

$$h_d = h - \frac{2}{3}f$$

式中　h——导线在杆塔上的悬挂高度（m）；
　　　f——导线在档距中央的弧垂（m）。

经验证明，由上式计算的结果往往偏大，实际上，由于其他因素的影响，感应过电压通常不超过300kV，当雷击点与线路距离 $S<50m$，或雷击杆塔塔顶时，感应过电压近似值可由下式计算：

$$U_g = ah_d (kV) \tag{14-2}$$

式中　a——系数，其值等于以千伏/微秒计的雷电流平均陡度。

当线路上有避雷线时，由于避雷线的屏蔽效应，感应过电压会有所下降，其值可由下式计算：

$$U_g = ah_d(1-K) \tag{14-3}$$

式中　K——避雷线与导线间的耦合系数。

14.1.2 接地的基本知识

在电力系统中,为保证电气设备在正常、故障和雷击的情况下能可靠地工作和电气保安的要求,而将电气设备的某部分与大地做可靠连接的构件叫做接地体。用直接与大地接触的金属构件、管道、钢筋混凝土基础等兼作接地体的叫做自然接地体。将电气设备接地部分和杆塔的接地螺栓与接地体连接在一起的金属导线和导体称为接地线。接地线和接地体统称为接地装置。

以上所述接地的"地"是指电工学意义上所称的"地",即接地体周围半径 20m 以外的地面和地中可以认为是零电位的土壤。

接地分工作接地和保护接地两种。工作接地包括流过工频电流的运行需要的接地(如中性点接地),与流过冲击电流(雷电流)的防雷接地两种。保护接地包括一旦电气设备或杆塔绝缘损坏后能使外壳等裸露部位带有危及人身安全的电位时,将裸露部位接地的保护接地,与为泄漏不必要的静电电压,消除静电危险而设的防静电接地两种。

1. 工频电流在地中的扩散情况

由于大地很大而接地体很小,接地电流 I_{jd} 由接地体流入地中后将如图 14-3(a)所示向周围扩散。在接地体附近的土壤中,电流密度很大,电压降的绝大部分都集中在接地体附近的土壤中。试验表明,在距接地体 2m 的范围内,电压降占全部电压的 68%;2~11m,24%;11~20m,8%;形成图 14-3(b)中的双曲线。

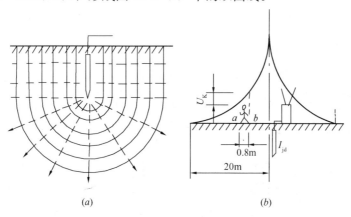

图 14-3 接地体中电流扩散和电位分布图

图 14-3(b)中 a、b 两点之间的距离为 0.8m,相当于人行走时两脚之间的距离,a 点与 b 点之间的电位差叫做跨步电势 U_K。当人体两脚接触该两点时所承受的电压,叫做跨步电压。另外,在设备构架、塔杆等的地面和地面以上垂直距离 1.8m 处两点之间的电位差叫做接触电势。当人体接触该两点时(一点可能是手,一点是脚)所承受的电压,叫做接触电压。不管是小接地短路电流系统的中压配电网,还是大接地短路电流系统的低压配电网,跨步电压和接触电压都和人脚站立处地表面的土壤电阻率成正比,因此,地表面的土壤电阻率越高,跨步电压、接触电压越高,危害越大。

2. 接地的类型和作用

(1) 工作接地

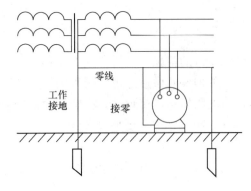

图 14-4 接地与接零

为保证电气设备在正常或事故情况下都能可靠地运行,将电力系统中的某一点(如发电机或变压器的中性点)直接接地,或经过消弧线圈(电抗)、电阻、击穿熔断器等特殊装置接地,称为工作接地。如图 14-4。

(2) 保护接地

为保障人身安全,防止触电事故而装设的接地,称为保护接地。如电气设备不带电的金属外壳及构架等的接地即属保护接地,道路照明中金属灯杆、金属灯座箱及金属开关控制箱的接地也属保护接地。其作用可用图 14-5 说明。

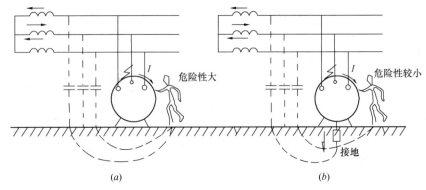

图 14-5 保护接地的作用
(a) 没有保护接地的电动机一相碰壳时;(b) 有保护接地的电动机一相碰壳时

当电动机的外壳未接地而发生一相碰壳时,它的外壳就带有较高的对地电压,这时如果人接触到该外壳,就有电流流过人体入地,并经线路与大地之间的分布电容构成回路,这是相当危险的。

如果电动机外壳接了地,由于人体电阻(一般情况下,最低值为 $800\sim1000\Omega$ 左右)远大于接地装置的接地电阻,则大部分电流经过接地装置入地,流经人体的电流很小,对人比较安全。高压电气设备和对地绝缘的低压电网中的电气设备都采用保护接地。

但是在中性点直接接地的电网中,电气设备采用保护接地,发生故障时人体承受的接触电压仍有可能超过安全电压,如在 380/220V 三相四线电网中,如果变压器工作接地和电动机保护接地的电阻都为 4Ω,而人体电阻很大,则电动机外壳上的电位有可能高达 110V,这时对人体将有相当的危险性。当然这比电气设备外壳不接地时可能产生的对地电位(达到相电压 220V 的数值)已经降低了许多。

(3) 保护接零

由变压器或发电机接地中性点引出的中性线称为零线。

低压电气设备的外壳与零线的直接连接,称为保护接零,简称接零。在中性点直接接地的低压三相四线电网中,电气设备宜采用低压保护接零。接零系统中当发生一相碰壳时即形成单相短路,短路电流很大,能使电路保护装置迅速动作,切除故障,保障人身安全和电网其他部分的正常运行。

必须注意,在同一电网系统中,一般只能采取同一种保护方式。不允许一部分设备接地而另一部分接零,否则,当某一接地设备发生碰壳故障时,零线电位将升高,这时接零设备的外壳上可能带上危险电位。这是十分危险的。

(4) 重复接地

将零线上的一处或多处通过接地装置与大地再连接(图14-6),称为重复接地。

重复接地可以有效地降低漏电设备的对地电压,缩短碰壳或接地短路持续时间,改善架空线路的防雷性能,尤其是在零线断线时能使设备外壳上的电位大为降低,减轻触电危险性,如图14-6所示。

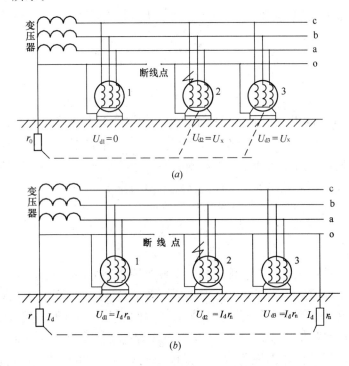

图 14-6 零线断线示意图
(a) 无重复接地时;(b) 有重复接地时

3. 电气设备接地与接零的范围

(1) 电气设备必须进行接地或接零的范围

a. 发电机、变压器、电动机、高低压电器和其他电气设备的金属底座及外壳;

b. 电气设备的传动装置;

c. 互感器的二次线圈;

d. 配电盘(箱)、控制柜(台)的框架;

e. 路灯的金属灯柱、杆座(灯座箱)、屋内外配电装置的金属构架、钢筋硅构架和金属围栏。

f. 电缆头和电缆盒的外壳、铠装电缆外皮和穿线钢管。

g. 电力线路的杆塔和装在配电线路和杆上的开关设备及电容器的外壳等。

(2) 电气装置不需做接地或接零保护的范围

a. 在不良导电地面的干燥房间内,当电力装置的交流额定电压在 380V 及以下,直流额定电压在 400V 及以下,其设备外壳可不接地。但当有可能同时触及上述电气设备外壳和已接地的其他物体时,则仍应接地。

b. 在干燥场所,交流额定电压在 127V 及以下,直流额定电压在 110V 及以下的电气设备可不接地。但另有规定者除外。

c. 安装在配电盘、控制柜和配电装置上的测量仪表、继电器和其他低层电器的外壳以及发生绝缘损坏时也不会引起危险电压的绝缘子金属件等可不接地。

d. 安装在已接地的金属构架上的设备,控制电缆的金属外皮,蓄电池室内的金属构架和发电厂、变电所内的运输轨道,与已接地的机床相连接的电动机外壳等均可不接地。

14.1.3 接地电阻

1. 定义

接地电阻是散流电阻、接触电阻、接地体电阻、接地线电阻之和的总称。散流电阻是在接地体附近 20m 范围内土模中呈现出来的电阻,它是指接地体的对地电压与流经接地体的接地电流之比。接触电阻是接地体和土壤接触面之间存在的电阻,接地体电阻是接地体上的电阻,接地线电阻是接地线上的电阻。在工频电流下,接触电阻、接地体电阻和接地线电阻一般都很小,可忽略不计,而把散流电阻当作接地电阻。

$$散流电阻 = 接地体的对地电压/接地电流$$

散流电阻不但与土壤电阻率有关,而且与接地体的形状、尺寸、数量和相互位置有关。

2. 配电变压器(低压变电站)的接地

配电变压器台的接地是配电系统中的一项重要接地工程。配电变压器外壳、配电变压器二次侧三根四线制零线、中压和低压避雷器三者都必须接地,而三者的接地引下线必须在变台上按在一起,使用一个共同的接地装置,叫做三点共同接地。配电变压器台的接地对配电变压器来讲是保护接地,对 380/220V 低压配电系统来讲中性点是工作接地,同时又是中压、低压两侧避雷器的散流接地。配电变压器台接地的接地电阻应满足其中最低值,即工作接地的要求,也就是说配电变压器额定容量不足 100kVA 时,接地电阻值应不大于 10Ω,等于或大于 100kVA 时应不大于 4Ω。

3. 低压配电网零线的重复接地

配电变压器二次侧中性点直接接地后,将使低压配电网在正常及故障情况下都能可靠的运行。例如当配电变压器一、二次绕组间绝缘击穿或并架线路的中压配电线路一相断线落在低压配电线路上时,由于不经消弧线圈接地的 10kV 中压配电网的接地电容电流一般不超过 30A,而 100kV 及以上配电变压器的工作接地电阻不超过 4Ω,所以零线对地电压不会超过 120V。

为了防止零线断线时对人身和设备安全的威胁以及避免三相负荷不平衡而产生中性点位移,要求在低压架空配电线路干线和分支线的终端,引入大型建筑物和车间的接户线处,零线重复接地。每一重复接地装置的接地电阻应不大于 10Ω,但在低压配电网中的电力设备接地装置的接地电阻允许达到 10Ω 时,且重复接地等于或超过三处,每一重复接地装置的接地电阻可等于或小于30Ω。

在有重复接地的低压供电系统中,当发生接地短路时,能降低零线的对地电压,当零线发生断路时,能使故障程度减轻;对照明线路能避免因零线断线又同时发生某相碰壳时而引起的烧毁灯泡等事故。

在没有重复接地的情况下,当零线发生断线时,在断点后面只要有一台用电设备发生一相碰壳短路,其他外壳接零设备的外壳上都会存在着接近相电压的对地电压,在图14-6(a)所示,而有重复接地时,如图14-6(b)所示,断线点后面设备外壳上的对地电压U_d的高低,由变压器中性点的接地电阻与重复接地装置的接地电阻分压决定,即

$$U_d = U_x \frac{r_n}{r_0 + r_n} \tag{14-4}$$

式中 U_d——设备外壳上的对地电压;
U_x——相电压;
r_0——变压器中性点接地电阻;
r_n——重复接地电阻。

一般$r_n > r_0$,故外壳电压仍然较高,对人体仍可构成危害。

如果是多处重复接地(并联),则接地电阻值很低,零线断路点后面一相碰外壳的对地电压U_d也就很小,对人身的危险就会大大减轻。

由上述分析可知,零线断线是影响安全的不利因素,故应尽量避免发生零线断线现象。这就要求在零线施工时注意安装质量,零线上不得装设保险线及开关设备,同时在运行中注意加强维护和检查。

14.2 高杆灯防雷与保护接地

14.2.1 防雷保护装置

防雷装置包括接闪器、引下线和接地装置。其中避雷针主要用来保护露天配电设备、建筑物和构筑物等。避雷线主要用来保护电力线路,避雷网和避雷带主要用来保护建筑物。

高杆灯的避雷系统设置在每根高杆顶部,覆盖范围为整个灯盘及杆体。避雷装置应符合 GBJ64 的规范要求,避雷针采用$\phi 25mm$ 热镀锌圆钢或 $\phi 40mm$ 热镀锌钢管,壁厚不应小于 2.75mm。

※1. 接闪器

避雷针、避雷线、避雷网、避雷带等均可作为接闪器。接闪器的外表应镀锌或涂防锈漆。下面我们着重介绍一下单支避雷针和单根避雷线的保护范围。

单支避雷针的保护范围如图 14-7 所示。

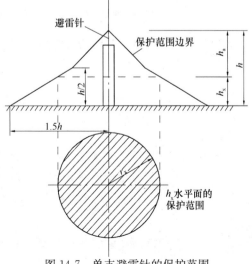

图 14-7 单支避雷针的保护范围

避雷针在地顶上的保护半径为：

$$r = 1.5h \tag{14-5}$$

式中　r——保护半径（m）；

　　　h——避雷针的高度（m）。

在被保护物高度 h_x 的水平面上的保护半径为：

(1) 当 $h_x \geqslant \dfrac{h}{2}$ 时

$$r_x = (h - h_x)p = h_a p \tag{14-6}$$

(2) 当 $h_x < \dfrac{h}{2}$ 时

$$r_x = (1.5h - 2h_x)p \tag{14-7}$$

式中　r_x——避雷针在 h_x 水平面上的保护半径（m）；

　　　h_x——被保护物的高度（m）；

　　　h_a——避雷针的有效高度；

　　　p——考虑避雷针太高时，保护半径不按正比增大的系数。

$h \leqslant 30\text{m}$ 时，$p = 1$

$30 < h \leqslant 120\text{m}$ 时，$p = 5.5/\sqrt{5}$。

单根避雷线的保护范围如图 14-8 所示。

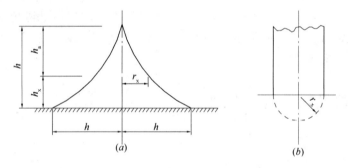

图 14-8　单根避雷线的保护范围

(a) 单根避雷线的保护范围；(b) 在 h_x 水平面上保护范围的截面

(1) 在 h_x 水平面上的避雷线每侧保护范围的宽度为：

当 $h_x \geqslant \dfrac{h}{2}$ 时

$$r_x = 0.47(h - h_x)p \tag{14-8}$$

当 $h_x < \dfrac{h}{2}$ 时

$$r_x = (h - 1.53h_x)p \tag{14-9}$$

式中　r_x——在 h_x 水平面上每侧保护范围的宽度（m）。

(2) 在 h_x 水平面上避雷线端部的保护半径，也按上述两式确定。

2. 引下线

引下线可用 $\phi 8\text{mm}$ 以上圆钢或 $12\text{mm} \times 4\text{mm}$ 以上扁钢，沿最短路径接地。在可能遭受机械损伤的地方，地面下 0.3m 处至地上 1.7m 处的一段接地线应外遮 L40×4 角钢保护

（不可将接地线穿入钢管等闭合金属导体中）。引下线经过伸缩、沉降缝时，同样应弯一段 $R=100\text{mm}$ 的半圆弧。

防雷装置的引下线应不少于两根，相互之间间距不大于 30m，建筑物周长和高度都不超过 40m 时，可只安装一根引下线。

14.2.2 接地装置

防雷接地装置与电力设备接地装置的要求大致相同，但尺寸应稍大。防雷接地装置最小尺寸见表 14-1。

防雷接地装置最小尺寸　　　　表 14-1

材料名称	圆钢直径（mm）	扁钢 截面（mm²）	扁钢 厚度（mm）	角钢厚度（mm）	钢管壁厚（mm）
材料尺寸	10	100	4	4	3.5

多支避雷针的保护范围，两根平行避雷线的保护范围，以及避雷针、引下线和防雷接地装置的施工、安装方法等，请参考有关专业资料。

除避雷装置外，还必须确保金属灯杆及电气设备金属外壳有良好的保护接地，接地线与接地体、接地极的连接必须牢固，并有防松装置。垂直接地体所用热镀锌钢管，其壁厚不应小于 3.5mm；角钢厚度不应小于 4mm。每根接地体长度不应小于 2.5m，且不应小于 3 根，相间距离宜为长度的 2 倍，顶端距地面不应小于 0.6mm。接地装置的接地电阻不应大于 10Ω。

防雷接地系统应于基础浇铸前完成，接地电阻经测量要合格。

14.3　低杆灯防雷与保护接地

为保证人身和设备的安全，电力设备宜接地或接零。规程规定：在中性点直接接地的低压电网中，电力设备的外壳宜采用低压接零保护，即接零。

道路照明钢灯杆、控制箱等一切人站在地面上能接触到的内部有电气设备的金属外壳，都必须采用接零或接地，目的是保证人身安全。

行业标准《民用建筑电气设计规范》（JGJ/T 16—1992）第 14.2.1 条规定：低压配电系统接地形式可分为三种。第 14.2.1.1 条规定：TN 系统按照中性线与保护线组合情况，又可分为以下两种形式。

(1) TN-S 系统：整个系统的中性线（N）与保护线（PE）是分开的，见图 14-9。
(2) TN-C 系统：整个系统的中性线（N）与保护线（PE）是合一的，见图 14-10。

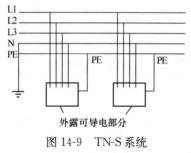

图 14-9　TN-S 系统

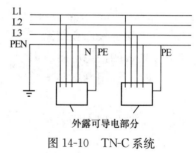

图 14-10　TN-C 系统

在TN接地形式的配电线路中，其接地故障保护电器的动作特性应符合下式要求

$$Z_S \cdot I_a \leqslant U_0 \qquad (14\text{-}10)$$

式中　Z_S——接地故障回路阻抗，Ω；

I_a——保证保护电器在不大于5s时间自动切断故障线路的动作电流，A；

U_0——相线对地标称电压，V。

第14.2.5条规定：在TN系统中，保护装置特性除必须满足《民用建筑电气设计规范》第8章公式要求[见式（14-10）]外，相线与大地间发生直接短路故障时，为了保证保护线和与它相连接的外露可导电部分对地电压不超过约定接触电压极限值50V，还应满足公式（14-11）的要求。

$$R_B/R_E \leqslant 50/U_N - 50 \qquad (14\text{-}11)$$

式中　R_B——所有接地极的并联有效接地电阻，Ω；

U_N——额定相电压，V。

如不能满足14.2.5条中公式要求，则应采用剩余电流动作保护装置或其他保护装置。

在TN-S系统（见图14-9）中的中性线N，应执行《架空配电线路设计技术规程》（SDJ 206—1987）表3.0.6中规定：相线截面在LJ-70以下和TJ-35及以下，零线（即中性线）与相线截面同。保护线PE应执行《民用建筑电气设计规范》（JGJ/T 16—1992）中表14.6.2.1-1规定：保护线的最小截面如表14-2所示。

保护线的最小截面　　　　　　　　表14-2

装置的相线截面 S（mm²）	接地线及保护线最小截面（mm²）
$S \leqslant 16$	S
$16 < S \leqslant 35$	16
$S > 35$	$S/2$

在TN-C系统（见图14-10）中，因中性线N与保护线PE是合一的，应执行《架空配电线路设计技术规程》（SDJ 206—1987）中第52条规定：中性点直接接地的低压电力设备，为保证自动切除线路故障段，其接地线和零线应保证在导电部分与被接地部分或零线之间发生短路，电力网中任一点的短路电流不应小于最近处熔断器熔体额定电流的4倍，或不应小于自动开关瞬时或短延时动作电流的1.5倍。

在TN-S系统中的PE线应与相线的材质相同，第三种做法是用如 ϕ10mm 热浸锌圆钢沿全地埋电缆线敷（有的采用镀锌钢绞线替代 ϕ10mm 圆钢是不正确的，因多股镀锌钢绞线容易被腐蚀，是不安全的），而直接埋在地下，接法如图14-9所示，PEN线与 ϕ10mm 圆钢在变压器处与变压器的地线网相连，并沿线与所有控制箱、钢灯杆、金属灯台等处做两点可靠连接。在线路首端、末端、分支点、每隔三根钢灯杆均设单独接地极。每个单独的接地极的接地电阻不大于10Ω。整个接地网的接地电阻值不大于4Ω。在接地电阻大于4Ω时，应用常效降阻剂降低接地电阻，但不要食盐等有腐蚀性的物质作降阻剂。

为保证钢灯杆使用中的安全，防止漏电造成对人体危害，应该从提高与钢杆配套的电气设备的绝缘性能着手，例如：

(1) 在灯门内电缆用塑料外壳电缆接线盒或扎针架接线;
(2) 加强导线、镇流器等元件的绝缘水平,严格选厂、严格检测;
(3) 提高安装工艺,应有"安装工艺标准"。

从一切可能造成漏电的小处着眼,贯穿到选购材料施工、验收和运行维护中,再配以执行三线制或五线制,让钢杆的保护性接地最后把关,才能保证安全。

14.4 变压器防雷与保护接地

防雷保护配电变压器的防雷保护,均装阀型避雷器或氧化锌避雷器保护。配电变压器 10kV 侧避雷器的保护距离为 5m(电气距离)。避雷器的安装位置,在北京地区习惯是装在母式变台的第二根副杆上,而只有极少数的是装在第一根副杆上。

14.4.1 避雷器

避雷器的作用是防护雷电产生的大气过电压沿线路侵入变配电所;而危害被保护设备的绝缘的。这里我们主要介绍一下阀形避雷器。图 14-11 为阀形避雷器。

工厂企业和路灯变配电所主要使用阀形避雷器。高压和低压阀形避雷器,其基本原件都是由串联的火花间隔和非线性的阀电阻片组成,它们串联迭装在密封的瓷套管内。火花间隙用铜片冲制而成,每对间隙用厚度为 0.5~1mm 的云母垫圈隔开。阀电阻片是由金刚砂(碳化硅)和结合剂在一定的温度下烧结而成的圆饼。正常运行时,火花间隙处于绝缘状态,仅有极小的泄漏电流通过。当系统过电压达到它的动作电压时,间隙的空气绝缘被击穿,大冲击电流通过阀片。

由于阀片电阻是非线性的,在通过大电流时,电阻很小,因此冲击电流在逃雷器上产生的电压降

图 14-11 阀形避雷器

(残压)较低,这样就将系统传递过来的过电压限制在一定水平上,使被保护设备的绝缘不遭损坏。过电压波过去后,在工频电压下,阀片电阻又恢复到原来的大电阻值,使工频电流(续流)受到限制,在电流第一次过零值的瞬间,依靠间隙切断续流,恢复到正常运行状态。

阀型避雷器能可靠地灭弧的最大允许工频电压称灭弧电压。加在避雷器两端使间隙发生放电的工频电压有效值叫工频放电电压,在避雷器两端施加给定波形的冲击电压波时,预放电前所达到的最高电压值叫冲击放电电压。技术条件规定的冲击电流通过避雷器时,在阀片上产生的电压降,叫做冲击电流残压,避雷器的冲击放电电压和残压是表明避雷器保护性能的两个重要指标。冲击放电电压和残压越小,被保护设备的绝缘水平就可越低。所以,同时降低避雷器的冲击放电电压和残压具有重要意义。

除了阀形避雷器外,还有管式无续流避雷器。但由于其在灰沙较多的地区使用时,内部很容易积尘,造成绝缘电阻急剧降低,最终不起保护作用,所以目前配电所不再采用。

此外,目前还研究试制了金属氧化物避雷器(也称"无间隙避雷器"或"压敏电阻器"),与普通阀形避雷器相比,具有结构简单、体积小、重量轻、通流能力大、寿命长、对大气过电压和操作过电压都起保护作用,且无间隙、无续流,是避雷器发展的方向。

避雷器的型号由汉语拼音字母和阿拉伯数字排列组成,它综合表明了避雷器的形式、结构、主要技术参数和适用地点等。图14-12为常用避雷器的型号意义。

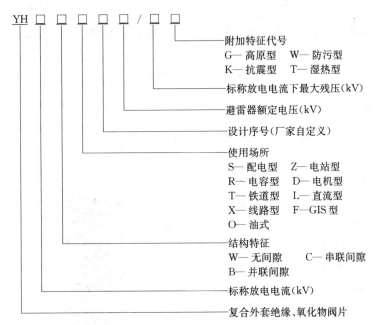

图14-12 避雷器的型号意义

14.4.2 避雷器的选择

在北京地区的10kV线路目前选择金属氧化锌避雷器,它的非线性电阻片具有非线性伏安特性,在低电压作用时具有高电阻,在过高的电压作用时呈低电阻,有很大的通流能力,保持较低的残压,从而限制过电压对设备的伤害,保护设备的绝缘不被损坏,还能吸收很大的操作过电压能量。在北京城区的中性点经低电阻接地系统用12kV的氧化锌避雷器,在非城区用17kV的氧化锌避雷器,均采用无间隙的氧化锌避雷器。现在还有老线路上的FS-10型碳化硅阀型避雷器,这种避雷器的缺点是受潮后容易炸裂。

14.4.3 避雷器安装要求

(1) 瓷套与固定抱箍之间应加垫层。

(2) 排列整齐,高低一致,相间距离:10kV不小于350mm;1kV以下不小于150mm。

(3) 引线短而直,连接紧密,采用绝缘线,上引线铜线截面不小于16mm²,下引线铜线截面不小于 25mm²。

(4) 引下线接地可靠。

路灯变压器外壳、低压中性点及避雷器接地原则：

(1) 在 10kV 中性点经消弧线圈接地系统，变压器金属外壳、低压中性点及避雷器接地端连在一起共同接地；

(2) 在 10kV 中性点经低电阻接地系统，独立台区的变压器工作接地与保护接地（变压器外壳和避雷器接地端）原则上应分别接地。保护接地设置在变台处；工作接地（变压器低压中性点）应采用绝缘导线引出 5m 以外接地，两个接地体之间应无电气连接，接地电阻均在 4Ω 以下。

14.4.4 配电变压器的防雷保护

对 3～10kV 配电变压器，应该用阀形避雷器保护，其接地线应与变压器低压侧中性点或中性点击穿保险器的接地端对中性点不接地的电网，以及金属外壳连在一起接地。否则，当避雷器放电时，雷电流通过工作接地装置，在接地电阻上的电压降将和避雷器的残压叠加在一起，作用在配电变压器 10kV 侧的主绝缘上。现在连接在一起，就只有避雷器的残压作用在 10kV 侧的主绝缘上了。如果不把低压绕组中性点的接地线连接在一起，配电变压器外壳对低压绕组的电位将大大提高，可能引起外壳对低压绕组的逆闪路。

在多雷区，Y/Y 和 Y/Y 结线的配电变压器宜在低压侧装设一组避雷器或击穿保险器，以防止反变换波和低压侧雷电侵入被击穿高压侧绝缘。

35/0.4kV 配电变压器的高低压侧均应用阀形避雷器保护。

避雷器应尽量靠近变压器安装。因为当雷电流通过装置时，接地线全部长度上所呈现的阻抗值是不可忽视的。

例如长度 1m 的接地线，电感可达 $1\mu H$，即使雷电流的陡度只有 10（kA/μs），接地线上的电压降即可达 10kV，这和避雷器的残压加在一起，作用在配电变压器的主绝缘上，危害也很不小。所以避雷器的接地端到变压器外壳间的连接线越短越好。

对 3～10kV 柱上断路器和负荷开关，应用阀形避雷器或间隙保护。其接地线应与开关设备的外壳连接。

如果变电所采用一段电缆进线，则在电缆与架空线路连接处，应装置一组避雷器，以保护电缆终端头，电缆的金属外皮应一起接地。

按防雷的要求，避雷器的接地电阻要求不大于 10Ω。

14.5 配电柜防雷与保护接地

14.5.1 配电柜防雷与接地措施

低压配电系统中，雷击时系统产生过电压是造成设备损坏的主要原因。为了限制接地电位升高，避免配电装置受到雷击时过压，必须对配电系统采取一些预防和保护措施。

(1) 调整低压配电柜与避雷针引下接地线的距离，使配电柜与地线之间的空气距离满足：

$$S_k \geq 0.2R_{CH} + 0.1h$$

式中：S_k 为空气中距离，m；R_{CH} 为独立避雷针的冲击接地电阻，Ω；h 为避雷针检验点的高度，m。

(2) 改善避雷线接地电阻。

1) 加大接地网的面积，深埋接地体，同时利用化学降阻剂人工改善地电阻率。使系统的接地电阻在 4Ω 以下。

2) 引下线不得小于两根，并沿建筑四周均匀和对称布置，其间距不应大于 18m。防雷接地、电气设备接地应共用一个接地装置。当不共用时，两者间在地中的距离应符合下列表达的要求，但不应小于 2m。

$$S_e \geq 0.3K_c R_i$$

式中：S_e 为地中距离，m；K_c 为分流系数。单根引下线为 1，两根引下线接闪器不成闭合环的多根引下线应为 0.66，接闪器成闭合环或网状的多根引下线应为 0.44。在共用接地装置与埋地金属管道相连的情况下，接地装置应围绕建筑物敷设成环形接地体。

(3) 改变架空进线方法以防雷电波侵入

将低压架空线路在进户前改换一段埋地金属铠装电缆或护套电缆穿钢管埋地引入，其埋地长度应符合下列表达式的要求，但电缆埋地长度不应小于 15m。入户端电缆的金属外皮、钢管应与防雷的接地装置相连。在电缆与架空线连接处尚应装设避雷器。避雷器、电缆金属外皮、钢管和绝缘子铁脚、金具等应连在一起接地，其冲击接地电阻不应大于 10Ω。

$$L \geq 2\sqrt{\rho}$$

式中：L 为金属铠装电缆或护套电缆穿钢管埋于地中的长度，m；ρ 为埋电缆处的土壤电阻率，Ω·m。

14.5.2 配电柜防雷与接地故障的防止

在很多低压配电系统中，都采用电杆架空线的方法进行敷设，特别是在较偏远的农村和人口密度较小的地方都采用了这种架空方法，这样可以降低造价成本。但是这种架空配线方法在雷区很容易受到雷击。

电器设备受雷击，主要是由直击雷、感应雷、雷电波侵入、球雷造成。故障的原因都是因为过电压使电器设备的绝缘受到破坏。雷电过电压在供电系统中所形成的雷电冲击电流，其幅值可高达几十万安，而产生的雷电冲击电压幅值经常为几十万伏，甚至最高可达百万伏，故破坏性极大。常见的问题如下：

(一) 配电柜安装的位置不太合理

配电柜距避雷引下线和接地装置太近。当受到直击雷时，巨大的雷电流流经防雷装置时会造成防雷装置的电位升高，这样的高电位同样可以作用在电气线路、电气设备或其他金属管道上，它们之间产生放电。出现很高的反击电压使设备的绝缘受破坏。而受感应雷时，由于雷电流的强大电场和磁场变化产生静电感应和电磁感应，能在配电柜与引下线的金属部件之间产生很高电位差造成电火花放电，把金属烧熔。

(二)接地电阻不符合要求

从某雷击故障现场测量数据可见,整个接地网电阻超过30Ω。各种雷电保护装置的接地是否良好,对被保护物的安全有着密切的关系。对防雷接地来说,其允许的接地电阻应为5~30Ω。如果接地电阻太高,不能迅速泄放雷电流,使防雷装置对地产生高电压。

(三)架空进户线上应装设避雷器

南方是多雨雷区,在空旷地方的架空线路很容易受到雷击。当架空线受到雷击后,如果在入户线处没有安装避雷装置,强大的雷电流和高压就会加到配电装置上,使设备的绝缘破坏,造成短路事故。

为了防止雷击事故,保证供配电的正常运行。应采取必要的经济合理的防雷保护措施。对配电线路及配电线路上安装的各种配电设备,根据具体条件和要求装设相应的防雷保护装置。此外还应注意保护装置的合理配线和避雷器的质量,只有这样才能尽可能地避免雷击事故的发生。

示范题

单选题

1)接地的"地"是指电工学意义上所称的"地",即接地体周围半径多少以外的地面和地中可以认为是零电位的土壤?( )

A. 18m   B. 30m   C. 20m   D. 15m

答案:C

2)下列电气设备必须进行接地或接零的是哪一项?( )

A. 安装在配电盘上的测量仪表   B. 安装在控制柜上的测量仪表
C. 控制电缆的金属外皮   D. 电气设备的传动装置

答案:C

多选题

符合避雷器安装要求的说法有哪些?( )

A. 瓷套与固定抱箍之间应加垫层   B. 排列整齐,高低一致
C. 引线要长而直   D. 10kV间距不大于350mm
E. 引下线接地可靠

答:A、B、E

判断题

零线断线是影响安全的不利因素,故应尽量避免发生零线断线现象。零线上可以装设保险线及开关设备。( )

答案:错

第15章 基 础 结 构

15.1 高杆灯基础结构

高杆照明通常称为高杆灯。

国际照明委员会（CIE）对室外大面积照明中照明装置的高度分为高、中、低三类，认为高度在 18m 以上为高杆照明。

高杆灯的高度是指杆底法兰至灯具中光源在点燃时所在平面间的垂度距离。国人习惯上把从杆底法兰到杆顶（不含避雷针）平面间的垂直距离为高杆灯的高度。

国内照明界一般认定灯杆高度等于或大于 20m 为高杆照明。

高杆照明有固定式（代号 G）、升降式（代号 S）、液压可倾倒式（代号 Y）三种。固定式高杆照明近几年已逐步被升降式高杆照明替代，而液压可倾倒式，因起步较晚，现仅在上海市去虹桥机场的某路口用一根。

灯盘的形式各异，功能型的灯盘以铝合金为主架、装以多个投光灯具；装饰性的形式以皇冠型为代表。高杆照明是作为道路的立交桥、大型广场等大面积照明用，应以功能性为主。如过多突出装饰性，灯盘造型复杂，结构加重，投资增多，被照明面积减小。

15.1.1 作用特点与基本要求

高杆照明适用于室外大面积场所的照明，如立体交叉桥、广场、码头、港口、停机坪、铁路编组站等，在这些地区往往无法采用常规照明的方式，用高杆照明替代常规照明，可大量减少灯杆数量，是处理大面积照明的成熟手法。

特点：

(1) 照明面积大。一根 25m 高杆照明上配置 8 盏 $2\times NG400$ 的宽光束非对称泛光灯具，照明面积在 $10000m^2$ 内的平均水平照度达 25lx。

(2) 灯杆少。提高视野中目标的清晰度，并使立交桥、广场的气魄倍增整体感好，提高这些场所的利用率。

基本要求：

(1) 高杆照明设施的抗震设计，必须符合 GBJ11 建筑抗震设计规范的规定。

(2) 灯杆在风压标准值作用下的最大应力，应小于材料屈服点应力 75%。

(3) 灯杆竖立后的垂直度、杆梢的水平偏差应小于杆高度的 2%。杆身的轴线直度误差不大于杆身的 1%。

(4) 灯杆一次成形不得少于 8m。用碳素结构钢作杆身的宜用热浸镀锌法作防腐处理。

(5) 基础设计应根据地质状况进行，地脚固定螺杆应经计算验证并留有一定的安全系数。基础混凝土应连续浇铸完成，其标号应不低于C20。

(6) 防雷接地系统应与基础浇铸前完成，接地电阻经测量合格。

※15.1.2　灯杆结构强度和基础螺栓的验算

一、灯杆

对灯架采用固定式、升降式或倾倒式，灯杆均可选用分段焊接的灯杆、插接式锥形灯杆或内螺栓连接。插接式锥形灯杆材料采用高强度优质板材，灯杆身体轻强度高，热镀铸防腐处理，镀锌层外可再刷银粉漆或喷塑，提高灯杆的美观度和延长运行年限。

分段插接式锥形灯杆，运输安装方便，是近几年来高杆灯杆的发展方向和采用的总趋势如图15-1所示。插接式灯杆的插接深度一般是插接口直径的1.5倍。倾倒式灯杆的地面段，应增加壁厚。

二、灯杆的强度验算

灯杆的结构强度验算，我国目前尚无规范，一般都参照《高耸结构设计规范》、《建筑结构荷载规范》、《钢结构设计规范》来进行。本节的验算，只是对无缝钢管杆和焊接元锥拔梢杆的验算。

灯杆强度验算主要是考虑风力对高杆灯的作用，形成的弯曲应力、剪切应力的验算，均不应超过杆的许用应力。然而厂家在高杆灯的灯杆设计时，基本风压按 $0.56kN/m^2$，即按十级风速（30m/s）进行设计。灯杆的抗震强度按8级地震烈度进行设防，当设计的地震烈度大于等于7度时，均应进行抗震强度的验算。验算方法可用底部剪力法。

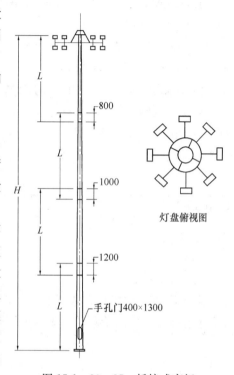

图 15-1　30～35m 插接式高杆

1. 风荷载

作用在高杆灯结构单位面积上的风荷载应按下式计算：

$$\omega = \beta_z \mu_s \mu_z \mu_r \omega_0 \tag{15-1}$$

式中　ω——作用在高杆灯结构单位面积上的风荷载，kN/m；

ω_0——基本风压，kN/m^2；

μ_s——风荷载体型系数；

μ_z——z 高度处的高度变化系数；

μ_r——重现调整系数，一般 $\mu_r=1.1$；

β_z——z 高度处的风振系数。

(1) ω_0 是按一般平坦空旷地面，离地10m高度处，统计30年一遇的10min平均最大风速 v（m/s）为标准，一般可按确定 $\omega_0=v^2/1600$ 基本风压。通常可在全国基本风压分布图中找到立杆地区的风压。在灯杆设计时，基本风压不得小于 $0.3kN/m^2$。灯杆处在与大风一致的山口、谷口地段以及高层建筑群的空间地段风压均应乘以修正系数 1.2~1.5。

(2) 风载体型系数 μ_s

圆截面灯杆整体计算时，当 $w_0 \cdot d^2 \leqslant 0.002$ 时，$\mu_s = +1.2$；当 $w_0 \cdot d^2 \geqslant 0.015$ 时，$\mu_s = +0.7$，中间值以插入法计算。式中：d 为灯杆平均直径，单位 m。拔梢杆

$$d = (d_1 + d_2)/2 \tag{15-2}$$

式中　d_1——梢径；
　　　d_2——根径。

对灯体部分，封装回转体结构的体型系数 μ_s 取 0.8~1.0，对框架结构灯具外装的体型系数 μ_s 取 0.9~0.1。

正方形、正六边形、正八边形灯杆或灯体的体型系数取 0.8~1.0。

(3) 风压高度变化系数 μ_z

风压随高度的不同而变化，应根据地面粗糙的类别来确定，地面粗糙度分为 A、B、C 三类。A 类指近海海面、海岛、海岸、湖岸及沙漠地区；B 类指田野、乡村、丛林、丘陵以及中小城镇和大城市郊区；C 类指有密集建筑群的大城市。基本可按 B、C 二类分别按表 15-1 选用。

风压高度变化系数 μ_z　　　　　表 15-1

离地面或海平面高度（m）		5	10	15	20	30	40	50
粗糙度类别	B	0.8	1.0	1.14	1.25	1.42	1.56	1.67
	C	0.54	0.71	0.84	0.94	1.11	1.24	1.36

(4) 风振系数 β_z

对于基本自振周期 T_1 大于 0.25s 时，应采用风振系数来考虑风压脉动的影响。等截面惯性矩灯杆，顶部承重的基本自振周期 T_1 可按单水箱塔架自振周期公式进行计算。

$$T_1 = 3.63\sqrt{\frac{H^3}{E \cdot I}(m + 0.236\rho AH)} \tag{15-3}$$

式中　H——灯杆的高度，m；
　　　A——灯杆横截面积，m^2；
　　　I——横截面惯性矩，m^4；
　　　m——高度为 H 的灯体质量，kg；
　　　ρ——灯杆密度，kg/m^3；
　　　E——弹性模量，Pa。

钢材 $E = 2.1 \times 10^5$ MPa，$\rho = 785 kg/m^3$，钢管 $I = 0.05(D^4 - d^4) m^4$。

依公式 (15-3) 可以计算出灯杆的自振周期 T_1，当结构的基本自振周期小于 0.25s 时，可不考虑风振影响。大多数高杆灯的自振周期 T_1 在 3~5s 之间。

自立式高耸结构在 z 高度处的风振系数 β 可按下式确定：

$$\beta_z = 1 + \xi \cdot \varepsilon_1 \cdot \varepsilon_2 \tag{15-4}$$

式中　ξ——脉动增大系数按表 15-2 采用；

ε_1——风压脉动和风压高度变化的影响系数可按表 15-3 采用；

ε_2——振型、结构外形影响系数（此系数只能考虑灯杆的结构尺寸来采用，不考虑杆顶的灯体、对高杆灯来说，其结构属于杆顶自由、杆底固定自立受压承重的杆件），可按表 15-4 采用。

脉动增大系数　　表 15-2

$\omega_0 T_1^2 (kN \cdot s^2/m^2)$	0.2	0.4	0.6	0.8	1.0	2.0	4.0	6.0	8.0	10.0	20.0	30.0
钢结构增大系数 ξ	2.04	2.24	2.36	2.46	2.53	2.80	3.09	3.28	3.42	3.54	3.91	4.14

风压脉动和风压高度系数　　表 15-3

	总高度 H（m）	10	20	40	60
ε_1	地面 B 类	0.72	0.63	0.55	0.50
	地面 C 类	0.93	0.79	0.69	0.59

振型、结构外形影响系数　　表 15-4

	相对高度 h/H	1.0	0.9	0.8	0.7	0.6	0.5	0.4	0.3	0.2	0.1
灯杆顶部和底部宽度比	1.0	1.00	0.89	0.78	0.66	0.54	0.42	0.31	0.20	0.11	0.04
	0.5	0.88	0.83	0.76	0.66	0.56	0.44	0.32	0.22	0.11	0.04
	0.3	0.7F	0.73 (0.79)	0.67 (0.77)	0.60 (0.70)	0.51 (0.60)	0.41 (0.48)	0.31 (0.35)	0.22	0.12	0.04

2. 抗震作用的计算

（1）抗震设计要求，应尽量选择对抗震有利的场地和地基，力求灯体体型简单，重量、刚度对称均匀分布，尽量使质量中心与刚度中心重合，保证结构的整体性，为此应选用轻质、高强度的材料。

（2）抗震验算，对于圆筒形结构、烟囱、水塔以及高杆灯均可采用底部剪力法和近似简化法。

高度在 50m 及以下，且重量和刚度分布比较均匀，以剪变形为主的构筑物，可简化为单质点体系，水平地震荷载可按公式（15-5）计算：

结构底部剪力

$$Q_0 = C \cdot \alpha_1 \cdot W \tag{15-5}$$

式中　C——结构影响系数，钢结构取 0.35；

　　　α_1——相应于结构基本自振周期 T_1 的地震影响系数 α 的值；

　　　W——全灯的荷载（包括灯体、灯杆、雪载、风载、活载）。

就 α 值有：Ⅰ类场地土 $\alpha = 0.2 \alpha_{max}/T_1$

　　　　　　　Ⅱ类场地土 $\alpha = 0.3 \alpha_{max}/T_1$

　　　　　　　Ⅲ类场地土 $\alpha = 0.7 \alpha_{max}/T_1$

地震影响系数 α_{max} 见表 15-5。

地震影响系数 α_{max} 表 15-5

设计烈度	7	8	9
α_{max}	0.23	0.45	0.90

注：Ⅰ类场地土：稳定岩石包括微风化和中等风化的岩石；

Ⅱ类场地土：除Ⅰ、Ⅲ类以外的一般稳定土；

Ⅲ类场地土：饱和松沙，软塑至流塑的亚黏土、淤泥和淤泥质土，松软的人工填土等。

由于高杆灯的立杆，不能立在Ⅲ类场地土上，如遇Ⅲ类场地土也必须采取地基处理措施达到Ⅱ类场地土，若无法达到就应采用桩基础。

灯重的荷载组合：（灯体＋灯杆）×1.2

雪载按全国基本雪压分布图，立杆所在区取50%。

风载取25%，活载取200kg

求灯杆底部的剪切应力 σ_{r2}

$$\sigma_{r2} = 3Q_0/A \tag{15-6}$$

式中　3——安全系数；

Q_0——地震剪切力；

A——底部危险截面。

三、基础螺栓的计算

1. 在风荷载的作用下，在灯杆底部法兰盘上的地脚螺栓，全都受风力的剪切作用；由于风荷载对高杆灯的弯矩作用，使得灯杆底部法兰的基础螺栓粗略地看成一半受拉一半受压，因此对螺栓强度的核算，可按"高耸结构设计规范"中公式

$$\sqrt{\left(\frac{N_v}{N_v^b}\right)^2 + \left(\frac{N_t}{N_t^b}\right)^2} \leqslant 1, N_v \leqslant \frac{N_c^b}{1.2} \tag{15-7}$$

式中　N_v、N_t——每条螺栓所受的剪力、拉力，N；

N_v^b、N_c^b、N_t^b——每条螺栓受剪、承压和受拉承载力设计值，N。

其中：受剪：$N_v^b = n_v \dfrac{\pi d^2}{4} f_v^b$

承压：$N_c^b = d\Sigma t \cdot f_c^b$ (15-8)

受拉：$N_t^b = \dfrac{\pi d_e^2}{4} f_t^b$

式中　n_v——螺栓受剪面数目；

d——螺栓直径，mm；

d_e——螺栓螺纹处的有效直径，mm；

Σt——在同一受力方向的承压构件的较小的总厚度，mm；

f_v^b、f_c^b、f_t^b——螺栓的抗剪、承压、抗拉强度设计值，按规范附录采用，N/mm²。

A_3钢制螺栓抗拉 $f_t^b = 140 \text{N/mm}^2$；粗制螺栓抗拉 $f_t^b = 170 \text{N/mm}^2$；抗剪 $f_v^b = 130 \text{N/mm}^2$。

2. 将前面举的实例中已知条件，代入上述公式（15-7）中：

总剪力 $F_剪=F_风+F_震=19.47+1.98=21.45\text{kN}$

总弯矩 $M_总=452.4\text{kN·m}$（风荷载作用）

通过法兰盘传递给基础螺栓（共 12 条）见图 15-2，其中 6 条受弯矩造成的 N_t^b 按公式 $N_{ti}^b=\dfrac{M y_i}{\sum y_i^2}$，分别求出 N_{t1}^b、N_{t2}^b、N_{t3}^b 不同位置螺栓的受拉力

$$N_{t1}^b=\frac{452.4\times0.115\times2}{\sum y_1^2+y_2^2+y_3^2}=\frac{104.052}{1.381}=17.7\text{kN}$$

$$N_{t3}^b=\frac{452.4\times0.833}{1.381}=136.5\text{kN}$$

A_3 钢基础螺栓 8-M42

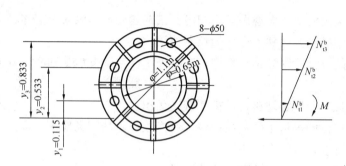

图 15-2 灯杆法兰盘尺寸图

剪力：$N_v=F_剪/8=21.45/8=2.68\text{kN}$

根据公式（15-9）分别求出螺栓受拉、受剪承载力的设计值。

受拉 $N_t^b=\dfrac{\pi d_e^2}{4}f_t^b=\dfrac{\pi\times39^2}{4}\times140\text{ N/mm}^2=167.2\text{kN}$

受剪 $N_v^b=n_v\dfrac{\pi d^2}{4}f_v^b=1\times\dfrac{\pi\times42^2}{4}\times130\text{ N/mm}^2=180\text{kN}$

将上述计算出螺栓最大拉力 $N_{t3}^b=136.5\text{kN}$ 及受剪力设计值 $N_t^b=167.2\text{kN}$ 和受剪力设计值 $N_v^b=180\text{kN}$ 代入公式（15-7）中

$$\sqrt{\left(\frac{N_v}{N_v^b}\right)^2+\left(\frac{N_t}{N_t^b}\right)^2}=\sqrt{\left(\frac{2.86}{180}\right)^2+\left(\frac{136.5}{167.2}\right)^2}=0.816<1$$

此杆地脚螺栓是安全的。

3. 高杆灯法兰盘必须平整，法兰盘厚度按公式（15-9）

$$t\geqslant\sqrt{\frac{6M_{max}}{f}} \qquad (15\text{-}9)$$

式中　t——法兰盘厚度，mm；

M_{max}——法兰盘单位宽度最大弯矩，kN·m；

f——钢材抗拉设计值 215N/mm^2。

上述实例中：法兰盘单位宽度最大弯矩 $M_{max}=136.5\times0.833\times2=227.4\text{kN·m}$

$$t=\sqrt{\frac{6\times227.4\times1000}{215}}=\sqrt{\frac{1364.4\text{N·mm}}{215\text{N/mm}^2}}=2.519\text{mm}$$

法兰盘厚度 t 取 20mm 是安全的（《高耸结构设计规范》4.9.1条，法兰盘厚度不小于 20mm，小型塔可不小于 16mm）。

当钢管杆与法兰盘焊接且设置加劲肋时，加劲肋的厚度不应小于肋长的 1/15，并不应小于 5mm。

※15.1.3 地基与基础的设计

地基与基础的设计应遵循《高耸结构设计规范》（以下简称《规范》）（GBJ 135—90）的"地基与基础"。

高杆灯在结构设计上，应遵循对称均匀，结构紧凑，挡风面小、体轻、维修方便、美观、实用、经济的原则，以利于灯具的长期使用。

地基与基础的设计，因灯是对称均匀布载，所以基础按承受轴心荷载方式设计，按以下七步进行：

①设计基础尺寸，确定埋深，计算基础底面积；

②根据现场灯位的场地土的地质资料（钻探取祥）选定场地土的容许承载能力，作为地基承载力的设计值；

③根据基础尺寸计算基础重和土体重；

④校核地基的承载能力；

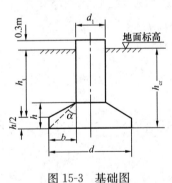

图 15-3 基础图

⑤计算基础底板配筋；

⑥基础的抗拔稳定和抗滑稳定验算；

⑦地基变形验算。

按以上七步，满足要求，则此地基与基础就是安全可靠的。

下面分步介绍一下设计的方法和有关数据和资料供设计时参考。

一、基础尺寸、埋深和基础底面积的计算

1. 基础尺寸，可以做成圆形也可做成方形。建议按圆形设计比较方便如图 15-3，因为灯杆绝大多数为圆形，其与基础连接的法兰也为圆形。

刚性混凝土基础台阶宽高比的允许值　　　　表 15-6

基础底面处的平均压力 p_m（kN/m²）		宽高比允许值（$\tan\alpha$）
混凝土强度等级		
C10	C15	
≤90	≤110	1∶1
110	140	1∶1.2
140	180	1∶1.4

h_t：基础上拔深度；h_{cr}：临界深度，$h_t \leqslant h_{cr}$

$h \geqslant d_1/3\tan\alpha$，$h \geqslant \dfrac{d_1}{3\tan\alpha}$，$h_1 \geqslant \dfrac{h}{2}$，$b \leqslant h\tan\alpha$

2. 埋深 h_{cr} 按软塑黏性土选取 $1.2d$。

土重法计算的临界深度　　　　　　　　　　　　　　　　表 15-7

回填土类别	密实情况	临界深度 h_{cr}	
		圆形基础	方形基础
砂土	稍密的～密实的	$2.5d$	$3.0b$
黏性土	坚硬的～硬塑的	$2.0d$	$2.5b$
黏性土	可塑的	$1.5d$	$2.0b$
黏性土	软塑黏性土	$1.2d$	$1.5b$

3. 基础底面积 A

$$A = \pi d^2/4 \tag{15-10}$$

二、场地土的容许承载力 [R] 的选取

如能够提供现场灯位场地土的地质资料，对于基础设计是最佳情况。但有些现场不可能提供或无条件提供，这对设计者来说是个难题。只可以询问当地的大概地质情况是岩石、黏土，还是淤泥、回填土。总而言之，基础一定要放在稳定土层上（即Ⅱ类场地土），如属Ⅲ类就要采取地基处理措施，使其达到Ⅱ类场地土的承载能力。

为设计的简化，可在原始设计时按可塑黏性土的容许承载能力作为设计值进行计算。

一般黏性土容许承载力 [R]（kN/m²）　　　　　　　　　　表 15-8

孔隙比 e	塑性指数 I_p								
	≤10			>10					
	液性指数 I_L								
	0	0.5	1.0	0	0.25	0.5	0.75	1.0	1.2
0.5	350	310	280	450	410	370	(340)		
0.6	300	260	230	380	340	310	280	(250)	
0.7	250	210	190	310	280	250	230	200	160
0.8	200	170	150	260	230	210	190	160	130
0.9	160	140	120	220	200	180	160	130	100
1.0		120	100	190	170	150	130	110	
1.1					150	130	110	100	

注：有括号者仅供内插用（10kN/m²≈1000kgf/m²）

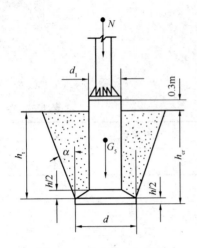

图 15-4 基础尺寸与质量

基础应尽量浅埋，但基础底面必须处在未破坏的老土层以下 15cm，当遇到局部地基较弱时，可采用人工地基处理（块石分层夯实或砂垫层等），局部落到老土层上。

基础宜埋在地下水位以上，如必须埋在地下水位以下时，则应采取措施，以保证地基施工时不受干扰。

这样在高杆灯的基础设计时，按《建筑地基基础设计规范》中的甲类地基计算的范围进行设计。场地土的容许承载能力按 $100 \leqslant [R] < 130$（kN/m^2）作为设计值。

三、计算基础重和土体重

1. 基础重 G_f 如图 15-4 所示，按基础体积公式 (15-11) 计算。

$$G_f = \gamma_f \left[\frac{\pi d_1^2}{4}\left(h_t - \frac{b}{2} + 0.3\right) + \frac{\pi d_1^2 \times h}{4 \times 2} + \frac{\pi \left(\frac{d_1^2 + d}{2}\right)^2 b}{4 \times 2} \right] \tag{15-11}$$

钢筋混凝土的重力密度 $\gamma_f = 22 \sim 25 kN/m^3$

2. 土体重 G_e 按规范中的计算式

$$G_e = (V_t - V_0)\gamma_0$$

$$G_e = \gamma_0 \left[\frac{\pi h_t}{4}\left(d^2 + 2dh_t \tan\alpha_0 + \frac{4}{3}h_t^2 \tan^2\alpha_0\right) - V_0 \right]$$

式中 V_t——h_t 深范围内土体，包括基础的体积，m^3；

V_0——h_t 深度内的基础体积，m^3；

γ_0——按规范表 15-9 选取，为简化 γ_0 按 15 kN/m^3；

α_0——取 10°。

土的计算重力密度 γ_0 和土体计算抗拔用 α_0 表 15-9

基土类别	黏土、亚黏土、轻亚黏土			粗砂中砂	细砂	粉砂
	坚硬硬塑	可 塑	软 塑			
γ_0 (kN/m^3)	17	16	15	17	16	15
α_0	25°	20°	10°	28°	26°	22°

四、校核地基的承载能力

按下式校核：

$$p_m \leqslant f_s = [R] \tag{15-12}$$

式中 p_m——基础底面平均压力，kN/m^2；

f_s——地基承载能力设计值,应按国家标准《建筑地基基础设计规范》的规定采用($f_s=110\text{kN/m}^2$)。

当基础承受轴心荷载时,基础底面压力按公式(15-13)计算即可:

$$p_m = \frac{N+G}{A} \leqslant f_s \qquad (15\text{-}13)$$

式中 N——上部结构传至基础的竖向荷载设计值(按1.5倍取用),kN;
G——基础自重(包括基础上的土重),kN;
A——基础底面积,m²。

五、基础底板配筋与地脚螺栓的设计

1. 基础底板的配筋

如图15-5所示,其直径应≥8mm,间距应≤200mm,若基础底板尺寸≥3m时,钢筋长度可取0.9倍长度交替放置。

2. 基础高度方向的配筋应与顶部纵向配筋的数目相同。直径与间距也一样。基础的顶部要埋设地脚螺栓,此地脚螺栓兼作高度方向的配筋,若为方形基础,四角的配筋要插入基础底部。若为圆形基础,在十字方向四根地脚插入基础底部。其余的地脚伸入基础的尺寸 $L_d \geqslant 40d'$(d'为地脚螺栓直径)。

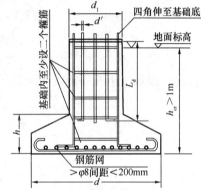

图15-5 基础的配筋图

d'尺寸是在高杆灯做结构设计时,计算确定的。

地脚螺栓的埋设,要有较高的精确度才能保证高杆灯的顺利安装。为保证精确度,一般是在埋设地脚螺栓时,在上面加装一块≥10mm,带地脚螺栓孔的环形钢板,螺栓孔径比螺栓直径应仅大1mm。

在制作基础时,还必须把进线管预埋在基础中,在基础中央引出,另应作防雷接地。

基础底板的配筋,有计算公式,计算起来比较麻烦。根据配筋最小直径 $d \geqslant 8\text{mm}$ 的规定取 $2d=16\text{mm}$ 作为底板配筋尺寸。高杆灯对基础来讲,属于轻载,这样虽在用材上稍有浪费,但总的讲高杆灯的基础用钢筋是很有限的。钢筋的间距采用150mm,即满足了规范的要求。

15.2 低杆灯基础结构

道路照明上使用的灯杆有木杆、钢筋混凝土杆、铝合金杆、玻璃钢杆、陶瓷杆和钢灯杆。目前,根据财力的不同,一般在钢灯杆与钢筋混凝土杆之间选择,而有发展前途的是钢灯杆,优点是美观、轻便、新颖。在钢灯杆中有等径灯杆与圆锥形灯杆。从目前的发展看,在今后将以圆锥形钢灯杆作为道路照明用灯杆的首选,特别是为美化城市,电力线路从架空线路向地埋电缆线路过渡过程中,钢灯杆的轻巧秀美,使城镇增添几分秀丽。

15.2.1 钢灯杆的外形和固定方式

一、钢灯杆外形

1. 等径杆

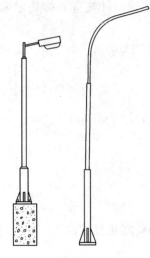

图 15-6 等径钢灯杆

在道路连续照明上采用等径钢灯杆的历年较长,其优点是机械强度高。从前生产等径钢灯杆均是小作坊生产,没有研制专用机械,所以不同管径连接的过渡段工艺粗糙,也没有采用整根热镀锌,终于被发展起来的变径锥形钢灯杆逐步取代。其外型如图 15-6 所示。

2. 锥形杆

锥形灯杆的典型横截面形状如图 15-7 所示。在整块钢板一次成型的截头圆锥形钢灯杆生产设备引进以前,这种灯杆是分段压成然后焊接的,其机械强度差,在使用中曾发生折断事故。截头圆锥形钢灯杆的锥度一般为 1:100,一般壁厚为 4mm 及以上,其外形如图 15-8 所示。优点是外形新颖美观,将是今后道路照明用钢灯杆的首选。很难说十几年或几十年后等径钢灯杆也会占一席之地。

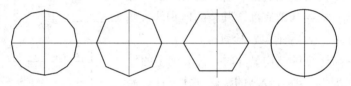

图 15-7 杆的典型横截面形状

随着生产的发展和人们对交通工具需求的增加,道路的发展,汽车数量的增加,道路照明用钢灯杆总是有可能被汽车撞击,从保障司机和汽车的安全可靠程度,力争两者之间选择低价位的损坏,可在钢灯杆在距地面 0.4~1.0m 装一个汽车保护装置——即在汽车撞击钢灯杆时,钢灯杆折断而汽车和人员的安全无损。而这种保护装置还必须保证能经受灯具和灯杆重量与风力的袭击。

3. 灯门

灯门是钢灯杆的工作口,灯门内安装熔断器,两端分别与灯具和电缆连接,是灯杆在使用过程中工人操作最多的地方。灯门的开启方式与灯杆的连接方式非常重要,各厂设计方法也不完全相同。开启方式:使暗锁,而不用螺丝刀。连接方式:以铰链连接为主。

表 15-10 列出常用灯杆高度与门尺寸的表与图 15-9 相对照。表 15-10 中的 A 值是灯门下沿对地的高度,以工人工作舒适、方便为准,宜取 500~600mm;灯门的宽度 B,以更换镇流器、熔断器方便为准。灯门的高度 C 与单弧灯、双弧灯有关,也与开门处的灯杆直径有关,一般为 200~1000mm 门开过大即 B、C 值太大直接影响钢灯杆的强度,门的 B、C 值太大应适当采取补强措施。也可采用内外两道门的措施。灯门的设计应考虑到防盗功能。

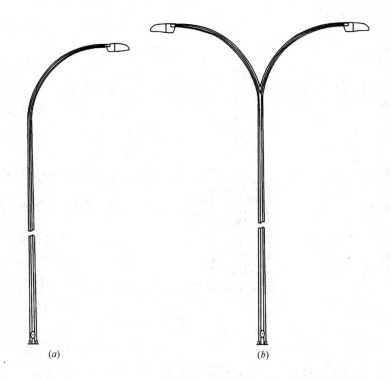

图 15-8 灯杆外形

(a) 8m、9m、10m 单弯臂灯杆；(b) 11m、12m 双弯臂灯杆

常用灯杆高与门尺寸表　　　　表 15-10

杆高（m）	A（mm）	B（mm）	C（mm）
7~8	220	100	200
9~12	220	120	280
6~11	500	95	600
6~11	500	130	600
11~15	600	135	500
16	600	145	500
14~20	500	$3.14d/4$	1000

注：d 为灯门处灯杆直径。

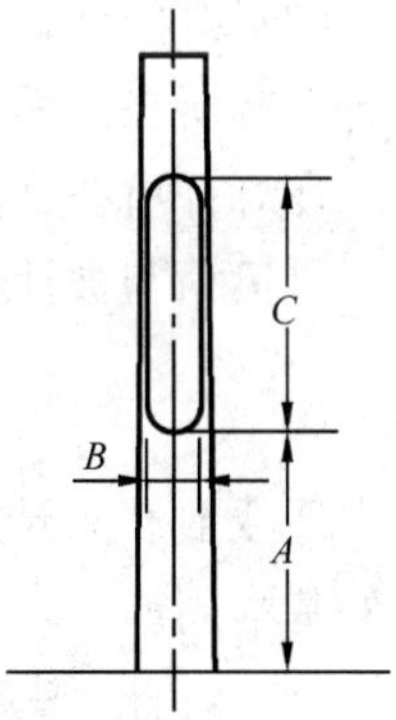

图 15-9 灯门的相对位置

二、固定方式

1. 直埋式

钢灯杆可与钢筋混凝土电杆一样，直接埋入土内，如图 15-10 (a) 图是用现场浇铸的混凝土固定，图 15-10 (b) 图是将钢灯杆埋入一圆形混凝土管内，周围填入沙子，下端有出水孔。直埋钢灯杆的方式国内极少用，原因是：

(1) 埋入地下部分的防腐处理难度大，一般需经热镀锌后，再加多层优质防腐漆处理，并在运行中很难进行腐蚀度的检查。

(2) 浪费钢材又提高造价：如 ϕ60 的 12m 壁厚 4mm 的杆，锥度 1：100，埋入地下 2m，埋在地下钢材重量 $G=31.4 \times 3.14 \times 2 \times (0.08+0.09)=33.53\text{kg}$，造价约 340~400

元(1995年价)。采用钢筋混凝土基础远低于此价。

(3) 稳定度较差,国内极少采用。

2. 法兰盘式

钢杆底部焊一法兰盘与钢筋混凝土基础上的底脚螺丝相连接是国内通用的固定方式。在高杆照明、中杆照明及常规连续照明中均被采用。

※15.2.2 钢灯杆的根部强度计算

灯杆受力有两种形式。

静力,灯臂和灯头的重量在灯臂所在平面内产生一个弯矩(单弧灯)。双弧灯则按灯臂长短不同而不同,长短弧所产生的弯矩,自行平衡一部分,在灯臂所在平面内产生弯矩的差;双

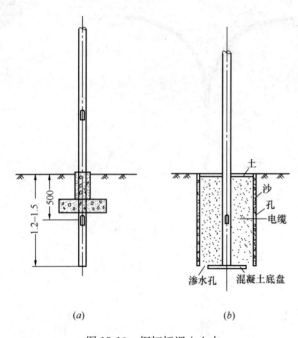

图 15-10 钢灯杆埋入土内

弧灯及多弧灯,在所在面内灯具及配套电器一致时,所产生的弯矩则平衡,在所在面内灯具不一致时,在灯臂平面内产生一由灯具及配套电器重量差所产生的弯矩。

风负荷,风向与灯臂所在平面平行:灯头与灯杆的受风面积在(1)灯臂与杆的连接处;(2)灯门处;(3)灯杆在地面处的横截面处所产生的最大弯矩应小于允许值。风的方向与灯臂所在平面方向垂直时,除杆身的受风面积产生弯矩外;单弧灯的灯头与灯臂受力后,在灯杆所在平面内产生一个弯矩和一个扭矩。

风负荷与被计算灯杆的位置、区域及海拔高度有关,

$$p_0 = K \frac{v^2}{16} \tag{15-14}$$

P_0 受到代入计算不同系数的影响:如灯杆的尺寸;灯杆横截面的形式;振荡一次波形的基本周期。

(1) 灯杆上受均匀分布的风压按

$$p_1 = p_0 d_{平均} H \tag{15-15}$$

上两式中 p_0——1m² 电杆上的风压,Pa;

K——空气动力系数,按照标准,对于圆柱形的元件 $K=0.75$(建议:对正六及正八边形取 $K=1.0$)。

v——风速,一般 $v=25$m/s;

H——灯杆高度,m;

$d_{平均}$——灯杆的平均直径,m。

$$d_{平均} = \frac{d_1 + d_2}{2} \tag{15-16}$$

$$p_2 = p_0 S \tag{15-17}$$

式中 S——灯臂受风面积与灯具受风面积之和，m^2。

（2）钢灯杆壁厚：钢灯杆还没有行业标准。高度在 12m 及以下的钢灯杆壁厚为 4mm。壁厚在 3.0mm 时，易受风及重载车辆行进过程中引起振动，使其他螺栓固定部分松动影响灯。

例：一根高度为 10m 的直型圆锥灯杆，仰角 0 度，臂长 1.5m，梢径 ϕ60m，壁厚 4mm，锥度为 1/100，风向与灯臂所在平面垂直，求灯杆地面处的应力。

解：灯杆高 10m，臂长 1.5m，仰角为 0，梢径 ϕ60，锥度 1/100，灯杆的地面处直径为

$$d_2 = (1/100) \times 10000 + 1500 + 60 = 175\text{mm} \quad d_1 = 60\text{mm}$$
$$d_{平均} = (60 + 175)/2 = 117.5\text{mm} = 0.1175\text{m}$$
$$= 27.3\text{kg/m}^2$$

灯臂及灯具的受力 $p = p_0 \cdot H \cdot d_{平均} = 27.3 \times 10 \times 0.1175 = 32.0\text{kg}$

灯臂的平均直径为

$$(1/100 \times 1500 + 60 + 60)/2 = 67.5\text{mm}$$

设灯具的受风面积为 0.3m^2

灯具受力 $p = 27.4 \times (1.5 \times 0.0675 + 0.3) = 10.99\text{kg/m}^2$

根部弯矩 $M = (10 \times 10 + 32.0 \times 10 \times 0.5) \times 9.8 = 2548\text{N} \cdot \text{m}$

在灯门处的抵抗力矩 $W_{门} = 0.1[175^3 - (175-8)^3]/4 = 52643\text{mm}^3$

3/4 为门的开度。

在门截面处应力 $\lambda_{门} = M/W_{门} = 2548 \times 1000/52643 = 48.40\text{N/mm}^2$

Q235 号碳素结构钢在厚度小于 16mm 时的屈服点 $\geq 235\text{N/mm}^2$，抗拉强度在 375～460N/mm²（引自《实用五金手册》）。《高耸结构设计规范》(GBJ 135—90) 附录一"钢材的强度设计值"："3 号钢抗拉、抗压、抗弯值 215N/mm²，抗剪 125N/mm。"所以灯杆地面处的强度符合要求。

※15.2.3 钢灯杆身的质量计算

灯杆包括杆身与法兰盘两部分，这里指的质量是灯杆原材料质量的估算，不是加工成商品的质量，即这里不含：(1) 各处焊缝的增量；(2) 热镀锌后与镀锌前相比，整个杆质量约增加 6%。

杆身质量的计算：

杆身是圆锥形的，按截头圆锥表面积的侧面积 M 计算公式

$$M = \pi l(r + r_1) \tag{15-18}$$

式中 M——灯杆表面积，m^2；
　　　π——常数 $\pi = 3.1416$；
　　　r——上口半径，m；
　　　r_1——下口半径，m。

杆身重为

$$G = a \cdot M \tag{15-19}$$

式中：a 值见表15-11；r 与 r_1 按钢灯杆杆身的锥度计算，如灯杆高度为10m，锥度1/100，上口直径为60mm，$r=0.03$m；下口为 $2r_1=1/100\times10+2\times0.03=0.16$m。当圆锥形钢灯杆用厚度为4mm时，查表15-11，$a=31.4$kg/m²，则高度10m，锥度 1/100，$r=0.03$m，$r_1=0.08$m 的钢灯杆重量为 $G=a\cdot M=a\pi l(r+r_1)=31.4\times3.14\times10\times(0.03+0.08)=108.46$kg。

多边形锥形杆的质量计算：

多边形锥形杆，对每一面来讲是梯形面，其面积的计算公式为

$$S_1 = (a+b)l/2 \tag{15-20}$$

式中 S_1——梯形的面积，m²；
   a——上边宽，m；
   b——下边宽，m；
   l——杆长，m。

对六边形 $S=6S_1$

八边形 $S=8S_1$

对壁厚4mm的10m八边形直杆质量计算公式为 $G=4\times10\times(a+b)\times31.4$（kg）。壁厚4mm锥形灯杆质量参见表15-12，水泥基础尺寸见表15-13。

钢板理论质量表（kg/m²） 表15-11

厚度（mm）	质量（kg）	厚度（mm）	质量（kg）
3.0	23.55	15	117.8
3.5	27.48	20	157.0
4.0	31.40	24	188.4
4.5	35.33	25	196.3
5.0	39.25	26	204.1
6.0	47.10	28	219.8
7.0	54.95	30	235.5
8.0	62.80	36	282.6
9.0	70.65	40	314.0
10.0	78.50	50	392.5

注：本表摘自由上海科技出版社出版的第四版《实用五金手册》。

锥形钢灯杆（壁厚4.00mm）计算质量表 表15-12

截面	杆高(m)	臂长(m)	上口 ϕ_1(mm)	下口 ϕ_2(mm)	计算杆身质量(kg)	法兰盘尺寸(mm×mm×mm)	法兰盘质量(kg)	计算总质量(kg)
八边形	2.00	1.50	71	200	90.68	290×290×20	10.37	101.05
	9.00	1.50	71	200	100.35	290×290×20	10.37	110.72
	10.00	1.50	71	200	109.77	290×290×20	10.37	120.14
	11.00	2.00	71	220	114.54	350×350×20	16.018	130.56
	12.00	2.00	71	220	133.63	350×350×20	16.018	149.66
圆形	8.00	1.50	60	200	121.77	290×290×20	8.37	130.14
	9.00	1.50	60	200	134.59	290×290×20	8.37	142.96
	10.00	2.0	60	200	147.40	290×290×20	8.37	155.77
	11.00	2.0	60	220	179.44	350×350×20	14.30	193.74
	12.00	2.0	60	220	193.20	350×350×20	14.30	207.50

注：总重量中不含成品中镀锌层重和其他附件重。

水泥基础尺寸　　　　　　　　　　表 15-13

杆高(m)	单 弧		双 弧	
	宽(m)	高(m)	宽(m)	高(m)
8	0.60	1.0	0.60	1.10
9	0.65	1.1	0.65	1.20
10	0.70	1.2	0.70	1.30
12	0.75	1.3	0.80	1.50
14	0.90	1.6	1.00	1.80
15	0.95	1.8	1.10	2.00
16	1.00	2.0	1.10	2.20

15.2.4 钢灯杆的防腐

钢制灯杆在保存与运行中重要的是防腐蚀。钢杆的腐蚀是由于周围介质的化学作用或电化学作用引起的。按介质不同，分为大气腐蚀、海水腐蚀、细菌腐蚀等。其中大气腐蚀最为普遍，因为钢杆无论在加工、运输、保存和运行过程中，都与大气接触，时刻都产生大气腐蚀的条件。

一、造成钢杆生锈的主要因素

1. 大气相对湿度

在相同的温度下，大气中的水蒸气含量与其水蒸气饱和含量的百分比，叫做相对湿度。在某一相对湿度以下，钢杆生锈速度很小，而高于这一相对湿度后，生锈速度陡然增加，这一相对湿度称为临界湿度。钢铁的临界湿度约是 75% 左右。大气相对湿度对金属锈蚀的影响最大。当大气湿度高于临界湿度后，钢铁表面便出现水膜或水珠，若是大气中含有的有害杂质溶解于水膜、水珠，即成电解液，加剧锈蚀。

2. 大气温度与湿度两者一起影响生锈

①生锈的速度随大气中水蒸气含量增加而加快，随着气温升高而加剧。②气温高促使生锈加剧，尤其在潮湿环境里，气温越高，生锈速度越快。在高于临界湿度时，更是这样。另外，如果大气与钢材间有温差，则在温度低的钢杆表面形成冷凝水，也导致生锈。

（1）腐蚀性气体

污染空气中的腐蚀性气体，以二氧化硫对钢杆生锈影响最大。大气中的氧，对钢杆生锈的影响最为经常，随时都在发生作用。

（2）其他因素

大气中含有大量尘埃，如烟雾、煤灰、氯化物、酸、碱、盐等，其中氯化物的影响最大。

二、防腐处理

防锈方法是针对锈蚀原因采取预防措施。防锈是要避免或减缓潮湿、高温、氧化、氯化物等因素的影响。目前的常用的方法有：

（1）油漆涂层：先用手工或化学除锈液除锈后，先均匀涂两层底漆（如章丹漆），再刷两层油漆。

（2）电镀锌：先用酸除锈，再放入电解槽电镀锌。关键是去酸要彻底，电镀锌的锌层应有一定的厚度。

(3) 铝喷涂：用高压气流将金刚砂喷打锈层去锈，用高压气流将用氧气融化的液化铝均匀地喷在钢杆的表面。

(4) 热镀锌：用酸除锈后的钢杆浸入已融化的锌槽内。锌层厚应达 65～90μm。

(5) 热镀锌后再刷油漆。有的热镀锌后再加两遍底漆加两层油漆能用 50 年。北京产的钢杆是在热镀锌后再加上一层银色漆，外观美观。

15.3 照明配电箱的基础结构

15.3.1 照明配电箱的安装方式

照明配电箱的安装主要有明装、嵌入式暗装、落地式安装三种方式。要求较高的场所一般采用嵌入式暗装的方式，要求不高的场所或由于配电箱体积较大不便暗装时可采用明装方式，容量、体积较大的照明总配电箱则采用落地安装方式。

(1) 照明配电箱安装的基本要求

a. 照明配电箱的安装环境。照明配电箱应安装在干燥、明亮、不易受振、便于操作的场所，不得安装在水池的上、下侧，若安装在水池的左、右侧时，其净距不应小于 1m。

b. 配电箱的安装高度。配电箱的安装高度应按设计要求确定。一般情况下，暗装配电箱底边距地面的高度为 1.4～1.5m，明装配电箱的安装高度不应小于 1.8m。配电箱安装的垂直偏差不应大于 3mm，操作手柄距侧墙的距离不应小于 200mm。

c. 暗装配电箱后壁的处理和预留孔洞的要求。在 240mm 厚的墙壁内暗装配电箱时，其墙后壁需加装 10mm 厚的石棉板和直径为 2mm、孔洞为 10mm 的钢丝网，再用 1∶2 水泥砂浆抹平，以防开裂。墙壁内预留孔洞的大小，应比配电箱的外形尺寸略大 20mm 左右。

d. 配电箱的金属构件、铁制盘及电器的金属外壳，均应作保护接地（或保护接零）。接零系统中的零线，应在引入线处或线路末端的配电箱处做好重复接地。

e. 配电箱内的母线应有黄（L1）、绿（L2）、红（L3）等分相标志，可用刷漆涂色或采用与分相标志颜色相应的绝缘导线。

f. 配电箱外壁与墙面的接触部分应涂防腐漆，箱内壁及盘面均刷两道驼色油漆。除设计有特殊要求外，箱门油漆颜色一般均应与工程门窗颜色相同。

(2) 照明配电箱明装

1) 配电箱在墙上安装

照明配电箱明装在墙上的方法如下：

a. 预埋固定螺栓。

在墙上安装配电箱之前，应先量好配电箱安装孔的尺寸，在墙上画好孔的位置，然后钻孔，预埋胀管螺栓。预埋螺栓的规格应根据配电箱的型号和重量选择，螺栓的长度应为埋设深度（一般为 120～150mm）加上箱壁、螺母和垫圈的厚度，再加上 3～5mm 的余留长度。配电箱一般有上、下各两个固定螺栓，埋设时应用水平尺和线坠校正使其水平和垂直，螺栓中心间距应与配电箱安装孔中心间距相等，以免错位，造成安装困难。

b. 固定配电箱。

待预埋件的填充材料凝固干透后，方可进行配电箱的安装固定。固定前，先用水平尺和线坠校正箱体的水平度和垂直度，如不符合要求，应检查原因，调整后再将配电箱固定。如图15-11所示。

2）配电箱在支架上安装

在支架上安装配电箱之前，应先将支架加工焊接好，并在支架上钻好固定螺栓的孔洞。然后将支架安装在墙上或埋设在地坪上。配电箱的安装固定与上述方法相同，配电箱在落地支架上的安装如图15-12所示。

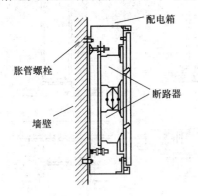

图15-11 配电箱在墙上明装　　　　图15-12 配电箱在支架上安装

3）配电箱在柱上安装

安装之前一般先装设角钢和抱箍，然后在上、下角钢中部的配电箱安装孔处焊接固定螺栓的垫铁，并钻好孔，最后将配电箱固定安装在角钢垫铁上。如图15-13所示。

（3）照明配电箱暗装

照明配电箱暗装时一般将其嵌入在墙壁内。安装时应配合配线工程的暗敷设进行。待预埋线管工作完毕后，将配电箱的箱体嵌入墙内（有时用线管与箱体组合后，在土建施工时埋入墙内），并做好线管与箱体的连接固定和跨接地线的连接工作，然后在箱体四周填入水泥砂浆。如图15-14所示。

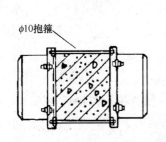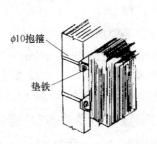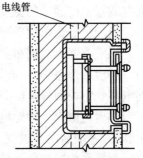

图15-13 配电箱在柱上安装图　　　　图15-14 照明配电箱暗装

当墙壁的厚度不能满足嵌入式安装的需要时，可采用半嵌入式安装，使配电箱的箱体一半在墙面外，一半嵌入墙内。

照明配电箱明装时，可以直接安装在墙上，也可安装在支架上或柱上。

（4）照明配电箱落地式安装

体积较大的照明总配电箱应采用落地式安装。在安装之前，一般先预制一个高出地面约100mm的混凝土空心台，这样可以方便进、出线，不进水，保证安全运行。进入配电箱的钢管应排列整齐，管口高出基础面50mm以上。如图15-15所示。可以参照单元2中配电柜的安装方法进行。

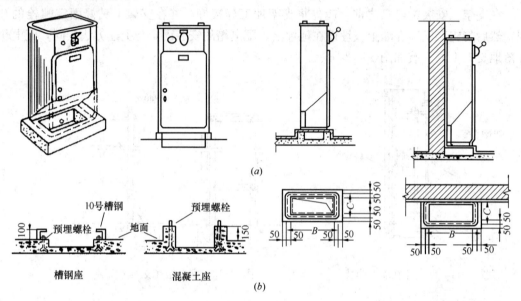

图15-15 照明配电箱落地式安装
(a) 安装示意图；(b) 基座示意图

15.3.2 配电箱基础结构

根据中华人民共和国《低压配电装置及线路设计规范》(GBJ 54—83)规定：

安装落地式电力配电箱时，宜使其底部高出地面。当安装在屋外时，应高出地面0.2m以上。

配电装置室内通道的宽度，一般不小于下列数值：

一、当配电屏为单列布置时，屏前通道为1.5m；

二、当配电屏为双列布置时，屏前通道为2m；

三、屏后通道为1m，有困难时，可减小为0.8m。

配电装置室内裸导电部分与各部分的净距，应符合下列要求：

一、屏后通道内，裸导电部分的高度低于2.3m时，应加遮护，遮护后通道高度不应低于1.9m；遮护后的通道宽度应符合本规范第3.1.5条的要求。

二、跨越屏前通道的裸导电部分，其高度不应低于2.5m。

在室外单根圆柱水泥杆上安装配电箱时，可用扁钢U形抱箍或圆钢U形抱箍将其箱体固定。

图15-17中数字所表示的是：

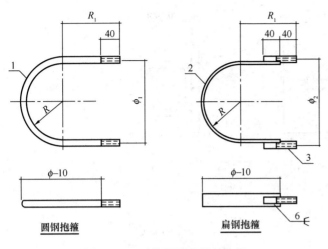

图 15-16 两种 U 形抱箍结构图

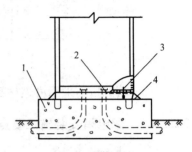

图 15-17 安装在户外水泥台上的配电柜

1——水泥台
2——通入配电箱的线路管道
3——固定配电箱的螺栓
4——水泥台中的预埋铁件

根据《建筑电气工程施工质量验收规范》要求，配电柜、箱、盘间线路的线间和线对地间绝缘电阻值，馈电线路必须大于 0.5MΩ 以上。

在水泥台上安装配电柜时，可提前安放预埋件。它们的结构图和名称分别是：

1．地脚螺栓

（1）直角地脚螺栓如下图 15-18（a）所示。

（2）膨胀地脚螺栓如下图 15-18（b）所示。

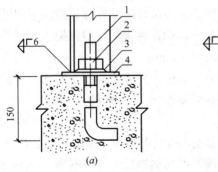
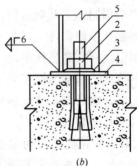

图 15-18 落地台架底脚放大图

2．C 形圆钢预埋铁件

结构如图 15-19 所示。A 为方形钢板，B 为 C 形圆钢。

照明配电箱(盘)安装应符合下列规定：

（1）位置正确，部件齐全，箱体开孔与导管管径适配；

（2）箱(盘)内接线整齐，回路编号齐全，标识正确；

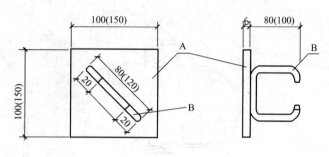

图 15-19　预埋铁件

(3) 箱(盘)不采用可燃材料制作。

15.3.3　配电箱安装施工要点

一、设备要求

(1) 柜(盘)本体外观检查应无损伤及变形，油漆完整无损。柜(盘)内部检查：电器装置及元件、绝缘瓷件齐全，无损伤、裂纹等缺陷。

(2) 安装前应核对配电箱编号是否与安装位置相符，按设计图纸检查其箱号、箱内回路号。箱门接地应采用软铜编织线，专用接线端子。箱内接线应整齐，满足设计要求及验收规范(GB 50303—2002)的规定。

二、作业条件

配电箱安装场所土建应具备内粉刷完成、门窗已装好的基本条件。预埋管道及预埋件均应清理好；场地具备运输条件，保持道路平整畅通。

三、配电箱定位

根据设计要求现场确定配电箱位置以及现场实际设备安装情况，按照箱的外形尺寸进行弹线定位。

四、基础型钢安装

(1) 按图纸要求预制加工基础型钢架，并做好防腐处理，按施工图纸所标位置，将预制好的基础型钢架放在预留铁件上，找平、找正后将基础型钢架、预埋铁件、垫片用电焊焊牢。最终基础型钢顶部宜高出抹平地面 10mm。

(2) 基础型钢接地：基础型钢安装完毕后，应将接地线与基础型钢的两端焊牢，焊接面为扁钢宽度的 2 倍，然后与柜接地排可靠连接。并做好防腐处理。

五、配电柜（盘）安装

(1) 柜(盘)安装：应按施工图的布置，将配电柜按照顺序逐一就位在基础型钢上。单独柜(盘)进行柜面和侧面的垂直度的调整可用加垫铁的方法解决，但不可超过三片，并焊接牢固。成列柜(盘)各台就位后，应对柜的水平度及盘面偏差进行调整，应调整到符合施工规范的规定。

(2) 挂墙式的配电箱可采用膨胀螺栓固定在墙上，但空心砖或砌块墙上要预埋燕尾螺栓或采用对拉螺栓进行固定。

(3) 安装配电箱应预埋套箱，安装后面板应与墙面平。

(4) 柜(盘)调整结束后，应用螺栓将柜体与基础型钢进行紧固。

(5) 柜(盘)接地：每台柜(盘)单独与基础型钢连接，可采用铜线将柜内 PE 排与接地螺栓可靠连接，并必须加弹簧垫圈进行防松处理。每扇柜门应分别用铜编织线与 PE 排可靠联结。

(6) 柜(盘)顶与母线进行连接，注意应采用母线配套扳手按照要求进行紧固，接触面应涂中性凡士林。柜间母排连接时应注意母排是否距离其他器件或壳体太近，并注意相位正确。

(7) 控制回路检查：应检查线路是否因运输等因素而松脱，并逐一进行紧固，电器元件是否损坏。原则上柜(盘)控制线路在出厂时就进行了校验，不应对柜内线路私自进行调整，发现问题应与供应商联系。

(8) 控制线校线后，将每根芯线煨成圆圈，用镀锌螺丝、眼圈、弹簧垫连接在每个端子板上。端子板每侧一般一个端子压一根线，最多不能超过两根，并且两根线间加眼圈。多股线应涮锡，不准有断股。

六、柜(盘)试验调整

(1) 高压试验应由当地供电部门许可的试验单位进行。试验标准符合国家规范、当地供电部门的规定及产品技术资料要求。

(2) 试验内容：高压柜框架、母线、避雷器、高压瓷瓶、电压互感器、电流互感器、各类开关等。

(3) 调整内容：过流继电器调整，时间继电器、信号继电器调整以及机械连锁调整。

(4) 二次控制小线调整及模拟试验，将所有的接线端子螺丝再紧一次。

(5) 绝缘测试：用 500V 绝缘电阻测试仪器在端子板处测试每条回路的电阻，电阻必须大于 $0.5M\Omega$。

(6) 二次小线回路如有晶体管，集成电路、电子元件时，应使用万用表测试回路是否接通。

(7) 接通临时的控制电源和操作电源；将柜（盘）内的控制、操作电源回路熔断器上端相线拆掉，接上临时电源。

(8) 模拟试验：按图纸要求，分别模拟试验控制、连锁、操作、继电保护和信号动作，正确无误，灵敏可靠。

(9) 拆除临时电源，将被拆除的电源线复位。

七、送电运行的条件

(1) 安装作业应全部完毕，质量检查部门检查全部合格。试验项目全部合格，并有试验报告单。

(2) 试验用的验电器、绝缘靴、绝缘手套、临时接地编织铜线、绝缘胶垫、粉末灭火器等应备齐。

(3) 检查母线、设备上有无遗留下的杂物。

(4) 做好试运行的组织工作，明确试运行指挥人，操作人和监护人。

(5) 清扫设备及变配电室、控制室的灰尘。用吸尘器清扫电器、仪表元件。

(6) 继电保护动作灵敏可靠，控制、连锁、信号等动作准确无误。

八、送电

(1) 由供电部门检查合格后，将电源送进建筑物内，经过验电、校相无误。

（2）由安装单位合进线柜开关，检查 PT 柜上电压表三相是否电压正常。

（3）合变压器柜开关，检查变压器是否有电。

（4）合低压柜进线开关，查看电压表三相是否电压正常。

（5）按以上顺序依次送电。

（6）在低压联络柜内，在开关的上下侧（开关未合状态）进行同相校核。用电压表或万用表电压档 500V，用表的两个测针，分别接触两路的同相，此时电压表无读数，表示两路电同一相。用同样方法，检查其他两相。

（7）验收：送电空载运行 24h，无异常现象、办理验收手续，交建设单位使用。同时提交变更洽商记录、产品合格证、说明书、试验报告单等技术资料。

配电柜、箱、盘与安装基础型钢连接应用镀锌螺栓固定。

低压成套配电柜、控制柜（屏、台）和动力、照明配电箱（盘）应有可靠的电击保护。

柜、屏、台、箱、盘的金属框架及基础型钢必须接地（PE）或接零（PEN）可靠；装有电器的可开门，门和框架的接地端子间应用裸编织铜线连接，且有标识。

照明箱（盘）内，分别设置零线（N）和保护地线（PE 线）汇流排，零线和保护地线经汇流排配出。

15.4 变压器的基础结构

15.4.1 变压器的功能

变压器是一种静止的电气设备，它借助电磁感应作用，把一种电压等级的交流电能变换为同频率的另一种或几种电压等级的交流电能。

为了使变压器能够有一个额定的输出电压，大多数变压器是通过改变一次线圈分接抽头的位置，即改变变压器线圈接入的匝数的多少来改变变压器输出端电压。在变压器一次侧的三相线圈中，根据不同的匝数引出几个抽头，这几个抽头按照一定的接线方式接在分接开关上。改变分接开关的位置，就改变了变压器的变压比。因此副边电压也就随着改变，起到了调压的目的。

15.4.2 变压器分类

（1）按用途分类：电力变压器、仪用变压器、试验变压器、特殊变压器；

（2）按相数分类：三相变压器、单相变压器；

（3）按绕组形式分类：三绕组变压器、双绕组变压器、自耦变压器；

（4）按铁心形式分类：芯式变压器、壳式变压器；

（5）按冷却方式分类：油浸式变压器、干式变压器、充气变压器、蒸发冷却变压器。

15.4.3 变压器组成结构

（1）变压器外部结构如图 15-20 所示。

变压器的外部主要结构包括：壳体、铭牌、高压瓷套管、低压瓷套管、零线瓷套管、防爆管、储油柜、油位计、滤油阀、放油阀、干燥器、电接点温度计、水银温度计、接地螺钉、支架小车等。

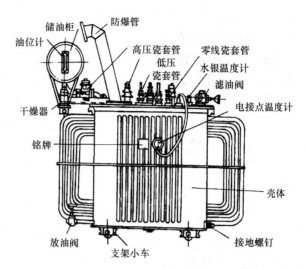

图 15-20　变压器外部结构

a. 铭牌：根据国家标准，变压器铭牌上应标出变压器名称、型号、产品代号、制造厂名（包括国名）、出厂序号、制造年月、相数、额定容量、额定频率、各绕组的额定电压和电流、连接组标号和绕组连接示意图、额定电流下的阻抗电压、冷却方式、使用条件总质量、绝缘油质量等。

b. 干燥器：在浸油变压器的干燥器玻璃筒中装有硅胶，硅胶可以吸收空气中的水分，从而减慢变压器油的劣化速度。

c. 储油柜：变压器储油柜的一端一般装有油位计，它是用来指示储油柜中油面用的。监视油面的重要性在于：若油面过低，可能引起气体继电器动作；若油面过高，会造成溢油和吸湿器失效。

d. 变压器油：变压器中的变压器油不是植物类油，它是从石油中提取的。它属于一种复杂的碳氢化合物。它从一般重油中蒸馏出来，蒸馏液再经过碱洗、漂白净化及脱脂处理，便可制成变压器油。使用时，还要与其他种类的油按一定比例混合，再添加一些化学物质以改善它的性能，这样就成为实际中所用的变压器油了。

变压器油常因变压器的非正常运行或某些故障存在，使其发生分解并释放出特殊性的气体，当变压器油箱内部某些气体浓度达到一定数值或破坏了原有气体成分比例，气体继电器就会动作以保护变压器。干式变压器不需要使用变压器油，因此也不用配置气体继电器。

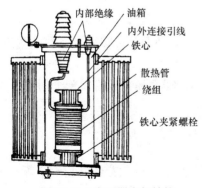

图 15-21　变压器内部结构

e. 高压套管：三相供电变压器高低端各有 3 个高压套管，它们是用瓷质绝缘材料制作而成的。

f. 防爆管：变压器的防爆管位于变压器顶盖上。

（2）变压器内部结构如图 15-21。

变压器的内部主要结构包括：铁芯、绕组、油箱、高压瓷套管内绝缘部分、低压瓷套管内绝缘部分、内外连接引线、铁芯夹紧螺栓、散热管、调压装置等。

a. 变压器铁芯：铁芯是变压器的磁路部分。变压器原边线圈与副边线圈之间没有电的直接联系，只有通过铁芯形成磁的联系。利用铁芯可以获得强磁场，用以增强原、副边线圈之间的电磁联系，减少励磁电流。

变压器铁芯使用的硅钢片厚度通常为 0.35～0.5mm 之间。若过厚，则变压器铁芯的涡流增大，变压器铁芯发热量也大，这会降低变压器的使用寿命和效率；若过薄，则铁芯的叠装困难，且铁芯的叠片系数降低，会增大变压器体积，对变压器的经济性运行不利。

b. 变压器线圈绕组：线圈是变压器的电路部分。从高低压绕组之间的相对位置来看，变压器的绕组可分成同心式和交叠式两类。

c. 变压器引线：引线是指各线圈之间，线圈与出线套管之间及线圈与分接开关之间的连接导线。

d. 铁芯加紧螺栓：用来加紧铁芯的硅钢片，防止硅钢片之间产生缝隙，减弱励磁作用，增大损耗。硅钢片缝隙还会使变压器产生振动和噪声。

15.4.4 箱式变压器

(1) 箱式组合变压器

箱式组合式变压器（俗称美式箱变也叫箱式变压器）是将变压器、高压受电部分的负荷开关及保护装置、低压配电装置、低压计量系统和无功补偿装置组合在一起的成套变配电设备。

(2) 组合式变压器（俗称美式箱变）主要特点：

箱式变压器将传统变压器集中设计在箱式壳体中，全密封、全绝缘、结构紧凑、外形美观、具有体积小、重量轻、低噪声、低损耗、高可靠性、无须配电房，可直接安放在室内或室外，也可安放在街道两旁和绿化带内，可靠地保证了人身安全，既是供电设施，又可装点环境。广泛应用于住宅小区、商业中心、车站、机场、厂矿、企业、医院、学校等场所。

组合式变压器（俗称美式箱变也叫箱式变压器）可用于终端供电和环网供电，转换十分方便，保证了供电的可靠性、灵活性。

10kV 套管电缆头可在 200A 负荷电流下多次插拔，在紧急情况下作负荷开关使用，并具有隔离开关的特点。

采用双熔丝全范围保护方式，大大降低了运行成本。

15.4.5 变压器的选择

(1) 一般原则：

a. 按负荷计算确定变压器容量、台数、无功功率补偿，负荷计算以需要系数法为主。高压侧的负荷应计及变压器在计算负荷时的有功及无功损耗。

b. 当照明负荷较大或动力和照明共用变压器严重影响照明质量及灯具寿命时，可设照明专用变压器。

c. 在电源系统不接地或经阻抗接地，电器装置外漏导体就地接地系统（IT 系统）的低压电网中，照明负荷应设专用变压器。

(2) 其他因素：除考虑用电负荷外，其他因素如使用环境、变压器性能和价格等。表 15-14 是各类变压器性能比较。

变压器性能比较　　　　　　表 15-14

比较项目 \ 变压器类别	矿油变压器	硅油变压器	六氟化硫变压器	干式变压器	环氧树脂浇铸变压器
价格	低	中	高	高	较高
安装面积	中	中	中	大	小
体积	中	中	中	大	小
爆炸性	有可能	可能性小	不爆	不爆	不爆
燃烧性	可燃	难燃	不燃	难燃	难燃
噪声	低	低	低	高	低
耐湿性	良好	良好	良好	弱（无电压时）	优
耐尘性	良好	良好	良好	弱	良好
损失	大	大	稍小	大	小
绝缘等级	A	A 或 H	E	B 或 H	B 或 F
重量	重	较重	中	重	轻

15.4.6 变压器的放置

（1）单杆变压器台，一般用于 10~50kVA 变压器，根据变压器所设位置不同，分为终端式和通过式。变压器安放在离地面 2.5~3m 高处的工字钢或槽钢横担上。同时要装设高压绝缘子、跌落式熔断器等。如图 15-22。

（2）双杆变压器台，简称双杆变台，也叫 H 台。变压器此种放置形式的居多。它适用容量为 50~180kVA 的变压器，有终端式和通过式两种形式。这种变压器台是在 2~3m 的间距树立两根电杆，在离地面 2.5~3m 高处，在两根电杆之间架设工字钢或槽钢横担，组成 H 型变压器台。如图 15-23。

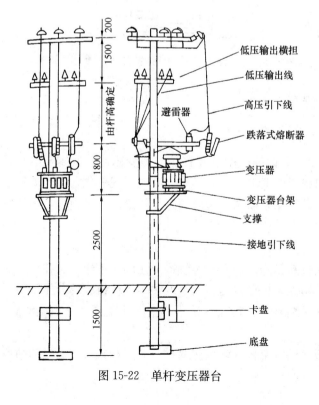

图 15-22　单杆变压器台

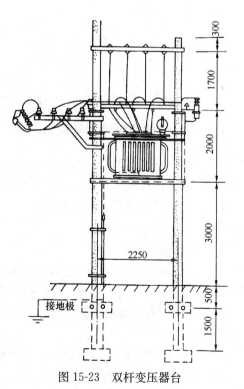

图 15-23　双杆变压器台

(3) 地上变压器台，又叫室外地上变压器台。容量超过180kVA以及多台变压器时，可设此变压器台。有时为了节省费用，不论多大容量的变压器都可以此种安装形式。地上变压器台是用红砖或混凝土块水泥砌成。见图15-24。

(4) 台墩变压器台，台墩就是一个配电室，配电室的屋顶面上放置变压器。如图15-25。如果配电室足够大，还可以配有值班人员，以防止重要设备被盗。

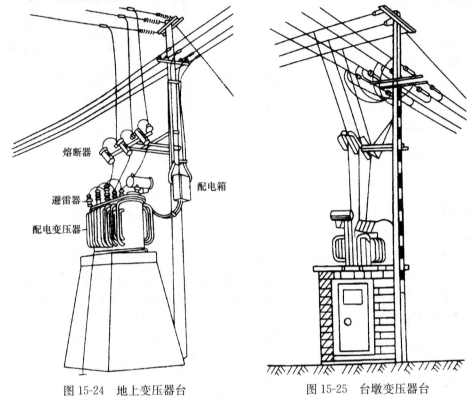

图 15-24　地上变压器台　　　　图 15-25　台墩变压器台

(5) 带有固定围墙的单杆地上变压器台，见图15-26。

15.4.7　箱式变电站的结构与要求

箱式变电站，俗称箱式变，见图15-27，由高压配电装置、电力变压器、低压配电装置于三部分紧凑组合在一个或几个箱内组成的变电站。它具有标准化、规范化，生产周期短，容易运输，现场安装简便省时，产品可靠，联网运行简便，维护量少，占地少，适用范围广等优点。

一、箱体结构

(1) 箱体分为带操作走廊（工作人员在箱内操作）和不带操作走廊（工作人员在箱外操作）两种。箱式变可以是一个整体型箱壳，也可以是两三个或多个箱体组成的分体型箱壳。箱体应有足够的机械强度，合理的吊装点，在运输安装中不应发生变形。外形美观，色彩与环境协调。

(2) 箱壳采用镀锌钢板、不锈钢板、铝合金板等耐久防腐材料制成，或采用必要的防腐措施，如施加底漆前板材经溶剂洗刷、漂净、烘干、漆层应经过烘烤。

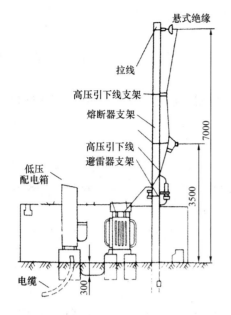
图15-26 带有固定围墙的单杆地上变压器台

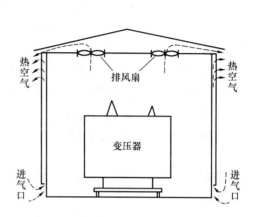
图15-27 箱式变电站的构造示意图

(3) 箱壳应有防晒、防雨、防风沙、防小动物等措施。根据我国南北地域广阔，气候条件相差较大，可依具体情况作不同的处理。

北方：风沙大，气温低。箱体可做成密封式结构，门口应加密封条。散热可采用强迫通风或箱体侧壁外循环方式的结构。应有防凝露措施。

南方：风沙小，气温高。箱体可做成百叶窗式结构，自然通风散热良好。

(4) 箱壳门应向外开，并有防风吹动支架。门轴应采用暗铰链结构，门锁应安全可靠、防雨、防锈。变压器门内应设安全遮栏，开门后及停电的情况下防止误入触电。

(5) 变压器室应装温控，温显装置。能直观监视变压器温度和必要时自动启动排风设施。

(6) 高低压室应设照明灯，开门后能自动和手动开灯。

(7) 采用 SR 电器的箱变，应有完善的排毒气装置，开门后能自动启动排风装置，能把电缆室内的较空气重的毒气排出。

(8) 变压器能从箱的顶部或侧门进出。

(9) 箱壳应有良好接地，接地端子应明显地接地符号，金属框架至少有两点及以上接地。

(10) 工作接地应在室外 5m 处单独设置。

二、箱式变内电气设备

(1) 箱式变内应采用小型化，封闭式电器设备，运行中不需维修或维修量少的特点。

(2) 高压配电装置应具有防止误拉、合开关设备，带电挂地线、带地线合闸和工作人员误入带电间隔的五防措施。负荷开关和熔断器之间也应有可靠的连锁。

(3) 箱体门内侧应有主回路线路图，控制线路图、操作程序及注意事项。

(4) 变压器应采用损耗低、体积小，适合箱体内安装的结构。根据不同用户的要求，可以采用油浸式、干式或气体绝缘式等。变压器的铭牌应面向箱门一侧。温控、温显装置也应面向箱门一侧。

（5）低压配电装置接线宜简化，开关前一般不设隔离开关，低压出线回路数不宜超过8回。

（6）低压室门内侧应有低压主回路接线图、控制线路图、操作程序及注意事项等。

（7）零母线截面应不小于主母线截面的1/2，主母线截面在50mm^{2}以下时，零母线取与主母线相同截面积。

（8）交流接触器应选择低噪声、性能可靠的电器，如真空管交流接触器。

（9）低压自动开关（俗称黑盒）应选用国内外合格、可靠产品，如DZ-20型及H系列产品，进出线端必要时应增加特制的铜过渡板，保障可靠连接。

（10）箱式变应符合能源部 SD 320—1989 部颁《箱式变电站技术条件》标准。

示范题

单选题

高杆灯基础的临界深度在下列几种回填下，哪种回填土的临界深度最小。（　　）

A. 砂土　　　　　B. 坚硬的黏性土　　　C. 可塑的黏性土　　　D. 软塑黏性土

答案： D

多选题

防止基础不均匀沉降应根据实际场地采取哪些做法？（　　）

A. 采用宽基浅埋方案　　　　　B. 重锤夯实　　　　　C. 桩基
D. 换土　　　　　　　　　　　E. 简单夯实

答案： A、B、C

判断题

高杆灯基础的上拔深度应大于临界深度。（　　）

答案： 错

第16章 预　　算

16.1 定额说明

16.1.1 编制依据及参考资料

1. 新编《全国统一安装工程预算定额》及《全国统一市政工程预算补充定额》和有关编制资料
2. 《电气装置安装工程 1kV 及以下配线工程施工及验收规范》
3. 建设部《全国安装工程统一劳动定额（第20册）电气安装工程》
4. 《民用建筑电气设计规范》
5. 《电气装置安装工程施工及验收规范》
6. 《电气工程标准规范综合应用手册》
7. 《建筑电气安装工程质量检验评定标准》
8. 《工业企业照明设计标准》
9. 《全国通用建筑标准设计（电气装置标准图集）》
10. 《断桥工业技术管理法规》
11. 《电气装置安全工程施工及验收规范》
12. 《电气建设安全工程施工及验收规范》
13. 《全国城市道路照明设计标准》
14. 现行的电气安装工程标准图，有代表性的设计图纸、施工资料
15. 有关技术手册

16.1.2 适用范围

适用于城镇市政道路、广场照明工程的新建、扩建工程，不适用于庭院内、小区内、公园内、体育场内及装饰性照明等工程。

16.1.3 主要内容

变配电设备、架空线路、电缆工程、配线配管、照明器具安装、防雷接地安装等，共八章552个子目。

16.1.4 界线划分

维修定额与安装定额界线划分，是以路灯供电系统与城市供电系统碰头点为界。

16.1.5 有关数据的取定

1. 人工

(1) 定额人工不分工种和技术等级均以综合工日计算，包括基本用工、其他用工，综合工日计算式如下：

综合用工＝（基本用工＋其他用工）×（1＋人工幅度差率）

基本用工、其他工日以传统安装预算定额有关的劳动定额确定。超运距用工可以参照有关定额另行计算。

(2) 人工幅度差＝（基本用工＋其他用工）×（人工幅度差率）

人工幅度差率综合为10%。

2. 材料

(1) 定额的材料消耗量按以下原则取定：

①材料划分为主材、辅材两类。

②材料费分为基本材料费和其他材料费。

③其他材料费占基本材料费的3%。

(2) 定额部分材料的取定：

①定额中所用的螺栓一律以1套为计算单位，每套包括1个螺栓、1个螺母、2个平垫圈、1个弹簧垫圈。

②工具性的材料，如砂轮片、合金钢冲击钻头等，列入材料消耗定额内。

③材料损耗率按表16-1取定。

材料损耗率　　　　　　表 16-1

序号	材料名称	损耗率(%)	序号	材料名称	损耗率(%)
1	裸铝导线	1.3	15	一般灯具及附件	1.0
2	绝缘导线	1.8	16	中灯号牌	1.0
3	电力电缆	1.0	17	白炽灯泡	3.0
4	硬母线	2.3	18	玻璃灯罩	5.0
5	钢绞线、镀锌钢丝	1.5	19	灯头开关插座	2.0
6	金属管件、管件	3.0	20	开关、保险器	1.0
7	型钢	5.0	21	塑料制品（槽、板、管）	1.0
8	金具	1.0	22	金属灯杆及铁横担	0.3
9	压接线夹、螺栓类	2.0	23	木杆类	1.0
10	木螺钉、圆钉	4.0	24	混凝土电杆及制品类	0.5
11	绝缘子类	2.0	25	石棉水泥板及制品类	8.0
12	低压瓷横担	3.0	26	砖、水泥	4.0
13	金属板材	4.0	27	砂、石	8.0
14	瓷夹等小瓷件	3.0	28	油类	1.8

3. 施工机械台班

(1) 定额的机械台班是按正常合理的机械配备和大多数施工企业的机械化程度综合取定的。如实际情况与定额不符时，除另有说明外，均不得调整。

(2) 单位价值在 2000 元以下,适用年限在两年以内的不构成固定资产的工具,未按机械台班进入定额,应在费用定额内。

16.2 路灯定额工程量计算规则

16.2.1 变配电设备工程

(1) 变压器安装,按不同容量以"台"为计量单位套用定额。一般情况下不需要变压器干燥,如确实需要干燥,可套用安装定额相关子目。

(2) 变压器油过滤,不管过滤多少次,直到过滤合格为止。以"t"为单位计算工程量,变压器的过滤量,可按制造厂提供的油量计算。

(3) 高压成套配电柜和组合箱式变电站安装以"台"为计量单位,均未包括基础槽钢、母线及引下线的安装。

(4) 各种配电箱、柜安装均按不同半周长以"套"为计算单位。

(5) 铁构件制作安装施工图以"100kg"为单位计算。

(6) 盘柜配线按不同断面、长度按表 16-2 计算。

盘柜配线长度计算　　　　　　　　　　　表 16-2

序号	项目	预留长度(m)	说明
1	各种开关柜、箱、板	高+宽	盘面尺寸
2	单独安装(无箱、盘)的铁壳开关、闸刀开关、启动盘、母线槽进出线盒等	0.3	以安装对象中心计算
3	由地坪管口至接线箱	1	以管口计算

(7) 各种接线端子按不同导线截面积,以"10 个"为单位计算。

16.2.2 架空线路工程

(1) 底盘、卡盘、拉线盘按设计用量以"块"为单位计算。

(2) 各种电线杆组立,分材质与高度,按设计数量以"根"为单位计算。

(3) 拉线制作安装,按施工图设计规定分不同形式,以"组"为单位计算。

(4) 横担安装,按施工图设计规定分不同线数,以"组"为单位计算。

(5) 导线架设,分导线类型与截面,按 1km/单位计算,导线预留长度规定如表 16-3 所示。导线长度按线路总长加预留长度计算。

架设导线预留长度　　　　　　　　　　　表 16-3

项目名称		长度 (m)
高压	转角	2.5
	分支、终端	2.0
低压	分支、终端	0.5
	交叉跳线转交	1.5
与设备连接		0.5

（6）导线跨越架设，指越线架的搭设、拆除和越线架的运输以及因跨越施工难度而增加的工作量，以"处"为单位计算，每个跨度间距按50m以内考虑，大于50m，小于100m时，按2处计算。

（7）路灯设施编号按"100个"为单位计算，开关箱号不满10只按10只计算；路灯编号不满15只按15只计算；钉粘贴号不满20个按20个计算。

（8）混凝土基础制作以"m³"为单位计算。

（9）绝缘子安装以"10个"为单位计算。

16.2.3　电缆工程

（1）直埋电缆的挖、填土（石）方，除特殊要求处，可按表16-4计算土方量。

直埋电缆的挖、填土方量计算　　　　　　　　　　表16-4

项　目	电　缆　根　数	
	1～2	每增一根
每米沟长挖方量（m³/m）	0.45	0.153

（2）电缆沟盖板揭、盖定额，按每揭盖一次以延长米计算。如又揭又盖，则按两次计算。电缆保护管长度，除按设计规定长度计算外，遇有下列情况，应按以下规定增加保护管长度。

①横穿道路，按路基宽度两端各加2m。

②垂直敷设时管口离地面加2m。

③穿过建筑物外墙时，按基础外缘以外加2m。

④穿过排水沟，按沟壁外缘以外加1m。

（3）电缆保护管埋地敷设时，其土方量有施工图注明的，按施工图计算；无施工图的一般按沟深0.9m，沟宽按最外边的保护管两侧边缘外各加0.3m工作面计算。

（4）电缆敷设按单根延长米计算。

（5）电缆敷设长度应根据敷设路径的水平和垂直敷设长度，另加表16-5规定的附加长度；电缆附加及预留长度是电缆敷设长度的组成部分，应计入电缆长度工程量之内。

（6）电缆终端头及中间头均以"个"为计量单位。一根电缆按两个终端头，中间设计有图示的，按图示确定，没有图示的按实际计算。

电缆敷设的附加长度　　　　　　　　　　表16-5

序号	项　　目	预留长度	说　明
1	电缆敷设弛度、波形弯度、交叉	2.5%	按电缆全长计算
2	电缆进入建筑物内	2.0m	规范规定最小值
3	电缆进入沟内或吊架时引上预留	1.5m	规范规定最小值
4	变电所进出线	1.5m	规范规定最小值
5	电缆终端头	1.5m	检修余量
6	电缆中间接头盒	两端各2m	检修余量
7	高压开关柜	2.0m	柜下进出线

16.2.4 配管配线工程

(1) 各种配管的工程量计算，应区别不同敷设方式、敷设位置、管材材质、规格，以延长米为单位计算。不扣除管路中间的接线箱（盒）、灯盒、开关盒所占长度。

(2) 定额中未包括钢索架设及拉紧装置、接线箱（盒）、支架的制作安装，其工量另行计算。

(3) 管内穿线定额工程量计算，应区别线路性质、导线材质、导线截面积，按单延长米计算。线路的分支接头线的长度已综合考虑在定额中，不再计算接头长度。

(4) 塑料护套线明敷设工程量计算，应区别导线截面积、导线芯数、敷设位置，单线路延长米计算。

(5) 钢索架设工程量计算，应区分圆钢、钢索直径，按图示墙柱内缘距离，按延长米计算，不扣除拉紧装置所占长度。

(6) 母线拉紧装置及钢索拉紧装置制作安装工程量计算，应区别母线截面积、花篮螺栓直径，以"10套"为单位计算。

(7) 带行母线安装工程量计算，应区分母线材质、母线截面积、安装位置，按延长米计算。

(8) 接线盒安装工程量计算，应区别安装形式，以及接线盒类型，以"10个"为单位计算。

(9) 开关、插座、按钮等的预留线，已分别综合在相应定额内，不另计算。

16.2.5 照明器具安装工程

(1) 各种悬挑灯、广场灯、高杆灯灯架分别以"10套"、"套"为单位计算。

(2) 各种灯具、照明器件安装分别以"10套"、"套"为单位计算。

(3) 灯杆座安装以"10只"为单位计算。

16.2.6 防雷接地装置工程

(1) 接地极制作安装以"根"为计量单位，其长度按设计长度计算，设计无规定时，按每根2.5m计算，若设计有管帽时，管帽另按加工件计算。

(2) 接地母线敷设，按设计长度以"10m"为计量单位计算。接地母线、避雷线敷设，均按延长米计算，其长度按施工图设计水平和垂直规定长度另加3.9%的附加长度（包括转弯、上下波动、避绕障碍物、搭接头所占长度）。计算主材费时另加规定的损耗率。

(3) 接地跨接线以"10处"为计量单位计算。按规程规定凡需作接地跨接线的工作内容，每跨接一次按一处计算。

16.2.7 路灯灯架制作安装工程

(1) 设备支架制作安装、高杆灯架制作分别按每组重量按灯架直径，以"t"为单位计算。型钢加工胎具，按不同钢材、加工直径以"个"为单位计算。

(2) 焊缝无损探伤按被探件厚度不同，分别以"10 张"、"10m"为单位计算。

16.2.8 刷油防腐工程

灯杆除锈刷油按外表面积以"10m^2"为单位计算；灯架按实际重量以"100kg"为单位计算。

16.3 城市照明市政景观工程结算费用计算办法

《建筑工程施工发包与承包计价管理办法》自 2001 年 12 月 1 日起施行。其主要内容有：

第一条 为了规范建筑工程施工发包与承包计价行为，维护建筑工程发包与承包双方的合法权益，促进建筑市场的健康发展，根据有关法律、法规，制定本办法。

第二条 在中华人民共和国境内的建筑工程施工发包与承包计价（以下简称工程发承包计价）管理，适用本办法。

本办法所称建筑工程是指房屋建筑和市政基础设施工程。

本办法所称房屋建筑工程，是指各类房屋建筑及其附属设施和与其配套的线路、管道、设备安装工程及室内外装饰装修工程。

本办法所称市政基础设施工程，是指城市道路、公共交通、供水、排水、燃气、热力、园林、环卫、污水处理、垃圾处理、防洪、地下公共设施及附属设施的土建、管道、设备安装工程。

工程发承包计价包括编制施工图预算、招标标底、投标报价、工程结算和签订合同价等活动。

第三条 建筑工程施工发包与承包价在政府宏观调控下，由市场竞争形成。工程发承包计价应当遵循公平、合法和诚实信用的原则。

第四条 国务院建设行政主管部门负责全国工程发承包计价工作的管理。县级以上地方人民政府建设行政主管部门负责本行政区域内工程发承包计价工作的管理。其具体工作可以委托工程造价管理机构负责。

第五条 施工图预算、招标标底和投标报价由成本（直接费、间接费）、利润和税金构成。其编制可以采用以下计价方法：

（一）工料单价法。分部分项工程量的单价为直接费。直接费以人工、材料、机械的消耗量及其相应价格确定。间接费、利润、税金按照有关规定另行计算。

（二）综合单价法。分部分项工程量的单价为全费用单价。全费用单价综合计算完成分部分项工程所发生的直接费、间接费、利润、税金。

第六条 招标标底编制的依据为：

（一）国务院和省、自治区、直辖市人民政府建设行政主管部门制定的工程造价计价办法以及其他有关规定。

（二）市场价格信息。

第七条 投标报价应当满足招标文件要求。

投标报价应当依据企业定额和市场价格信息,并按照国务院和省、自治区、直辖市人民政府建设行政主管部门发布的工程造价计价办法进行编制。

第八条 招标投标工程可以采用工程量清单方法编制招标标底和投标报价。工程量清单应当依据招标文件、施工设计图纸、施工现场条件和国家制定的统一工程量计算规则、分部分项工程项目划分、计量单位等进行编制。

第九条 招标标底和工程量清单由具有编制招标文件能力的招标人或其委托的具有相应资质的工程造价咨询机构、招标代理机构编制。投标报价由投标人或其委托的具有相应资质的工程造价咨询机构编制。

第十条 对是否低于成本报价的异议,评标委员会可以参照建设行政主管部门发布的计价办法和有关规定进行评审。

第十一条 招标人与中标人应当根据中标价订立合同。不实行招标投标的工程,在承包方编制的施工图预算的基础上,由发承包双方协商订立合同。

第十二条 合同价可以采用以下方式:

(一) 固定价。合同总价或者单价在合同约定的风险范围内不可调整。

(二) 可调价。合同总价或者单价在合同实施期内,根据合同约定的办法调整。

(三) 成本加酬金。

第十三条 发承包双方在确定合同价时,应当考虑市场环境和生产要素价格变化对合同价的影响。

第十四条 建筑工程的发承包双方应当根据建设行政主管部门的规定,结合工程款、建设工期和包工包料情况在合同中约定预付工程款的具体事宜。

第十五条 建筑工程发承包双方应当按照合同约定定期或者按照工程进度分段进行工程款结算。

第十六条 工程竣工验收合格,应当按照下列规定进行竣工结算:

(一) 承包方应当在工程竣工验收合格后的约定期限内提交竣工结算文件。

(二) 发包方应当在收到竣工结算文件后的约定期限内予以答复。逾期未答复的,竣工结算文件视为已被认可。

(三) 发包方对竣工结算文件有异议的,应当在答复期内向承包方提出,并可以在提出之日起的约定期限内与承包方协商。

(四) 发包方在协商期内未与承包方协商或者经协商未能与承包方达成协议的,应当委托工程造价咨询单位进行竣工结算审核。

(五) 发包方应当在协商期满后的约定期限内向承包方提出工程造价咨询单位出具的竣工结算审核意见。发承包双方在合同中对上述事项的期限没有明确约定的,可认为其约定期限均为28日。发承包双方对工程造价咨询单位出具的竣工结算审核意见仍有异议的,在接到该审核意见后一个月内可以向县级以上地方人民政府建设行政主管部门申请调解,调解不成的,可以依法申请仲裁或者向人民法院提起诉讼。工程竣工结算文件经发包方与承包方确认即应当作为工程决算的依据。

第十七条 招标标底、投标报价、工程结算审核和工程造价鉴定文件应当由造价工程师签字,并加盖造价工程师执业专用章。

第十八条 县级以上地方人民政府建设行政主管部门应当加强对建筑工程发承包计价活动的监督检查。

第十九条 造价工程师在招标标底或者投标报价编制、工程结算审核和工程造价鉴定中，有意抬高、压低价格，情节严重的，由造价工程师注册管理机构注销其执业资格。

第二十条 工程造价咨询单位在建筑工程计价活动中有意抬高、压低价格或者提供虚假报告的，县级以上地方人民政府建设行政主管部门责令改正，并可处以一万元以上三万元以下的罚款；情节严重的，由发证机关注销工程造价咨询单位资质证书。

第二十一条 国家机关工作人员在建筑工程计价监督管理工作中，玩忽职守、徇私舞弊、滥用职权的，由有关机关给予行政处分；构成犯罪的，依法追究刑事责任。

第二十二条 建筑工程以外的工程施工发包与承包计价管理可以参照本办法执行。

第二十三条 本办法由国务院建设行政主管部门负责解释。

第二十四条 本办法自2001年12月1日起施行。

示范题

单选题

1) 城市照明与市区景观工程材料费用计算定额规定普通土的放坡系数是多少？（ ）

A. 1∶0.2　　　B. 1∶0.25　　　C. 1∶0.3　　　D. 不放坡

答案：C

2) 配电箱上主开关代号中表示双极主开关的符号是指哪些？（ ）

A. IA　　　B. IB　　　C. IC　　　D. 0

答：B

3) 配电箱进线为三相电源，带三极主开关，每相输出二回路，可选用的配电箱型号为哪些？（ ）

A. PXT-1-1×5/1A　　　B. PXT-2-3×2/1C
C. PXT-2-3×2/1A　　　D. PXT-1-1×2/1B

答：B

4) 在三相交流供电时，会因某一相对地发生绝缘击穿而导致三相电压平衡的破坏，其非故障相电压会因此升高到多少？（ ）

A. 原电压的1.20倍　　　B. 原电压的根号1.41倍
C. 原电压的1.73倍　　　D. 原电压的2倍

答：C

5) 哪些情况是不属于保护继电器设备自身造成的线路故障。（ ）

A. 线路电压低于设备工作电压　　　B. 设备内线圈开路
C. 设备内结构件断裂　　　D. 设备内固定螺钉脱落

答：A

6) 三相四线供配电中不属于线路故障的是指哪些？（ ）

A. 缺相　　　B. 各相相压变化在±5%之内

C. 相间击穿短路　　　　　　　　D. 中性线开路

答：B

7) 架空线路与甲类火灾危险区的防火间距应大于电杆高度的几倍。（　　）
   A. 1.5 倍　　　B. 1.75 倍　　　C. 2.0 倍　　　D. 3.0 倍

答：A

8) 在常用的低压配电导线中"BLX"所代表的是哪种材料的导线材料和外部绝缘材料。（　　）
   A. 铜芯橡皮绝缘线　　　　　　B. 铝芯橡皮绝缘线
   C. 铜芯聚氯乙烯绝缘线　　　　D. 铝芯聚氯乙烯绝缘线

答：B

9) 在常用的导线中，代表"铜芯聚氯乙烯软电线"的是下面哪一组字母。（　　）
   A. BLXF　　　B. BXR　　　C. RFB　　　D. BVR

答：D

10) 橡皮电缆和橡皮电线的最高允许工作温度是多少？（　　）
    A. 40℃　　　B. 50℃　　　C. 65℃　　　D. 70℃

答：C

11) 低压断路器用"双金属片脱扣器"时，若由于过载而分断后，一般需多长时间冷却使金属片复位才能"再扣"。（　　）
    A. 1 分钟　　　B. 1～3 分钟　　　C. 3～5 分钟　　　D. 10 分钟

答：C

12) 低压断路器的动作灵敏系数（K），被保护线路短路时的最小电流除以低压断路器瞬时脱扣的整定电流，在选用断路器时要求其灵敏度系数值是多少？（　　）
    A. 2　　　B. 1.5　　　C. 1.0　　　D. 0.5

答：B

13) 对于照明和电热器电路，所选交流接触器的额定电流应是电路计算电流的几倍。（　　）
    A. 0.5～1 倍　　　B. 1～1.5 倍　　　C. 1.5～2 倍　　　D. 2～3 倍

答：B

14) 根据国家有关标准规定，交流接触器的线圈电压应能在额定电压有一定变化时也能正常工作，其变化范围是指哪一项？（　　）
    A. 85%～105%　　　B. 90%～105%　　　C. 95%～105%　　　D. 90%～110%

答：A

15) 热继电器的工作环境温度与被保护设备的环境温度之差禁止超过多少？（　　）
    A. 0～10℃　　　B. 10～20℃　　　C. 15～25℃　　　D. 20～30℃

答：C

16) 当电杆的拉线与水平的夹角为 45° 时，拉线的最大拉力是多少？（　　）
    A. 等于导线的水平荷载　　　　B. 导线水平荷载的 0.707 倍
    C. 导线水平荷载的 1.414 倍　　D. 导线水平荷载的 1.732 倍

答：C

17）电杆拉线盘的埋深是多少？（　　）
A. 愈深愈好　　　　　　　　　B. 不宜大于拉线底盘宽度的三倍
C. 1m　　　　　　　　　　　　D. 2m
答：B

18）灯杆拉线棍截面计算式 $A=FK/\sigma$ 其中 σ 指什么？（　　）
A. 拉线棍受力　　　　　　　　B. 安全系数
C. 圆钢允许拉应力　　　　　　D. 拉线棍直径
答：C

19）非预应力圆锥形水泥杆，15m 长时，壁厚为多少？（　　）
A. 30mm　　　B. 40mm　　　C. 50mm　　　D. 60mm
答：C

20）照明设计计算中维护系数 $K=E/E_0$ 式中 E_0 的是指什么？（　　）
A. 设计照度　　　　　　　　　B. 初始照度
C. 光衰后的照度　　　　　　　D. 额定照度
答：B

21）照明功率密度指标为 1.05（W/m²）是符合下列哪一种道路的指标。（　　）
A. 快速路主干路　　B. 次干路　　C. 支路　　D. 人行道
答：A

22）霓虹灯需配以一个约多少的高压漏磁变压器，来点亮灯管并提供稳定的工作电流和光输出。（　　）
A. 5000V　　　B. 10000V　　　C. 15000V　　　D. 20000V
答：B

23）石英光纤①、多组分玻璃光纤②、塑料光纤③的传光效率的关系如何？（　　）
A. ①＞②＞③　　B. ①＜②＜③　　C. ①＝②＝③　　D. ①≈②≈③
答：A

24）避雷器安装时，1kV 以下间距不小于多少？（　　）
A. 100mm　　　B. 150mm　　　C. 180mm　　　D. 50mm
答：C

25）不适合在灰沙较多的地区使用的避雷器是哪一种？（　　）
A. 阀型避雷器　　　　　　　　B. 管式无序流避雷器
C. 金属氧化物避雷器　　　　　D. 以上都不是
答：B

26）高杆灯杆在风压标准值作用下的最大应力，应小于材料屈服点应力多少？（　　）
A. 85％　　　B. 80％　　　C. 75％　　　D. 70％
答：C

27）高杆灯杆身的轴线直度误差应不大于杆身的多少？（　　）

A. 0.5%　　　B. 1%　　　C. 1.5%　　　D. 2%

答：B

28）高杆灯灯杆强度验算中基本风压不得小于多少？（　　）

A. $0.2kN/m^2$　　B. $0.3kN/m^2$　　C. $0.4kN/m^2$　　D. $0.5kN/m^2$

答：B

29）在校核高杆灯地基承载能力时，$P_m=(N+G)/A$ 公式中 P_m 是指什么？（　　）

A. 地基的承载力　　　　　　B. 基础的自重

C. 基础的垂直荷载　　　　　D. 基础底面平均压力

答：D

30）钢铁的临界湿度约为多少？（　　）

A. 60%　　　B. 70%　　　C. 75%　　　D. 80%

答：C

31）当控制线与其他相线刮碰造成"路灯白天大片亮灯"后，这时变电所合闸给控制线路供电，路灯继续点亮无变化。如果原照明控制线路是由 B 相供电，那么刮碰搭接的是何相线？（　　）

A. A 相　　　B. B 相　　　C. C 相　　　D. N 相

答：B

32）当控制线与其他相线刮碰造成"路灯白天大片亮灯"后，这时变电所由 B 相通过合闸给控制线路供电，控制线的熔断器熔断。那么控制线与何种线刮碰会发生这样后果？（　　）

A. 与同杆 A 相线　　　　　B. 与同杆 N 相线

C. 与同杆 B 相线　　　　　D. 与同杆跌落的高压 N 相线

答：A

33）当同杆其他不同相线刮碰照明控制线，造成控制线路合闸时熔断器熔断，用电压表测量熔断器两端的电压应是多少？（　　）

A. 110V 左右　　B. 220V 左右　　C. 380V 左右　　D. 500V 左右

答：C

多选题

1）电缆长度应根据敷设路径的水平和垂直敷设长度附加 1.5m 的是下列哪些？（　　）

A. 电缆进入建筑物内　　　　B. 变电所进出线

C. 高压开关柜　　　　　　　D. 电缆终端头

E. 电缆中间接头盒

答：B、D

2）下列各配电箱哪几种型号是单相进线。（　　）

A. PXT-1-1×7/1B　　　　　B. PXT-2-3×6/1C

C. PXT-2-3×8/1C　　　　　D. PXT-1-1×5/1A

E. PXT-2-3×4/1C

答：A、D

3）某片路灯白天大片亮灯，但该段路灯变电所并没合闸，控制线有电，下面控制线路发生哪种情况时，会发生此类现象？（ ）

  A. 与同杆高压电相线跌落挂线 B. 与同杆高压 N 线跌落挂线

  C. 与同杆同电压其他相线刮碰 D. 照明线路自身断线落地

答：C

4）在计算电杆拉线盘的尺寸和埋深时，基础上拔、倾覆、稳定的安全系数，对于下述几种杆塔类型，哪几种取值较大。（ ）

  A. 直跑型 B. 耐张型 C. 转角型 D. 死头型

  E. 特高跨越型

答：C、D、E

5）当线路保护管属于下列什么情况时，中间应增设接线盒或拉线盒，且接线盒或拉线盒的位置应便于穿线。（ ）

  A. 管长度每超过 30m，无弯曲

  B. 管长度每超过 20m，有一个弯曲

  C. 管长度每超过 15m，有两个弯曲

  D. 管长度每超过 10m，无弯曲

  E. 以上都不是

答：A、B、C

6）垂直敷设电线保护管属于下列什么情况时，应增设固定导线用的拉线盒。（ ）

  A. 管内导线截面 50mm^2 及以下，长度每超过 30m

  B. 管内导线截面为 70～95mm^2 及以下，长度每超过 20m

  C. 管内导线截面为 120～240mm^2 及以下，长度每超过 18m

  D. 管内导线截面为 70～95mm^2 及以下，长度每超过 10m

  E. 管内导线截面为 120～240mm^2 及以下，长度每超过 10m

答：A、B、C

7）金属卤化物灯的安装应符合下列什么要求。（ ）

  A. 灯具安装高度宜小于 1.5m，导线应经接线柱与灯具连接，且不得靠近灯具表面

  B. 灯管必须与触发器和限流器配套使用

  C. 落地安装的反光照明灯具无须采取保护措施

  D. 投光灯的底座及支架应固定牢固，转轴应沿需要的光轴方向拧紧固定

  E. 导线预留部分不宜过长，且在灯具安装完毕后及时做好调整、固定等保护工作

答：B、D、E

8）霓虹灯的安装应符合下列哪些要求？（ ）

  A. 灯管与建筑物、构筑物表面的最小距离不宜小于 50cm

  B. 霓虹灯专用变压器所供灯管长度不受长度限制

  C. 霓虹灯专用变压器的安装位置宜隐蔽，且检修方便，非检修人员不宜触及

D. 霓虹灯专用变压器的二次导线和灯管间的连线应采用额定电压不低于 15kV 的高压尼龙绝缘导线

E. 霓虹灯专用变压器的二次导线与建筑物、构筑物表面的距离不应小于 20cm

答：C、D、E

9) 园林和室外休闲娱乐场所照明施工应符合下列哪些要求？（　　）

A. 灯具安装高度不宜低于 2.5m

B. 其照明灯具宜采用 380V 以上

C. 照明灯具应选用防水型，且其金属外壳须可靠接地

D. 必要部位可设置警示牌"游人止步"

E. 以上都不是

答：A、C、D

10) 散流电阻与哪些因素有关？（　　）

A. 土壤电阻率

B. 接地体的形状、尺寸

C. 接触电阻

D. 接地体的数量和相互位置

E. 以上都不是

答：A、B、D

11) 下列关于垂直接地体的说法中，正确的有哪三项？（　　）

A. 所用热镀锌钢管壁厚不应小于 3.5mm

B. 角钢的厚度不应小于 4mm

C. 每根接地体长度不应小于 2.5m

D. 接地体可以小于 3 根

E. 顶端距地面可以小于 0.6mm

答：A、B、C

12) 表明避雷器冲击保护性能的两个重要指标是什么？（　　）

A. 灭弧电压　　　　　　　　B. 工频放电电压

C. 冲击放电电压　　　　　　D. 冲击电流残压

E. 工频电压

答：C、D

13) 符合避雷器安装要求的说法有哪些？（　　）

A. 瓷套与固定抱箍之间应加垫层　　B. 排列整齐，高低一致

C. 引线要长而直　　　　　　　　　D. 10kV 间距不大于 350mm

E. 引下线接地可靠

答：A、B、E

14) 如图基础的底面积应等于多少？（　　）

A. d　　　B. d^2　　　C. πd^2　　　D. $\pi d^2/4$　　　E. πd_1^2

答：B、D

判断题

1)接地母线敷设,按设计长度以"10m"为计量单位。( )

答案:对

2)维护系数 $M=M_1M_dM_w$ 中,M_d 代表对光源老化的维护系数。( )

答案:错

3)如果空气污染严重或者不能定期执行维护计划,设计计算时维护系数取 0.6,用以补偿光通量的损失。( )

答案:错

4)夜景照明中,明配钢管应排列整齐,钢管管卡与终端、弯头中点、电气器具或盒(箱)边缘的距离宜为 100~500mm。( )

答案:错

5)高杆灯方形基础的临界深度大于圆形基础的临界深度。( )

答案:对

6)高杆灯基础的上拔深度应大于临界深度。( )

答案:错

附：城市照明管理师职业资格考核大纲

1 职 业 概 况

1.1 职业名称：城市照明管理师。
1.2 职业定义：从事城市道路照明和城市景观照明的维护、管理、安装、调试等工作人员。
1.3 职业等级：高级工、技师。
1.4 职业环境：室内，室外。
1.5 身体状况：身体健康。
1.6 职业能力特征：具有一定的学习、理解、观察、分析、判断、推理和计算能力，手指、手臂灵活，动作协调，能高空作业。
1.7 基本文化程度：高中毕业（或同等学力）。
1.8 申报条件：

1.8.1 申报高级工的具备下列条件之一：

1. 取得本职业或相关中级职业资格证书后，连续从事本职业2年以上（含2年），经本职业高级工正规培训学习达到规定标准学时数，并取得毕（结）业证书。

2. 取得本职业或相关中级职业资格证后，连续从事本职业工作4年以上（含4年）。

3. 取得高级技工学习或经劳动保障行政部门审核认定的、以高级技能为培养目标的高等职业学校相关专业毕业证书。

4. 取得本职业或相关中级职业资格证书的大专以上（含大专）本职业或相关专业毕业生，连续从事本职业工作1年以上（含1年）。

1.8.2 申报技师的具备下列条件之一：

1. 取得本职业或相关高级职业资格证书后，连续从事本职业工作3年以上（含3年），经本职业技师正规培训学习达到规定标准学时数，并取得毕（结）业证书。

2. 取得本职业或相关高级职业资格证书后，连续从事本职业工作6年以上（含6年）。

3. 取得本职业或相关高级职业资格证书的高级技工学校本职业或相关专业毕业生和大专以上本专业或相关专业毕业生，连续从事本职业工作2年以上（含2年）。

注：电气、照明、装饰设计等相关工作为申报条件的相关专业（职业）。

1.9 培训要求：高级工应知、应会的培训达到300学时，技师应知、知会的培训达到350学时。

1.10 鉴定方式：高级工、技师应知、应会采用标准试题闭卷考试，考试实行百分制，成绩分别达到60分以上（含60分）为合格。技师应知、应会考试取得合格成绩后，撰写论文,并通过论文答辩。

1.11 鉴定时间：应知、应会闭卷考试时间分别为120分钟,论文答辩时间为10～15分钟。

1.12 鉴定场所：考试在教室进行。

2 基 本 要 求

2.1 职业守则：(1) 爱岗敬业,认真负责,吃苦耐劳。(2) 刻苦学习,钻研业务,努力提高技能水平。(3) 团结同志,主动协作。(4) 奉公守法,诚实公平公正。(5) 维护城市形象,做好节能环保工作。

2.2 基础知识：

2.2.1 高级工需要掌握基础知识：1. 光与照明基础知识；2. 道路照明计算；3. 电气安全作业；4. 电气照明基础知识；5. 图形符号；6. 故障分析判断。

2.2.2 技师需要掌握基础知识：1. 光与照明基础知识；2. 光源与灯具维护；3. 照明与环境保护；4. 照明设计施工图；5. 光的测量；6. 供电系统过电流保护；7. 基本的设计图纸及效果图的绘制。

2.3 专业知识

2.3.1 高级工需要掌握专业知识：1. 道路照明光源的选择；2. 气体放电灯工作电路；3. 道路照明灯具的选择；4. 道路照明质量指标；5. 道路照明标准；6. 隧道照明；7. 桥梁与立交桥照明；8. 道路照明的安装；9. 电气线路安装、运行、维护；10. 低压电器及配电装置；11. 灯台、工井与出线；12. 道路照明维护与管理；13. 道路照明节能；14. 城市夜景照明的基本原则和要求；15. 建筑物与构筑物的夜景照明；16. 夜景照明的供电及控制系统；17. 城市光污染与控制；18. 夜景照明设施的维护与管理；19. 夜景照明设施的施工与验收；20. 夜景照明器材和设备；21. 夜景照明高新技术的应用；22. 彩色光的使用。

2.3.2 技师需要掌握专业知识：1. 道路照明光源的选择；2. 气体放电灯工作电路；3. 道路照明灯具的选择；4. 道路照明质量指标；5. 道路照明标准；6. 隧道照明；7. 桥梁与立交桥照明；8. 道路照明基本视觉特征；9. 城市道路分类与照明要求；10. 道路照明维护与管理；11. 道路照明新理论的应用；12. 道路照明的布置方式；13. 道路连接处的照明方法；14. 居住区和步行区的道路照明；15. 道路照明设计、计算和测量；16. 道路照明的控制与管理；17. 道路照明系统经济性分析；18. 道路照明节能；19. 城市夜景照明的基本原则和要求；20. 建筑物与构筑物的夜景照明；21. 夜景照明的供电及控制系统；22. 夜景照明高新技术的应用；23. 城市广场环境照明；24. 立交和桥梁的装饰照明；25. 城市光污染与控制；26. 特殊构筑物的夜景照明；27. 特殊景观元素的夜景照明；28. 园林绿化照明；29. 夜景照明的测试与评价；30. 夜景照明的节能与经济分析；31. 夜景照明设施的维护与管理；32. 城市夜景规划设计。

2.4 专业相关知识

2.4.1 高级工需要掌握专业相关知识：1. 照明电气；2. 照明施工图；3. 变压器；4. 防

雷与保护接地；5. 基础结构；6. 照明预决算知识。

2.4.2 技师需要掌握专业相关知识：1. 眩光评价方法；2. 照明电气；3. 城市步行空间照明；4. 道路特性；5. 城市照明监控；6. 照明节电项目的社会经济及环保效益分析方法；7. 基本的照明预决算知识；8. 技术指导与培训。

3 鉴 定 内 容

3.1 高级工应知部分

项目	鉴定范围	鉴定内容	鉴定比例	备注
基础知识 20%	光与照明基础	1. 视觉基础； 2. 光的特性； 3. 照明基本概念； 4. 照明量度之间的关系	10%	
	道路照明计算	1. 照度计算； 2. 平均照度与平均亮度的换算； 3. 照明计算举例	4%	
	电气安全作业	1. 电气安全的基本规定； 2. 安全用电装置； 3. 安全用具与常用工具； 4. 电气安全措施	6%	
专业知识 60%	道路照明	1. 道路照明光源的选择； 2. 气体放电灯工作电路； 3. 道路照明灯具的选择； 4. 道路照明质量指标； 5. 道路照明标准； 6. 隧道照明； 7. 桥梁与立交桥照明	34%	
	景观照明	1. 城市景观照明的基本原则和要求； 2. 建筑物与构筑物的夜景照明； 3. 夜景照明的供电及控制系统； 4. 城市光污染与控制	26%	
相关专业知识 20%	照明电气	1. 照明供电； 2. 照明线路计算； 3. 导线、电缆选择与敷设； 4. 照明线路的保护； 5. 照明装置的电气安全	14%	
	照明施工图	1. 电气照明施工图概述； 2. 电气照明施工图的读图	2%	
	变压器	1. 变压器的运行与维护； 2. 变压器的故障处理； 3. 变压器的保护	4%	

3.2 高级工应会部分

项目	鉴定范围	鉴定内容	鉴定比例	备注
基础知识 20%	电气照明基础知识	1. 供配电线路； 2. 照明配电箱安装； 3. 照明灯具安装	9%	
	图形符号	常用电气图形符号	2%	
	故障分析判断	1. 白天大片亮灯； 2. 晚上大片灭灯； 3. 架空线常见故障； 4. 电缆线路常见故障； 5. 供配电常见故障	9%	
专业知识 60%	道路照明	1. 道路照明的安装； 2. 电气线路安装、运行、维护； 3. 低压电器及配电装置； 4. 灯台、工井与出线； 5. 道路照明维护与管理； 6. 道路照明节能	33%	
	景观照明	1. 夜景照明设施的维护与管理； 2. 夜景照明设施的施工与验收； 3. 夜景照明器材和设备； 4. 夜景照明高新技术的应用； 5. 彩色光的使用	27%	
专业相关知识 20%	防雷与保护接地	1. 高杆灯防雷与接地； 2. 低杆灯防雷与接地； 3. 变压器防雷与接地； 4. 配电柜防雷与接地	9%	
	基础结构	1. 高杆灯基础结构； 2. 低杆灯基础结构； 3. 变压器（箱式变）基础结构； 4. 配电柜基础结构	8%	
	预算	1. 定额说明； 2. 路灯定额工程量计算原则； 3. 城市照明与市政景观工程结算费用计算办法	3%	

3.3 技师应知部分

项目	鉴定范围	鉴定内容	鉴定比例	备注
基础知识 20%	光与照明基础	1. 视觉基础； 2. 光的特性； 3. 照明基本概念； 4. 照明量度之间的关系	11%	
	光源与灯具维护	1. 电光源的维护； 2. 照明的改善； 3. 灯具的维护	6%	
	照明与环境保护	1. 光源与环境； 2. 废弃光源灯具的处理措施	3%	
专业知识 60%	道路照明	1. 道路照明光源的选择； 2. 气体放电灯工作电路； 3. 道路照明灯具的选择； 4. 道路照明质量指标； 5. 道路照明标准； 6. 隧道照明； 7. 桥梁与立交桥照明； 8. 道路照明基本视觉特征； 9. 城市道路分类与照明要求； 10. 道路照明维护与管理； 11. 道路照明新理论的应用	34%	
	景观照明	1. 城市景观照明的基本原则和要求； 2. 建筑物与构筑物的夜景照明； 3. 夜景照明的供电及控制系统； 4. 夜景照明高新技术的应用； 5. 城市广场环境照明； 6. 立交和桥梁的装饰照明； 7. 城市光污染与控制	26%	
相关专业知识 20%	眩光评价方法	1. 失能眩光的评价； 2. 不舒适眩光的评价； 3. 室外泛光灯照明的眩光评价方法； 4. 国内照明标准中限制灯具最小遮光角的规定	5%	
	照明电气	1. 照明供电； 2. 照明线路计算； 3. 导线、电缆选择与敷设； 4. 照明线路的保护； 5. 照明装置的电气安全	8%	
	城市步行空间照明	1. 步行道的分类与照明要点； 2. 步行空间的照明要求与照明方式； 3. 步行空间照明评价指标； 4. 步行空间设计要点分析； 5. 步行空间照明设计方法	6%	
	道路特性	1. 道路的类别； 2. 路面的反射特性	1%	

3.4 技师应会部分

项目	鉴定范围	鉴定内容	鉴定比例	备注
基础知识 20%	照明设计施工图	1. 设计总则； 2. 电气图绘制要求； 3. 怎样看土建图； 4. 照明供配电系统图	4%	
	光的测量	1. 光检测器； 2. 光度测量； 3. 光的现场测量	3%	
	供电系统过电流保护	1. 过电流保护装置的任务和要求； 2. 熔断器保护； 3. 低压断路器保护； 4. 常用的保护继电器	10%	
	绘图	基本的设计图纸及效果图的绘制	3%	
专业知识 60%	道路照明	1. 道路照明的布置方式； 2. 道路连接处的照明方法； 3. 居住区和步行区的道路照明； 4. 道路照明设计、计算和测量； 5. 道路照明的控制与管理； 6. 道路照明系统经济性分析； 7. 道路照明节能	27%	
	景观照明	1. 特殊构筑物的夜景照明； 2. 特殊景观元素的夜景照明； 3. 园林绿化照明； 4. 夜景照明的测试与评价； 5. 夜景照明的节能与经济分析； 6. 夜景照明设施的维护与管理； 7. 城市景观规划设计	33%	
专业相关知识 20%	照明监控	城市照明监控系统	6%	
	照明节电项目的社会经济及环保效益分析方法	1. 照明节电项目的社会经济效益分析； 2. 照明节电项目的社会环境分析； 3. 照明工程项目的经济分析	9%	
	预算	1. 定额说明； 2. 路灯定额工程量计算规划； 3. 城市照明与市政景观结算费用计算办法	3%	
	技术指导与培训	1. 技术指导工作职责； 2. 技术培训工作任务	2%	

参 考 文 献

[1] 《道路照明》汪建平、邓云塘、钱公权编，复旦大学出版社
[2] 《城市照明设计》郝洛西著，辽宁科学技术出版社
[3] 《电工安全操作实用技术手册》安顺合主编，机械工业出版社
[4] 《城市夜景照明技术指南》北京照明学会、北京市政管理委员会编，中国电力出版社
[5] 《电气照明》俞丽华编著，同济大学出版社
[6] 《建筑电气照明技术》赵德申主编，机械工业出版社
[7] 《道路照明与供电》胡培生、高纪昌等编著，原子能出版社
[8] 《现代节能技术与节电工程》孙成宝、金哲主编，中国水利出版社
[9] 《景观照明创意和设计》李铁南编著，机械工业出版社
[10] 《建筑供配电与照明》魏明主编，重庆大学出版社
[11] 《建筑供配电与照明系统施工》郑发泰主编，中国建筑工业出版社
[12] 《夜景艺术照明规划设计与安装维护手册》刘敬生主编，安徽文化音像出版社
[13] 《城市照明景观设计建设管理标准与财务经费预算编制手册》河谷等编辑，中国知识出版社

尊敬的读者：

感谢您选购我社图书！建工版图书按图书销售分类在卖场上架，共设22个一级分类及43个二级分类，根据图书销售分类选购建筑类图书会节省您的大量时间。现将建工版图书销售分类及与我社联系方式介绍给您，欢迎随时与我们联系。

★ 建工版图书销售分类表（详见下表）。

★ 欢迎登陆中国建筑工业出版社网站www.cabp.com.cn，本网站为您提供建工版图书信息查询，网上留言、购书服务，并邀请您加入网上读者俱乐部。

★ 中国建筑工业出版社总编室　电　话：010—58934845
　　　　　　　　　　　　　　　传　真：010—68321361

★ 中国建筑工业出版社发行部　电　话：010—58933865
　　　　　　　　　　　　　　　传　真：010—68325420
　　　　　　　　　　　　　　　E-mail：hbw@cabp.com.cn

建工版图书销售分类表

一级分类名称（代码）	二级分类名称（代码）	一级分类名称（代码）	二级分类名称（代码）
建筑学（A）	建筑历史与理论（A10）	园林景观（G）	园林史与园林景观理论（G10）
	建筑设计（A20）		园林景观规划与设计（G20）
	建筑技术（A30）		环境艺术设计（G30）
	建筑表现·建筑制图（A40）		园林景观施工（G40）
	建筑艺术（A50）		园林植物与应用（G50）
建筑设备·建筑材料（F）	暖通空调（F10）	城乡建设·市政工程·环境工程（B）	城镇与乡（村）建设（B10）
	建筑给水排水（F20）		道路桥梁工程（B20）
	建筑电气与建筑智能化技术（F30）		市政给水排水工程（B30）
	建筑节能·建筑防火（F40）		市政供热、供燃气工程（B40）
	建筑材料（F50）		环境工程（B50）
城市规划·城市设计（P）	城市史与城市规划理论（P10）	建筑结构与岩土工程（S）	建筑结构（S10）
	城市规划与城市设计（P20）		岩土工程（S20）
室内设计·装饰装修（D）	室内设计与表现（D10）	建筑施工·设备安装技术（C）	施工技术（C10）
	家具与装饰（D20）		设备安装技术（C20）
	装修材料与施工（D30）		工程质量与安全（C30）
建筑工程经济与管理（M）	施工管理（M10）	房地产开发管理（E）	房地产开发与经营（E10）
	工程管理（M20）		物业管理（E20）
	工程监理（M30）	辞典·连续出版物（Z）	辞典（Z10）
	工程经济与造价（M40）		连续出版物（Z20）
艺术·设计（K）	艺术（K10）	旅游·其他（Q）	旅游（Q10）
	工业设计（K20）		其他（Q20）
	平面设计（K30）	土木建筑计算机应用系列（J）	
执业资格考试用书（R）		法律法规与标准规范单行本（T）	
高校教材（V）		法律法规与标准规范汇编/大全（U）	
高职高专教材（X）		培训教材（Y）	
中职中专教材（W）		电子出版物（H）	

注：建工版图书销售分类已标注于图书封底。